AF826823

Kansei Engineering zur Strukturierung objektiv erfasster Informationen über die visuelle Wahrnehmung für die kundenorientierte Produktgestaltung

Kansei Engineering for Structuring Objectively Recorded Information of Visual Perception for the Customer-oriented Product Design

Von der Fakultät für Maschinenwesen
der Rheinisch-Westfälischen Technischen Hochschule Aachen
zur Erlangung des akademischen Grades eines
Doktors der Ingenieurwissenschaften
genehmigte Dissertation

vorgelegt von

Markus Köhler

Berichter:

Univ.-Prof. Dr.-Ing. Robert Heinrich Schmitt
apl. Prof. Dr.-Ing. Thomas Prefi

Tag der mündlichen Prüfung: 21. März 2017

ERGEBNISSE AUS DER PRODUKTIONSTECHNIK

Markus Köhler

Kansei Engineering zur Strukturierung objektiv erfasster Informationen über die visuelle Wahrnehmung für die kundenorientierte Produktgestaltung

Herausgeber:
Prof. Dr.-Ing. Dr.-Ing. E. h. Dr. h. c. Dr. h. c. F. Klocke
Prof. Dr.-Ing. Dipl.-Wirt. Ing. G. Schuh
Prof. Dr.-Ing. C. Brecher
Prof. Dr.-Ing. R. H. Schmitt

Band 34/2017

WZL | RWTH AACHEN UNIVERSITY

Fraunhofer
IPT

Bibliografische Information der Deutschen Nationalbibliothek
Die Deutsche Nationalbibliothek verzeichnet diese Publikation in der Deutschen Nationalbibliografie; detaillierte bibliografische Daten sind im Internet über http://dnb.ddb.de abrufbar.

Markus Köhler:

Kansei Engineering zur Strukturierung objektiv erfasster Informationen über die visuelle Wahrnehmung für die kundenorientierte Produktgestaltung

1. Auflage, 2017

Gedruckt auf holz- und säurefreiem Papier, 100% chlorfrei gebleicht.

Apprimus Verlag, Aachen, 2017
Wissenschaftsverlag des Instituts für Industriekommunikation und Fachmedien an der RWTH Aachen
Steinbachstr. 25, 52074 Aachen
Internet: www.apprimus-verlag.de, E-Mail: info@apprimus-verlag.de

Druck: KN Digital Printforce GmbH, Stuttgart

ISBN 978-3-86359-559-3

D 82 (Diss. RWTH Aachen University, 2017)

Vorwort und Danksagung

Die vorliegende Dissertation entstand während meiner Tätigkeiten als wissenschaftlicher Mitarbeiter und Gruppenleiter der Forschungsgruppe Perceived Quality & Product Value Management sowie als Geschäftsbereichsleiter für Trainings und Seminare am Lehrstuhl für Fertigungsmesstechnik und Qualitätsmanagement des Werkzeugmaschinenlabors WZL der RWTH Aachen University. Einen wesentlichen Schritt des mehrstufigen Promotionsvorhabens bildete neben der Anfertigung dieser Dissertationsschrift der Promotionsvortrag im Rahmen der mündlichen Prüfung mit dem Titel *Spitzenprodukte für Jedermann - Qualitätssicherung innovativer Materialien und Technologien für Sportgeräte durch Profisport.* Hiermit möchte ich nachstehenden Personen, die mich während meines Promotionsvorhabens begleitet haben, meinen Dank aussprechen.

Mein Dank gilt zunächst meinem Doktorvater Herrn Professor Robert Schmitt. Als Inhaber des Lehrstuhls bot er mir sowohl die Möglichkeit zur Promotion als auch ein spannendes, wissenschaftliches Umfeld bestehend aus herausfordernden Projekt- und industrienahen Forschungsarbeiten. Aus diesem Umfeld leiteten sich der Forschungsbedarf sowie der wirtschaftliche Nutzen meiner wissenschaftlichen Arbeit und Tätigkeit ab. Herrn Professor Thomas Prefi danke ich für das fachliche Interesse an meiner Arbeit, für die Übernahme der Rolle des zweiten Berichters sowie für die damit verbundene Begutachtung. Zudem danke ich Herrn Professor Eike Stumpf für die Übernahme des Vorsitzes der Prüfungskommission und Herrn Professor Maximilian Schwalm für den Beisitz in der Dissertationsprüfung.

Ferner gilt mein Dank den zahlreichen Industrie- und Forschungsprojektpartnern während meiner Zeit am Lehrstuhl. Hervorzuheben sind die Projektpartner des Forschungsprojektes CONEMO (Consumer Evaluation Measurement for Objectified Industrial Use, (IGF-Vorhaben 47 EN)). Das Forschungsprojekt war stets auf Praxisrelevanz ausgerichtet und bot mir eine sehr gute Basis für die Entwicklung und Ausarbeitung meines Dissertationsthemas.

Danken möchte ich auch meinen studentischen Mitarbeitern sowie meinen Diplom-, Bachelor-, Studien- und Masterarbeitern, die mir während der Zeit am Lehrstuhl mit ihrem Engagement unterstützend zur Seite standen und wertvolle Ansätze für meine Forschungsarbeit leisteten. Zudem gilt mein Dank meinen Bürokollegen für die gemeinsame, intensive und lehrreiche Zeit; stellvertretend genannt seien Dr. Sean Humphrey und Dr. Martin Hienzsch.

Weiterhin danke ich meinen Freunden für ihre Zuversicht, Geduld sowie Aufmunterung und dies zumeist über weite räumliche Distanzen hinweg. Vertretend hierfür möchte ich Martin Goretzky, Matthias Scholz und Karsten Letsch nennen.

Insbesondere gilt mein persönlicher Dank meiner Freundin Christiane Wieser für den Rückhalt und den verständnisvollen Verzicht auf viel gemeinsame Zeit. Sie hat mich in allen Phasen des Promotionsprozesses, vor allem jedoch auch während der sehr intensiven Phasen, stets unterstützt und angespornt. Abschließend gilt mein herzlicher Dank meiner Familie und im Besonderen meinen Eltern Corina und Eckhard. Meine Eltern haben mir mit ihrer Förderung und ihrer Motivation stets eine stabile Umgebung ermöglicht und mir den Rückhalt geboten, um private und berufliche Vorhaben angehen zu können – und dies nicht nur während Studium und Promotion sondern in allen Lebensphasen.

Corina, *Eckhard* und *Christiane* – Ich danke Euch für Eure uneingeschränkte Unterstützung, Euer Verständnis und die Freiräume, die Ihr mir zum Absolvieren des gesamten Promotionsvorhabens ermöglicht habt. Diese Arbeit widme ich Euch.

Aachen, im Jahr 2017 Markus Köhler

Zusammenfassung

Zur Ableitung valider und fundierter Entscheidungen für die wahrnehmungsgerechte Gestaltung von Produkten sind **objektive Daten** und Informationen über die **visuelle Wahrnehmung** unabdingbar. Durch deren systematische Erhebung, **Strukturierung** und Nutzbarmachung wird den Herausforderungen der kundenorientierten Produktentwicklung erfolgreich begegnet und die Entwicklung qualitativ hochwertig wahrgenommener Produkte abgesichert. Durch Anwendung apparativer **Blickregistrierungsverfahren** besteht prinzipiell das Potenzial, Informationen über Aspekte der visuellen Wahrnehmung objektiv zu erheben. Zur Untersuchung vorstehender Problemstellung folgt die vorliegende Arbeit einem praxisorientierten, explorativen Forschungsprozess, der inhaltlich mittels eines **heuristischen Bezugsrahmens** abgegrenzt und detailliert wird. Zu dessen Auflösung wird das Potenzial der allgemeinen Vorgehensweise des **Kansei Engineerings** dargestellt und folglich die **Hauptforschungsfrage** abgeleitet: *Lassen sich objektiv erfasste Daten über die visuelle Wahrnehmung zu relevanten Produktmerkmalen durch einen Kansei-Engineering-Ansatz für (Produktdesign-) Entscheidungen in der kundenorientierten Produktentwicklung systematisch strukturieren?* Aus den Analysen im Stand der Wissenschaft werden der Handlungsbedarf und die Anforderungen an die Entwicklung einer Vorgehensweise basierend auf Kansei Engineering abgeleitet. Zur Operationalisierung der Forschungsfrage werden Teilforschungsfragen formuliert. Diese werden entlang derjenigen Schritte des Kansei Engineerings abgeleitet, die aus Sicht der Literatur eine Erweiterung um Informationen zur **menschlichen Wahrnehmung** erfordern. Die Ausgestaltung dieser Schritte erfolgt auf Basis der Aufgaben des Forschungsprozesses der empirischen Sozialforschung.

Ziel und **Ergebnis** dieser Arbeit ist ein Lösungsansatz entlang des allgemeinen Vorgehens des Kansei Engineerings. Durch die objektive Erfassung von Informationen über die visuelle Wahrnehmung mittels Blickregistrierung unterstützt das Vorgehen dabei, (1) den **Raum technischer Eigenschaften** aus Kundensicht zu beschreiben, (2) den Zusammenhang zwischen **semantischer Dimension und Qualitätsmerkmalen** abzubilden und (3) die **Validierung** dieser Zusammenhänge zu untersuchen. Getragen durch die **objektive Erfassung** von Parametern der Blickregistrierung sowie durch die **Quantifizierung** mittels ausgewählter statistischer Analyseverfahren liegen somit Ansätze vor, um die Entscheidungsfindung in der Produktentwicklung und Produktgestaltung zu unterstützen. Die Anwendung der entwickelten Vorgehensweise im Anwendungszusammenhang erfolgt auf verschiedenen Ebenen der Produktwahrnehmung, um produktspezifische Entscheidungen für die wahrnehmungsgerechte Produktgestaltung abzusichern. In der Gesamtheit stellt die Vorgehensweise ein flexibel gestaltetes, **generisches Vorgehen** dar, das im jeweiligen Anwendungsfall einen Beitrag zur Steigerung der visuell wahrgenommenen Produktqualität bereits in frühen Phasen der Produktentwicklung leistet. Basierend auf einer **kritischen Würdigung** lässt sich resümieren, dass die **Forschungsfrage** innerhalb der getroffenen Annahmen und Limitationen mit **Ja** beantwortet werden kann. Das **Forschungsziel** der vorliegenden Arbeit, die Entwicklung eines auf Kansei Engineering basierenden Vorgehens zur **Strukturierung** objektiv erfasster Daten über die visuelle Wahrnehmung für die Integration in die kundenorientierte Produktentwicklung und -gestaltung, **wurde erreicht**.

Summary

In order to derive valid and well-founded decisions for the perceptual design of products, **objective data** and information about **visual perception** are indispensable. Based on their systematic collection, structuring and utilization, the challenges of customer-oriented product development are successfully met and the development of high-quality products is secured. Basically, the targeted use of **eye-tracking** is suitable for capturing objectively information about aspects of visual perception. In order to investigate the before-mentioned problems, the present thesis follows a practice-oriented, exploratory research process which is delineated and detailed by means of a heuristic reference framework. In order to solve this framework, the potential of the general approach of **Kansei Engineering** is presented and the **research question** derived: *Does a Kansei Engineering approach support to structure systematically the objectively recorded data on visual perception according to relevant product features in order to improve decision-making in customer-oriented product development?* Based on the analysis within the state of the art, the need for action and the requirements for the development of an approach based on Kansei Engineering are derived. Sub-research questions are formulated along those steps of Kansei Engineering, which require an extension by means of information on human perception. The development of these steps is based on the tasks of the research process of empirical social research.

Both, **target** and **result of this thesis** is an extended procedure based on the general approach of Kansei Engineering. Through the objective recording of information about the visual perception by means of eye-tracking, the procedure supports (1) to describe the space of technical characteristics from the user's perspective, (2) to map the relationship between the semantic dimension and quality characteristics, and (3) to examine the validation of those correlations. Thus, based on the objective recording of eye-tracking parameters as well as by the quantification by means of selected statistical analysis methods, approaches are developed to support the decision-making in the product development and product design. To ensure product-specific decisions of the product design, the partial application of the steps of the developed procedure is performed for different levels of product perception. As a whole, the procedure represents a flexible, **generic approach**, which can be applied for specific use cases and that contributes to the improvement of visually perceived product quality. Thus, objectively registered information about the visual perception can be **structured** by the presented procedure of Kansei Engineering. It can be concluded that the **research question** can be answered with **yes** taking into account the assumptions and limitations presented in this thesis. The **research objective** of this thesis – the development of a Kansei Engineering-based procedure for structuring objectively recorded data on visual perception for integration into customer-oriented product development and design – **has been achieved**.

"Quality lies in the eyes of the beholder"[1]

Garvin, 1984

---

[1] **Garvin, D.** (Product Quality), 1984, S. 27. Deutsche Übersetzung: *Qualität liegt in den Augen des Betrachters.*

I Inhaltsverzeichnis

II Formelzeichen und Abkürzungen

Abkürzung	Beschreibung
#	Anzahl
%	Prozent
U_0	Grundspannung
δ_i	Zeitintervall bis zur ersten Fixation von Komponente i
µV	Mikrovolt
A	Faktor A (Gestaltausprägung)
AG	Aktiengesellschaft
a_i	Gewichtung der unabhängigen Variablen i
A_i	Grad der visuellen Aufmerksamkeit auf Komponente i
AiF	Arbeitsgemeinschaft industrieller Forschungsvereinigungen "Otto von Guericke" e.V.
AKV	Aufgaben – Kompetenzen – Verantwortung
ANOVA	Analysis of Variance (engl.): Varianzanalyse
AOI	Area of Interest
ASI	American Supplier Institute
AxS	Wechselwirkung von Faktor A und Faktor S
BMWi	Bundesministerium für Wirtschaft und Energie
BPL	Blickpfadlänge
bzw.	Beziehungsweise
c	Konstante beim Gesetz von FECHNER
c. p.	ceteris paribus – unter sonst gleichen Bedingungen
CAD	Computer Aided Design
CCD-Sensoren	Charged-Coupled-Device-Sensoren
CONEMO	Consumer Evaluation Measurement for Objectified Industrial Use
CORNET	Collective Research Networking
d. h.	das heißt
df	Freiheitsgrad
df_A	Freiheitsgrade von Faktor A
df_{AxS}	Freiheitsgrade von $A \times S$
$df_{AxSxVpn}$	Freiheitsgrade von $A \times S \times Vpn$
df_{AxVpn}	Freiheitsgrade von $A \times Vpn$
df_S	Freiheitsgrade von Faktor S

Abkürzung	Beschreibung
df_{SxVpn}	Freiheitsgrade von $S \times Vpn$
DGQ	Deutsche Gesellschaft für Qualität e.V.
DIN	Deutsches Institut für Normung e.V.
DNA	Wörtlich: Desoxyribonukleinsäure – hier: spezifische Eigenschaften eines Produktes / eines Unternehmens
dt.	deutsch
E	Empfindungsgröße
e. V.	eingetragener Verein
EDA	Elektrodermale Aktivität
EEG	Elektroenzephalografie
EKG	Elektrokardiogramm
EN	Europäische Norm
engl.	englisch
et al.	et alii beziehungsweise et alia – und andere
etc.	et cetera
f.	folgende
FA	Fixationsanzahl
FD	Fixationsdauer
ff.	fortfolgende
FH	Fixationshäufigkeit
FMEA	Fehler-Möglichkeits- und Einfluss-Analyse
FSV	Fixation-Sakkaden-Verhältnis
F-Test	Hypothesentests mit F-verteilter Teststatistik
G	Gesamtsumme der Messwerte eines Blickregistrierungsparameters
H_0	Nullhypothese
H_1	Alternativ- bzw. Arbeitshypothese
Hrsg.	Herausgeber
HVM	Hierarchical Value Map
i	Komponentennummer bzw. Faktorstufe des Faktors A
IF	Initialfixation
IGF	Industrielle Gemeinschaftsforschung
ISO	International Organization for Standardization
j	Faktorstufe des Faktors S (semantisches Konzept)
k_W	Konstante beim Gesetz von WEBER

Abkürzung	Beschreibung
k_S	Proportionalitätsfaktor bei Gesetz von STEVEN
KE	Kansei Engineering
KES	Kansei Engineering System
KFD	kumulierte Fixationsdauer
KFD_i	kumulierte Fixationsdauer auf Komponente i [%]
KJ-Methode	Affinitätsmethode nach KAWAKITA
KMU	Kleine und mittlere Unternehmen
LS	Lidschlag
m	Laufindex der Versuchspersonen
ms	Millisekunden
MTB	Mountainbike
mV	Millivolt
n_S	rezeptorspezifischer Exponent bei Gesetz von STEVEN
n	Stichprobenanzahl, Anzahl Versuchspersonen
n_1	Stichprobenanzahl Stichprobe 1
n_2	Stichprobenanzahl Stichprobe 2
o. V.	ohne Verfasserangabe
p-Wert	Signifikanzwert
p	Anzahl der Faktorstufen des Faktors A
PDCA-Zyklus	Plan-Do-Check-Act-Zyklus
PG	Pupillengröße
P_m	gemittelte Werte der einzelnen Versuchsperson
q	Anzahl der Faktorstufen des Faktors S
QFD	Quality Function Deployment
QG	Quality Gate
QS	Quadratsumme
QT1	Quantification Theory I
R	Reizintensität
R_0	Reizschwellenwert
RÄ	Richtungsänderung
Rd	Rundung
RWTH	Rheinisch-Westfälische Technische Hochschule
S	Faktor S (Semantische Konzepte)
s	Sekunden

Abkürzung	Beschreibung
S.	Seite
s.	siehe
SA	Sakkadenanzahl
SD-Methode	Semantic Differential – Semantisches Differential
SD	Sakkadendauer
SUV	Sport Utility Vehicle
SW	Sakkadenweite
t_{ges}	Gesamte Objektbetrachtungsdauer [s]
t_i	Gesamte Betrachtungsdauer der Komponente i [s]
TOTE-Modell	Test-Operate-Test-Exit-Modell
t-Test	Hypothesentests mit t-verteilter Testprüfgröße
U	resultierende Signalspannung
u. a.	unter anderem
ÜH	Übergangshäufigkeit
U-Test	U-Test von MANN-WHITNEY
v. a.	vor allem
VD	Verweildauer
VDA	Verband Deutscher Automobilindustrie
vgl.	vergleiche
VoC	Voice of Customer (engl.): Stimme des Kunden
VVR-Zyklus	Vergleich-Veränderung-Rückmeldung-Zyklus
VR	Virtual Reality (engl.): Virtuelle Realität
W	Test-Wert bei SHAPIRO-WILK-Test
WP-Test	Wilcoxon-Paardifferenzen-Test
$W_{ij,exp}$	Wahrnehmungsbeitrag (z. B. erhoben durch Fragebogen)
$W_{ij,imp}$	Wahrnehmungsbeitrag (erhoben mittels Blickregistrierung)
WZL	Werkzeugmaschinenlabor
x_i	unabhängige Variable (technische Parameter)
x_i	Zeilensumme der i-ten Ausprägung
$x_{i,max}$	maximale Zeilensumme bei Ausprägung i
$x_{i,min}$	minimale Zeilensumme bei Ausprägung i
x_{ijm}	beliebiger Blickregistrierungsparameter
x_j	Zeilensumme des j-ten semantischen Konzeptes
$x_{j,max}$	maximale Zeilensumme bei semantischen Konzept j

Abkürzung	Beschreibung
$x_{j,min}$	minimale Zeilensumme bei semantischen Konzept j
y	abhängige Variable (Kansei-Wort)
z. B.	zum Beispiel
φ	Blickwinkel
α	Irrtumswahrscheinlichkeit
δR	Reizänderung / Reizunterschied
ε	Fehleranteil
σ^2_A	Varianz von Faktor A (Ausprägung)
σ^2_{AxS}	Varianz der Wechselwirkung A x S
$\sigma^2_{AxSxVpn}$	Varianz der Wechselwirkung zwischen Faktor A, Faktor S und Personenfaktor
σ^2_{AxVpn}	Varianz der Wechselwirkung zwischen Faktor A und Personenfaktor
σ^2_{AXVpn}	Schätzer der Varianz der Wechselwirkung zwischen Faktor A und Personenfaktor
$\sigma^2_{ges,res}$	Varianz der Gesamtresiduen
σ^2_S	Varianz von Faktor S (semantisches Konzept)
σ^2_{SxVpn}	Varianz der Wechselwirkung zwischen Faktor S und Personenfaktor
σ^2_{vpn}	Varianz zwischen Versuchspersonen
σ^2_e	Varianz des Messfehlers
$\eta^2_{p(A)}$	Effektstärke für Haupteffekt A
$\eta^2_{p(AxS)}$	Effektstärke für Wechselwirkung A x S
$\eta^2_{p(S)}$	Effektstärke für Haupteffekt S
2D	zweidimensional
3D	dreidimensional

III Formelverzeichnis

IV Abbildungsverzeichnis

V Tabellenverzeichnis

1 Einleitung und forschungsmethodischer Ansatz

Kapitel 1 widmet sich der Problembeschreibung und der Motivation, die der Bearbeitung dieser Arbeit zu Grunde liegen (Kapitel 1.1). Diese werden in das Zielbild der Arbeit überführt (Kapitel 1.2). Es wird zudem dargestellt, wie sich die Problemstellung und das forschungsmethodische Vorgehen dieser Arbeit in die Ansätze der angewandten Forschungskonzeption einordnen (Kapitel 1.3). Basierend darauf, werden im Kapitel 1.4 die Forschungsfrage sowie strukturierende Leitfragen abgeleitet, die sich im Aufbau der Arbeit wiederfinden.

1.1 Ausgangssituation, Problemstellung und Motivation

„[...] Sein **markantes** Design lässt den Betrachter **sofort erkennen**, [...]. [...] viele weitere **Details unterstreichen** den **abenteuerlichen** Charakter [...]. Neben dem [...] Schriftzug am Kühlergrill und auf den vorderen Seitenteilen **fallen sofort** die serienmäßigen Nebelscheinwerfer im Stoßfänger und die silber eloxierte Dachreling **ins Auge**. Die Außenspiegelgehäuse [...] runden den **sportlichen Eindruck** durch ihr **eigenständiges Design** ab. Im Innenraum wurde viel Wert auf Komfort und geschmackvolle **Details** gelegt. [...]“[2]

Wie dem Auszug einer Marketingbroschüre zu einem Automobil zu entnehmen ist, hat das Marketing die Bedeutung der Wirkung von Produkten aufgrund ihrer Produktgestalt verstanden. Durch gezielte Akzentuierung **produktsprachlicher Funktionen** sind Produkte so zu gestalten, dass sie ihre qualitätsbestimmenden Merkmale dem Kunden vermitteln. Der ästhetische Mehrwert ist dem Kunden darzustellen und positive Emotionen sind hervorzurufen, um Einfluss auf die Kaufabsicht und Preisbereitschaft zu nehmen.[3] Dabei stellt sich die Frage: Sind es tatsächlich diejenigen Produktmerkmale, die dem Kunden *sofort ins Auge* fallen und *sofort erkennen* lassen, welche auch vom Hersteller intendiert waren, Aufmerksamkeit hervorzurufen (im Beispiel: *Schriftzug, Nebelscheinwerfer, Dachreling*)? Bezugnehmend auf die Produkt- und Markenbotschaft ist zu prüfen, ob der Betrachter tatsächlich auch bestimmte Produktmerkmale (z. B. *viele weitere Details*) mit einer intendierten Produktfunktion (z. B. *abenteuerlicher Charakter*) assoziiert. Zudem ist nachzuvollziehen, ob das beschriebene Produkt auch als *markant* wahrgenommen wird und ob es ein markanteres Design als Wettbewerber- oder Vorgängerprodukte aufweist.

Der zunehmende internationale Wettbewerb führt zu einer anwachsenden Anzahl verfügbarer Produkte, bei steigenden Qualitätsanforderungen und gleichzeitig kürzeren Produktlebenszyklen. Die technisch-funktionalen Produktmerkmale sind nicht allein maßgeblich dafür, den Kaufentscheid beim Kunden positiv zu beeinflussen.[4] Der Kunde wird mit einem Produktangebot konfrontiert, welches sich weder in seiner Leistung, noch preislich wesentlich voneinander unterscheidet[5]. Produkte werden bezüglich ihres Nutzens folglich zunehmend austauschbar.[6] Der Kunde basiert sein Qualitätsurteil u. a. auf Grundlage von Ersatzindikato-

---

2 Leicht modifiziert in Anlehnung an **Volkswagen** (Design), 2015.

3 Vgl. **Goos, J.** (Produktdesign), 2011, S. 183. Zur Gestaltung der *kommunikativen Produktbotschaft*, vgl. u.a. **Meffert, H.; Burmann, C.; Kirchgeorg, M.** (Marketing), 2015, S. 713 ff. sowie Kapitel 2.4.1 und 2.4.2 in dieser Arbeit.

4 Vgl. **Heufler, G.** (Design Basics), 2012, S. 19.

5 Vgl. **Meffert, H.; Burmann, C.; Kirchgeorg, M.** (Marketing), 2015, S. 363; **Enke, M.; Geigenmüller, A.** (Commodity Marketing), 2011, S. 22 und **Quattelbaum, B.** (Wahrnehmungsrelevante Informationen), 2013, S. 2.

6 Vgl. **Jungen, P.** (Aussage einer Produktgestaltung), 2011, S. 2.

ren für Qualität. Dabei werden insbesondere die wahrgenommenen Produkteigenschaften zur Produktbeurteilung und für die Kaufentscheidung herangezogen.[7] Die qualitätsbestimmenden Elemente der **Produktgestalt** prägen die Produktbeurteilung des Konsumenten[8]. Wie einleitend dargestellt, ist dabei die Produktgestalt den Anforderungen und Wünschen der Konsumenten entsprechend anzupassen, um das Produkt erfolgreich am Markt zu platzieren[9]. Durch aktive **Kundenintegration** und frühzeitige Konzentration auf kundenrelevante **Produkteigenschaften** lassen sich somit Wettbewerbsvorteile erzielen[10].[11] Informationen über die **visuell wahrnehmbaren** Merkmale eines **Konsumgutes** sind entscheidend für die Beurteilung der Produktqualität und somit beim Kaufentscheid. Über 80 % der Umweltreize nimmt der Mensch visuell wahr[12]. Produkte werden in vielfältigen Nutzungssituationen bewusst oder unbewusst miteinander verglichen. Dieser Vergleich erfolgt anhand realer Produkte (im Verkaufsraum), Produktbilder (Produktkatalog, Internet), Skizzen oder Prototypen. Die **unbewussten** Prozesse erschweren es Unternehmen, die Grundlage der Urteilungsbildung für Kaufentscheidungen von Konsumenten nachzuvollziehen. Die Herausforderung für die kundenorientierte Produktentwicklung und -gestaltung besteht darin, Kundenbedürfnisse und -anforderungen derart zu analysieren und in technische Produktmerkmale zu überführen, dass das Produkt Kunden emotional begeistert.[13] Dieser Bedeutung der Integration von Kundenbedürfnissen in die Produktentwicklung steht die unternehmerische Praxis gegenüber. So integrieren bei weitem nicht alle Unternehmen die Kundenbedürfnisse ausreichend stark in ihre Entwicklungsprozesse (siehe Abbildung 1-1).

Abbildung 1-1: Integration von Kundenbedürfnissen in den Entwicklungsprozess[14]

Ein ansprechendes und anforderungs- sowie marktgerechtes **Produktdesign** stellt ein wichtiges Differenzierungsmerkmal für Unternehmen gegenüber dem Wettbewerb dar[15]. Studien belegen die Bedeutung von Design auf unternehmerische Ziele (z. B. Marktanteile, Absatz, Markenwert, Imageerhalt) und den Zusammenhang zwischen Design und der Unternehmensidentität (siehe Abbildung 1-2).[16]

7 Vgl. **Prefi, T.** (Qualitätsorientierte Unternehmensführung), 2003, S. 3 ff.
8 Vgl. **Godau, M.** (Produktdesign), 2003, S. 24.
9 Vgl. **Prefi, T.** (Qualitätsorientierte Unternehmensführung), 2003, S. 30 ff.
10 Vgl. **Reichwald, R., et al.** (Kunde als Innovationspartner), 2007, S. 172 ff.
11 Vgl. **Goos, J.** (Produktdesign), 2011, S. 183.
12 Vgl. **Jungen, P.** (Aussage einer Produktgestaltung), 2011, S. 46.
13 Vgl. **Seßler, H.** (Spitzenverkäufe durch Emotionen), 2013, S. 22 ff.
14 Vgl. **Statista** (Kundenintegration in Entwicklungs- und Produktionsprozesse), 2014 (n = 50 befragte Unternehmen).
15 Vgl. **Goos, J.** (Produktdesign), 2011, S. 183.
16 Vgl. **Schneider, W.** (Schönheit des Mehrwertes), 2010.

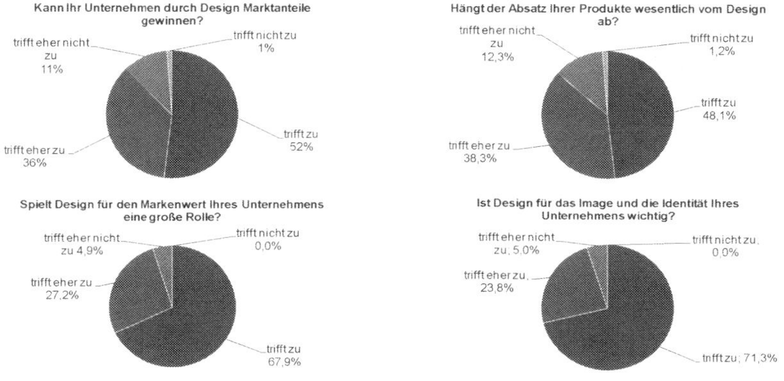

Abbildung 1-2: Bedeutung von Design auf Absatz, Marktanteile, Markenwert und Unternehmensidentität[17]

Bereits während früher Phasen der Produktentwicklung ist daher ein umfassendes Verständnis über die Produktqualitätswahrnehmung von Konsumenten zu erlangen, um die **wahrgenommene Produktqualität** zielgerichtet zu gestalten und ein für die Zielgruppe ansprechendes Design zu verwirklichen. Der Bedeutung der wahrnehmungsgerechten Produktgestaltung für die kundenorientierte Produktentwicklung zur Stärkung von Markenwert, Image sowie Identität eines Unternehmens steht die fehlende bzw. unzureichende Integration von Designaktivitäten in den Entwicklungsprozessen gegenüber (siehe Abbildung 1-3).

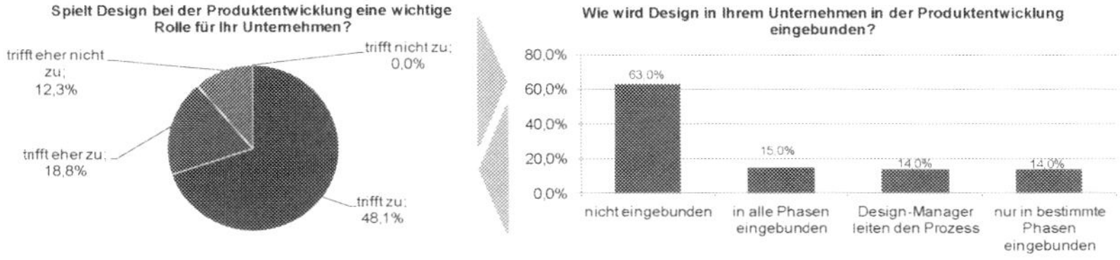

Abbildung 1-3: Design in der Produktentwicklung: Bedeutung (links)[18] ***und Einbindung (rechts)***[19]

Zur Bewältigung vorstehender Herausforderungen sind **Vorgehensweisen und Methoden** anzuwenden, um die aktive Gestaltung der Produktwahrnehmung nachvollziehbar und steuerbar in die Produktentwicklung einzubinden. Hierdurch lassen sich neben der Produktwertsteigerung auch Kosten senken, indem bereits in frühen Phasen der Produktentwicklung Fehlentscheidungen entgegengewirkt wird. Zur erfolgreichen Implementierung sind Bedingungen zu schaffen, um in der Produktentwicklung die relevanten Fragestellungen zu adressieren, die Entscheidungsfindung methodisch zu unterstützen und um die Verankerung dieser Vorgehensweisen sicherzustellen.[20] Es konnten sich bereits einige Ansätze etablieren, um Kundenwünsche zu erfassen und um diese auf konkrete Produktkonzepte zu übertragen[21]. In Bezug auf die wahrgenommene, visuelle Qualität eines Produktes nimmt besonders

---

[17] In Anlehnung an **ebenda** (Schönheit des Mehrwertes), 2010, S. 10-40 (n = 100 befragte Unternehmen).

[18] In Anlehnung an **ebenda** (Schönheit des Mehrwertes), 2010, S. 37 (n = 100 befragte Unternehmen).

[19] In Anlehnung an **Statista** (Design bei Produktentwicklung), 2004 (n = 1.500 befragte Unternehmen).

[20] Vgl. **Beaujean, P., et al.** (Emotionale Produktgestaltung), 2011, S. 240 ff.

[21] Vgl. **Schütte, S.** (Common Approach in Kansei Engineering), 2007, S. 10.

die Relevanz der impliziten Kundenwünsche zu, die nicht geäußert werden, deren Erfüllung jedoch zu überproportionaler Kundenzufriedenheit führt[22].

Kansei Engineering stellt einen Ansatz zur Unterstützung der Produktentwicklung dar, um ebendiese emotionalen, impliziten Kundenanforderungen sowie Informationen zu bewussten und unbewussten Aspekten der Wahrnehmung zu erfassen und in den Entwicklungsprozess einzubeziehen. Ziel ist es dabei, über die Gestaltung von technischen Designparametern die **wahrgenommene Produktqualität** und damit die Kaufentscheidung aktiv zu lenken. Es wurde bereits vielfach in unterschiedlichsten Branchen erfolgreich eingesetzt.[23]

Zur aktiven Lenkung der Qualitätswahrnehmung sind der Produktentwicklung **objektive** Daten und Informationen über die Konsumentenwahrnehmung zur Verfügung zu stellen. Die Einbindung quantitativer Daten über die visuelle Wahrnehmung bezüglich relevanter Produktmerkmale zur Förderung eines Produkterlebnisses kann die Entscheidungsqualität in der kundenorientierten Produktentwicklung fördern. Dabei stellen **apparative Blickregistrierungssysteme** quantifizierte Daten über die visuelle Wahrnehmung zur Verfügung und gestatten Analysen, um Hinweise über unbewusste Wahrnehmungsvorgänge zu erlangen.[24] Im Automobilbereich setzen Hersteller bereits verstärkt Blickregistrierung in der Produktentwicklung ein, um mittels quantitativer Daten über die visuelle Wahrnehmung Einblicke, in die aus Kundensicht **relevanten Produktmerkmale**, zu gewinnen. So wurde in einem Industrieberatungsprojekt des Autors mit einem Automobilhersteller der Mehrwert der Blickregistrierung zur Erfassung der visuellen Wahrnehmung im unternehmerischen Kontext herausgestellt. Zugleich förderte dieses Projekt die Erkenntnis, dass der **Mehrwert** des Einsatzes der Blickregistrierung an die interne **Akzeptanz** der Methodik geknüpft ist. Faktoren, die hierauf positiven Einfluss nehmen, sind dabei u. a. ein nachvollziehbares Studiendesign, eine strukturiert statistische Analyse zur Erfassung von Blickfängen (Eye-Catcher), eine nachvollziehbare Interpretation der Datenauswertung und die Etablierung eines geeigneten Reportings[25].

1.2 Gegenstand, Zielsetzung und Grenzen der Arbeit

Um ein aus Kundenperspektive qualitativ hochwertig wahrgenommenes Produkt zu entwickeln, sieht sich die **kundenorientierte Produktentwicklung** insbesondere den Herausforderungen der Anforderungserhebung, deren Transformation in Spezifikationen und der Validierung gegenüber[26]. Dabei sind kontinuierlich **Designentscheidungen** zu treffen und bereits in **frühen Phasen der Produktentwicklung** systematisch abzuleiten, da die **Produktgestalt** als Ergebnis des Designprozesses ein wesentlicher Erfolgsfaktor für die Wettbewerbsfähigkeit von Unternehmen darstellt. In diesem Kontext ist die **visuelle Wahrnehmung** wesentlich für die Produktbeurteilung aus Kundensicht. Daher bildet die **objektive Erfassung** von Parametern über die visuelle Wahrnehmung die Grundlage für die Ableitung von Handlungsempfehlungen für die Produktentwicklung, insbesondere die Produktgestaltung.

[22] Vgl. **Schuh, G.; Müller, J.; Rauhut, M.** (Gestaltung von Produktentwicklungsprozessen), 2012, S. 177.

[23] Vgl. **Nagamachi, M.** (Kansei/Affective), 2011, S. 5 ff.; **Nagamachi, M.; Lokman, A.** (Innovations of Kansei Engineering), 2011, S. 11 ff. und **Schmitt, R.; Pfeifer, T.** (Qualitätsmanagement), 2015, S. 158 sowie Kapitel 3.3.2.

[24] Vgl. **Bergstrom, J.; Schall, A.** (Eye Tracking), 2014, S. 20 sowie die Ausführungen zu Kapitel 2.6.3 und 2.6.6.

[25] Diese Anforderungen werden u. a. im Kapitel 3.2 näher betrachtet sowie im Kapitel 5 aufgegriffen und durch das Vorgehen der *empirischen Sozialforschung* zur deduktiv-analytischen Ausgestaltung des Ansatzes eingesetzt.

[26] Vgl. **Schmitt, R.** (Wertorientierte Produktentstehung), 2014 sowie Kapitel 2.2.4.

Es existieren Methoden und Vorgehensweisen, um Informationen über die visuelle Wahrnehmung messtechnisch zu erfassen und zu quantifizieren. Somit sind Informationen zielgerichtet und abgesichert in den Produktentstehungsprozess zu integrieren und bestehende Ansätze zu erweitern. **Kansei Engineering** bietet Ansätze, um die Stimme des Kunden mit technischen Merkmalen abzugleichen, zu synthetisieren und deren Umsetzung zu validieren. Jedoch mangelt es an Vorgehensweisen, die die vorstehenden Objektbereiche vereinen und bereits in frühe Phasen der kundenorientierten Produktentwicklung integrieren. Da Kansei Engineering in seiner allgemeinen Vorgehensweise dazu entwickelt wurde, weitere Werkzeuge und Methoden flexibel zu integrieren und zu **strukturieren**, bietet es für diese Arbeit das Potenzial zur Lösung der skizzierten praktischen und theoretischen Problemstellung[27].

Ziel dieser Arbeit ist die Entwicklung einer Vorgehensweise im Kontext des Kansei Engineerings zur Erfassung und Strukturierung objektiv erhobener und quantifizierter Informationen über die visuelle Qualitätswahrnehmung von Kunden.

Die Produktgestalt ist wesentlicher, visuell erfassbarer Stimulus bei der Urteilsbildung von Produkten. Das Urteil selbst, wird durch weitere Konstrukte wie Erfahrung, Motive und Einstellungen des Betrachters beeinflusst und die direkte Beeinflussung dessen liegt folglich außerhalb des Einflussbereiches unternehmerischer Aktivitäten.[28] Vielmehr ermöglicht die gezielte Variation von Merkmalen der Produktgestalt, die Reizinformationen, die auf die Sinnesmodalitäten einwirken, zu beeinflussen und eine Änderung physiologischer Reaktionen zu erwirken. Die Basis dieser Variation bildet der unternehmerische **Produktentwicklungsprozess**. Zur aktiven Lenkung der Wahrnehmung und Beeinflussung der Urteilsbildung setzt die zu entwickelnde Methodik daher bei der apparativgestützten, objektiven Erfassung und Quantifizierung von Informationen über die visuelle Aufmerksamkeit von Produkten an[29]. Produkte stellen dabei ein Bündel von **Reizen** dar[30]. Im Verlaufe der Produktentwicklung, während derer das Produkt verschiedene Detaillierungsgrade durchläuft, verändern sich die Reizausprägungen. Die Änderung der Reizausprägungen beeinflusst die Wahrnehmung. Ziel der zu erarbeitenden Vorgehensweise ist es, an diesem Punkt anzusetzen. Es sind Parameter über die visuelle Informationsaufnahme messtechnisch, folglich auch objektiv, zu erfassen und zu strukturieren, um Informationen und Aussagen über die visuelle Wahrnehmung zu erhalten. Hierfür ist zu ermitteln:

- wie Informationen zu visuell **relevanten** Reizen objektiv erfasst werden können,
- wie **Zusammenhänge** zwischen visuell relevanten Merkmalen und der Produktbotschaft (= semantische Dimension) quantitativ und objektiv hergestellt werden können,
- wie objektiv erhobene Daten über die visuelle Informationsaufnahme zur **Validierung** der tatsächlichen Wirkung einer intendierten Produktbotschaft unterstützen.

---

27 Vgl. **Schütte, S., et al.** (Kansei Engineering), 2004, S. 214.

28 Zur *Subjektivität* der Gestaltwahrnehmung, vgl. **Steffen, D.** (Design als Produktsprache), 2000, S. 92.

29 *Apparative Verfahren* zur Informationsgewinnung erheben objektive Daten zu physiologischen Indikatoren, um Aussagen über Wahrnehmungsabläufe zu gewinnen. In dieser Arbeit werden apparative Verfahren zur objektiven Erfassung der Blickbewegungen eingesetzt, um Aussagen über die visuelle Wahrnehmung von Kunden zu erlangen. Zu diesen und weiteren Ausführungen zu apparativen Verfahren, vgl. u. a. **Meffert, H.; Burmann, C.; Kirchgeorg, M.** (Marketing), 2015, S. 155 sowie **Döring, N.; Bortz, J.** (Forschungsmethoden und Evaluation), 2016, S. 507 ff.

30 Zur Diskussion der Reizkategorien aus psychologischer Perspektive, vgl. **Gerrig, R. J.** (Psychologie), 2015, S. 114. GERRIG unterscheidet zwischen *distalen* (= das eigentliche Produkt / Objekt) und *proximalen* Reizen (= das Abbild auf der Retina).

Die Arbeit soll durch einen zu entwickelnden methodischen Ansatz dazu beitragen, objektiv zu ermitteln, wie Konsumenten auf Basis visuell wahrnehmbarer Produktmerkmale ihr Produktwerturteil bilden – und zwar bewusst und unbewusst wahrgenommen. Hierfür sind in das allgemeine Vorgehen von Kansei Engineering geeignete Methoden zur objektiven Erfassung von Informationen über die visuelle Wahrnehmung sowie zur Quantifizierung und Nutzbarmachung dieser zu erhebenden Informationen zu integrieren. Darüber hinaus ist Kenntnis dahingehend zu erlangen, wie diese Ergebnisse in frühe Phasen der Produktentwicklung einzubinden sind, um relevanten Herausforderungen der emotionalen Produktentwicklung und -gestaltung zu begegnen.

Mit dieser Arbeit werden Impulse gesetzt, um Kansei Engineering systematisch zu erweitern und zielgerichtet in frühen Phasen der kundenorientierte Produktentwicklung anzuwenden. Durch die Bearbeitung der vorgestellten Problemstellung liefert diese Arbeit einen Beitrag im Themenfeld der wahrgenommenen Produktqualität (engl.: Perceived Quality). Der Fokus verschiebt sich von der Untersuchung der *Attractive Quality* gemäß KANO[31] (d. h. Untersuchung dessen, was zu Wertschätzung führt) zu dem vorgelagerten Schritt. Dementsprechend sind Parameter objektiv zu erfassen und zu quantifizieren, um Informationen darüber zu erhalten, welche Produktmerkmale (visuell) wahrgenommen werden, noch bevor der Betrachter darauf basierend überhaupt Produktwerturteile bilden kann.

1.3 Forschungskonzeption und Forschungsmethodik

Dieses Kapitel ordnet die vorliegende Arbeit in die Kategorien der Wissenschaftstheorien ein, nimmt eine Klassifikation der wissenschaftlichen Aussagen vor und beschreibt das forschungsmethodische Vorgehen.

Wissenschaftliche Einordnung

Die Wissenschaftstheorie unterscheidet die Wissenschaftskategorien grundsätzlich in Formal- und Realwissenschaften. Die Formalwissenschaften, zu denen u. a. die Mathematik, die Logik und die Philosophie zählen, fokussieren die Bildung von Zeichensystemen und die Regeln zu ihrer Verwendung, um Aussagen über nicht real existierende Objekte abzuleiten. Die Prüfung der Richtigkeit dieser Aussagen erfolgt dabei in der Suche nach logischen Widersprüchen.[32] Demgegenüber ist es Zielsetzung der Realwissenschaften, Ausschnitte der Realität zu beschreiben, zu erklären und mit geeigneten Methoden und Werkzeugen zu gestalten[33]. Weitergehend werden die Realwissenschaften in reine Grundlagenwissenschaften und angewandte Wissenschaften gegliedert. Die Zielsetzung der Grundlagenwissenschaften (u. a. Naturwissenschaften) ist die Erklärung empirischer Wirklichkeitsausschnitte und die Bildung von Theoriezusammenhängen. In Abgrenzung dazu thematisieren die angewandten Wissenschaften Praxiszusammenhänge zur Analyse menschlicher Handlungsalternativen und zur Gestaltung sozialer oder technischer Systeme. Zu den angewandten Wissenschaften zählen u. a. die Ingenieurwissenschaften und die Betriebswirtschaftslehre, welche eine

[31] Vgl. **Kano, N.** (Attractive Quality), 1984.

[32] Vgl. **Ulrich, P.; Hill, W.** (Wissenschaftstheoretische Aspekte), 1979, S. 163 ff.

[33] Vgl. **Ulrich, P.; Hill, W.** (Wissenschaftstheoretische Grundlagen I), 1976, S. 305.

Form der angewandten Sozialwissenschaften darstellt[34]. Das Untersuchungsobjekt der angewandten Forschung ist die Gegenwart als Basis der Erforschung zukünftiger Realitäten[35]. Im Fokus des Forschungsprozesses realwissenschaftlicher Untersuchungen stehen die Betrachtung von Praxisproblemen und die Prüfung der entwickelten Lösungsverfahren im Anwendungszusammenhang.[36]

Die Wissenschaftstheorie unterscheidet zudem zwischen theoretischen und **pragmatischen** bzw. praktischen Wissenschaftszielen. Die Festlegung des Wissenschaftszieles determiniert zugleich die Methodologie des Forschungsprozesses. Theoretische Wissenschaftsziele verfolgen gemäß einer realanalytischen Wissenschaftskonzeption die Erklärung von Ursache-Wirkungszusammenhängen. Demgegenüber folgt die praktische Zielsetzung einer **operationsanalytischen** Wissenschaftskonzeption. Das Mittel hierfür ist die Ableitung von Handlungsempfehlungen für konkrete Probleme der Praxis zur Gestaltung zukünftiger Realitäten. Der Fokus besteht dabei in der Begründung von Ziel-Mittel-Beziehungen. Die operationsanalytische Wissenschaftskonzeption stützt sich auf die realanalytische und beide Konzeptionen ergänzen einander.[37] Der Fokus dieser Arbeit liegt nicht allein in der Beantwortung technischer Fragestellungen aus dem Bereich der Ingenieurwissenschaften. Vielmehr sind unternehmerische Entscheidungen im Verlaufe des Entwicklungsprozesses zu unterstützen. Die Arbeit umfasst somit Forschungsaktivitäten, die sowohl den angewandten Handlungswissenschaften als auch den Grundlagenwissenschaften zuzuordnen sind (siehe Abbildung 1-4).

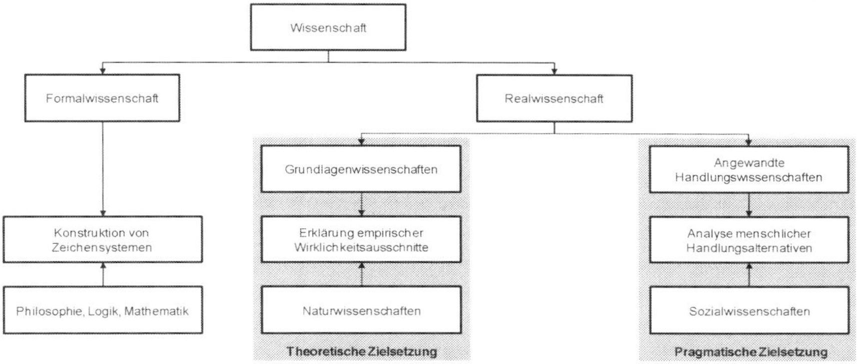

Abbildung 1-4: Einordnung der wissenschaftlichen Fragestellung der Arbeit[38]

Nach ULRICH werden die wissenschaftlichen Ergebnisse der **angewandten, praxisorientierten Forschung** auf vier Ebenen klassifiziert. Dies ist zunächst die *inhaltliche Lösung* zu konkreten Problemen der Praxis. Weiterhin werden *Lösungsverfahren* entwickelt, um konkrete Probleme der Praxis zu lösen. Ein weiteres Ergebnis der angewandten Forschung kann ferner die Entwicklung von *Modellen zur Gestaltung* der zukünftigen Realität darstellen. Zudem sind *Regeln zur Entwicklung von Modellen* über die Gestaltung der zukünftigen Realität eine weitere Ebene der wissenschaftlichen Ergebnisse in der angewandten Forschung. Die vor-

34 Vgl. **Ulrich, P.; Hill, W.** (Wissenschaftstheoretische Aspekte), 1979, S. 164.

35 Vgl. **Ulrich, H.** (Anwendungsorientierte Sozialwissenschaft), 1984, S. 174.

36 Siehe hierzu Kapitel 1.4.

37 Vgl. **Hill, W.; Fehlbaum, R.; Ulrich, P.** (Organisationslehre), 1994, S. 34 ff.

38 In Anlehnung an **Ulrich, P.; Hill, W.** (Wissenschaftstheoretische Grundlagen I), 1976, S. 305.

liegende Dissertation verfolgt entsprechend der aufgezeigten Zielsetzung die Entwicklung eines **Lösungsverfahrens** für konkrete Probleme der Praxis.[39]

Auf Basis der Einordnung der wissenschaftlichen Fragestellung in die Strategie angewandter Forschung leiten sich der Forschungsprozess und die Forschungsmethodik der Arbeit ab. Ziel des **Forschungsprozesses** angewandter Wissenschaft nach ULRICH (siehe Abbildung 1-5) ist es, die Grundprobleme realwissenschaftlicher Fragestellungen zu lösen, um wissenschaftliche Aussagen für die Beratung sowie die Implementierung in der Praxis abzuleiten. Hierfür sind der Entdeckungs-, der Begründungs- und der Verwendungszusammenhang zu adressieren. Der Entdeckungszusammenhang besteht in der Erfassung und Typisierung der Probleme der Praxis durch die methodische Erkenntnisgewinnung[40]. Der Verwendungszusammenhang wird durch die Prüfung der methodischen Anwendung der entwickelten Vorgehensweisen in der Realität geprüft. Der Begründungszusammenhang besteht in der methodengestützten Ableitung von Handlungsempfehlungen.[41]

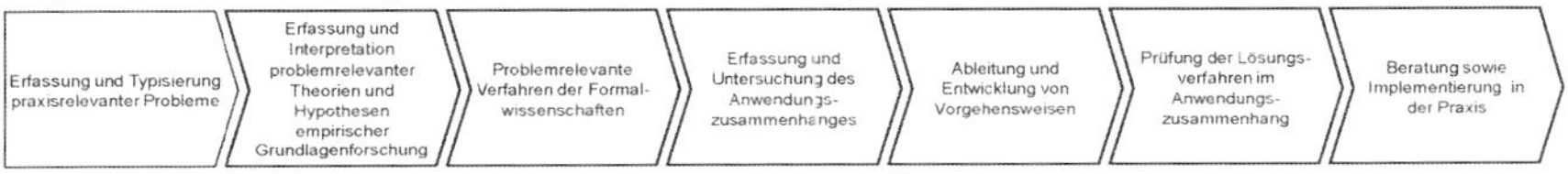

Abbildung 1-5: Forschungsprozess angewandter Forschung[42]

Heuristischer Bezugsrahmen

Die im Kapitel 1.1 genannten Problemstellungen für die unternehmerische Praxis und im Kapitel 1.2 aufgeführten Zielsetzungen grenzen den Betrachtungsbereich dieser Arbeit ab. Sie spannen zugleich den **heuristischen Bezugsrahmen** (siehe Abbildung 1-6) auf. Innerhalb dieses Bezugsrahmens skizzieren sie ein Zielbild für das **forschungsmethodische Vorgehen** der vorliegenden Arbeit. Angereichert durch die Integration von Erfahrungswissen trägt dieser Bezugsrahmen zur **iterativen** Erkenntnisgewinnung bei.[43]

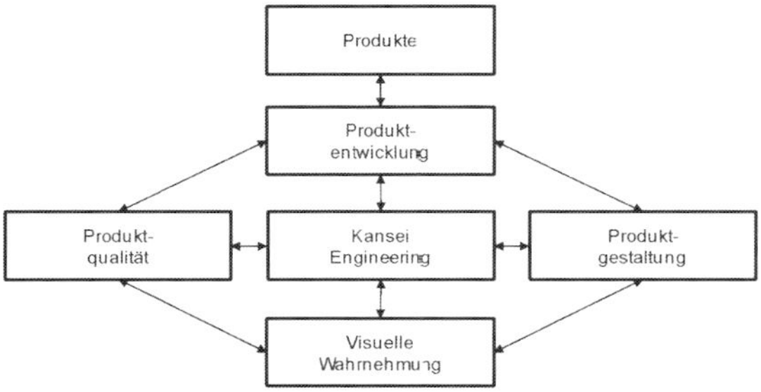

Abbildung 1-6: Heuristischer Bezugsrahmen

In dieser Arbeit folgen die Forschungsaktivitäten einem Lernprozess, der das **theoretische Vorverständnis** durch Konkretisierung des heuristischen Bezugsrahmens erweitert. Dieser Prozess schafft neues **Erfahrungswissen**[44]. Aufgrund des zyklischen Verlaufes und des

---

[39] Vgl. **Ulrich, H.** (Anwendungsorientierte Sozialwissenschaft), 1984, S. 180 f.

[40] Vgl. **ebenda** (Anwendungsorientierte Sozialwissenschaft), 1984, S. 192 ff.

[41] Vgl. **Ulrich, P.; Hill, W.** (Wissenschaftstheoretische Grundlagen I), 1976, S. 306.

[42] In Anlehnung an **Ulrich, H.** (Anwendungsorientierte Sozialwissenschaft), 1984, S. 193 und **Zelewski, S.** (Grundlagen Betriebswirtschaftslehre), 2008, S. 32.

[43] Vgl. **Kubicek, H.** (Heuristische Bezugsrahmen), 1976, S. 13 ff.

[44] Vgl. **Tomczak, T.** (Forschungsmethoden), 1992, S. 83 f.

kontinuierlich kritischen Überprüfens gewonnener Erkenntnisse beinhaltet der Forschungsprozess zur Erkenntnisgewinnung in dieser Arbeit Elemente der Aktionsforschung[45]. Dabei wird der Forschungsprozess um *aktions*bezogene Elemente zur Erhebung von Daten und zur Umsetzung von Handlungsplänen sowie um *forschungs*bezogene Elemente der Analyse von Abläufen und der Bewertung der Implementierung ergänzt. In der Aktionsforschung werden somit – ausgehend von dem Betrachtungsbereich des Bezugsrahmens – Ideen und Lösungsverfahren zur Gestaltung der Realität abgeleitet, angewendet und bewertet.[46]

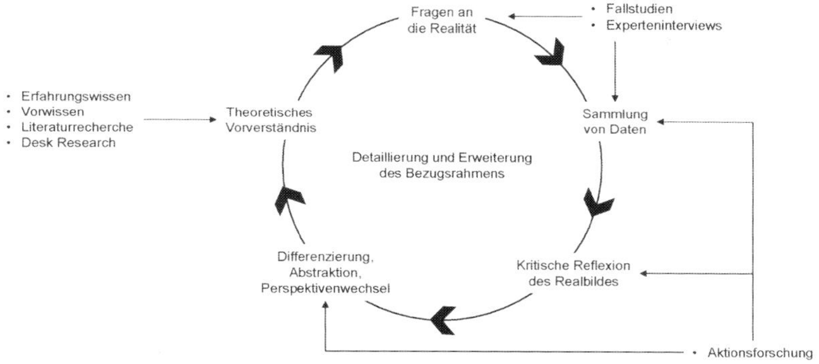

Abbildung 1-7: Explorativer Forschungsprozess[47]

Forschungsmethodik

Aufgrund der **interdisziplinären** Zielstellung dieser Arbeit wurden diverse forschungsmethodische Ansätze gewählt und an geeigneter Stelle eingesetzt. Zur Ableitung von Erkenntnissen sind kontinuierlich Informationen über die Betrachtungsbereiche zu gewinnen. Zur Informationsgewinnung und zur Erfassung des theoretischen Vorverständnisses wurde sich u. a. Methoden der Sekundärforschung bedient. Hierzu zählen die **empirische Inhaltsanalyse**[48], basierend auf Literaturrecherchen, und **Desk Research**[49] zur Aufarbeitung relevanter Literatur sowie zur iterativen Erforschung neuer Problemfelder innerhalb des betrachteten Bezugsrahmens. Die durch Sekundärforschung gewonnenen Informationen wurden im explorativen Forschungsprozess dieser Arbeit mit ausgewählten Methoden der Primärforschung angereichert. Dies war erforderlich, um einerseits den Bezugsrahmen sowie das Vorverständnis zu erweitern und um andererseits Anforderungen an die Entwicklung der Vorgehensweise dieser Arbeit abzuleiten sowie um im Weiteren die Vorgehensweise im Anwendungszusammenhang zu prüfen. Je nach zu adressierender Fragestellung wurden daher **Befragungen (u. a. Experteninterviews)**, **Beobachtungen (u. a. Probandenstudien)**, **Experimente** und weitere Formen der Informationsgewinnung eingesetzt (siehe Abbildung 1-7)[50].

---

45 Eine ausführliche Diskussion zur *Aktionsforschung* sowie deren Abgrenzung zur traditionellen Sozialforschung findet sich in **Kromrey, H.; Strübing, J.** (Empirische Sozialforschung), 2009, S. 508 ff.

46 Vgl. **Checkland, P.; Holwell, S.** (Action Research), 1998, S. 13 f. und **Dieterle, W.** (Wissenschaft und Praxis), 1983, S. 10 f. zitiert in **Hammers, C.** (Informationspfade in Entwicklungsprojekten), 2012, S. 32 f.

47 Vgl. **Kubicek, H.** (Heuristische Bezugsrahmen), 1976, S. 13 sowie zu dem *explorativen Forschungszyklus*, vgl. **Tomczak, T.** (Forschungsmethoden), 1992, S. 84.

48 Zur *Inhaltsanalyse*, vgl. **Kromrey, H.; Strübing, J.** (Empirische Sozialforschung), 2009, S. 300 ff. und **Meffert, H.; Burmann, C.; Kirchgeorg, M.** (Marketing), 2015, S. 146.

49 Vgl. **Nickel, S.** (Desk Research), 2004, S. 34 f.

50 Vgl. **Meffert, H.; Burmann, C.; Kirchgeorg, M.** (Marketing), 2015, S. 147-159.

Im Fokus des Forschungsprozesses steht neben der Generierung einer Informationsbasis innerhalb des Betrachtungsrahmens insbesondere das **wissenschaftliche Schlussfolgern**. Aus erkenntnistheoretischer Perspektive ist zu unterscheiden zwischen der induktiven, der deduktiven und der abduktiven Schlussfolgerung. In dieser Arbeit wurde, basierend auf Daten der qualitativen Forschung zur Ableitung neuer Zusammenhänge, die **empirisch-induktive** Schlussfolgerung angewandt. Zur Ableitung spezifischer Vorgehensweisen und Hypothesen bedient sich die Arbeit der **Deduktion**. Beide Wege der Schlussfolgerung wurden kombiniert mit der empirischen Prüfung der entwickelten Annahmen und Vorgehensweisen im Anwendungszusammenhang. Innerhalb dieses Anwendungszusammenhanges fanden u. a. Ansätze der quantitativen Sozialforschung, gemäß der analytisch-nomologischen bzw. deduktiv-nomologischen Wissenschaftstheorie, Anwendung[51]. Wenngleich abduktives Schlussfolgern Potenzial zur Erkenntnisgewinnung aufweist, wird in dieser Arbeit diese Art des Schlussfolgerns nicht angewandt, da aufgrund der ihr immanenten, kreativen Vorgehensweise der Erkenntnisprozess schwer nachvollziehbar zu gestalten und zu dokumentieren ist.[52] Im Fokus des wissenschaftlichen Folgerns dieser Arbeit stehen dabei insbesondere die Entwicklung einer Vorgehensweise und die Prüfung dieser im Anwendungszusammenhang. Hierfür wurden die Erkenntnisse mit den anwendungsnahen, praktischen Erfahrungen aus einem internationalen Forschungsprojekt[53] sowie mit den Erkenntnissen aus diversen bilateralen Forschungsprojekten und einzelnen Probandenstudien aus dem Forschungsumfeld des Autors in Verbindung gesetzt.

1.4 Forschungsfrage, Leitfragen und Aufbau der Arbeit

In diesem Kapitel wird die Forschungsfrage aufgegriffen. Strukturierende Leitfragen, die zur schrittweisen Erkenntnisgewinnung beitragen, leiten über zu dem Aufbau der Arbeit. Dieser ist angelehnt an das **Phasenmodell angewandter Forschung** nach ULRICH[54] und lässt sich in dieses integrieren.

Forschungsfrage

Aus der Zielsetzung und dem aufgezeigten Vorverständnis der Arbeit lässt sich folgende, der Arbeit zu Grunde liegende, **Forschungsfrage** aufstellen.

Lassen sich objektiv erfasste Daten über die visuelle Wahrnehmung zu relevanten Produktmerkmalen durch einen Kansei-Engineering-Ansatz für (Produktdesign-) Entscheidungen in der kundenorientierten Produktentwicklung systematisch strukturieren?

Strukturierende Leitfragen

Zur Bearbeitung der Forschungsfrage lassen sich **strukturierende Leitfragen** ableiten, die sich einerseits an dem skizzierten Vorverständnis der Arbeit gemäß Abbildung 1-6 orientie-

[51] Vgl. **Kromrey, H.; Strübing, J.** (Empirische Sozialforschung), 2009, S. 508.

[52] Vgl. **Döring, N.; Bortz, J.** (Forschungsmethoden und Evaluation), 2016, S. 35 sowie für eine ausführliche Darstellung des *abduktiven* Schlussfolgerns, vgl. **Reichertz, J.** (Abduktion), 2013. Ergänzend diskutiert ZELEWSKI auch die *Hermeneutik*, vgl. **Zelewski, S.** (Grundlagen Betriebswirtschaftslehre), 2008, S. 33 ff.

[53] Das Forschungsprojekt CONEMO (IGF-Vorhaben 47EN) wurde über die AiF im Rahmen des Programmes zur Förderung der industriellen Gemeinschaftsforschung (IGF) vom Bundesministerium für Wirtschaft und Technologie aufgrund eines Beschlusses des Deutschen Bundestages gefördert.

[54] Vgl. Kapitel 1.3.

ren. Andererseits sind sie ausgerichtet auf die Konzeption, die Ausgestaltung und die Anwendung eines auf Kansei Engineering basierenden Vorgehens zur Strukturierung objektiv erfasster Daten über die visuelle Wahrnehmung. Insoweit dient die Beantwortung der nachfolgend aufgezeigten Fragen zur Entwicklung eines Lösungsverfahrens für die dargestellten Herausforderungen in der Praxis der kundenorientierten Produktentwicklung und -gestaltung:

- Wie ordnet sich die Kundenorientierung (Kapitel 2.2.4) als Aspekt der Produktentwicklung (Kapitel 2.2) physischer Produkte (Kapitel 2.1) ein?
- Welche Aspekte beschreiben die visuelle Wahrnehmung (Kapitel 2.5) als Basis zur Beurteilung der wahrgenommenen Produktqualität (Kapitel 2.3.2) aus Kundensicht?
- Wie ordnet sich die Produktgestaltung in die Produktentwicklung ein? (Kapitel 2.4)
- Wie lassen sich Informationen über die visuelle Wahrnehmung erfassen und objektivieren (Kapitel 2.6) und wie ordnet sich hierbei die Blickregistrierung ein?
- Welche Potenziale besitzt eine allgemeine Vorgehensweise des Kansei Engineerings zur Beantwortung der forschungsleitenden Fragestellung? (Kapitel 3)
- Welche Anforderungen bestehen an die konzeptionelle Erweiterung des Kansei Engineerings zur Strukturierung objektiv erfasster Informationen über die visuelle Informationsaufnahme? (Kapitel 4.1)
- Wie kann eine allgemeine Vorgehensweise des Kansei Engineerings zur Beantwortung der praxisrelevanten Problemstellung angewandt werden? (Kapitel 4.2)
- Wie ist dieser Lösungsansatz schrittweise auszugestalten? (Kapitel 5)
- Welche Erkenntnisse lassen sich aus der partiellen Anwendung des Ansatzes aus diversen Validierungsprojekten ableiten? (Kapitel 6)
- Welche Implikationen ergeben sich für die weitere Forschung aus der Prüfung im Anwendungszusammenhang und der kritischen Reflexion? (Kapitel 7 und Kapitel 8)

Aufbau der Arbeit

Vor dem Hintergrund der anwendungsorientierten Zielsetzung und der Leitfragen orientiert sich der Aufbau der Arbeit an einer **operationsanalytischen**, handlungstheoretischen Forschungskonzeption. Hierbei ist gemäß ULRICH in verschiedenen Phasen des Forschungsprozesses ein Praxisbezug herzustellen, um die entwickelte Vorgehensweise im Anwendungszusammenhang empirisch auf deren erfolgreiche Realisierung zu prüfen.[55]

Im vorliegenden **Kapitel 1** wurde die Problemstellung dieser Dissertation herausgearbeitet, dass die kundenorientierte Produktentwicklung Vorgehensweisen erfordert, um die Entscheidungsfindung bereits in frühen Phasen der Produktentwicklung zu unterstützen, mit dem Ziel einer hohen wahrgenommenen Produktqualität. Es folgten die Ableitung der Zielstellung und der Forschungsfrage dieser Arbeit sowie die Abgrenzung des Betrachtungsbereiches mithilfe des heuristischen Bezugsrahmens. Das Kapitel schließt mit der Einordnung der Arbeit in die Kategorien der Wissenschaftstheorien, der Beschreibung des forschungsmethodischen Vorgehens und dem Aufbau der Arbeit.

Kapitel 2 greift den im Kapitel 1 skizzierten, gedanklichen Bezugsrahmen auf und nimmt darauf aufbauend eine Aufarbeitung der Grundlagen, der bestehenden Theorien sowie der

---

[55] Vgl. **Ulrich, P.; Hill, W.** (Wissenschaftstheoretische Aspekte), 1979, S. 163 ff; **Hill, W.; Fehlbaum, R.; Ulrich, P.** (Organisationslehre), 1994, S. 38 f. und **Ulrich, P.; Hill, W.** (Wissenschaftstheoretische Grundlagen II), 1976, S. 347 f.

existierenden Erkenntnisse aus Wissenschaft und Praxis vor. Es wird geklärt, welchen Herausforderungen die kundenorientierte Produktentwicklung gegenübersteht und welche Bedeutung die visuelle Wahrnehmung bei der Qualitätswahrnehmung aus Kundensicht einnimmt. Es ist folglich darzustellen, wie die Produktgestaltung Einfluss auf die Gestaltung der visuell wahrnehmbaren Produktmerkmale nimmt. Darüber hinaus werden Ansätze zur Erfassung und Objektivierung von Parametern dargelegt, die es gestatten, Informationen über die visuelle Wahrnehmung abzuleiten. Das Kapitel endet mit einer Detaillierung des Bezugsrahmens dieser Arbeit.

Kapitel 3 greift die Grundprinzipien (Grundlagen, Theorien und prinzipielle Vorgehensweisen) von Kansei Engineering auf. Es wird zudem das Potenzial betrachtet, wie Kansei Engineering entlang einer allgemeinen Vorgehensweise zur Auflösung des erweiterten Vorverständnisses des heuristischen Bezugsrahmens beitragen kann. Das Kapitel 3 abschließend, wird dieser Ansatz der kundenorientierten Produktentwicklung von weiteren Ansätzen des *Affective Engineerings* abgegrenzt.

Basierend auf der Konkretisierung des theoretischen Bezugsrahmens in den Kapiteln 2 und 3 erfolgt die Herleitung eines Konzeptes zur Lösung der Forschungsfrage. Hierfür ergänzt **Kapitel 4** die Erkenntnisse aus den Kapiteln 2 und 3 um weitere praxisrelevante Handlungsfelder und leitet über zur leitenden Lösungshypothese dieser Arbeit. Zur Bewältigung des resultierenden, anwendungsorientierten Forschungsbedarfes werden auf analytisch-deduktive Weise Anforderungen aus dem erweiterten Vorverständnis der Arbeit abgeleitet. Anhand von Teilforschungsfragen werden diese Anforderungen in ein Konzept entlang der allgemeinen Vorgehensweise des Kansei Engineerings überführt. Hierbei wird dargestellt, welche Anforderungen und Elemente das Konzept zur Strukturierung von Informationen über die visuelle Wahrnehmung zu beinhalten hat, um Einfluss auf die visuell erfahrbare Produktgestalt nehmen zu können und folglich zur Steigerung der wahrgenommenen Produktqualität beizutragen.

Die Ausgestaltung des im Kapitel 4 skizzierten und abgegrenzten Konzeptes erfolgt im **Kapitel 5** entlang eines Kansei-Engineering-Ansatzes. Darin ist es Ziel, eine Vorgehensweise (= Lösungsverfahren) zu entwickeln zur Objektivierung und Strukturierung von Informationen über die visuelle Wahrnehmung für die Bewältigung der Herausforderungen in der kundenorientierten Produktentwicklung (= konkretes Problem der Praxis). Die Ausgestaltung basiert dabei auf dem Betrachtungsbereich drei relevanter Schritte der allgemeinen Vorgehensweise des Kansei Engineerings. Aufgrund der zentralen Bedeutung zur Beantwortung der leitenden Forschungsfrage stellt dieses Kapitel den Hauptteil dieser Arbeit dar.

Entsprechend der Beratung und der Implementierung für die Praxis nach ULRICH erfolgt die Prüfung der entwickelten Vorgehensweise im Anwendungszusammenhang im **Kapitel 6**. Es werden die Schritte und Artefakte der Vorgehensweise aufgegriffen und an Anwendungsbeispielen aus dem Industrieberatungs- und Forschungsumfeld des Autors geprüft. Relevante Anwendungszusammenhänge werden beschrieben sowie fallspezifische Ergebnisse abgeleitet, die einem Zwischenfazit und einer Reflexion der Fallanwendung zugeführt werden.

Kapitel 7 widmet sich der kritischen Reflexion der erarbeiteten Erkenntnisse dieser Arbeit. Durch eine Konzept- und Methodenreflexion wird der im Anwendungszusammenhang geprüfte Forschungsbeitrag kritisch gewürdigt, um Ansätze für dessen Überarbeitung aufzuzeigen und um eine Bewertung des Gesamtvorgehens der Forschungsaktivitäten vorzunehmen. Es folgt die Bezugnahme zur Beantwortung der abgeleiteten Teilforschungsfragen sowie zur Beantwortung der leitenden Hauptforschungsfrage.

Abschließend fasst **Kapitel 8** die Ergebnisse dieser Arbeit und den Beitrag für die anwendungsorientierte Forschung zusammen. Zudem wird ein Ausblick auf den weiteren Forschungsbedarf abgeleitet.

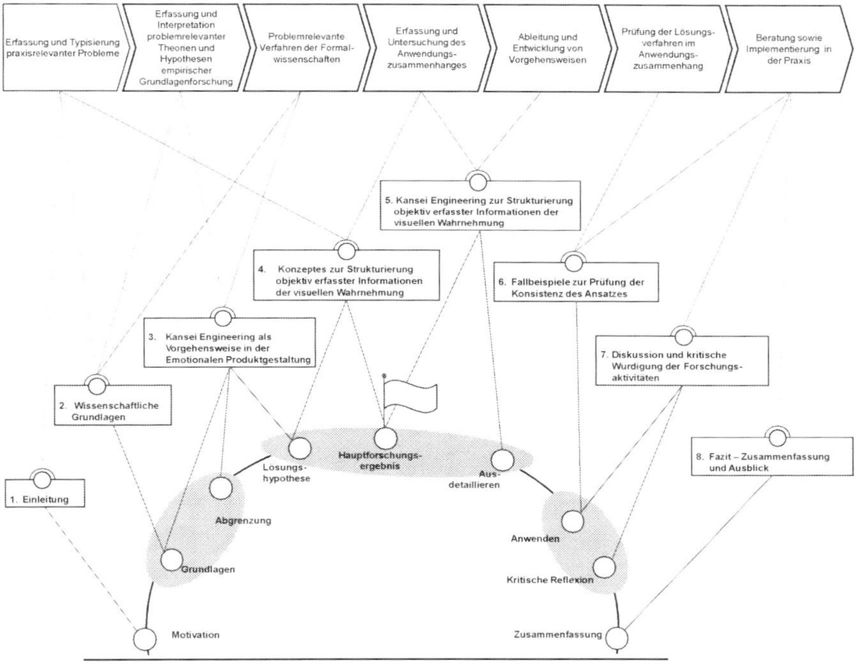

***Abbildung 1-8:** Gang der Arbeit eingeordnet in den Forschungsprozess und den Spannungsbogen angewandter Wissenschaft nach Ulrich*[56]

[56] In Anlehnung an Abbildung 1-5. Eine vergrößerte Abbildung befindet sich im Anhang (siehe Abbildung VII-1).

2 Wissenschaftliche Grundlagen der visuellen Wahrnehmung in der kundenorientierten Produktgestaltung

Basierend auf dem theoretischen Bezugsrahmen (siehe Abbildung 1-6) werden in diesem Kapitel die wissenschaftlichen Grundlagen terminologisch-deskriptiv aufgearbeitet und Bezug zu den strukturierenden Leitfragen aus Kapitel 1.4 genommen. Zunächst ist darzustellen, welches Verständnis der Begriff *Produkt* in dieser Arbeit einnimmt (Kapitel 2.1), bevor Aspekte der Produktentwicklung und der Kundenorientierung in der Produktentwicklung vertieft werden (Kapitel 2.2). Davon abgeleitet, wird der Qualitätsbegriff aus Kundensicht (Kapitel 2.2.4) vom traditionellen Qualitätsverständnis abgegrenzt. Anschließend wird die Bedeutung der Produktgestaltung zur Umsetzung produktsprachlicher Funktionen hervorgehoben (Kapitel 2.4) und aufgezeigt, welche Bedeutung die visuelle Wahrnehmung (Kapitel 2.5) als Basis zur Beurteilung der wahrgenommenen Produktqualität besitzt. Abschließend greift Kapitel 2.6 die Frage auf, wie Informationen über Aspekte der visuellen Wahrnehmung objektiv mittels apparativer Verfahren der Blickregistrierung erfasst werden können. Die Erkenntnisse in diesem Kapitel werden einem Zwischenfazit im Kapitel 2.7 zugeführt.

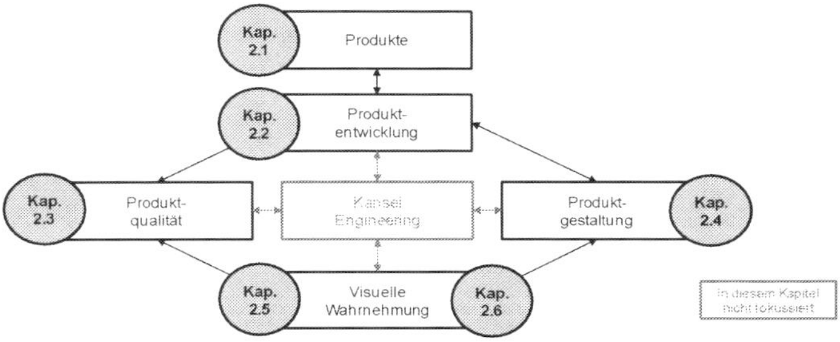

Abbildung 2-1: Einordnung der Struktur zu Kapitel 2 in den theoretischen Bezugsrahmen

2.1 Produkt – Produktverständnis in dieser Arbeit

Die Norm definiert das **Produkt** als das „[...] Ergebnis eines Prozesses [...]“[57]. Dabei ist der Prozess ein „[...] Satz zusammenhängender oder sich gegenseitig beeinflussender Tätigkeiten, der Eingaben zum Erzielen eines vorgesehenen Ergebnisses verwendet [...]“[58]. Produkte können unterschiedlich systematisiert werden, sodass eine alleinige **Systematisierung** kaum möglich ist[59]. Prinzipiell lassen sich Produkte in (rein) **materielle** (physische) und (rein) immaterielle Produkte gliedern, wobei zahlreiche Kombinationen von Gütern und Dienstleistungen existieren, die Elemente beider Kategorien umfassen. Aus produktionswirtschaftlicher Perspektive ist zudem die Unterscheidung nach Abfall-, Zwischen- und **Endprodukten** von Bedeutung. Noch nicht funktionsfähige Produkte im Produktionsprozess stellen Zwischenerzeugnisse dar und durchlaufen im Zuge ihrer Fertigstellung weitere Fertigungsstufen. Endprodukte können systematisiert werden nach Investitions- und **Konsumgütern**. Sowohl Investitions- als auch Konsumgüter werden weiterführend in Verbrauchs- und **Gebrauchsgü-**

[57] **DIN** (Qualitätsmanagementsysteme), 2015, S. 43.

[58] **ebenda** (Qualitätsmanagementsysteme), 2015, S. 33.

[59] Vgl. **Geiger, W.** (Qualitätsmanagement bei immateriellen Produkten), 2014, S. 944.

ter untergliedert. Verbrauchsgüter in der Produktion tragen zum Prozessablauf bei oder gehen in andere Güter über. Als Konsumgut werden Verbrauchsgüter einmalig verwendet und konsumiert (z. B. Nahrungsmittel). Demgegenüber dienen Gebrauchsgüter als Investitionsgüter zur repetitiven Unterstützung der Durchführung von Vorgängen (z. B. Produktionsanlagen) und als Konsumgut der dauerhaften, repetitiven Nutzung durch den Endverbraucher (z. B. Armbanduhr, Fahrrad, Automobil).[60]

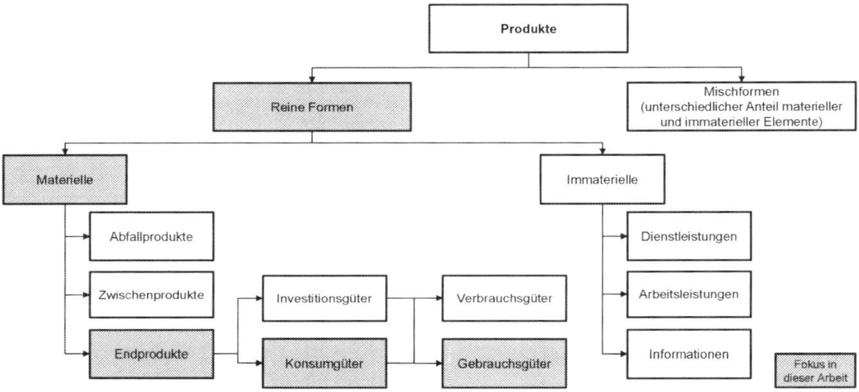

Abbildung 2-2: Systematisierung von Produkten[61]

Die Definition nach ULRICH „[...] a product is something sold by an enterprise to its customers [...]"[62] ist eine angebotsorientierte Perspektive. Hierbei ist das Unternehmen in der Rolle, Produkte für Kunden (Endverbraucher) anzubieten.[63] Somit handelt es sich um ein **Angebotsprodukt**, „[...] das eine Organisation zur Erreichung ihrer Ziele für externe Organisationen oder Personen vorsieht [...]"[64]. Diese Definition grenzt interne Produkte ab, welche primär zur Erstellung der Angebotsprodukte dienen. Bezüglich dieser absatzwirtschaftlichen Sichtweise sind Produkte somit als Ausbringungsgüter zu verstehen, die dazu dienen, beim Besitzer ein Bedürfnis zu befriedigen und einen Nutzen zu stiften[65]. KOTLER betrachtet das „[...] Produkt als ein Bündel von Nutzen [...]"[66]. Durch die drei Produktdimensionen *Kernprodukt*, *reales Produkt* und *erweitertes Produkt* trägt das Produkt zur Bedürfnisbefriedigung beim Endverbraucher bei. Das Kernprodukt zielt auf die eigentliche Lösung, nach der der Konsument für das individuelle Problem sucht, ab und stellt den Basisnutzen dar. Ergänzt um die zielgerichtete Kombination von Ausprägungen in den Kategorien Qualität, Funktionalität, Design, Marke und Verpackung ergibt sich das **reale Produkt**. Die Erweiterung des realen Produktes um Dienstleistungen sowie weitere Bedürfnisbefriedigungen (z. B. Installation, Kundendienst) führt zu einem erweiterten Produktverständnis.[67]

[60] Vgl. **Corsten, H.** (Produktionswirtschaft), 2007, S. 9.

[61] Abbildung in Anlehnung an **ebenda** (Produktionswirtschaft), 2007, S. 9.

[62] **Ulrich, K.; Eppinger, S.** (Product Design), 2012, S. 2.

[63] Vgl. **ebenda** (Product Design), 2012, S. 2.

[64] **Geiger, W.** (Qualitätsmanagement bei immateriellen Produkten), 2014, S. 943. Zu dem Begriff *Angebotsprodukt*, vgl. **DIN** (Begriffe zum Qualitätsmanagement), 2008, S. 4 ff.

[65] Vgl. **Corsten, H.** (Produktionswirtschaft), 2007, S. 9 sowie **Zelewski, S.** (Grundlagen Betriebswirtschaftslehre), 2008, S. 58.

[66] **Kotler, P.** (Grundlagen des Marketing), 2011, S. 44 und S. 589.

[67] Vgl. **ebenda** (Grundlagen des Marketing), 2011, S. 588 f. sowie erweitertes Qualitätsverständnis gemäß Kapitel 2.3.2.

Die vorliegende Arbeit fokussiert im weiteren Verlauf materielle (End-) Produkte, auf der Dimension des realen Produktes, die für den mehrmaligen Gebrauch von Konsumenten vorgesehen sind (= **Konsumgut**). Die vorstehenden Definitionen und Abgrenzungen orientieren sich an der unternehmerischen Wertschöpfung und zielen somit auf die Entwicklung und Fertigung von Produkten in produzierenden Unternehmen ab.

2.2 Aspekte des Qualitätsmanagements in der Produktentwicklung

Erfolgreiches, wirtschaftliches Handeln von produzierenden Unternehmen basiert u. a. darauf, für den Kunden **Produkte** zu **entwickeln,** zu gestalten, zu erstellen und zu vertreiben. In diesem Kapitel werden zunächst die wesentlichen Eigenschaften der Produktentwicklung dargestellt (Kapitel 2.2.1) und **Vorgehensmodelle** für Entwicklungsprozesse (Kapitel 2.2.2) von produzierenden Unternehmen vorgestellt. Anschließend werden Quality Gates zur Strukturierung der Entwicklungsprozesse aus Sicht des Qualitätsmanagements betrachtet (Kapitel 2.2.3). Das Kapitel schließt mit der Betrachtung zu Aspekten der **Kundenorientierung** im Kontext der Produktentwicklung (Kapitel 2.2.4).

2.2.1 Eigenschaften der Produktentwicklung

Die Produktentwicklung fokussiert die „[…] planerischen, gestalterischen und projektorganisatorischen […]“[68] Aspekte der Produktentstehung. Die Produktentstehung umfasst den Vorgang von der Produktidee bzw. der Auftragserteilung bis zur Auslieferung an den Kunden. Durch die Produktentwicklung werden Beschaffenheit und wesentliche Qualitätsmerkmale des Produktes zunächst modellhaft und anschließend materiell festgelegt[69].

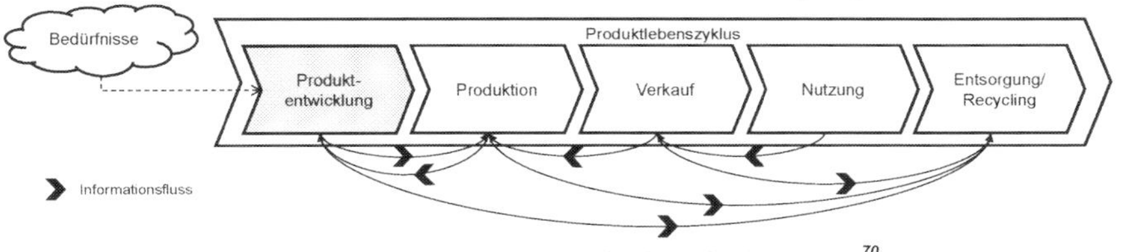

Abbildung 2-3: Eingliederung der Produktentwicklung in den Produktlebenszyklus[70]

Der Entwicklungsprozess bietet den Rahmen für die Umsetzung von Kundenanforderungen und technischen Ideen. Hierbei wird die Voraussetzung geschaffen, ein qualitativ hochwertiges Produkt herzustellen, das den Kunden begeistert. Dabei beschreibt die Produktentwicklung die Gesamtheit aller Prozesse, die vom Kundenwunsch bis hin zum marktreifen Produkt durchlaufen werden[71]. Es sind nahezu alle Unternehmensbereiche beteiligt. Sie ordnet sich in den Produktlebenszyklus als eine der ersten Phasen ein (Abbildung 2-3). Ihre Bedeutung begründet sich darin, da Produkteigenschaften im Besonderen durch Entscheidungen in frühen Phasen des Entwicklungsprozesses determiniert werden.[72]

---

[68] **Schulte, S.** (Integration von Kundenfeedback), 2006, S. 12.

[69] Vgl. **Prefi, T.** (Qualitätsorientierte Unternehmensführung), 2003, S. 103 sowie zu *Qualitätsmerkmalen*, vgl. Kapitel 2.3.3.

[70] In Anlehnung an **Schmitt, R.** (Aktive Gestaltung der wahrgenommenen Produktqualität), 2014, S. 27.

[71] Vgl. **Fricke, G.; Lohse, G.** (Entwicklungsmanagement), 1997, S. 1 und **Prefi, T.** (Qualitätsorientierte Unternehmensführung), 2003, S. 114 f.

[72] Vgl. **Ehrlenspiel, K.; Meerkamm, H.** (Integrierte Produktentwicklung), 2013, S. 162 und **Heiliger, S.** (Rapid Quality Deployment), 2003, S. 10 f.

Die Entwicklungsaktivitäten sind **qualitäts**- sowie **zukunftsorientiert**, da die Produktentwicklung im Ursprung für etwas Neues steht[73]. Abhängig vom **Neuheitsgrad** ist zwischen Neu-, Anpassungs- und Variantenentwicklung zu unterschieden[74]. Aufgrund der Neuartigkeit der Produktidee ist Wissen über die Problemlösung zu entwickeln. In frühen Phasen der Produktentwicklung bedarf es daher an Kreativität zur Ideengenerierung; später an Effizienz und termingerechter Implementierung (Konformität)[75]. Da potenzielle Kunden lediglich einen Ausschnitt der Anforderungen an ein zukünftiges Produkt explizit artikulieren, resultieren aus dieser **Unsicherheit** ebenso Risiken für die Entwicklung, wie auch aus dem Neuheitsgrad einzusetzender Technologien und aus der Allokation erforderlicher Ressourcen.[76] Die unterschiedlichen Entwicklungsaktivitäten werden durch den Austausch und über den Fluss von Informationen verknüpft, welche termin- und adressatengerecht aufzubereiten und bereitzustellen sind, um Entscheidungen zu unterstützen und Risiken in der Entwicklung zu reduzieren[77]. Das Umfeld global agierender, produzierender Unternehmen ist **dynamisch** und geprägt durch sich schnell ändernde Kundenanforderungen[78]. Produkte werden unter steigenden Kosten-, Zeit- und Qualitätsstandards entwickelt, um diesen variablen Anforderungen und Marktbedürfnissen gerecht zu werden. Zudem bedarf es **flexibler** organisatorischer Strukturen im Entwicklungsprozess[79]. Als Folge der Variabilität der Kundenanforderungen und der kürzeren Produktlebenszyklen nimmt die **Komplexität** der Produkte zu[80]. Dies steigert die Aufwendungen in der Produktentwicklung. Sowohl aus Produkt- als auch aus Prozesssicht ist die Entwicklung folglich ein komplexer Vorgang mit unterschiedlichen Anspruchsgruppen[81]. Den Anforderungen kann mit einem umfassenden **Qualitätsmanagement** gerecht werden, um das Qualitätsurteil der einzelnen Anspruchsgruppen in eine erfolgreiche Produktentwicklung einzubinden[82].[83]

2.2.2 Vorgehensmodelle der Produktentwicklung

Die aufgezeigten Charakteristika erschweren die systematische Bearbeitung der Produktentwicklung. Daher ist der Entwicklungsprozess in überschaubare, logisch abgegrenzte Abschnitte mit handhabbaren Arbeitspaketen zu unterteilen. Hierzu werden **Vorgehensmodelle** eingesetzt, welche zweckorientierte und informationsreduzierte Abbilder der Realität darstellen.[84] Die Vorgehensmodelle in der Produktentwicklung lassen sich nach LINDEMANN gemäß dem Auflösungsgrad auf drei Ebenen unterscheiden. Auf Ebene elementarer **Denk- und Handlungsabläufe** (Mikroebene) finden u. a. das TOTE-Modell (Test-Operate-Test-

---

73 Vgl. **Lindemann, U.** (Methodische Entwicklung), 2009, S. 20.

74 Vgl. **Ehrlenspiel, K.; Meerkamm, H.** (Integrierte Produktentwicklung), 2013, S. 269.

75 Vgl. **Prefi, T.** (Qualitätsorientierte Unternehmensführung), 2003, S. 114.

76 Vgl. **Wildemann, H.** (Kundenorientiertes Qualitätsmanagement), 2004, S. 381. ff. sowie **Mullins, J.; Sutherland, D.** (New Product Development), 1998, S. 228 f.

77 Vgl. **Hammers, C.** (Informationspfade in Entwicklungsprojekten), 2012, S. 37 sowie **Brown, S.; Eisenhardt, K.** (Product Development), 1995, S. 354 ff.

78 Vgl. **Prefi, T.** (Qualitätsorientierte Unternehmensführung), 2003, S. 8 sowie Kapitel 2.3.1 zu den *Anforderungen*.

79 Vgl. **Eversheim, W.; Schuh, G.** (Integrierte Produkt- und), 2005, S. 5 ff.

80 Vgl. **Rothlauf, J.** (Total-Quality-Management), 2009, S. 40.

81 Vgl. **Lindemann, U.** (Methodische Entwicklung), 2009, S. 8 sowie zu *Anspruchsklassen*, vgl. u. a. Kapitel 2.3.2.

82 Vgl. **Prefi, T.** (Qualitätsorientierte Unternehmensführung), 2003, S. 8.

83 Die aufgeführten Merkmale der Produktentwicklung basieren auf HAMMERS, vgl. **Hammers, C.** (Informationspfade in Entwicklungsprojekten), 2012, S. 36 ff.

84 Vgl. **Lindemann, U.** (Methodische Entwicklung), 2009, S. 33 ff.

Exit), der VVR-Zyklus (Vergleich-Veränderung-Rückmeldung) oder der PDCA-Zyklus (Plan-Do-Check-Act) Anwendung.[85] Auf Ebene von Arbeitsabschnitten (operative Problemlösung) finden sich Modelle mit **Problemlösezyklen** u. a. für die Baugruppengestaltung. Hierzu zählt der Vorgehenszyklus nach EHRLENSPIEL (*Aufgabe klären - Lösungen suchen - Lösung auswählen - Lösung verwirklichen*). Dieser bildet komplexe Handlungsabläufe ab und stellt ein Grundmuster zur Problemlösung dar. Auf Makroebene wird der Entwicklungsprozess eines Gesamtproduktes in einzelne größere **Phasen** unterteilt, innerhalb derer auf Vorgehensmodelle der vorgenannten Ebenen zurückgegriffen wird.[86]

In der Literatur wird der Produktentwicklungsprozess zumeist anhand der Ebene **phasenorientierter Ablaufpläne** abgebildet. Daher wird im weiteren Verlauf der vorliegenden Arbeit dieser Ebene gefolgt. Grundsätzlich variieren diese Phasenmodelle in der Abgrenzung und in dem Detaillierungsgrad der einzelnen Phasen.[87] Nachfolgend werden das Phasenmodell von EPPINGER und ULRICH, die VDI-Richtlinie 2221 sowie deren Erweiterung nach PAHL ET AL., das V-Modell und das Modell des Entwicklungsprozesses von ENGELN erläutert.

Produktentwicklungsprozess nach EPPINGER und ULRICH

EPPINGER und ULRICH gliedern den Entwicklungsprozess in sechs **seriell ablaufende** Phasen. Obgleich dieses einfache Schema intuitiv zugänglich ist, kritisiert ENGELN, dass dieses Modell nicht der Entwicklungsrealität paralleler und iterativer Abläufe Rechnung trägt.[88]

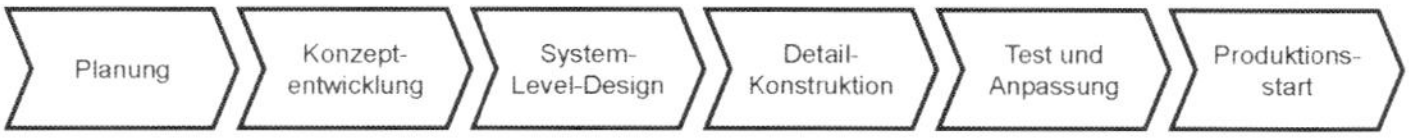

Abbildung 2-4: Phasenmodell des Entwicklungsprozesses nach EPPINGER und ULRICH[89]

Vorgehen beim Entwickeln und Konstruieren nach VDI-Richtlinie 2221

Die VDI-Richtlinie 2221[90] gilt branchenübergreifend als Leitlinie der methodischen Produktentwicklung. Sie folgt einem systemtechnischen Problemlösungszyklus und **strukturiert** den Entwicklungsprozess entlang von Aufgaben, Arbeitsergebnissen und Phasen[91]. Die Reihenfolge der Arbeitsschritte ist nicht als starre Vorgabe zu betrachten, sondern situativ können einzelne Schritte iterativ wiederholt oder ausgelassen werden. Die Vorgehensweise ist in sieben Arbeitsschritte zur **Abstraktion und Konkretisierung** der Entwicklungsaufgabe gegliedert, während derer festgelegte Arbeitsinhalte erarbeitet werden (siehe Abbildung 2-5).

Produktentwicklungsprozess nach PAHL ET AL.

Das Zusammenfassen von Arbeitsschritten zu Phasen leitet über zu dem Entwicklungsprozess nach PAHL ET AL., der auf der VDI-Richtlinie 2221 basiert und die Anwendung im Ma-

---

85 Zu dem *PDCA-Zyklus*, vgl. **Imai, M.** (Kaizen), 1998, zu dem *TOTE-Modell*, vgl. **Miller, G.; Galanter, E.; Pribram, C.** (Strategien des), 1991 und zu dem *VVR-Zyklus*, vgl. **Hacker, W.** (Allgemeine Arbeitspsychologie), 2005, S. 207. Zu diesen und weiteren Vorgehensmodellen der Produktentwicklung, vgl. **Braun, T.** (Strategischen Produktplanung), 2005, S. 27 ff.

86 Vgl. **Lindemann, U.** (Methodische Entwicklung), 2009, S. 38-43 sowie **Ehrlenspiel, K.; Meerkamm, H.** (Integrierte Produktentwicklung), 2013, S. 102.

87 Vgl. **ebenda** (Integrierte Produktentwicklung), 2013, S. 174 ff.; **Feldhusen, J.; Grote, K.-H.** (Konstruktionslehre), 2013, S. 11 ff.; **Sieg, O.** (Produktentwicklungscontrolling), 2007, S. 11; **Spur, G.; Krause, F.-L.** (Das virtuelle Produkt), 1997, S. 4 und **Seidel, M.** (Methodische Produktplanung), 2005, S. 6.

88 Vgl. **Engeln, W.** (Methoden der Produktentwicklung), 2011, S. 19.

89 Abbildung in Anlehnung an **ebenda** (Methoden der Produktentwicklung), 2011, S. 19.

90 Vgl. **VDI** (Entwickeln und Konstruieren), 1993.

91 Vgl. **Ehrlenspiel, K.; Meerkamm, H.** (Integrierte Produktentwicklung), 2013, S. 261 ff.

schinenbau fokussiert. Die Phasen der VDI-Richtlinie 2221 werden aufgegriffen und als *Planen und klären der Aufgabe*, *Konzipieren*, *Entwerfen* und *Ausarbeiten* bezeichnet[92]. Mit Abschluss eines Hauptarbeitsschrittes werden Festlegungen getroffen, die als Entscheidungspunkte der Produktentwicklung zu sehen sind. Definiert werden u. a. die herstellungstechnische Festlegung des Lösungskonzeptes sowie die vollständige Produktdokumentation.[93]

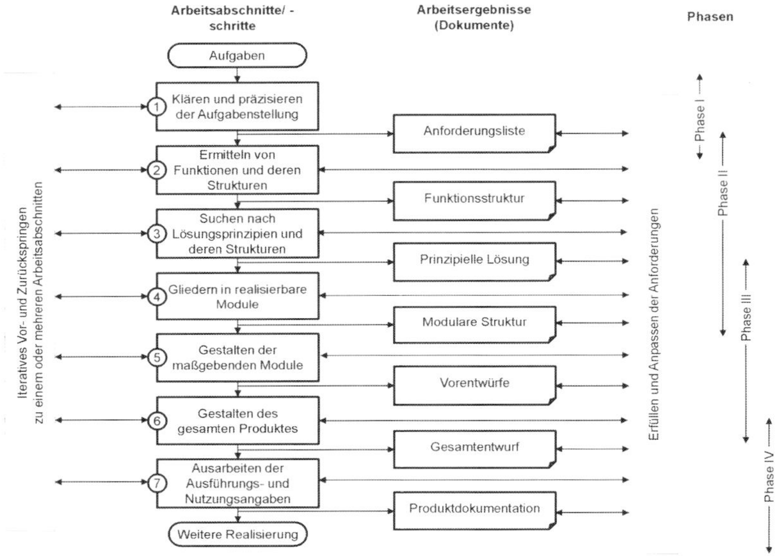

***Abbildung 2-5: Konstruktions- und Produktentwicklungsphasen*[94]**

V-Modell nach VDI-Richtlinie 2206

Das V-Modell wurde als Leitlinie für die Softwareentwicklung definiert und auf die Entwicklung mechatronischer Produkte erweitert. Es folgt auf Ebene des Entwicklungsprozesses einer **Makrologik**, entlang der Aufgabenstellungen *Systementwurf*, *Modellbildung* und *-analyse*, *domänenspezifischer Entwurf*, *Systemintegration* und *Eigenschaftsabsicherung*. Der dem V-Modell zugrundeliegende Ansatz ist, dass jeder spezifizierte Entwicklungsschritt anhand definierter Prüfkriterien **kontinuierlich** zu verifizieren bzw. zu **validieren** ist, um sicherzustellen, dass die eingangs gestellten und dokumentierten Anforderungen mit den tatsächlichen Systemeigenschaften erfüllt werden[95]. Zur Detaillierung der Arbeitsschritte sind Problemlösungszyklen bzw. elementare Denkabläufe einzubinden. Ein **iteratives** Durchlaufen des V-Modells trägt dazu bei, die Produktreife der Zwischenergebnisse eines Produktes, ausgehend von Labormuster, über Funktionsmuster bis zum fertigen Produkt, zu erhöhen.[96]

---

92 Hierbei orientieren sich PAHL ET AL. an den Bezeichnungen zu den Konstruktionsphasen nach **VDI** (Entwickeln von Lösungsprinzipien), 1997, S. 5. Siehe auch **Feldhusen, J.; Grote, K.-H.** (Konstruktionslehre), 2013, S. 16 f.

93 Vgl. **Pahl, G., et al.** (Konstruktionslehre), 2007, S. 194 f.

94 Abbildung leicht modifiziert in Anlehnung an **VDI** (Entwickeln und Konstruieren), 1993, S. 9

95 In der Literatur wird die *Eigenschaftsabsicherung* auch als die Subsummierung aus Verifikation und Validierung gesehen, **Albers, A., et al.** (Verifikation und Validierung), 2016, S. 541 f. sowie zur Validierung, vgl. auch Kapitel 2.2.4.

96 Vgl. **Engeln, W.** (Methoden der Produktentwicklung), 2011, S. 19. ff. und **Schmitt, R.; Hammers, C.; Rauschenberger, J.** (Qualitätsmanagement bei der Entwicklung), 2014, S. 887.

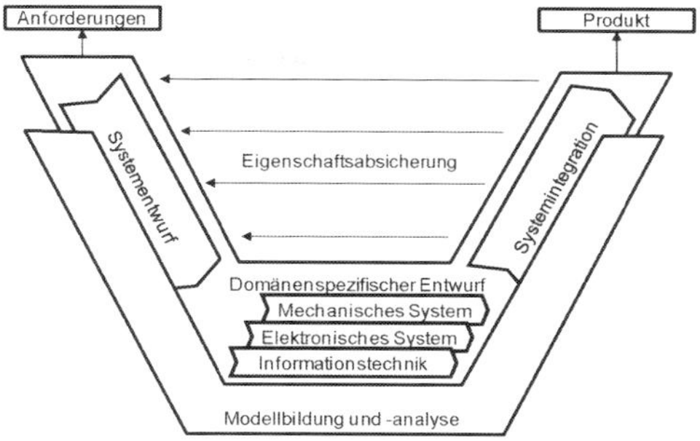

Abbildung 2-6: V-Modell des Entwicklungsprozesses mechatronischer Systeme als Makrozyklus[97]

Phasenmodell nach ENGELN

Die bisherigen Ansätze aufgreifend, erweiterte ENGELN das Phasenmodell der Produktentwicklung dahingehend, dass Entwicklungsaktivitäten nicht nur iterativ (Vor- und Rücksprünge), als vielmehr auch **parallel** zu bearbeiten sind. Die Produktentwicklung wird von der Unternehmensstrategie sowie von Markt- und Technologieentwicklungen beeinflusst. Aus der Unternehmensstrategie wird die Wettbewerbsstrategie abgeleitet, die als Basis für die strategische Programmplanung dient. Die Programmplanung legt fest, welche Produkte das Unternehmen, wann und für welche Märkte anbieten will.[98] Die **Produktdefinitionsphase** umfasst die systematische Suche und Auswahl zukunftsträchtiger Produktideen und endet mit der Klärung und Präzisierung der Entwicklungsaufgaben.[99] Es werden Informationen über Kundenbedürfnisse und -anforderungen identifiziert, präzisiert und daraus das Anforderungsprofil an das Produkt erstellt.[100] In der **Produktkonzeptphase** werden prinzipielle Lösungen erarbeitet und Produktmodelle z. B. in Form von Produktskizzen erstellt. Aus dem Lösungsspektrum werden durch systematische Bewertung geeignete Konzepte für die nächste Entwicklungsphase ausgewählt. Diese Konzepte werden in der **Produktgestaltungsphase** schrittweise detailliert, indem die Produktstruktur sowie u. a. Form, Gestalt, Geometrie definiert werden[101]. Anschließend werden Modulentwürfe erstellt, erprobt, freigegeben und ein Gesamtentwurf durch Verbindung der Teilentwürfe gestaltet. Mit der Produktgestaltung ist auch die Erprobung verzahnt. Parallel zur Produktgestaltung erfolgen die Planung und Realisierung der Produktion und des Vertriebes für das neue Produkt. Nach der Freigabe des Gesamtentwurfes beginnt die **Komponentenentwicklung**, die die Gestaltung der maßgebenden Strukturelemente, Baugruppen bis hin zu den Einzelteilen umfasst. Neben geometrischen Aspekten werden die Schnittstellen zwischen den Produktkomponenten festgelegt. Die zuvor geplanten und teilweise parallel laufenden Entwicklungsschritte werden in der **Produkterprobungsphase** zusammengeführt[102]. Diese Phase umfasst die Fertigung von Musterteilen, Modellen oder Prototypen sowie deren Erprobung und liefert Informationen

---

97 In Anlehnung an **VDI** (Entwicklungsmethodik), 2004, S. 29.

98 Vgl. **Engeln, W.** (Methoden der Produktentwicklung), 2011, S. 22 ff.

99 Vgl. **Eversheim, W.; Schuh, G.** (Betriebshütte), 1996a, S. 7.13.

100 Vgl. **Heiliger, S.** (Rapid Quality Deployment), 2003, S.12.

101 Weitere Ausführungen zu den Aufgaben der Produktgestaltung finden sich im Kapitel 2.4.

102 Vgl. **Beaujean, P., et al.** (Emotionale Produktgestaltung), 2011, S. 242. Zu weiteren Aspekten der Produkterprobung, insbesondere der *Produktvalidierung*, vgl. Kapitel 2.2.4.

über die Qualität von Produkt- und Fertigungsmodellen.[103] Durch die Überprüfung der Konstruktion und Auslegung der Fertigung für die spätere Serienproduktion können Fehler frühzeitig erkannt werden.[104] Nach erfolgreicher Produkterprobung beginnt die **Vorserienproduktion** als abschließende Phase des Entwicklungsprozesses.[105]

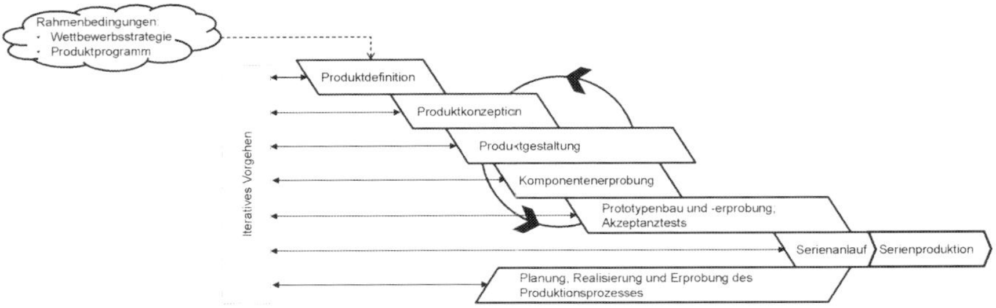

Abbildung 2-7: Phasen des Produktentwicklungsprozesses von Serienprodukten[106]

Wenngleich verschiedene Ansätze den Entwicklungsprozess in **parallele**, **iterativ** mehrfache oder **seriell** ablaufende Tätigkeiten gliedern, wird für die Zwecke dieser Arbeit zusammenfassend und vereinfachend dem nachfolgenden Modell gefolgt. Dieses umfasst die bedeutendsten Produktentwicklungsphasen und deren sequenzielle Abfolge. Wie aufgezeigt, beinhaltet jede dieser Phasen eine Vielzahl an Arbeitsschritten, welche teilweise parallel und fachbereichsübergreifend ablaufen. Für eine tiefer greifende Betrachtung der verschiedenen Ansätze wird auf die Literatur verwiesen[107].

Abbildung 2-8: Phasen des Produktentwicklungsprozesses[108]

2.2.3 Quality Gates

Die reine Anwendung von Vorgehensmodellen der Produktentwicklung bietet insbesondere in frühen Phasen des Entwicklungsprozesses nicht die Basis eines effektiven Qualitätsmanagements. Infolge der Einbindung unterschiedlichster Fachbereiche werden die Synchronisation parallel ablaufender Prozesse und die Informationsweitergabe erschwert.[109] Dementsprechend sind Schnittstellen effizient auszugestalten, um Rückkopplungen zu vermeiden und die Produkteinführung zu beschleunigen.[110] Zur Beherrschung der **Komplexität** in der Produktentwicklung (siehe Kapitel 2.2.1) erfordert es daher der Anwendung geeigneter Instrumente des Qualitätsmanagements. Als Qualitätsmanagementinstrument bietet die Quality-Gate-Systematik den Ansatz, Entwicklungsprozesse robust zu gestalten und gegen po-

[103] Vgl. **Spur, G.; Krause, F.-L.** (Das virtuelle Produkt), 1997, S. 4 ff. und S. 16.

[104] Vgl. **Eversheim, W.; Schuh, G.** (Betriebshütte), 1996a, S. 7.67.

[105] Vgl. zusammenfassend insbesondere **Engeln, W.** (Methoden der Produktentwicklung), 2011, S. 22 ff.

[106] In Anlehnung an **ebenda** (Methoden der Produktentwicklung), 2011, S. 22.

[107] Vgl. u. a. **Pahl, G., et al.** (Konstruktionslehre), 2007; **Heiliger, S.** (Rapid Quality Deployment), 2003; **Engeln, W.** (Methoden der Produktentwicklung), 2011 und **VDI** (Entwickeln und Konstruieren), 1993.

[108] Darstellung basierend auf **Beaujean, P., et al.** (Emotionale Produktgestaltung), 2011, S. 242.

[109] Vgl. **ebenda** (Emotionale Produktgestaltung), 2011, S. 242 sowie zu weiteren Herausforderungen der Produktentwicklung, vgl. Kapitel 2.2.1.

[110] Vgl. **Wildemann, H.** (Kundenorientierte Produktentwicklung), 2004, S. 2 f.

tenzielle Fehler sowie Fehlerfolgen präventiv abzusichern.[111] Ziel der Anwendung von Quality Gates ist die Messung des Reifegrades zur präventiven Erkennung von Fehlern und Abweichungen, um die Fehlerfortpflanzung sowie Nacharbeitsschleifen zu vermeiden.[112] Basierend auf der Unterteilung des Entwicklungsprozesses erfolgt die Anordnung der Quality Gates am Ende von Phasen, Prozessen, Teilprozessen oder einer Gruppierung von Aktivitäten (Abbildung 2-9).

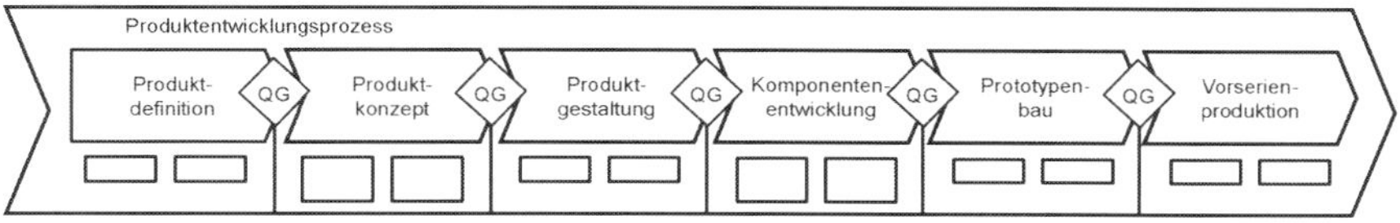

Abbildung 2-9: Exemplarische Positionierung von Quality Gates zwischen den Entwicklungsphasen[113]

Ein Quality Gate ist ein ergebnis- oder ereignisorientierter Messpunkt mit produkt- und prozessspezifisch definierten Inhalten.[114] Zur inhaltlichen Ausgestaltung beinhalten Quality Gates klar definierte, technische und kundenspezifische Kriterien zur Prüfung der Zielerreichung.[115] Festgelegte Qualitätseigenschaften werden an den Kontrollpunkten auf ihre Einhaltung und Vollständigkeit überprüft.[116] Das jeweilige Quality Gate kann durchschritten werden, insofern die Qualität an diesen Punkten anforderungsgerecht ist, andernfalls sind Abweichungen zunächst zu beheben[117]. Einerseits erfordert die Einführung von Quality Gates einen erhöhten Planungs-, Steuerungs- und Kontrollaufwand. Andererseits trägt deren Implementierung dazu bei, die Produktreife transparent, steuerbar, messbar und bewertbar zu machen, indem die für die Entscheidungsfindung relevanten Informationen bedarfsgerecht aufbereitet und verschiedene Funktionsbereiche in den Entwicklungsprozess frühzeitig integriert werden. Die konsequente Umsetzung der Quality-Gate-Systematik leistet folglich einen Beitrag zur Steigerung von Qualität, zur Kostensenkung und zur Reduktion von Prozesszeiten.[118] Neben der Etablierung in der wissenschaftlichen Literatur findet die Umsetzung von Quality-Gate-Systematiken in der industriellen Praxis eine weite Verbreitung. Dies gilt insbesondere zur Absicherung komplexer, langsam ablaufender Geschäftsprozesse mit geringem Wiederholcharakter (z. B. Entwicklungsprozesse).[119]

2.2.4 Herausforderungen und Aktivitäten der kundenorientierten Produktentwicklung

Die traditionelle Produktentwicklung beruhte darauf, dass Kunden sich allein aufgrund bewährter Qualität und Verlässlichkeit für ein Produkt entscheiden. Dieser produktorientierte

[111] Vgl. **Schmitt, R.; Pfeifer, T.** (Qualitätsmanagement), 2015, S. 588 ff.

[112] Vgl. **ebenda** (Qualitätsmanagement), 2015, S. 144.

[113] Basierend auf Abbildung 2-8.

[114] Vgl. **Hawlitzky, N.** (Integriertes Qualitätscontrolling), 2002, S. 129 ff.

[115] Vgl. **Sieg, O.** (Produktentwicklungscontrolling), 2007, S. 53.

[116] Vgl. **Hawlitzky, N.** (Integriertes Qualitätscontrolling), 2002, S. 152 ff. und **Prefi, T.** (Qualitätsmanagement in der Produktentwicklung), 2014, S. 412 ff. sowie zu dem Begriff *Qualität*, vgl. u. a. Kapitel 2.3.1.

[117] Vgl. **Hawlitzky, N.** (Integriertes Qualitätscontrolling), 2002, S. 123 ff.

[118] Vgl. **Prefi, T.** (Qualitätsmanagement in der Produktentwicklung), 2014, S. 412 f.; **Hawlitzky, N.** (Integriertes Qualitätscontrolling), 2002, S. 129 und **Sieg, O.** (Produktentwicklungscontrolling), 2007, S. 54.

[119] Vgl. **Prefi, T.** (Qualitätsmanagement in der Produktentwicklung), 2014, S. 414, der dabei anführt, dass in der Praxis der Begriff *Quality Gate* unterschiedlich verwendet wird.

Ansatz weicht zunehmend einem **kundenorientierten Entwicklungskonzept**.[120] Das kundenorientierte Konzept stellt die subjektiven Anforderungen und Bedürfnisse des Kunden in den Mittelpunkt[121]. Dabei sind die Kundenbedürfnisse bereits in frühen Phasen der Produktentwicklung genauestens zu analysieren und das Produkt daraufhin auszurichten. Der Kunden- bzw. Marktbezug stellt also eine zentrale unternehmerische Aufgabe dar.[122] Zur Steigerung der Kundenzufriedenheit sind Handlungen und Aktivitäten auf den Kundenwunsch abzustimmen, wobei die operative Umsetzung die Unternehmen vor Herausforderungen stellt.[123] Die Integration des Zielkunden in die Produktentwicklung ist integraler Aspekt sowie Faktor für erfolgreiche Produktentwicklungen. Branchenübergreifende Studien zeigen, dass aus dem Bereich der Kundenintegration (Marktforschung) besonders häufig Methoden zu Kundenbeobachtungen und -befragungen (85 %) sowie zu Produkt- und Designtests (83 %) in Entwicklungsprojekten angewandt werden. Neben der reinen Forschung und Entwicklung und dem Projektmanagement nimmt die Kundenintegration aufgrund der Quantität eingesetzter Methoden eine besondere Rolle im Entwicklungsprozess ein.[124]

Die aufgezeigten Zielsetzungen und Herausforderungen erfordern von der Produktentwicklung die Bewältigung spezifischer Aktivitäten (siehe Abbildung 2-10), beginnend mit der detaillierten **Erhebung** sowohl funktioneller als auch ästhetischer **Anforderungen**. Aufgabe der Produktentwicklung ist es, die ermittelten Anforderungen in designtechnische **Spezifikationen** zu transformieren, um den Ansprüchen der Nutzer zu entsprechen. Schwierigkeiten der Anforderungserhebung und der Transformation in Gestaltlösungen resultieren aus nicht explizit geäußerten und sich im Zeitverlauf ändernden Kundenanforderungen.[125] Die Erkenntnisse der jeweiligen Aktivität sind möglichst verlustfrei zu kommunizieren. Es sind die organisatorischen Herausforderungen zu bewältigen, um ein klares Verständnis zwischen Kunden, Entwicklern und Designern zu generieren und um Fehlentscheidungen zu vermeiden. Anstelle eines sequentiellen Prozesses mit isolierten Stufen, ist für eine durchgängige Kundenorientierung ein, durch **interdisziplinäre** Kommunikation und frühzeitige Einbindung aller Beteiligten geprägter, **iterativ** verlaufender Entwicklungsprozess zu etablieren.[126]

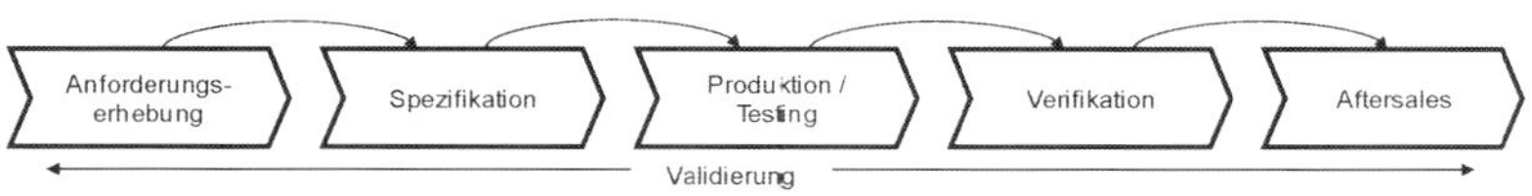

Abbildung 2-10: Ausgewählte Aktivitäten der kundenorientierten Produktentwicklung[127]

Eine empirische Erhebung des WZL zeigt, dass im Zuge der **Anforderungserhebung** die Gewichtung und Priorisierung von Anforderungen (60 %) sowie die Erhebung von impliziten Kundenwünschen (44 %) von Relevanz sind. 48 % der Unternehmen berücksichtigen bereits bei der Anforderungserhebung implizite, also nicht explizit geäußerte Kundenwünsche. Bei

---

120 Vgl. **Ehrlenspiel, K.; Meerkamm, H.** (Integrierte Produktentwicklung), 2013, S. 188.

121 Vgl. **Nagamachi, M.; Lokman, A.** (Innovations of Kansei Engineering), 2011, S. 2 sowie Kapitel 2.3.2.

122 Vgl. **Ehrlenspiel, K.; Meerkamm, H.** (Integrierte Produktentwicklung), 2013, S. 227.

123 Vgl. **Biesterfeldt, J., et al.** (Kundenorientierung und Kundenzufriedenheit), 2010, S. 5 f. Siehe auch die Erkenntnisse auf Basis der empirischen Umfragen aus Kapitel 1.1.

124 Vgl. **Graner, M.** (Methoden in Produktentwicklungsprojekten), 2012, S. 176. GRANER basiert die Analyse der Methoden auf Basis von n = 410 Projekten.

125 Vgl. **Barone, S.; Lombardo, A.; Tarantino, P.** (User Needs), 2009, S. 3 f. sowie Kapitel 2.2.1.

126 Vgl. **Tinz, T.** (Spitzenprodukte), 2007, S. 19 f. und S. 33 f. sowie Kapitel 2.2.2.

127 In Anlehnung an **Falk, B.** (Engineer-to-Value), 2013, S. 61.

der Erfassung ästhetischer Anforderungen (Anforderungen an das Produktdesign[128]) ist zu unterscheiden: 33 % der Unternehmen erheben keine Anforderungen an das Produktdesign, 29 % erheben diese. Im Bereich der **Spezifikation** sehen Unternehmen eine besondere Relevanz in der Überführung von Anforderungen in Spezifikationen (78 %). 75 % der Unternehmen bewerten die **Validierung** des Produktes mit den Kundenanforderungen als eine bedeutende Aktivität. Zudem integrieren Unternehmen die Ergebnisse aus Validierungsaktivitäten überwiegend in den Entstehungsprozess nachfolgender Produktgenerationen.[129]

Produktvalidierung

Eine der zentralen Aktivitäten im Produktentstehungsprozess und insbesondere im Entwicklungsprozess ist somit die **Validierung**. Sie stellt einen Abgleich zwischen dem intendierten Zweck eines Produktes für den Kunden und dem realisierten Produktentwicklungsstand her.[130] Sowohl die Validierung, wie auch die **Verifikation** sind Formen der analytischen Qualitätssicherung[131]. Sie werden häufig synonym verwendet, sind jedoch voneinander zu differenzieren[132]. Die VDI-Richtlinie 2206 definiert die **Validierung** als die Prüfung, „[…] ob das Produkt für seinen Einsatzzweck geeignet ist bzw. den gewünschten Wert erzielt. Hier geht die Erwartungshaltung des Fachexperten und des Anwenders ein."[133] Die Validierung bestätigt durch objektiven Nachweis, „[…] dass die Anforderungen für einen spezifischen beabsichtigten Gebrauch oder eine spezifische beabsichtigte Anwendung erfüllt worden sind."[134] Sie betrachtet demnach eine externe Sicht und stellt sicher, dass die Forderungsartefakte korrekt und zweckmäßig sind und die Kundenbedürfnisse erfüllen[135]. Demgegenüber ist die Verifikation eine interne Sicht, bei der definierte Anforderungen mit Ergebnissen der Produktentwicklung abgeglichen werden[136]. Es wird bestätigt, ob die Anforderungen vollständig, nachprüfbar und formal korrekt dokumentiert sind und ob das entwickelte Produkt bzw. Produktmodell die festgelegten Anforderungen erfüllt. Es wird jedoch nicht die Zweckmäßigkeit der Anforderungen geprüft. Die Validierung geht folglich über die Aktivitäten der Verifikation hinaus, da sie zusätzlich die Analyse umfasst, ob die relevanten Kundenanforderungen erfasst, beschrieben und erfüllt werden.[137]

Frühe Phasen der Produktentwicklung beeinflussen erheblich den wirtschaftlichen Erfolg eines Produktes[138]. Es werden ein Großteil der funktionalen Eigenschaften und des Zeitbedarfes der Produktrealisierung sowie folglich auch der späteren Herstellkosten determiniert.[139] Demgegenüber wird lediglich ein geringer Anteil der anfallenden Gesamtkosten verursacht. Zudem ist die Möglichkeit zur Optimierung von Kosten, Durchlaufzeiten und Qualität

---

[128] Zu dem Begriff *Produktdesign* und *Produktgestaltung*, vgl. u. a. Kapitel 2.4.1.

[129] Vgl. deutschlandweite Industriestudie des WZL mit n = 294 produzierenden Unternehmen (Großteil der Studienteilnehmer ist dem Maschinen- und Anlagenbau zuzuordnen), **Schmitt, R.** (Wertorientierte Produktentstehung), 2014.

[130] Vgl. **Albers, A., et al.** (Verifikation und Validierung), 2016, S. 541 f.

[131] Vgl. **Pohl, K.** (Requirements Engineering), 2008, S. 422.

[132] Vgl. **Boehm, B.** (Software Requirements and Design Specifications), 1984, S. 75. BOEHM unterscheidet die Begriffe mittels Fragestellungen: „Entwickle ich das richtige Produkt?" (*Validierung*) und „Entwickle ich das Produkt richtig?" (*Verifikation*).

[133] **VDI** (Entwicklungsmethodik), 2004, S. 39.

[134] **DIN** (Qualitätsmanagementsysteme), 2015, S. 50.

[135] Vgl. **Pohl, K.** (Requirements Engineering), 2008, S. 423 und **Wiegers, K.** (Software Requirements), 2005, S. 245.

[136] Vgl. **Ebert, C.** (Systematisches Requirements-Engineering), 2010, S. 237.

[137] Vgl. **Albers, A., et al.** (Verifikation und Validierung), 2016, S. 542.

[138] Vgl. **Engeln, W.** (Methoden der Produktentwicklung), 2011, S. 31 f.

[139] Vgl. **Heiliger, S.** (Rapid Quality Deployment), 2003, S. 13.

in diesen Phasen besonders gegeben, da der Aufwand für Produktänderungen zu Beginn noch gering ist, jedoch kontinuierlich ansteigt.[140] Aufgrund der Bedeutung dieser Phasen der Entwicklung sind etwa 75 % aller Fehlerursachen eines Produktes in den planenden und konzipierenden Tätigkeiten vor Fertigungsbeginn begründet. Die Fehlerbehebung jedoch setzt zumeist sehr spät (z. B. im Bereich der Endprüfung oder beim Kunden) ein.[141]

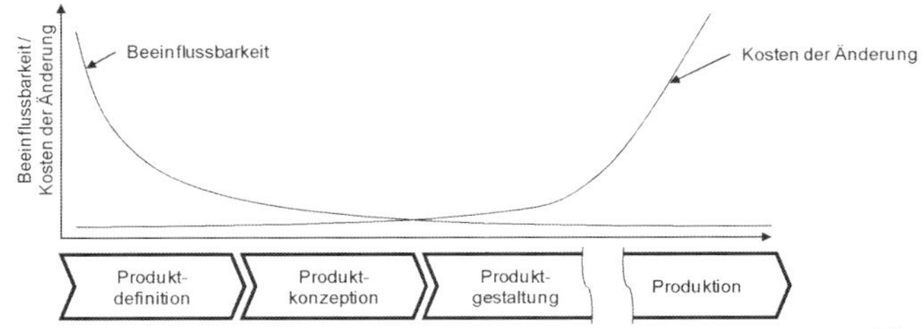

***Abbildung 2-11: Änderungen von Produktmerkmalen im Verlaufe der Produktentwicklung*[142]**

Entsprechend der Bedeutung der frühen Phasen im Produktentstehungsprozess **validieren** 94 % der Unternehmen das Produkt bereits in der Produktentwicklung, 45 % in der Produktion und 27 % nach Markteintritt. Häufigste Quelle für Validierungsaktivitäten sind dabei Kundenstudien / -kliniken (73 %), Produktreklamationen (61 %) und Benchmarking (52 %).[143]

***Tabelle 2-1: Kriterien zur Klassifizierung von Produktvalidierungen*[144]**

Kriterium	Mögliche Ausprägungen
Evaluatoren	• Experten oder Kunden
Zweck und Gegenstand der Evaluation	• Quantitativ oder qualitativ
Zeitpunkt	• Formativ (Bewertung von Zwischenergebnissen) oder summativ (Ergebnisbewertung)
Vorgehen	• Kundenklinik
Kriterien der Objektvalidierung	• Form der Produktdarstellung (Prototyp, virtuell, 2D, 3D etc.) • Produktdetaillierungsgrad (Gesamtprodukt, Produktdetails etc.)[145] • Produktkomplexität (geordnet bis komplex)[146]

RÄIHÄ ET AL. nehmen in Anlehnung an die Definition der *Evaluation* eine Klassifizierung der **Produktvalidierung** anhand verschiedener Kriterien vor[147]. Nach KROMREY ist die „[...] Evaluation jede methodisch kontrollierte, verwertungs- und bewertungsorientierte Form des Sammelns, Auswertens und Verwertens von Informationen [...]"[148]. Die Evaluation lässt sich einerseits als Bewertung auffassen, andererseits als ein nachprüfbares Verfahren der Bewertung. Die Faktoren **Gegenstand**, **Evaluator**, **Verfahren** und **Kriterien** kennzeichnen eine Evaluation.[149] Bezogen auf die Validierung existieren unterschiedliche Ausprägungen dieser

[140] Vgl. **Sieg, O.** (Produktentwicklungscontrolling), 2007, S. 109.
[141] Vgl. **Eversheim, W.; Schuh, G.** (Betriebshütte), 1996b, S. 13.14.
[142] In Anlehnung an **Engeln, W.** (Methoden der Produktentwicklung), 2011, S. 32 sowie basierend auf vorstehenden Erkenntnissen.
[143] Vgl. Industriestudie des WZL mit n = 294 Unternehmen, **Schmitt, R.** (Wertorientierte Produktentstehung), 2014.
[144] Tabelle in Anlehnung an **Räihä, K., et al.** (Perception of Design), 2006, S. 7.
[145] Analog zu dem Detaillierungsgrad, vgl. Kapitel 2.3.3 (*Ebenemodell der Wahrnehmung*).
[146] Zu den Kriterien *Ordnung* und *Komplexität*, vgl. u. a. Kapitel 2.4.2.1.
[147] Vgl. **ebenda** (Perception of Design), 2006, S. 7.
[148] **Kromrey, H.** (Evaluation), 2001, S. 1.
[149] Vgl. **ebenda** (Evaluation), 2001, S. 1 ff.

Kategorien. Evaluatoren können Experten (geschulte Kunden oder am Designprozess involvierte Abteilungen) oder ungeschulte, potenzielle Kunden sein (siehe Tabelle 2-1).

Formen der Produktdarstellung

Während der Produktentwicklung erfolgt eine Transformation der Kundenanforderungen in Produktspezifikationen und die Festlegung der Produktgestalt. Dies verläuft insbesondere aufgrund der Integration des Kunden und diverser Validierungsaktivitäten iterativ.[150] Während der Produktentwicklung werden diverse Repräsentanten des künftigen Produktes erstellt. Ausgehend von Lasten- und Pflichtenheften erfolgt eine Konkretisierung zu Stücklisten, Skizzen, Zeichnungen, diversen (CAD-) Datenmodellen, Mustern sowie – zur Absicherung der festgelegten Konzepte – zu physischen oder virtuellen Prototypen. Diese Darstellungsformen des Produktes dienen der Überprüfung der Funktionalität aber im Besonderen auch der Erfassung und der **Validierung** von Kundenanforderungen und -bedürfnissen.[151]

		Repräsentationstreue		
		Ideen / Definition	**Konzepte**	**Produkte**
Darstel-lungsform	**2D-Foto (Bildschirm)**	Skizze	Konzeptzeichnung	Foto
	3D-Modell (Bildschirm)	-	3D-Modellkonzept	3D-Produktionsmodell
	Reales Objekt	Volumenmodell	Designmodell	Prototyp / Produkt

Abbildung 2-12: Produktmodelle[152]

RÄIHÄ ET AL. kategorisieren die Darstellungsformen des Produktes anhand der *Genauigkeit / Wiedergabetreue* in Bezug auf das finale Produkt sowie der prinzipiellen *Darstellungsform*. Die Genauigkeit gliedern sie dabei in Ideen, Konzepte und die ausgearbeitete Gestalt. Hierbei lässt sich eine Analogie zu den frühen Phasen der Produktentwicklung aus Abbildung 2-8 erkennen. Die Repräsentationsformen können 2D-, 3D-Bilder oder gar reale Objekte sein (siehe Abbildung 2-12 sowie Tabelle 2-1).

Produkttests und -bewertung mittels Kundenkliniken

Ein etabliertes Vorgehen der Produktvalidierung als Aspekt der Kundenintegration ist die **Kundenklinik** (siehe Tabelle 2-1). Die Durchführung erfolgt in der Regel in einer Laborumgebung mit einer für die statistische Aussagekraft bedeutenden Stichprobenanzahl. In Abhängigkeit vom Validierungsziel erfolgt die Untersuchung des Produktes auf unterschiedlichen Produktdetaillierungsgraden[153]. Abhängig vom jeweiligen Zweck der Validierung und vom spezifischen Entwicklungsstand des Produktes sind die Validierungsumgebung (z. B. das Studien-Set-up) spezifisch auszugestalten und unterschiedliche Aspekte zu untersuchen. Beginnend mit den frühen Phasen der Entwicklung sind Entwicklungsergebnisse kontinuierlich über die Entwicklungsphasen hinweg zu validieren.[154]

[150] Vgl. **Schwarze, J.** (Kundenorientiertes Qualitätsmanagement), 2003, S. 84 ff. und **Clark, K.; Fujimoto, T.** (Automobilentwicklung mit System), 1992, S. 114. Zu den Vorgehensmodellen in der Produktentwicklung, siehe auch Kapitel 2.2.2.

[151] Vgl. **Quattelbaum, B.** (Wahrnehmungsrelevante Informationen), 2013 S. 57 f. sowie Kapitel 2.2.2.

[152] In Anlehnung an **Räihä, K., et al.** (Perception of Design), 2006, S. 6.

[153] Die Kriterien des zu validierenden Objektes lassen sich aus dem Detaillierungsgrad der Wahrnehmung (siehe Kapitel 2.3.3) sowie aus den Ausführungen zu den *Gestaltelementen* der Produktgestaltung (siehe Kapitel 2.4.2) ableiten.

[154] Vgl. **Albers, A., et al.** (Verifikation und Validierung), 2016, S. 543 ff.

Tabelle 2-2: Produktkliniken zur Designbewertung in den Phasen der Produktentwicklung[155]

Phase	Art	Ziel	Produktmodell
Konzept	Pre-Konzept-Clinic	• Test verschiedener Lösungsansätze (Größe, Design etc.)	• Maßstabsgerechte Modelle • Bilder; VR
Produktplanung	Konzept-Clinic	• Akzeptanzprüfung von Größe und Design • Prüfung der Stimmigkeit in Bezug auf Harmonie und in Bezug auf Markenimage	• Präsentation eines 1:1-Modells
Konstruktion und Entwicklung	Design-Clinic	• Erfassung von Wahrnehmungen, Präferenzen und Kritiken des Kunden	• Präsentation ausgewählter Elemente
Produktplanung	Interieur-Clinic	• Absicherung eines ansprechenden Designs (Farben, Materialien etc.) • Bewertung der Bedienung und Handhabung	• Prototyp mit ausgewählten Designelementen
Markteinführung	Positionierungs-Clinic	• Bewertung der Wettbewerbsposition • Bewertung von Zielkunden und -segmenten	• Funktionsfähiger Prototyp
Markteinführung	Pricing-Clinic	• Ableitung von Preis-Mengen-Szenarien • Absicherung der Funktionen	• Funktionsfähiger Prototyp

Der häufigste Einsatz findet zu Beginn der Entwicklung statt. Je früher sie angewendet wird, desto geringer ist ihre Aussagekraft, da das Produkt noch zahlreichen Veränderungen unterliegen kann.[156] AL-SIBAI definiert für den Automobilsektor verschiedene Produktkliniken, welche kontinuierlich im Verlauf der Entwicklung bis zur Markteinführung eingesetzt werden (siehe Tabelle 2-2). Kundenkliniken unterscheiden sich zu anderen Methoden der Marktforschung insbesondere aufgrund ihrer guten Prognosewahrscheinlichkeit. Die Vorgehensweise von Kliniken lassen sich auch auf andere Branchen und Produkte übertragen.[157]

2.3 Produktqualität

Wie in vorstehendem Kapitel dargestellt, ist der Entwicklungsprozess der zentrale unternehmerische Prozess zur Erfüllung der Kundenanforderungen und zur Erzielung der Kundenzufriedenheit. Es wurde dargestellt, dass es zur Steigerung der Produktqualität einer kundenorientierten Produktentwicklung bedarf, um ein qualitativ hochwertiges Produkt zu entwickeln. Hierzu wird im Kapitel 2.3.1 der Begriff Produktqualität aufgegriffen und erläutert, welche Bedeutung die wahrgenommene Produktqualität zur Steigerung der Kundenzufriedenheit einnimmt (Kapitel 2.3.2). Das Kapitel schließt im Kapitel 2.3.3 mit einem etablierten Ansatz zur Strukturierung der Qualitätswahrnehmung.

2.3.1 Definition der Qualität und der Produktqualität

Die Deutsche Gesellschaft für Qualität (DGQ) definiert Qualität als „[...] die Gesamtheit von Merkmalen (und Merkmalswerten) einer Einheit bezüglich ihrer Eignung, festgelegte oder vorausgesetzte Erfordernisse zu erfüllen."[158] *Qualität* entsprechend der Norm wird definiert als „[...] Grad, in dem ein Satz inhärenter Merkmale eines Objekts Anforderungen erfüllt."[159]

[155] In Anlehnung an **Al-Sibai, J.** (Prognosegenauigkeit von Produktkliniken), 2003, S. 240. Weitere Ausführungen zu *Car-Clinics* finden sich u. a. in **Schwarze, J.** (Kundenorientiertes Qualitätsmanagement), 2003, S. 245 ff. Darin betont SCHWARZE auch die Analogie von *Produktkliniken* zu den in der Marktforschung verbreiteten *Konzepttests*.

[156] Vgl. **Diez, W.** (Automobil-Marketing), 2006, S. 128 f.

[157] Vgl. **Al-Sibai, J.** (Prognosegenauigkeit von Produktkliniken), 2003, S. 239 ff.

[158] **DGQ** (Qualitätsmanagement), 1996, S. 211.

[159] **DIN** (Qualitätsmanagementsysteme), 2015, S. 39.

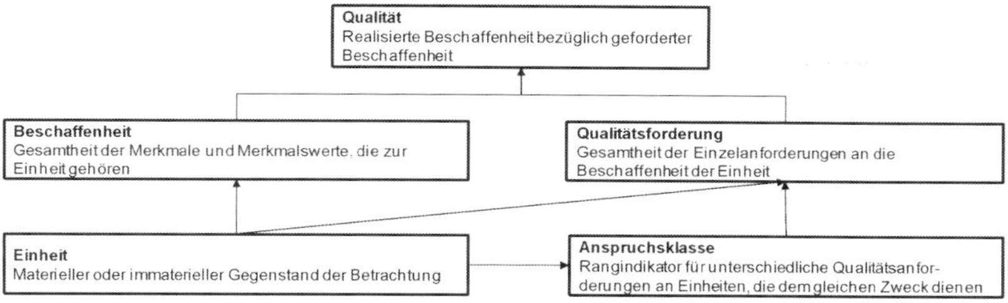

Abbildung 2-13: Entflochtener Qualitätsbegriff[160]

GEIGER und KOTTE erläutern anhand des entflochtenen Qualitätsbegriffes die vorstehende Definition. Demnach ist Qualität die „[...] realisierte Beschaffenheit einer Einheit bezüglich der Qualitätsforderung [...]“[161]. Hierbei stellt die *Einheit* ein Prozess, ein **Produkt**, ein System oder eine Kombination daraus dar[162]. Systeme ergeben sich dabei aus in Verbindung zueinander stehenden Elementen (Prozesse oder Produkte), die eine Einheit bilden[163]. Eine Einheit umfasst einen Merkmalssatz (z. B. Farbe, Material) und zugehörige Ausprägungen (z. B. Blau, Metall), die jede Einheit charakterisieren und von anderen differenzieren[164]. Aus der Gesamtheit der mit der Einheit verbundenen Merkmale resultiert die *Beschaffenheit*[165]. Kunden stellen explizit oder implizit Anforderungen an die Beschaffenheit einer Einheit (z. B. Produkt) bzw. an einzelne Elemente der *Einheit* (z. B. Produktkomponenten)[166]. Die Anspruchsklasse definiert dabei das Ausmaß der Anforderungen, sodass Kunden höherer Klassen umfassendere Anforderungen an die Beschaffenheit der Einheit stellen.[167]

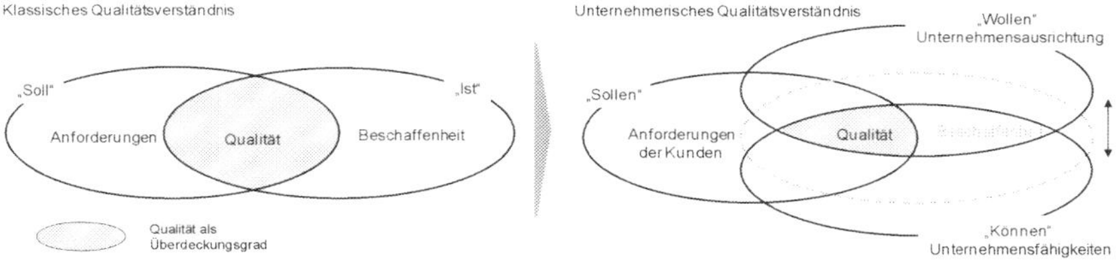

Abbildung 2-14: Unternehmerisches Qualitätsverständnis[168]

Die unternehmerische Realität und Faktoren, wie die unternehmerische Ausrichtung (*Wollen*) sowie die Unternehmensfähigkeiten (*Können*) bestimmen die Beschaffenheit einer Einheit und führen zur Präzisierung des Qualitätsverständnisses. Auf Basis dieser differenzierten Betrachtung wurde das Modell des **Unternehmerischen Qualitätsverständnisses** mit den Dimensionen *Sollen*, *Wollen* und *Können* entwickelt (siehe Abbildung 2-14).[169] Während der

---

160 Begriffsdarstellung in Anlehnung an **Schmitt, R.; Pfeifer, T.** (Qualitätsmanagement), 2015, S. 20 und **Geiger, W.; Kotte, W.** (Handbuch Qualität), 2008, S. 69.

161 **Leonhard, K.-W.; Naumann, P.** (Managementsysteme), 2002, S. 22.

162 Vgl. **Kamiske, G. F.; Brauer, J.-P.** (Qualitätsmanagement), 2011, S. 62 f.

163 Vgl. **Leonhard, K.-W.; Naumann, P.** (Managementsysteme), 2002, S. 33.

164 Vgl. **DIN** (Begriffe), 2005, S. 18 und S. 25 ff. sowie Kapitel 2.4.2.1 zu den Gestaltelementen.

165 Vgl. **Leonhard, K.-W.; Naumann, P.** (Managementsysteme), 2002, S. 24 sowie zur *Produktgestalt*, vgl. Kapitel 2.4.2.

166 Vgl. **Zollondz, H.-D.** (Grundlagen Qualitätsmanagement), 2010, S. 178 und S. 207 ff.

167 Vgl. **Pfeifer, T.; Schmitt, R.** (Handbuch Qualitätsmanagement), 2014, S. 7 f.

168 In Anlehnung an **Schmitt, R.; Pfeifer, T.** (Qualitätsmanagement), 2015, S. 110 f.

169 Vgl. **ebenda** (Qualitätsmanagement), 2015, S. 108 ff.

Qualitätsbegriff nach GEIGER der Definition von Qualität („Was?") nachgeht, betont das unternehmerische Qualitätsverständnis die operative Implementierung („Wie?") von Qualität.

Zusammenfassend lässt sich der Qualitätsbegriff auf die Ebenen der Produkt-, Prozess- und Systemqualität anwenden. Die *Produktqualität* ist der Erfüllungsgrad der impliziten und expliziten Anforderungen des Kunden an ein Produkt. Die *Prozessqualität* spiegelt sich wieder in systematisch aufzustellenden Prozessen unter Berücksichtigung von Effizienz- und Effektivitätsaspekten. Die *Systemqualität* letztlich ist das Zusammenspiel und die Abstimmung der einzelnen Kern- und Unterstützungsprozesse sowie des Managementsystems.[170] Im Fokus dieser Arbeit steht dabei die Betrachtung des Qualitätsbegriffes bezüglich **materieller Produkte** (siehe Kapitel 2.1, langlebige Konsumgüter) und somit die **Produktqualität**.

2.3.2 Wahrgenommene Produktqualität – Perceived Quality

Das Verständnis von Qualität hat sich im Verlauf der Zeit kontinuierlich weiterentwickelt. Zunehmend werden weitere Facetten berücksichtigt, die für die **Produktqualität** maßgebend sind. LISOWSKY definierte die objektive Qualität, die aus dem Vorhandensein erkennbarer Eigenschaften und dem direkten **Vergleich** dieser Eigenschaften mit Produkten gleicher Anspruchsklasse resultiert. Dieser Aspekt der Produktqualität beschreibt das technisch-funktionale Verständnis zur Erfüllung eines gesetzten Gebrauchszweckes.[171] Die objektive, technische Qualität bezieht sich somit auf die tatsächliche Güte eines Produktes, die mit quantitativen Größen gemessen werden kann (z. B. Fehlerfreiheit, Zuverlässigkeit, Lebensdauer). Demgemäß wird sie als tatsächliche Qualität oder *Protective Quality* bezeichnet.[172] Die objektive Qualität wird von potenziellen Kunden stillschweigend vorausgesetzt und als selbstverständlich angesehen. Deren Umsetzung ist in Zeiten zunehmenden Wettbewerbes mit sich ähnelnden, austauschbaren Produkten unzureichend, um eine Differenzierung zu erreichen[173]. Kaufentscheidungen werden eben nicht ausschließlich aufgrund von technischen Qualitäts- oder Funktionsunterschieden getroffen, sondern beruhen insbesondere auch auf unbewussten, subjektiven Eindrücken.[174]

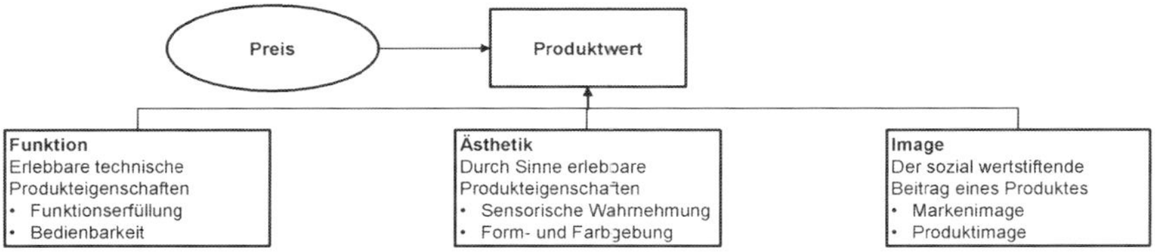

Abbildung 2-15: Wertbeiträge des wahrgenommenen Produktwertes[175]

---

[170] Vgl. **ebenda** (Qualitätsmanagement), 2015, S. 287.

[171] Vgl. **ebenda** (Qualitätsmanagement), 2015, S. 18 ff.

[172] Vgl. **Kamiske, G. F.; Brauer, J.-P.** (Qualitätsmanagement), 2011, S. 168 und **Wannenwetsch, H.** (Fachwörterbuch Qualitätsmanagement), 2012, S. 163.

[173] Vgl. **Engeln, W.** (Methoden der Produktentwicklung), 2011, S. 1

[174] Vgl. **Syaifoelida, F., et al.** (Kansei Engineering), 2013, S. 11 und **Barone, S.; Lombardo, A.; Tarantino, P.** (User Needs), 2009, S. 9 f.

[175] In Anlehnung an **Beaujean, P., et al.** (Emotionale Produktgestaltung), 2011, S. 233 basierend auf **Vershofen, W.** (Marktentnahme), 1959. Ähnlich kategorisiert GARVIN die Dimensionen der Produktqualität, vgl. **Garvin, D.** (Product Quality), 1984.

Die Kaufentscheidung und die Preisbereitschaft sind daher abhängig vom subjektiv wahrgenommenen Produktwert. Je höher dieser im Vergleich zu weiteren Produkten ist, desto wahrscheinlicher fällt der Kunde die Kaufentscheidung zugunsten dieses Produktes. Der Produktwert lässt sich neben funktionalen Merkmalen über weitere Wertbeiträge steuern (siehe Abbildung 2-15).[176]

Die Realisierung der Protective Quality ist somit die Basis für den Markteintritt neuer Produkte, wohingegen **Ästhetik** und **Image** die Kaufentscheidung maßgeblich prägen. Produkt- und Markenimage stiften beim Kunden nach Erwerb einen sozialen Wertbeitrag. Die Ästhetik umfasst Design, Haptik, Akustik, Geruch und, in Abhängigkeit von der Produktkategorie, Geschmack des Produktes.[177] Die **Perceived Quality**, auch Anmutungsqualität, zielt auf die Realisierung der Ästhetik und ist der Anteil der Qualitätsanforderungen, der die Produktwahrnehmung über einen multisensorischen Ansatz der menschlichen Sinne beschreibt. Kunden suchen nach Ersatzindikatoren für Qualität, insofern sich Produkte in der Erfüllung ihres Zweckes oder ihres technischen Entwicklungsstandes wahrnehmbar nicht signifikant differenzieren. Die wahrgenommene Produktqualität entsteht dabei durch subjektive Beurteilung einzelner Qualitätsmerkmale.[178] Qualitätsmerkmale sind inhärente Merkmale eines Produktes (siehe Begriff der *Einheit* im Kapitel 2.3.1). Sie werden durch die kundenindividuelle Gegenüberstellung der wahrgenommenen Beschaffenheit des Produktes mit den Erwartungen sowie Anforderungen geprägt und rufen ein Qualitätsurteil beim Kunden hervor.[179] Die wahrgenommene Produktqualität beschreibt somit die erlebte Realisierung der Anforderungen.[180] Kundenzufriedenheit stellt sich folglich aufgrund der subjektiven Wahrnehmung des Kunden ein und „[...] ist die zentrale Zielsetzung aller qualitätsbezogenen Tätigkeiten [...]“[181].

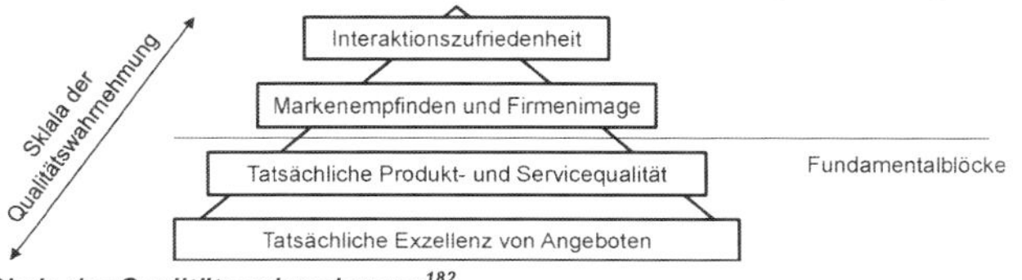

Abbildung 2-16: Skala der Qualitätswahrnehmung[182]

In Anlehnung an die Bedürfnispyramide von MASLOW beschreiben KUREEMUN und FANTINA die wahrgenommene Qualität (Abbildung 2-16). Auf unterster Ebene sind Produkte für den Kunden interessant zu gestalten, da sonst keine **Aufmerksamkeit** geschenkt und keine Qualität zugesprochen wird. Anschließend ist die objektive Produktqualität (*Protective Quality*) abgebildet. Beide Ebenen sind Voraussetzung, jedoch nicht hinreichend für eine hohe Qualitätswahrnehmung (*Fundamentalblöcke*). Bedeutender ist das Vertrauen des Kunden in die Wertigkeit des Produktes. Dies kann, wie beschrieben, u. a. durch ein positives (Marken-) Image gefördert werden. Wird eine Marke mit hoher Qualität assoziiert, so werden auch de-

176 Vgl. **Beaujean, P., et al.** (Emotionale Produktgestaltung), 2011, S. 233.
177 Vgl. **Schmitt, R.; Pfeifer, T.** (Qualitätsmanagement), 2015, S. 99 f.
178 Vgl. **Prefi, T.; Falk, B.; Schmitt, R.** (Qualität und Markt), 2014, S. 387 ff.
179 Vgl. **Prefi, T.** (Qualitätsorientierte Unternehmensführung), 2003, S. 3 ff. und S. 14.
180 Vgl. **Schmitt, R.; Pfeifer, T.** (Qualitätsmanagement), 2015, S. 98.
181 **Prefi, T.** (Qualitätsorientierte Unternehmensführung), 2003, S. 14.
182 In Anlehnung an **Kureemun, B.; Fantina, R.** (Perception of Quality), 2011, S. 9.

ren Produkte als qualitativ hochwertig wahrgenommen[183]. Die oberste Ebene beschreibt das umfassende Kundenerlebnis, zu dessen Erreichung die gesamte Interaktion zwischen Kunde und Unternehmen zufriedenzustellen ist (Interaktionszufriedenheit).[184]

Zur aktiven Gestaltung der Qualitätswahrnehmung bedarf es der Erfassung expliziter und impliziter Kundenanforderungen. Hierdurch lässt sich ein Gesamtbild der Kundenbedürfnisse auf Basis der Sinneswahrnehmungen abbilden, um Merkmale zu antizipieren, die Aufmerksamkeit, Begeisterung und folglich Kundenzufriedenheit hervorrufen (Abbildung 2-17).[185]

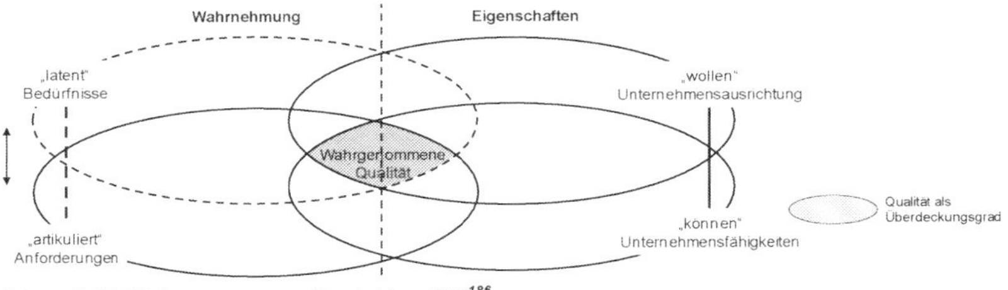

Abbildung 2-17: Wahrgenommene Produktqualität[186]

Zur Annäherung an das Qualitätsurteil des Kunden und somit zur aktiven Beeinflussung der wahrgenommenen Produktqualität sowie der Kundenzufriedenheit sind bei der Planung und Ausgestaltung von Qualitätsmerkmalen folgende Kategorien zu berücksichtigen:

Wertfunktion von Qualitätsmerkmalen:

- Eine Untererfüllung von Anforderungen wird von den Kunden bestraft. Die Übererfüllung wird akzeptiert, jedoch nicht in angemessenem Maße honoriert[187].

Gewichtung von Qualitätsmerkmalen:

- Es besteht die Möglichkeit zur Kompensation durch Erfüllung relevanter und zeitgleicher Nichterfüllung weniger wichtiger Qualitätsmerkmale.

Information zu und Kommunikation von Qualitätsmerkmalen:

- Kundenanforderungen sind systematisch zu erheben; nicht erhobene Anforderungen können nicht erfüllt werden und führen zur Unzufriedenheit beim Kunden.[188]

Kategorisierung von Qualitätsmerkmalen gemäß KANO-Modell (siehe Abbildung 2-18)[189]:

Das KANO-Modell ist ein Erklärungsansatz zur Differenzierung zwischen objektiver und wahrgenommener Qualität. Dabei wird zwischen Basis-, Leistungs-, Begeisterungs-, Umkehr- und indifferenten Merkmalen unterschieden. Die unterschiedliche Gewichtung der Merkmale erfolgt anhand ihres Erfüllungsgrades und der Zufriedenheit der Kunden. *Basismerkmale* sind Merkmale bzw. Anforderungen, die zu erfüllen sind und vom Kunden stillschweigend vorausgesetzt werden. Deren Nichterfüllung ruft Unzufriedenheit hervor, während ihre Realisierung keinen Beitrag zur Steigerung der Zufriedenheit leistet. *Leistungsmerkmale* werden explizit vom Kunden geäußert und beeinflussen die Zufriedenheit proportional zum Erfüllungsgrad. *Begeisterungsmerkmale* werden vom Kunden weder explizit for-

[183] Vgl. **Burmann, C.; Meffert, H.** (Markenbildung und Markenstrategie), 2007, S.163 f.

[184] Vgl. **Kureemun, B.; Fantina, R.** (Perception of Quality), 2011, S. 8 ff.

[185] Vgl. **Schmitt, R.; Pfeifer, T.** (Qualitätsmanagement), 2015, S. 145.

[186] In Anlehnung an **Köhler, M.; Falk, B.; Schmitt, R.** (Objectifying User Attention), 2013, S. 1 basierend auf **Lieb, H.; Quattelbaum, B.; Schmitt, R.** (Perceived Quality), 2008.

[187] Vgl. **Schmitt, R.; Pfeifer, T.** (Qualitätsmanagement), 2015, S. 146 f.

[188] Vgl. **Prefi, T.** (Qualitätsorientierte Unternehmensführung), 2003, S. 16 f.

[189] Vgl. **Kano, N.** (Attractive Quality), 1984, S. 39 ff.

muliert noch erwartet. Daher lassen sie bei Vorhandensein die Kundenzufriedenheit überproportional steigen, lösen Begeisterung aus und bieten daher Potenzial zur Differenzierung gegenüber Alternativprodukten. Demgegenüber führt deren Nichterfüllung zu keiner Senkung der Kundenzufriedenheit. *Indifferente Merkmale* haben keinen Einfluss auf die Kundenzufriedenheit und *Umkehrmerkmale* sind in der Entwicklung zu vermeiden.[190]

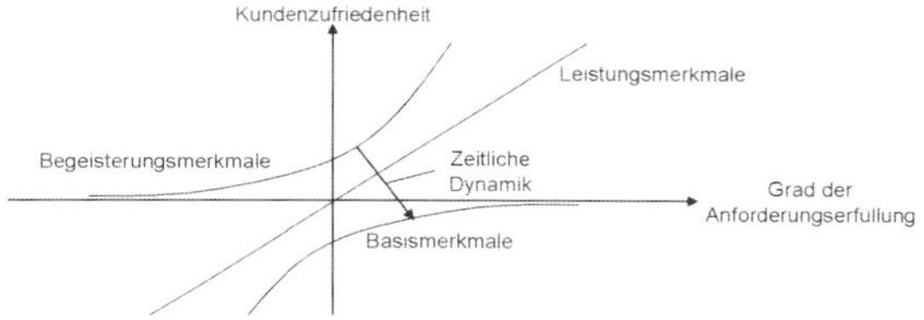

Abbildung 2-18: KANO-Modell zur Kategorisierung von Anforderungen[191]

2.3.3 Ebenenmodell der wahrgenommenen Produktqualität

Wie im Kapitel 2.3.2 dargestellt, resultiert das Qualitätsurteil zu einem Produkt aus der Qualität der einzelnen Produktmerkmale[192]. Dabei gehen nicht alle Merkmale in das Qualitätsurteil ein. Bewusst oder unbewusst werden diejenigen wahrnehmbaren Merkmale ausgewählt, die aus Kundensicht valide Rückschlüsse auf die Produktqualität erlauben. Die Gestaltung eines technisch-funktionell fehlerfreien und hochwertig wahrgenommenen Produktes erfordert die Ermittlung der für den Kunden **wahrnehmungsrelevanten Produktmerkmale**.[193]

Einen Ansatz zur Erfassung und **Strukturierung** dieser Produktmerkmale bietet das Ebenenmodell der wahrgenommenen Produktqualität (siehe Abbildung 2-19). Das Modell gliedert die Wahrnehmung und den subjektiven Eindruck aus Sicht des Kunden in die Ebenen: Gesamteindruck, Wahrnehmungscluster, Qualitätsmerkmale, Deskriptoren und technische Parameter. Kunden gewinnen beim Erstkontakt mit einem Produkt einen Gesamteindruck. Für den Hersteller leitet sich daraus das Ziel ab, das Produkt so zu gestalten, dass der Kunde den Gesamteindruck z. B. als *harmonisch* bewertet. Aus Sicht des Kunden formen zusammengehörig wahrgenommene Elemente ein Wahrnehmungscluster.[194] Die Basis zur Beurteilung des Qualitätseindruckes des Wahrnehmungsclusters aus Kundensicht bilden Qualitätsmerkmale. Durch das Aufzeigen von **Zusammenhängen** zwischen den **Ausprägungen** der Qualitätsmerkmale und dem **subjektiven Empfinden** aus Kundensicht lassen sich Aussagen über das Kundenurteil ableiten. Mittels technisch-physikalischer Zusammenhänge ermöglichen Deskriptoren die standardisierte Beschreibung der Kundensicht zu den übergeordneten Qualitätsmerkmalen. Die Beschreibung eines Deskriptors durch technische Parameter führt zu objektiv skalier- und messbaren, physikalischen Größen. Die Konkretisierung technischer Parameter ist wesentlich für die Ableitung von Entwicklungseingaben.[195]

---

[190] Vgl. **Schmitt, R.; Pfeifer, T.** (Qualitätsmanagement), 2015, S. 164 f. und S. 570 ff.

[191] In Anlehnung an **Bailom, F., et al.** (Kano-Modell), 1996, S. 118 und **Schmitt, R.; Pfeifer, T.** (Qualitätsmanagement), 2015, S. 164.

[192] Vgl. **ebenda** (Qualitätsmanagement), 2015, S. 102 f. und **Prefi, T.; Falk, B.; Schmitt, R.** (Qualität und Markt), 2014, S. 387 ff.

[193] Vgl. **Beaujean, P., et al.** (Emotionale Produktgestaltung), 2011, S. 260 sowie Kapitel 2.3.2.

[194] Zur harmonischen Gestaltung von Produkten sowie zu *Gruppierungsgrundsätzen*, siehe auch Kapitel 2.4.

[195] Vgl. **ebenda** (Emotionale Produktgestaltung), 2011, S. 234 ff. und **Schmitt, R.; Quattelbaum, B.; Porepp, S.** (Auge des Betrachters), 2011, S. 58 f.

	Gesamteindruck	Wahrnehmungs-cluster	Qualitäts-merkmal	Deskriptor	Technischer Parameter
Produktebene	Gesamtprodukt	Baugruppe	Bauteil	Eigenschaft	Parameter
Beispiel	PKW	Tür	Türgriff	Kraftverlauf	Feder-steifigkeit
Wahrnehmung	Harmonie	Einheit	qualitativ, hochwertig	-	-
Informationsart	subjektiv	subjektiv	subjektiv	teil-objektiviert	objektiv
Informationsquelle	Kunde	Kunde	Kunde / Experte	Experte / Messtechnik	Konstruktion

Abbildung 2-19: Ebenenmodell der wahrgenommenen Produktqualität[196]

Das Produktdesign hat entscheidenden Einfluss bei der aktiven Lenkung der Qualitätswahrnehmung. Insbesondere die visuell erlebbaren Elemente der **Produktgestalt** üben bei der Interaktion des Kunden mit dem Produkt Einfluss auf die Produktbewertung aus[197].

2.4 Produktgestaltung als Aspekt der Produktentwicklung materieller Produkte

Zunächst wird im Kapitel 2.4.1 auf die Produktgestaltung eingegangen, um dann im Kapitel 2.4.2 Produktfunktionen aufzuzeigen, deren Umsetzung einen wesentlichen Aspekt der Produktgestaltung darstellt.

2.4.1 Begriff, Bedeutung und Aufgaben der Produktgestaltung

Zur Erfüllung der Kundenbedürfnisse thematisiert das Produktdesign die Produktgestaltung beginnend bei der Idee bis zur finalen Gestalt.[198] Die Produktgestaltung ist verantwortlich für die Festlegung der Erscheinungsform eines Produktes und daher wesentlich für die Produktdifferenzierung (siehe Kapitel 2.3.2). Abhängig davon, ob die Zielstellung die Weiterentwicklung bestehender Produkte (Produktvariation) oder die Erstellung neuer Produkte (Produktinnovation) ist, variieren die Aufgaben der Produktgestaltung. Die Produktvariation strebt eine zielgerichtete Anpassung der **qualitätsbestimmenden Eigenschaften**[199] existierender Produkte an die sich wandelnden Kundenbedürfnisse an. Demgegenüber sind diese bei einer Produktinnovation neu zu definieren. Zudem wird die Produktgestaltung dann aktiv, wenn Veränderungen in den Technologien der Herstellung und Fertigung Produktveränderungen hervorrufen.[200] Die Gestaltung eines attraktiven Produktes erfolgt folglich unter Berücksichtigung der Rahmenbedingungen aus Formgebung, Produktfunktionen und Fertigung[201].

Die Arbeitsschritte der Produktgestaltung und des Produktdesigns stehen in einem engen Zusammenhang mit den Phasenabschnitten der Produktentwicklung (siehe Kapitel 2.2.2). Die Aktivitäten umfassen u. a. die Unterstützung der Ideenfindung in der Produktdefinition,

---

[196] Leicht modifizierte Abbildung in Anlehnung an **Schmitt, R.; Pfeifer, T.** (Qualitätsmanagement), 2015, S. 102.

[197] Vgl. **Ufelmann, A.** (Imageaufbau durch Produktdesign), 2010, S. 20.

[198] Vgl. **Chitale, A.; Gupta, R.** (Product Design), 2007, S. 1.

[199] Für einen Ansatz zur Strukturierung wahrnehmungsrelevanter Eigenschaften, vgl. Kapitel 2.3.3.

[200] Vgl. **Markgraf, D.** (Produktgestaltung), 2015.

[201] Vgl. **Braess, H.-H.; Seiffert, U.** (Automobildesign und Technik), 2007, S. 32.

die Produktkonzeption sowie den Entwurf und die Ausgestaltung von Gestaltmodellen und Prototypen[202]. Auf Basis des erweiterten Qualitätsverständnisses hat dabei die harmonische Produktgestaltung innerhalb der Produktentwicklung eine besondere Rolle.[203] Durch aktive Lenkung der Qualitätswahrnehmung wird angestrebt, den Kunden emotional anzusprechen, um zur Steigerung des subjektiv empfundenen Produktwertes beizutragen und um einen positiven Einfluss auf die Kaufentscheidung der Kunden zu nehmen. Es ist dabei Aufgabe der Produktgestaltung, die Produktfunktionen dem Kunden durch die Produktgestalt zu vermitteln. Hierbei beschränkt sich das Produktdesign nicht allein auf Form- und Farbgebung. Vielmehr umfasst sie ein interdisziplinäres Tätigkeitsspektrum (siehe Abbildung 2-20) und fokussiert die „[...] Kombination aus technisch-wissenschaftlichen, künstlerischen und humanwissenschaftlichen Aktivitäten unter Beachtung ökonomischer und ökologischer Faktoren."[204] Als Ergebnis werden die relevanten Produktmerkmale für den Kunden wahrnehmbar gestaltet, Produktfunktionen verständlich vermittelt und Kundenemotionen beeinflusst. Produktdesign und -gestaltung bedienen hierfür unterschiedliche Stellhebel, die an der Erfüllung der **Produktfunktionen** ansetzen.[205]

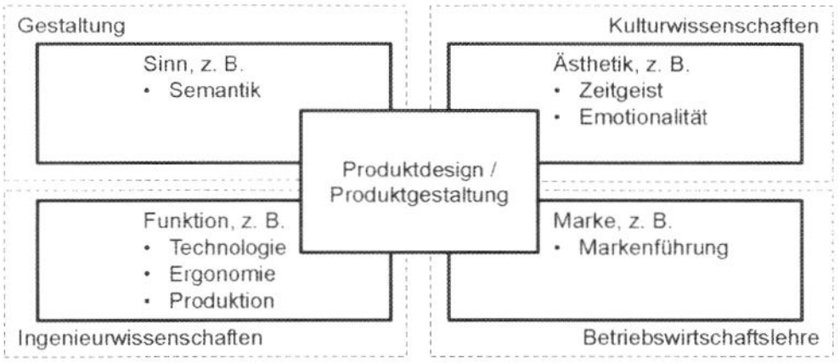

***Abbildung 2-20: Aktivitäten und interdisziplinäre Struktur des Produktdesigns**[206]*

2.4.2 Produktsprachliche Funktionen

Die Aktivitäten des Produktdesigns zielen auf die Umsetzung der Produktfunktionen. Es wird zwischen praktischen und produktsprachlichen Funktionen unterschieden (siehe Abbildung 2-21)[207]. Praktische Funktionen beschreiben die direkte Interaktion des Benutzers mit dem Produkt. Demgegenüber informieren die produktsprachlichen über die praktischen Funktionen und werden unterteilt in ästhetische und zeichenhafte Funktionen. Letztere wiederum gliedern sich in Anzeichen- und Symbolfunktionen.[208] In dieser Arbeit hat die Produktgestaltung zur Vermittlung und Kommunikation der Produktfunktionen besondere Bedeutung. Daher werden in der Folge die **produktsprachlichen Funktionen** näher betrachtet.

---

[202] Vgl. **Goos, J.** (Produktdesign), 2011, S. 184

[203] Vgl. **Quattelbaum, B.** (Wahrnehmungsrelevante Informationen), 2013, S. 59 f. BEAUJEAN ET AL. verwenden in diesem Kontext den Begriff *Emotionale Produktgestaltung*, vgl. **Beaujean, P., et al.** (Emotionale Produktgestaltung), 2011.

[204] **Goos, J.** (Produktdesign), 2011, S. 184. Für ein ähnliches Verständnis zu *Design*, vgl. **Haverkamp, M.** (Synesthetic Design), 2013, S. 3.

[205] Vgl. **Goos, J.** (Produktdesign), 2011, S. 183 ff. und **Beaujean, P., et al.** (Emotionale Produktgestaltung), 2011, S. 230 ff.

[206] In Anlehnung an **Goos, J.** (Produktdesign), 2011, S. 184 f. Die Abbildung verdeutlicht zudem den interdisziplinären Kontext, innerhalb dessen sich diese Arbeit bewegt, siehe auch Kapitel 1.3 sowie Abbildung 2-15.

[207] Vgl. **Arndt, H.** (Integrierte Informationsarchitektur), 2006, S. 73; **Buck, A.** (Design Management), 2003, S. 9; **Gros, J.** (Einführung), 1987, S. 60 ff. und **Heufler, G.** (Design Basics), 2012, S. 33.

[208] Zur Gliederung der *Produktfunktionen*, vgl. u. a. **Norman, D. A.** (Emotional Design), 2005, S. 39; **Crilly, N.; Moultrie, J.; Clarkson, P.** (Seeing Things), 2004, S. 552 und **Steffen, D.** (Design als Produktsprache), 2000, S. 94 f.

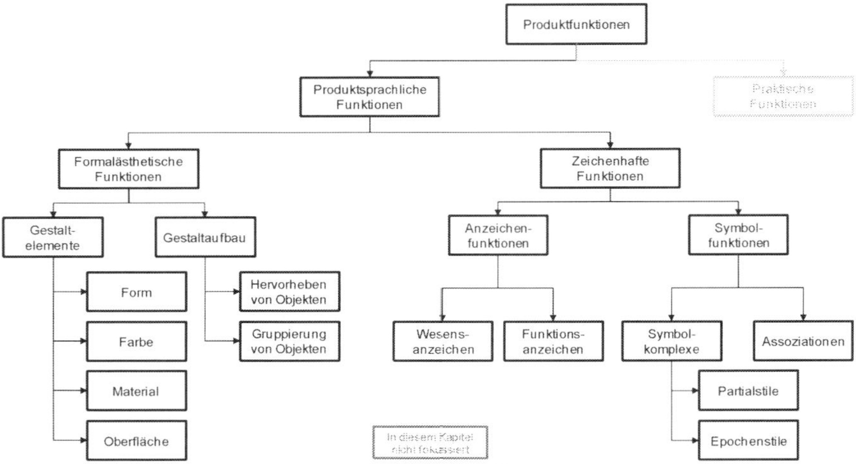

Abbildung 2-21: Gliederung der Produktfunktionen (Auswahl)[209]

2.4.2.1 Formalästhetische Funktionen

Die formalästhetischen Funktionen stellen die Grammatik der Produktsprache dar[210]. Ohne eine zeichenhafte, semantische Deutung vorzunehmen, lassen sie Rückschlüsse über die Produktwirkung zu[211]. Kennzeichnend für die Formalästhetik sind u. a. Rhythmus, Proportionen, Harmonie sowie Komplexität und Ordnung. So weist jede Produktgestalt einen anwendungsfallspezifischen Grad an Ordnung und Komplexität auf, wobei beide Aspekte einander entgegengesetzt sind (siehe Abbildung 2-22)[212]. Produkte mit hoher **Ordnung** haben einen geringen Informationsgehalt und werden vom Betrachter leicht erfasst. Demgegenüber vermitteln **komplexe** Produkte viele Informationen und steigern den Wahrnehmungsaufwand.[213]

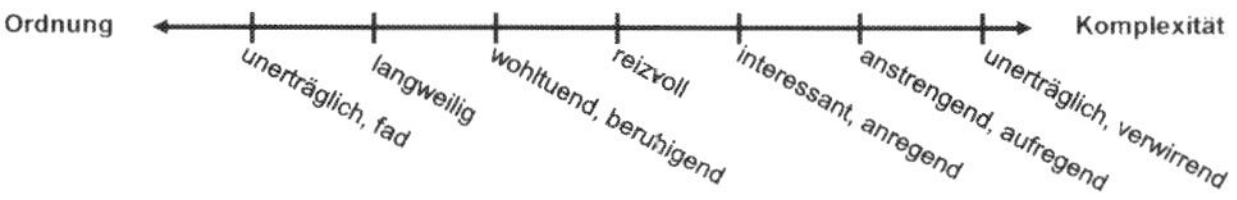

Abbildung 2-22: Wahrnehmungsskala der Ordnung und Komplexität[214]

Gestaltelemente

Die Produktgestalt ist die Gesamtheit der geometrisch beschreibbaren Merkmale eines **materiellen Produktes**. Die elementaren **Gestaltelemente** führen die Vielzahl an Produktgestalten auf die Lage und die Anordnung weniger komplexer Elemente zurück.[215] Die Literatur

---

209 In Anlehnung an **Gros, J.** (Einführung), 1987, S. 70 sowie **Steffen, D.** (Design als Produktsprache), 2000, S. 34 und S. 94 f.

210 Vgl. **Gros, J.** (Einführung), 1987, S. 63 f.

211 Vgl. **Steffen, D.** (Design als Produktsprache), 2000, S. 34.

212 Vgl. **Bürdek, B. E.** (Design), 2005, S. 297 ff.; **Steffen, D.** (Design als Produktsprache), 2000, S. 94 sowie **Zakia, R.** (Perception), 2013, S. 61.

213 Vgl. **Löbach, B.** (Industrial Design), 1976, S. 165 ff.

214 In Anlehnung an **Heufler, G.** (Design Basics), 2012, S. 42.

215 Vgl. **Ehrlenspiel, K.; Meerkamm, H.** (Integrierte Produktentwicklung), 2013, S. 460.

hebt **Form**, **Farbe**, **Material** und **Oberfläche** als die wichtigsten Gestaltelemente hervor[216]. Die aufgeführten Kategorien stehen dabei im Zusammenhang. Aufgrund der werkstofftechnologischen Eigenschaften definiert somit bereits die Wahl des **Materials** die Farbe und die Oberflächenstruktur von Objekten. Zudem lassen sich ähnliche sinnliche Wirkungen durch unterschiedliche Gestaltelemente hervorrufen. So kann der Eindruck von Unterschieden (= Kontrast), neben Farbkontrasten auch durch die Nebeneinanderstellung verschiedener Formen, Oberflächen oder Materialien erzeugt werden. In Tabelle 2-3 finden sich für die Gestaltelemente ausgewählte, zugehörige Wahrnehmungsphänomene.

***Tabelle 2-3:** Gestaltelemente, Ausprägungen und beispielhafte sinnliche Wirkungen*

Gestalt-element	Ausprägung (Auswahl)	Beispielhafte sinnliche Wirkung
Form	• Geometrisch vs. organisch[217] • Symmetrisch vs. asymmetrisch[218] • Proportion • Größe • Formkanten[219]	• *Männlich* (geometrisch); *weiblich* (organisch)[220] • *Ordnung* (symmetrisch); *Spannung* (asymmetrisch)[221] • *Angenehm* • *Aufmerksamkeit, Initialfixation* (größere Formen)[222] • *Körperbezug* (Ein- und Ausbuchtungen)[223]
Farbe[224]	• Farbton (bunte und unbunte Farben sowie Sonderfarben)[225] • Farbsättigung[226] • Helligkeit (Lichtintensität) • (Farb-) Kontrast	• *Männlich* (unbunte Farben); *Signalfarbe* (Rot)[227]; *warm* (Rot); *kalt* (Blau)[228] • *Raumwahrnehmung, z. B. Nähe* (hohe Sättigung)[229] • *Leicht* (helle Farben); *schwer* (dunkle Farben)[230] • *Unterschiede*[231]
Material	• Polymere, Glas, Keramik, Metalle, Elastomere oder Composites • Lichtundurchlässig, opak, durchscheinend, transparent[232]	• Festlegung von Farbe und Oberflächenstruktur[233] • *Warm* (Holz, Leder); *kalt* (Metalle, Glas, Keramik)[234] • *Schwer* (opake); *leicht* (transparente Materialien)[235]
Oberfläche	• Lichtabsorptionsgrad • Struktur • Gestaltung	• Glänzend (glatt); matt (rau)[236] • *Warm* (matt); kalt (glänzend)[237] • *Körperbezug* (erhaben, vertieft)[238]

[216] Vgl. **Kohler, T.** (Produktdesign), 2003, S. 39; **Heufler, G.** (Design Basics), 2012, S. 37 f.; **Godau, M.** (Produktdesign), 2003, S. 24; **Koppelmann, U.** (Produktmarketing), 2001, S. 341 und **Löbach, B.** (Industrial Design), 1976, S. 160.

[217] Vgl. **Leopold, C.** (Geometrische Grundlagen), 2012, S. 132 und **Wong, W.** (Principles of Form and Design), 1993, S. 346 f.

[218] Vgl. **Chipman, S.** (Visual Patterns), 1977, S. 286 f. und **Lidwell, W.; Holden, K.; Butler, J.** (Design), 2004, S. 190.

[219] Vgl. **Koppelmann, U.** (Produktmarketing), 2001, S. 373 ff.

[220] Siehe hierzu die Ausführungen zu *Einzelassoziation* im Kapitel 2.4.2.3.

[221] Vgl. **Mayer, S.** (Wettbewerbsfaktor Design), 1996, S. 120.

[222] Vgl. **Kroeber-Riel, W.; Gröppel-Klein, A.** (Konsumentenverhalten), 2013, S. 85.

[223] Siehe hierzu die Ausführungen zu den *Funktionsanzeichen* im Kapitel 2.4.2.2.

[224] Vgl. **Welsch, N.; Liebmann, C.** (Farben), 2012, S. 121.

[225] Vgl. **Koppelmann, U.** (Produktmarketing), 2001, S. 382.

[226] Die *Farbsättigung* kennzeichnet sich durch den Grauanteil in der Farbe (100 % Sättigung = kein Grauanteil; 0 % Sättigung = Neutralgrau), vgl. **Welsch, N.; Liebmann, C.** (Farben), 2012, S. 401 f.

[227] Vgl. **Thesmann, S.** (Design), 2010, S. 13 f. und **Skopec, D.** (Layout digital), 2004, S. 136 sowie zur Physiologie des menschlichen Auges, siehe u. a. Kapitel 2.5.2.

[228] Vgl. **Lübbe, E.** (Farbempfindung, Farbbeschreibung und Farbmessung), 2013, S. 66.

[229] Vgl. **ebenda** (Farbempfindung, Farbbeschreibung und Farbmessung), 2013, S. 58.

[230] Vgl. **Thesmann, S.** (Design), 2010, S. 263.

[231] Vgl. **Welsch, N.; Liebmann, C.** (Farben), 2012, S. 36.

[232] Vgl. **Ashby, M.; Johnson, K.** (Materials and Design), 2010, S. 77.

[233] Vgl. **Ashby, M.; Shercliff, H.; Cebon, D.** (Materials), 2014, S. 17 f. Metalle erscheinen opak und lichtundurchlässig, Keramiken zumeist opak oder durchscheinend, Glas transparent und Polymere können opak bis transparent erscheinen.

[234] Vgl. **Koppelmann, U.** (Produktmarketing), 2001, S. 361 ff.

[235] Vgl. **Fischer, R.; Mikosch, G.** (Anzeichenfunktionen), 1987, S. 54.

[236] Vgl. **Lang, H.** (Farbenmetrik), 2004, S. 683.

[237] Vgl. **Heufler, G.** (Design Basics), 2012, S. 40 und **Koppelmann, U.** (Produktmarketing), 2001, S. 367.

[238] Vgl. **ebenda** (Produktmarketing), 2001, S. 402. Die Analyse der Struktur von Oberflächen leitet über zum haptischen Sinn.

Gestaltaufbau

Die Gestaltelemente, ihre Anordnung und ihr Verhältnis zur Gesamtgestalt prägen den **Gestaltaufbau**[239]. Die Gestaltpsychologie hat besondere Relevanz für die Formalästhetik, da sie in der Gestalt mehr als die Summe ihrer Einzelelemente sieht[240]. **Gestaltgesetze**[241] dienen dabei sowohl für 2D- als auch für 3D-Objekte als Gestaltungsgrundlage. Es ist u. a. zu unterscheiden zwischen Prinzipien zum **Hervorheben** und zur **Gruppierung** von Elementen. Objekte sind vom Hintergrund **hervorzuheben** (*Figur-Grund-Gliederung*), um sie als Form wahrzunehmen, während der Grund gestaltlos erscheint.[242] Folglich erhält das Objekt mehr Aufmerksamkeit und wird als näher empfunden[243]. Kleine, symmetrische, konvexe Elemente sowie im unteren Bereich angeordnete Objekte, werden eher wahrgenommen[244]. Elemente, die sich durch ein definiertes Merkmal (z. B. Farbe, Form, (Farb-) Kontrast)[245] von anderen unterscheiden, werden besser wahrgenommen *(Gesetz der Prägnanz)*[246]. Zur Wahrung der Fokuswirkung und zur Reduktion von Komplexität ist stets nur eine begrenzte Anzahl an Elementen hervorzuheben.[247] Ziel der Prinzipien zur **Gruppierung** ist es, dass die Elemente der zu gestaltenden Einheit als zusammengehörig wahrgenommen werden[248]. Dies wird u. a. dadurch erreicht, dass (siehe auch Abbildung 2-23):

- die Einheit als Figur[249] erkennbar gestaltet wird (*Figur-Binnen-Gliederung*).
- eine durchgehende Linie Elemente einschließt (*Gesetz der Geschlossenheit).*
- die Elemente in relativer Nähe zueinander angeordnet werden (*Gesetz der Nähe*).
- gleichartige Elemente verwendet werden (*Gesetz der Gleichheit / Ähnlichkeit).*
- die Elemente gleich ausgerichtet werden (*Gesetz der durchgehenden Kurve).*
- die Elemente eine symmetrische Form bilden (*Gesetz der Symmetrie)*[250].
- die Elemente durch eine Linie verbunden werden (*Gesetz der Verbundenheit)*[251].
- die Struktur der Elemente dem Betrachter vertraut sind (*Gesetz der Erfahrung).*[252]

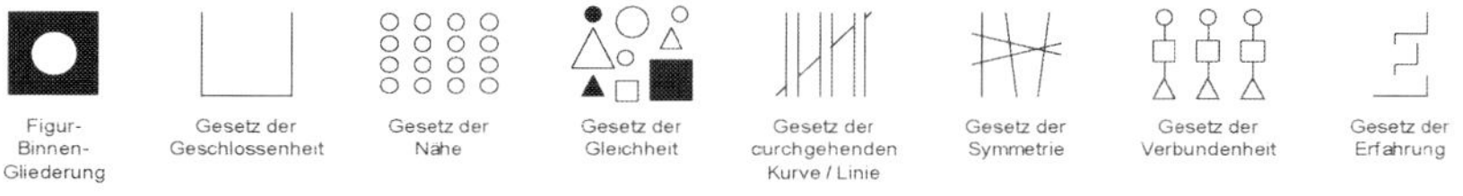

Abbildung 2-23: Ausgewählte Gesetze zur Gruppierung von Objekten

[239] Vgl. **Löbach, B.** (Industrial Design), 1976, S. 165. In Analogie differenziert KOHLER zwischen *elementaren* (= Gestaltelemente) und *komplexen* (= Gestaltaufbau) *Gestaltmitteln*, vgl. **Kohler, T.** (Produktdesign), 2003 S. 39.

[240] Vgl. **Steffen, D.** (Design als Produktsprache), 2000, S. 36; **Ehrenfels, C.** (Gestaltqualitäten), 1978, S. 19 und **Katz, D.** (Gestaltpsychologie), 1969, S. 13.

[241] Nachfolgend werden ausgewählte Gestaltgesetze dargestellt. In der Literatur finden sich zahlreiche weitere Gestaltgesetze und Ansätze zu deren Kategorisierung, vgl. u. a. **Goldstein, E. B.** (Wahrnehmungspsychologie), 2008.

[242] Vgl. **Rubin, E.** (Visuell wahrgenommene Figuren), 1921, S. 3 ff. Aufgrund des fehlenden Tiefenunterschiedes ist dies insbesondere bei 2D-Objekten zu berücksichtigen.

[243] Vgl. **Lidwell, W.; Holden, K.; Butler, J.** (Design), 2004, S. 80.

[244] Vgl. **Metzger, W.** (Gesetze des Sehens), 1975, S. 33 ff. und **Vecera, S.; Vogel, E.; Woodmann, G.** (Lower Region), 2002, S. 195 ff.

[245] Vgl. **Thesmann, S.** (Design), 2010, S. 194 f.

[246] Vgl. **Böcker, M.** (Benutzergerechte Gestaltung), 2013, S. 134.

[247] Vgl. **Lidwell, W.; Holden, K.; Butler, J.** (Design), 2004, S. 108

[248] Siehe hierzu das *Ebenenmodell der Wahrnehmung* und die Verbindung zwischen *Qualitätsmerkmalen* und *Wahrnehmungsclustern*, vgl. Kapitel 2.3.3.

[249] Siehe hierzu die Prinzipien zum Hervorheben von Objekten (*Figur-Grund-Beziehung* und *Gesetz der Prägnanz*).

[250] Vgl. **Metzger, W.** (Gesetze des Sehens), 1975, S. 94 f.

[251] Vgl. **Palmer, S.; Rock, I.** (Rethinking Perceptual Organization), 1994, S. 40 f.

[252] Für einen Überblick zu Gruppierungsgrundsätzen, vgl. u. a. **Katz, D.** (Gestaltpsychologie), 1969, S. 33 ff.

2.4.2.2 Anzeichenfunktionen

„Ein Anzeichen zeigt das Vorhandensein eines Dinges, eines Ereignisses oder einer Sachlage [...]“[253]. Anzeichenfunktionen informieren über Produktmerkmale bzw. über die praktischen Produktfunktionen und werden unterschieden in Wesens- sowie in Funktionsanzeichen[254]. Ein Produkt wird u. a. aufgrund seiner **Wesensanzeichen** kategorisiert.[255] Bei dem Kategorisieren und Identifizieren von Produkten besitzen Form und Formkontur eine besondere Bedeutung.[256] **Funktionsanzeichen** informieren über die praktischen Produktfunktionen, um den Betrachter zu einem beabsichtigten Handeln zu bewegen. Sie werden durch den gezielten Einsatz der Gestaltelemente in der Produktgestaltung umgesetzt. FISCHER und MIKOSCH nehmen eine Kategorisierung der Funktionsanzeichen vor (siehe Tabelle 2-4)[257].

Tabelle 2-4: Interpretation und Realisierung von Funktionsanzeichen (Auswahl)[258]

Funktionsanzeichen	Informiert über ...	Realisiert durch folgende Gestaltelemente ...
Ausrichtung	Beziehungsrichtung der praktischen Funktion	• Radienverläufe und Bedeutungsflächen (= Flächen geprägt durch Neigung, Ausbuchtung oder Einschnitte)
Standfunktion	Visuelle Erkennbarkeit der Standfestigkeit	• Auflagefläche und wahrgenommenen Schwerpunkt (z. B. Formverbreiterungen, *schwere* Farben)
Stabilität	Wahrgenommene Produktstabilität	• Materialwahl (z. B. Metall) • Verarbeitung, Dimensionierung, Abkantungen und Falze • Leichtbau (Träger- und Verbindungselemente)
Veränderbarkeit / Einstellbarkeit	Einstellbarkeit des Produktes durch Nutzer	• z. B. Drehknopf (radiale Veränderbarkeit), z. B. Schiene (axial), z. B. Schwanenhals (radial-räumlich)
Bedienung	Umgang mit Produkt	• Farbe (Farbkonventionen[259]; Temperaturwirkung[260]) • Gruppierung (ähnliche Funktion); Separieren (gesonderte Funktion)[261] • Gesetz der Verbundenheit (Abfolge der Bedienung)[262]
Präzision	Präzision eines Produktes (z. B. Messgerät)	• Hohe Ordnung, geometrische Formen und feingliedrige Gestaltung
Körperbezug	Interaktionsflächen des Produktes (z. B. Griff)	• Gestaltung der Oberfläche (z. B. matt, erhaben, vertieft) • Form (z. B. Ein- und Ausbuchtungen, abgerundete Kanten)

2.4.2.3 Symbolfunktionen

Symbole sind „[...] Vehikel für die Vorstellung von Gegenständen [...]“[263]. Symbolfunktionen lösen beim Betrachter Assoziationen aus, die durch Kultur, Gesellschaft oder Erfahrung individuell geprägt werden.[264] **Symbolkomplexe** werden unterschieden in Epochen- und Partialstile. Der Epochenstil ist gekennzeichnet durch die charakteristischen Gestaltungsausprä-

253 **Langer, S.** (Philosophie), 1965, S. 65.

254 Vgl. **Gros, J.** (Einführung), 1987, S. 68 sowie **Fischer, R.; Mikosch, G.** (Anzeichenfunktionen), 1987, S. 17.

255 Vgl. **ebenda** (Anzeichenfunktionen), 1987, S. 19 ff. und **Steffen, D.** (Design als Produktsprache), 2000, S. 63.

256 Vgl. **Koppelmann, U.** (Produktmarketing), 2001, S. 377.

257 Vgl. **Fischer, R.; Mikosch, G.** (Anzeichenfunktionen), 1987.

258 Für einen Überblick zu *Funktionsanzeichen*, vgl. insbesondere **ebenda** (Anzeichenfunktionen), 1987, S. 39-102 ff.; **Heufler, G.** (Design Basics), 2012, S. 49 ff. und **Steffen, D.** (Design als Produktsprache), 2000, S. 67-79.

259 Zu Farbkonventionen der Gestaltung von Mensch-Maschine-Schnittstellen, vgl. **DIN** (Grund- und Sicherheitsregeln), 2003.

260 Z. B. bewusste Anwendung der Temperaturwirkung (Blau und Rot), vgl. **Welsch, N.; Liebmann, C.** (Farben), 2012, S. 23.

261 Vgl. **Steinfeld, E.; Maisel, J.** (Universal Design), 2012, S. 111 ff.

262 Vgl. **Lidwell, W.; Holden, K.; Butler, J.** (Design), 2004, S. 200 ff.

263 **Langer, S.** (Philosophie), 1965, S. 69.

264 Vgl. **Gros, J.** (Einführung), 1987, S. 69.

gungen eines bestimmten Zeitraumes[265]. Partialstile hingegen sind unabhängig von der Epoche und für die Produktgestaltung besonders wichtig. Ein Repräsentant der Partialstile ist der **Firmenstil** (Corporate Design)[266]. Die Verwendung firmenspezifischer Gestaltkonzepte setzen Produkte in Bezug zu den Erfahrungen mit einem Unternehmen, die zugleich auf das betrachtete Produkt übertragen werden.[267] STEFFEN sieht **Einzelassoziationen** als „[...] das semantische Vokabular [...]"[268], mit dem sich Symbolkomplexe bilden lassen. Die Literatur führt zahlreiche Assoziationen auf und betont zugleich die Bedeutung der **Assoziationen** *hochwertig* sowie *männlich / weiblich* für das Produktdesign (siehe Tabelle 2-5)[269].

STEFFEN betont, dass jede **Deutung** zeichenhafter Funktionen für den jeweiligen **produktspezifischen Anwendungsfall** Gültigkeit besitzt, jedoch als Basis der Bewertung vergleichbarer Anwendungsbeispiele dienen kann. Wenngleich demnach eine klare Zuordnung und eine Generalisierbarkeit in der Theorie der Produktgestaltung nicht gesehen wird, hebt er die Erfordernis für die Produktgestaltung hervor, Erkenntnisse über Zusammenhänge zwischen visuell erfahrbaren Produktmerkmalen und deren assoziativen Bedeutungen zu gewinnen.[270]

Tabelle 2-5: Interpretation und Realisierung von Einzelassoziationen (Auswahl)

Assoziation	Vermittelt ...	Realisiert durch folgende Gestaltelemente...
Hochwertig	Wahrgenommene Produktqualität[271]	• Farbe: Kräftige, nicht zu bunte Farben (*wertig*); nicht abgestimmte, bunte, grelle Farben (*weniger wertig*) • Material[272]: z. B. Metall, Leder (*wertig*); Kunststoff[273] (*weniger wertig*) • Zusammenwirken von Elementen (z. B. gleichmäßiger Spaltverlauf)[274] • Verwendung von Firmenzeichen[275]
Männlich	Männlichkeit	• Geometrische, kantige Formen, unbunte Farben und Erdfarben, raue Oberflächen, wahrgenommene Präzision
Weiblich	Weiblichkeit	• Organische, weiche Formen und Pastelltöne[276]

2.5 Visuelle Wahrnehmung

Die Kenntnis über die subjektive Wahrnehmung befähigt Unternehmen, Produkte den Kundenwünschen entsprechend gezielt zu gestalten. Hierfür sind Kundeninformationen in den

---

265 Vgl. **Steffen, D.** (Design als Produktsprache), 2000, S. 89 ff.

266 Vgl. **Erlhoff, M.; Marshall, T.** (Wörterbuch Design), 2006, S. 77.

267 Vgl. **Koppelmann, U.** (Produktmarketing), 2001, S. 349 und S. 387 sowie Kapitel 2.3.2. Symbole werden insbesondere zur Gestaltung von Firmenlogos eingesetzt, vgl. **Haverkamp, M.** (Synesthetic Design), 2013, S. 278.

268 **Steffen, D.** (Design als Produktsprache), 2000, S. 92.

269 Vgl. **Jungen, P.** (Aussage einer Produktgestaltung), 2011, S. 87 und **Hase, H.** (Anmutungscharaktere), 1989, S. 193 ff. STEFFEN listet weitere Einzelassoziationen, z. B. jung / alt heiter / traurig, stark / schwach, weich / hart, geordnet / zerfahren, vgl. **Steffen, D.** (Design als Produktsprache), 2000, S. 95. Zudem lassen sich Einzelassoziationen auch aus den Funktionsanzeichen ableiten (*stabil* aus dem Anzeichen *Stabilität*, vgl. Kapitel 2.4.2.2). Insbesondere dieser anwendungsfallspezifischen Erweiterbarkeit von Einzelassoziationen wird in dieser Arbeit gefolgt. Wie u. a. im Kapitel 3.3 dargestellt wird, bietet *Kansei Engineering* hierfür einen adäquaten Rahmen zur strukturierten Verknüpfung dieser zeichenhaften Funktionen mit Produktelementen für die zielgerichtete wahrnehmungsgerechte Produktgestaltung.

270 Vgl. **ebenda** (Design als Produktsprache), 2000, S. 92 f. Im Anhang A.2 findet sich eine zusammenfassende Abbildung mit den Erkenntnissen aus Kapitel 2.4.2. Darin werden exemplarisch ausgewählte Zusammenhänge zwischen *Gestaltelementen* und *zeichenhaften Produktfunktionen* dargestellt, auf die im Kapitel 5.3.1 zurückgegriffen wird.

271 Vgl. **ebenda** (Design als Produktsprache), 2000, S. 92 sowie Kapitel 2.3.2.

272 Vgl. **Hase, H.** (Anmutungscharaktere), 1989, S. 273 ff.

273 Vgl. **Ashby, M.; Johnson, K.** (Materials and Design), 2010, S. 31 ff. und **Kricheldorf, H.** (Materialien), 2012, S. 196.

274 Vgl. **Prefi, T.; Falk, B.; Schmitt, R.** (Qualität und Markt), 2014, S. 391 f.

275 Siehe hierzu auch die Ausführungen zu den *Symbolkomplexen*, insbesondere zu dem *Firmenstil* sowie vgl. auch die Ausführungen zum *Markenimage* im Kapitel 2.3.2.

276 Vgl. **Koppelmann, U.** (Produktmarketing), 2001, S. 444 und **Hase, H.** (Anmutungscharaktere), 1989, S. 193 ff.

Entwicklungsprozess einzubeziehen, z. B. durch Messung der über die menschlichen Sinne aufgenommenen Reize.[277] In frühen Phasen des Entwicklungsprozesses ist die Messung der visuell aufgenommenen Informationen bei der Betrachtung der Gestalt von Produktmodellen bedeutend[278]. Daher wird in diesem Kapitel die visuelle Wahrnehmung fokussiert. Es werden ausgewählte Grundlagen der menschlichen Wahrnehmung (Kapitel 2.5.1) sowie die Bedeutung der visuellen Wahrnehmung (Kapitel 2.5.2) dargestellt. Abschließend geht Kapitel 2.5.3 auf die physiologischen Grundlagen der Augenbewegungen ein. Die Kenntnis derer bildet die Basis zur objektiven Erfassung von Informationen über visuelle Reize (Kapitel 2.6). Die Bedeutung der Messung haptischer, akustischer und olfaktorischer Reize steigt in späteren Phasen des Entwicklungsprozesses, spielt jedoch in dieser Arbeit eine untergeordnete Rolle.

2.5.1 Grundlagen der menschlichen Wahrnehmung

Die Sinneswahrnehmung besitzt bezüglich der wahrgenommenen Produktqualität eine entscheidende Bedeutung. Der Anteil dessen, was an Informationen zu Produktmerkmalen über die menschlichen Sinne Aufmerksamkeit hervorruft und wahrgenommenen wird, fließt in den Produktbeurteilungsprozess ein und trägt zum Produktwert aus Kundensicht bei. Dieser bildet die Grundlage für die Entstehung von Emotionen und von Kaufentscheidungen. Der Eindruck eines Produktes entsteht also durch die Wahrnehmung des Kunden, wobei die Gesamtwahrnehmung eines Produktes das Zusammenspiel aller Sinneswahrnehmungen ist.[279] Definitorisch wird der Wahrnehmungsbegriff unterschieden zwischen der Sinneswahrnehmung und der sozialen Wahrnehmung. Die *soziale Wahrnehmung* kennzeichnet „[...] Die Wahrnehmung von sozialen Bezügen und Zusammenhängen (Menschen, Gruppen, Situationen, Beziehungen) [...]“[280] und weiterhin „[...] die Tatsache, dass Sinneswahrnehmung durch soziale und psychische Faktoren beeinflusst und verändert wird [...]“[281]. In der Literatur erfolgen mit Fokus auf die *Sinneswahrnehmung* die Abgrenzung und Definition des Wahrnehmungsbegriffes nicht einheitlich[282]. BÄNSCH definiert Wahrnehmung als kognitiven Prozess, der die „[...] Aufnahme und Selektion von Informationen, deren Organisation (Gliederung und Strukturierung) und Interpretation durch das Individuum [...]“[283] umfasst. KROEBEL-RIEL und GRÖPPEL-KLEIN beschreiben die Wahrnehmung als komplexen Prozess der Informationsverarbeitung, der mit kognitiven Vorgängen, z. B. Denken verknüpft und als eigenständiger Vorgang schwer abgrenzbar ist.[284] In der Konsumentenverhaltensforschung wird der Prozess der Wahrnehmung anhand der **Informationsaufnahme**, **Informationsverarbeitung** sowie **Informationsspeicherung** beschrieben.[285] Diese Phasen sind als Vorgänge zwischen unterschiedlich lang belegten Speichern zu beschreiben: einem ultrakurzzeitig be-

---

[277] Vgl. **Kroeber-Riel, W.; Gröppel-Klein, A.** (Konsumentenverhalten), 2013, S. 371 f. und **Schmitt, R.; Pfeifer, T.** (Qualitätsmanagement), 2015, S. 104.

[278] Für die Bedeutung der frühen Phasen der Produktentwicklung, vgl. Kapitel 2.2.4.

[279] Vgl. **Beaujean, P., et al.** (Emotionale Produktgestaltung), 2011, S. 234 und **Prefi, T.; Falk, B.; Schmitt, R.** (Qualität und Markt), 2014, S. 394 f. sowie Kapitel 2.3.2.

[280] **Prändl, I.** (Wahrnehmung), 2011.

[281] **ebenda** (Wahrnehmung), 2011.

[282] Vgl. **Berghaus, N.** (Eye-Tracking), 2005, S. 47.

[283] **Bänsch, A.** (Käuferverhalten), 2002, S. 71.

[284] Vgl. **Kroeber-Riel, W.; Gröppel-Klein, A.** (Konsumentenverhalten), 2013, S. 363 f.

[285] Vgl. **ebenda** (Konsumentenverhalten), 2013, S. 307, **Berghaus, N.** (Eye-Tracking), 2005, S. 43 und **Naderer, G.; Balzer, E.** (Qualitative Marktforschung), 2007, S. 109.

legten Aufnahme- oder Sinnesspeicher, einem kurzzeitig belegten Arbeitsspeicher und einem langzeitig belegten Gedächtnisspeicher (*Drei-Speicher-Modell*).[286]

Tabelle 2-6: Sinnesorgane und deren Rezeptoren[287]

Sinn	Sinnesorgan	Rezeptor	Empfindung
Sehen	Auge	Stäbchen und Zapfen der Retina	Farben, Muster, Formen, Oberflächeneigenschaften, **initialer Sinn** der Produktbeurteilung
Hören	Ohr	Haarzellen der Basilarmembran	Schallereignisse (z. B. Geräusche, Töne)
Fühlen	Haut	Nervenendigungen der Haut	Beschaffenheit, Temperatur
Riechen	Nase	Haarzellen des olfaktorischen Epithels	Reizaufnahme von Gerüchen
Schmecken	Zunge	Geschmacksknospen der Zunge	Differenzierung der geschmacklichen Qualität

In der kognitiven Psychologie wird insbesondere die Informationsverarbeitung fokussiert. GERRIG beschreibt den Wahrnehmungsprozess entlang der Stufen Empfinden, Organisieren, Identifizieren und Einordnen (= Wiedererkennen). Die Wahrnehmung beginnt mit der Aufnahme von Reizen (*Empfindung*) über die Sinnesmodalitäten: Sehen, Riechen, Hören, Fühlen und Schmecken (siehe Tabelle 2-6). Durch Transduktion erfolgt die Reizumwandlung in neuronal kodierte Informationen. Diese Informationen werden vom Gehirn verarbeitet. Während der *perzeptuellen Organisation* wird eine innere Repräsentation (Perzept) des Objektes (äußerer Reiz) gebildet. Basierend auf individuellen Erfahrungen werden abschließend beim *Identifizieren und Einordnen* den Perzepten Bedeutungen zugewiesen (Abbildung 2-24).[288]

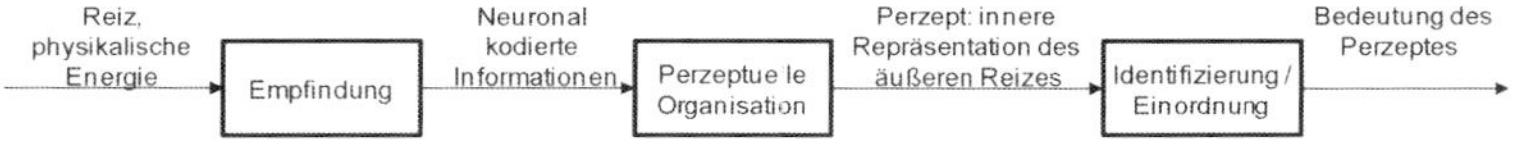

Abbildung 2-24: Wahrnehmungsprozess[289]

Subjektivität, Aktivität und Selektivität prägen den Wahrnehmungsprozess[290]. Das durch Informationsverarbeitung generierte innere Abbild ist somit durch die subjektiv wahrgenommene Umwelt beeinflusst. Zentrale Bedeutung in der kognitiven Wahrnehmungspsychologie besitzt die Kenntnis, dass Reize individuell ausgewählt und spezifisch interpretiert werden. Folglich ist die Wahrnehmung **nicht objektiv**.[291] Zur Reduktion von Fehlinterpretationen ist ebendiese **Subjektivität** menschlicher Wahrnehmung zu beachten, die u. a. resultiert aus:

- Qualitativer Unvollkommenheiten menschlicher Sinnesorgane,
- Quantitativen Beschränkungen des für die bewusste Wahrnehmung maßgeblichen Kurzzeitspeichers (begrenzte Verarbeitungskapazität),
- Filtereffekten (z. B. Emotionen, Motivationen und / oder Einstellungen).[292]

Die **Selektivität** der Wahrnehmung dient der Vorbeugung vor Informationsüberlastung, indem die relevanten Reize aus der Vielzahl der einwirkenden äußeren Reize gefiltert werden.

[286] Vgl. **Trommsdorff, V.** (Konsumentenverhalten), 2008, S. 33 f.; **Kroeber-Riel, W.; Gröppel-Klein, A.** (Konsumentenverhalten), 2013, S. 308 ff. und **Meffert, H.; Burmann, C.; Kirchgeorg, M.** (Marketing), 2015, S. 114 f.

[287] In Anlehnung an **Gerrig, R. J.** (Psychologie), 2015, S. 112-138 und **Schmitt, R.; Pfeifer, T.** (Qualitätsmanagement), 2015, S. 99. GERRIG führt zudem den kinästhetischen und den Schmerzsinn, vgl. **Gerrig, R. J.** (Psychologie), 2015, S. 138 ff.

[288] Vgl. **ebenda** (Psychologie), 2015, S. 112 ff.

[289] In Anlehnung an **ebenda** (Psychologie), 2015, S. 115.

[290] Vgl. **Kroeber-Riel, W.; Gröppel-Klein, A.** (Konsumentenverhalten), 2013, S. 363 f. und **Meffert, H.; Burmann, C.; Kirchgeorg, M.** (Marketing), 2015, S. 104.

[291] Vgl. **Kebeck, G.** (Wahrnehmung), 1994, S. 261.

[292] Vgl. **Bänsch, A.** (Käuferverhalten), 2002, S. 71.

Hierfür ist eine neurologische Schwelle zu überschreiten, die selbst von Verzerrungen der Wahrnehmung (z. B. optische Täuschung) beeinflusst wird. Bei der anschließenden psychologischen Selektion werden u. a. auf Basis von Persönlichkeit, Erfahrungen, Werten, Prägungen und Tagesform die subjektiv relevantesten Informationen ausgewählt und kognitiv weiterverarbeitet.[293] Diese **aktivierenden** Prozesse (z. B. Emotionen, Motive, Einstellungen, Reizverarbeitung) sind entscheidend bei der Auswahl der Informationen. Wahrnehmung ist daher ein aktiver Vorgang der Informationsaufnahme und -verarbeitung. Im Zusammenspiel mit kognitiven Vorgängen wie Wahrnehmen, Denken und Lernen entsteht die Bereitschaft und Fähigkeit zur Reizaufnahme und die resultierende Reaktion.[294] Diese Reaktion auf die entstandene Wahrnehmung und die gebildete Assoziation besteht in einer emotionalen Handlung. So erfolgt die Wahl zwischen ähnlichen Produktalternativen auf Basis der emotionalen Bewertung[295]. Eine Emotion ist dabei ein „[...] psychophysiologischer Prozess, der durch die bewusste und / oder unbewusste Wahrnehmung und Interpretation eines Objektes oder einer Situation ausgelöst wird und mit physiologischen Veränderungen, spezifischen Kognitionen, subjektiven Gefühlserleben und einer Veränderung der Verhaltensbereitschaft einhergeht."[296] Emotionen werden gekennzeichnet als „[...] innere Erregung, die mehr oder weniger bewusst als angenehm oder unangenehm erlebt wird und mit neurophysiologischen Vorgängen sowie häufig mit beobachtbarem Ausdrucksverhalten [...]"[297] verbunden ist.

Gesetzmäßigkeiten der menschlichen Wahrnehmung

Die Psychophysik untersucht das Verhältnis zwischen der Reizintensität und der Stärke, mit der Reize wahrgenommen werden. Untersuchungsgegenstand ist u. a. die Wahrnehmungsschwelle. Diese Untersuchungen gestatten einen Zugang zur oben beschriebenen *Subjektivität* und *Selektion* der Physiologie der Sinne.[298] So lässt sich gemäß dem Gesetz von WEBER (Formel (2-1)) folgern, dass der Reizzuwachs konstant bleibt zu dem Verhältnis aus Reizänderung und dem Initialreiz, so dass ein Reiz erst ab einer bestimmten Schwelle wahrnehmbar ist.

$$k_w = \frac{\Delta R}{R_0} \qquad (2\text{-}1)$$

mit

k_w = *Konstante*

R_0 = *Reizintensität des Initialreizes*

ΔR = *Reizänderung*

FECHNER erweiterte das Gesetz von WEBER dahingehend, dass basierend auf dem Reizunterschied auf einen bestimmten, noch erkennbaren Wahrnehmungsunterschied zu schließen ist (Formel (2-2)). Er folgerte, dass eine lineare Steigerung der Reizintensität zu einem logarithmischen Anstieg der subjektiven Wahrnehmungsintensität führt.[299]

---

293 Vgl. **Prändl, I.** (Objektive und subjektive Wahrnehmung), 2011.

294 Vgl. **Bänsch, A.** (Käuferverhalten), 2002, S. 11.

295 Vgl. **Beaujean, P., et al.** (Emotionale Produktgestaltung), 2011, S. 231.

296 **Holtfort, T.** (Emotionsökonomie), 2010, S. 5.

297 **Kroeber-Riel, W.; Gröppel-Klein, A.** (Konsumentenverhalten), 2013, S. 102.

298 Vgl. **Münte, T.; Krämer, U.** (Psychophysik), 2014, S. 942 und **Braun, T.; Röhler Riemer, A.; Weber, F.** (Physiologie), 2006, S. 225 f.

299 Vgl. **Baumann, R.** (Physiologie), 2010, S. 639 und **Münte, T.; Krämer, U.** (Psychophysik), 2014, S. 942.

$$E = c \times ln \frac{R}{R_0} \quad (2\text{-}2)$$

mit

c = Konstante

E = Empfindungsgröße

R *= Reizintensität*

R_0 *= Reizschwellenwert*

Vorstehende Beziehung gilt für eingeschränkte Bereiche der Reizintensität. STEVEN verallgemeinerte diese Zusammenhänge. Die Potenzfunktion nach STEVEN kennzeichnet den Zusammenhang zwischen der Reizintensität und der daraus resultierenden Empfindungsstärke auf Basis des Reizschwellenwertes (Formel (2-3)). Ein rezeptorspezifischer Exponent quantifiziert dabei, wie stark die Wahrnehmungsamplitude im Verhältnis zum Reiz wächst.[300]

$$E = k_S \times (R - R_0)^{n_S} \quad (2\text{-}3)$$

mit

k_s *= Proportionalitätsfaktor*

n_s *= rezeptorspezifischer Exponent*

E = Empfindungsgröße

R_0 *= Reizschwellenwert*

R *= Reizintensität*

Ausgewählte Standardfehler der menschlichen Wahrnehmung

Neben Subjektivität, Aktivität und Selektivität, die zu subjektiven Wahrnehmungsverzerrungen beitragen, existieren Wahrnehmungsfehler, die die menschliche Wahrnehmung beeinflussen: *Halo-Effekt, Primäreffekt, Erster Eindruck, logischer Fehler, Kontrastfehler, Ähnlichkeitsfehler.* Der *Halo-Effekt* (halo (engl.): Heiligenschein) ist ein psychologischer Ansatz, gemäß dem die Wahrnehmung des Gesamteindruckes die Detailwahrnehmung beeinflusst[301]. Aufgrund der Eigenschaft des Langzeitgedächtnisses, dass die ersten Informationen besser in Erinnerung bleiben als zeitlich später aufgenommenen, entsteht der *Primäreffekt*. Der Primäreffekt korreliert mit dem Halo-Effekt und ist prägend für den *ersten Eindruck*. Der erste Eindruck ist ausschlaggebend für die weitere Wahrnehmung, zumeist auch unabhängig davon, durch welche spezifischen Umstände er entstand. Basierend auf individuellen Erfahrungen wird darauf geschlossen, welche Merkmale zu einem Objekt gehören[302]. Diese Kenntnis fließt in die Beurteilung weiterer Objekte ein, sodass ausgehend von einer Merkmalsausprägung der Rückschluss auf weitere Merkmalsausprägungen erfolgt. Dieser Rückschluss kann im Einzelfall zu einem *logischen Fehler* führen. Der *Kontrastfehler* wirkt bei der aufeinanderfolgenden Beurteilung mehrerer Objekte. So hat die vorhergehende Beurteilung bzw. Wahrnehmung einen Einfluss auf die nachfolgende. Der *Ähnlichkeitsfehler* ist ein stark psychologisch geprägter Wahrnehmungsfehler. Personen bewerten Produkte demnach dann positiver, falls diese Ähnlichkeiten zur eigenen Person aufweisen.[303] Abbildung 2-25 fasst die Ausführungen zu den Vorgängen der menschlichen Wahrnehmung aus Kapitel 2.5.1 zusammen.

---

[300] Vgl. **Stevens, S.** (Psychophysical law), 1957, S. 153 ff. sowie **Spingler, M.** (Metrological System), 2011, S. 15 f.

[301] Für eine Übersicht zum *Halo-Effekt*, vgl. **Döring, N.; Bortz, J.** (Forschungsmethoden und Evaluation), 2016, S. 252 f.

[302] Siehe hierzu auch das *Gesetz der Erfahrung*, vgl. Kapitel 2.4.2.1

[303] Vgl. **Prändl, I.** (Standardfehler der Wahrnehmung), 2011 sowie zu diesen Standardfehlern und weiteren Filtern der Wahrnehmung, vgl. u. a. **Schmitt, R.; Pfeifer, T.** (Qualitätsmanagement), 2015, S. 101 f. und **Döring, N.; Bortz, J.** (Forschungsmethoden und Evaluation), 2016, S. 252 ff.

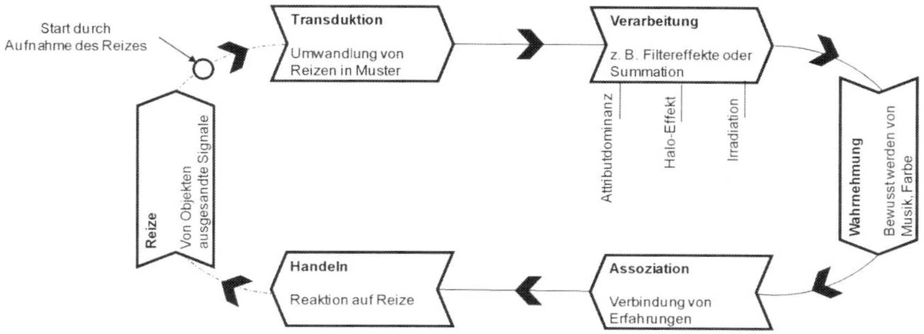

Abbildung 2-25: Vorgänge der menschlichen Wahrnehmung[304]

2.5.2 Bedeutung und Prozess der visuellen Wahrnehmung

Das Sehen ist der am weitesten entwickelte menschliche Sinn[305]. Etwa 80 % der aufgenommenen Informationen sind visueller Natur. Zudem werden durch den visuellen Kanal die wichtigsten sowie komplexesten Informationen wahrgenommen.[306] Das Auge ist somit das Sinnesorgan, das die höchste Bandbreite an Informationen an das Gehirn weiterleitet. Daher basiert das Produktwerturteil vorwiegend auf visuellen Informationen und Eindrücken, sodass die Produktgestaltung insbesondere bei der **Aktivierung visueller Reize** ansetzt[307].

Tabelle 2-7: Sensorische Bandbreite ausgewählter Sinnesorgane[308]

Sinnesorgan	Sensorische Bandbreite [Bits/s]	Bandbreite des Bewusstseins [Bits/s]
Auge	10.000.000	40 (0,0004 %)
Ohr	100.000	30 (0,03 %)
Haut	1.000.000	5 (0,0005 %)

Die visuelle Wahrnehmung lässt sich gemäß dem Prozess menschlicher Wahrnehmung (Kapitel 2.5.1) spezifizieren. Ein Ereignis bewirkt durch ausreichenden Kontrast[309] ein Signal, das beim Betrachter einen Reiz auslöst. Dieser wird entweder getilgt oder das menschliche Auge **nimmt** das Licht **auf** und der Sehvorgang beginnt. Das Licht passiert die durchsichtige Hornhaut, dann die Pupille und gelangt zur Linse. Dort werden die Strahlen von unterschiedlich entfernten Objekten gebündelt (Akkomodation), sodass ihr Brennpunkt auf die Netzhaut (Retina) fällt. Es entsteht ein verkleinertes, um 180° gedrehtes Abbild des betrachteten Objektes (siehe Abbildung 2-26).[310] Die für das Sehen relevantesten Neuronen sind Stäbchen und Zapfen (Photorezeptoren), die auf Licht mit elektrischen Signalen reagieren. Diese Signale werden über neuronale Bahnen an das Großhirn weitergeleitet und verarbeitet.[311]

304 Dargestellt in **Schmitt, R.; Pfeifer, T.** (Qualitätsmanagement), 2015, S. 100, in Anlehnung an **Naderer, G.; Balzer, E.** (Qualitative Marktforschung), 2007, S. 117.

305 Vgl. **Raab, G.; Gernsheimer, O.; Schindler, M.** (Neuromarketing), 2009, S. 211.

306 Vgl. **Berghaus, N.** (Eye-Tracking), 2005, S. 42 ff.; **Behrens, G.** (Konsumentenverhalten), 1991, S. 133 ff. und **Gerrig, R. J.** (Psychologie), 2015, S. 119.

307 Zu wesentlichen Aktivitäten der Produktgestaltung, vgl. Kapitel 2.4.

308 Vgl. **Scheier, C.; Held, D.** (Neuromarketing), 2012, S. 51 sowie **Raab, G.; Gernsheimer, O.; Schindler, M.** (Neuromarketing), 2009, S. 211.

309 Zum *Kontrast* als Gestaltelement, vgl. Kapitel 2.4.2.1.

310 Vgl. **Leven, W.** (Blickverhalten), 1991, S. 73.

311 Vgl. **Goldstein, E. B.** (Wahrnehmungspsychologie), 2008, S. 30 f. und **Kebeck, G.** (Wahrnehmung), 1994, S. 19 ff.

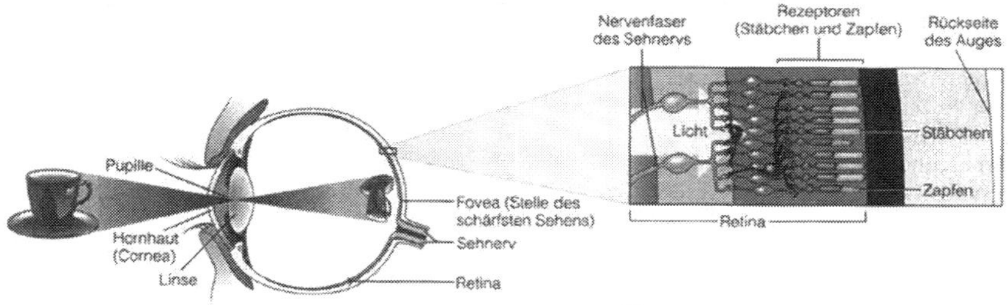

Abbildung 2-26: Menschliches Auge und Ausschnitt der Netzhaut[312]

Die **Informationsverarbeitung** beginnt mit der sachlichen Beschreibung des visuell Wahrgenommenen. Dies besteht in den Gestaltelementen sowie dem Gestaltaufbau (Syntaktik, siehe auch Kapitel 2.4.2.1). Anschließend erfolgt die Deutung des visuell Wahrgenommenen gemäß inhaltlicher Substanz (Semantik). Die Analyse schließt mit dem Wert und dem Nutzen (Pragmatik) und einer Reaktion. Die visuell wahrgenommenen Gestaltelemente bilden somit im Verlauf des Wahrnehmungsprozesses die Basis zur Beurteilung der Produktqualität.[313]

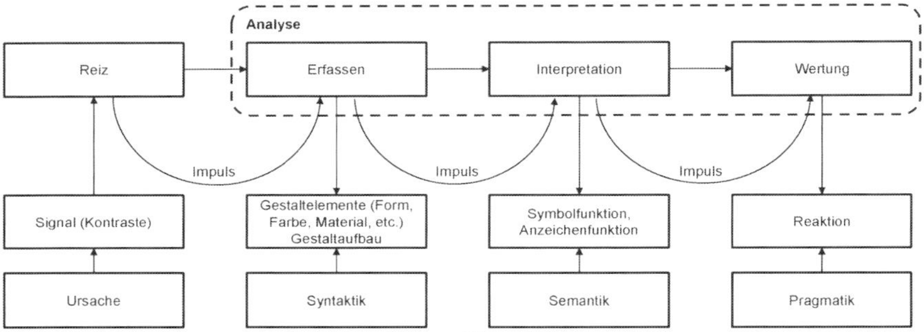

Abbildung 2-27: Prozess der visuellen Wahrnehmung[314]

2.5.3 Physiologische Grundlagen der Augenbewegungen

In diesem Abschnitt wird der Zusammenhang zwischen der visuellen Wahrnehmung und dem Blickverhalten aufgezeigt. Das menschliche Wahrnehmungsfeld teilt sich in die foveale, parafoveale und periphere Region des Sehens. Die foveale Region ist gekennzeichnet durch die maximale zentrale Schärfe. In dieser Region werden Objekte klar und deutlich wahrgenommen. Demgegenüber erfolgt in den anderen Bereichen eine unscharfe, teils optisch verzerrte Wahrnehmung.[315] Die Seheindrücke aus allen Regionen werden zusammen mit Bildern aus der Erinnerung zur Wahrnehmung verarbeitet.[316]

Grundsätzlich verläuft das Betrachten eines Objektes folgendermaßen: Der Blick verweilt auf einem für die Informationsaufnahme relevanten Punkt und springt ruckartig zum nächsten

[312] **Goldstein, E. B.** (Wahrnehmungspsychologie), 2008, S. 30.

[313] Vgl. **Lenschow, G.** (Visuelle Kommunikation), 2016.

[314] In Anlehnung an **ebenda** (Visuelle Kommunikation), 2016. Die Abbildung nimmt auch Bezug zu den *produktsprachlichen Funktionen* gemäß Kapitel 2.4.2 sowie zu dem *Wahrnehmungsprozess* aus Abbildung 2-24.

[315] Vgl. **Nielsen, J.; Pernice, K.** (Eyetracking Web), 2010, S. 6.

[316] Vgl. **Hunziker, H.; Hunziker, H.** (Foveale und periphere Wahrnehmung), 2006, S. 34.

Punkt, verweilt und springt weiter. Das Verweilen des Blickes auf einem Punkt ist als **Fixation** gekennzeichnet. Fixationen stellen einen Zustand maximaler Schärfe dar, „[...] bei dem das Auge sich bezüglich eines Sehobjektes in „relativem“ Stillstand befindet [...]“[317].[318] Bei der Untersuchung von Fixationen wird nur die foveale Region betrachtet, die dem Gehirn jedoch nur etwa 50 % der visuellen Informationen liefert. Wird ein Objekt vom Betrachter nicht fixiert, kann es dennoch wahrgenommen werden[319].[320] Der schnelle, ruckartige Sprung zwischen zwei Fixationen wird als **Sakkade** bezeichnet. Sakkaden erfolgen willkürlich und teils unwillkürlich und dienen dazu, „[...] die Fixationshaltung der Augen zu verändern und den fovealen Sehbereich auf ein neues Sehobjekt innerhalb des Gesichtsfeldes zu zentrieren [...]“[321]. Jeder **Blickverlauf** bildet sich aus Fixationen und Sakkaden.[322] Eine Fixation dauert durchschnittlich 160 bis 400 ms, eine Sakkade zwischen 30 und 90 ms[323].

Die Informationsaufnahme erfordert es, dass ein Objekt für eine bestimmte Zeit stillstehend auf der Netzhaut abgebildet wird. Diesen temporären Stillstand erfüllen Fixationen für ruhende Objekte und Blickfolgebewegungen für sich relativ zum Betrachter bewegende Objekte.[324] Kurz bevor, während und unmittelbar nach einer Sakkade ist die visuelle Wahrnehmung limitiert, so dass eine Reizaufnahme und -verarbeitung nicht möglich ist. Sakkaden stellen daher Phasen effektiver Blindheit dar[325].[326] Aufgrund der Bedeutung (statischer) Produktmodelle für diese Arbeit, werden die Folgebewegungen im weiteren Verlauf nicht vertieft behandelt.

Studien belegen, dass Objekte wahrgenommen wurden, bevor sie Ziel einer Fixation waren[327]. Hieraus schließt die Literatur, dass das Ziel einer Sakkade bereits vor deren Beginn feststeht. Folglich geht am Ende einer Fixation die Aufmerksamkeit vom fovealen in das periphere Gesichtsfeld über und die Suche eines neuen Sakkadenzieles startet.[328] Für die Untersuchungen in dieser Arbeit ist die Veränderung der Augenbewegungen aufgrund spezifischer visueller Reize (z. B. Komplexität eines Objektes) von Bedeutung. Diese Zusammenhänge zwischen kognitiven Prozessen und Augenbewegungen basieren insbesondere auf der **Eye-Mind-Hypothese**. Gemäß dieser Annahme unterliegen diejenigen Objekte einer Fixation, die kognitiv verarbeitet werden. Analog zu den Ausführungen zur menschlichen Wahrnehmung aus Kapitel 2.5.1 unterliegt somit auch der Sehvorgang aktiven, bewusst gesteuerten Handlungen durch den Betrachter. Darüber hinaus wird in der Literatur die Gültig-

---

317 **Rötting, M.** (Parametersystematik), 2001, S. 68.

318 Bei Fixationen ist lediglich von einem *relativen* Stillstand zu sprechen, da ihnen einerseits Folgebewegungen zugerechnet werden und sich andererseits Mikrobewegungen des Auges feststellen lassen, vgl. **ebenda** (Parametersystematik), 2001, S. 68 f. und **Duchowski, A. T.** (Eye Tracking), 2007, S. 46. *Mikrobewegungen* sind minimale Augenbewegungen und unterscheiden sich in Drift, Tremor und Mikrosakkade. Drift (Abgleitbewegung) und Tremor (Zitterbewegung) wirken einer Ermüdung der Sehzellen entgegen. Mikrosakkaden hingegen dienen dem Ausgleich der Abweichungen infolge von Drift und Tremor, vgl. **Lenz, R.** (Dialogmarketing), 2010, S. 116.

319 Menschen können die Aufmerksamkeit verschieben, ohne dass eine Blickveränderung registrierbar ist *(covert attention)*, vgl. **Hofer, N.; Mayerhofer, W.** (Blickregistrierung), 2010, S. 148.

320 Vgl. **Bergstrom, J.; Schall, A.** (Eye Tracking), 2014, S. 5 f.

321 **Stowasser, S.** (Visualisierungsformen), 2002, S. 122.

322 Vgl. **Hofer, N.; Mayerhofer, W.** (Blickregistrierung), 2010, S. 146 und **Rötting, M.** (Parametersystematik), 2001, S. 15 f.

323 Vgl. **Kroeber-Riel, W.; Gröppel-Klein, A.** (Konsumentenverhalten), 2013, S. 343.

324 Vgl. **Leven, W.** (Blickverhalten), 1991, S. 79 ff. und **Berghaus, N.** (Eye-Tracking), 2005, S. 89 sowie zu *Blickfolgebewegungen* **Duchowski, A. T.** (Eye Tracking), 2007, S. 45.

325 Vgl. **Goldstein, E. B.** (Wahrnehmungspsychologie), 2008, S. 133 f. und **Stowasser, S.** (Visualisierungsformen), 2002, S. 122.

326 Vgl. **Rötting, M.** (Parametersystematik), 2001, S. 16.

327 Vgl. **Underwood, G.; Templeman, E.; Lamming, T.** (Attention and Object Identification), 2008, S. 166.

328 Vgl. **Hoffman, J.** (Visual Attention and Eye Movements), 1998, S. 120 ff.

keit der Annahme betont, dass von einer zeitlichen Übereinstimmung zwischen der Fixation eines Objektes und der Informationsaufnahme auszugehen ist (**immediacy assumption**).[329]

2.6 Objektive Erfassung von Informationen über die visuelle Aufmerksamkeit und Wahrnehmung

Die Verfahren zur objektiven Erfassung von Informationen zu Kundeneindrücken setzen bei der Messung der Produktwahrnehmung an, die über die menschlichen Sinne erfolgt. Dabei wird die Wahrnehmung sowohl von bewussten als auch von unbewussten Faktoren beeinflusst. Besonders die Erforschung unbewusster Aspekte kann dazu beitragen, ein begeisterndes Produkt zu entwickeln, das einen Beitrag zur Produktwertsteigerung leistet.[330] Hierzu werden in diesem Kapitel die Grundlagen der **objektiven** Erfassung von Informationen über die visuelle Wahrnehmung dargestellt. Im Kapitel 2.6.1 wird die Objektivierung als ein Gütekriterium beschrieben. Anschließend erfolgt im Kapitel 2.6.2 die Darstellung von prinzipiellen Methoden zur Erhebung von Kundeneindrücken und -anforderungen. In den Abschnitten 2.6.3 bis 2.6.7 wird die apparative Blickregistrierung als eine Erhebungsmethode zur objektiven Erfassung von Informationen über die visuelle Wahrnehmung und Aufmerksamkeit umfassend dargestellt. Hierfür wird auf die Grundlagen, die historische Entwicklung, diverse Verfahren, Kennwerte und Grenzen der Blickregistrierung eingegangen.

2.6.1 Grundlagen der Objektivierung

Ziel und Grundlage der kundenorientierten Produktentwicklung und -gestaltung ist die kontinuierliche Einbindung des Kunden und seines (Wert-) Urteiles in den Entwicklungsprozess (siehe Kapitel 2.2.4). Das subjektive Bewerten durch den Menschen steht dabei im Gegensatz zu objektiven, konkreten Entscheidungen erfolgreicher Produktentwicklung.

Das Erreichen eines Untersuchungszieles ist geprägt von der Güte und dem Mehrwert der Erhebung. Die Nützlichkeit (**Mehrwert**) wird im weiteren Verlauf der Arbeit herausgearbeitet[331]. Die Kriterien Objektivität, Reliabilität und Validität bestimmen die Güte der Erhebung. Die **Objektivität** ist ein Maß dafür, wie gut ein Sachverhalt von subjektiven Aspekten befreit ist und wie unabhängig die Durchführung sowie die Ergebnisse von Deutungen (z. B. Gefühle) des Untersuchungsanwenders sind (Anwenderunabhängigkeit)[332]. Durch Standardisierung der Untersuchungsdurchführung und -auswertung sowie der Ergebnisinterpretation gilt die Objektivität als gut zu realisierendes Gütekriterium, wenngleich eine vollständige Objektivierung in der Realität, z. B. infolge äußerer Einflüsse oder durch beobachterabhängige Verzerrungen, nicht möglich erscheint[333]. In dieser Arbeit wird das Prinzip der **Objektivierung** eingesetzt, um allgemeingültige, nachvollziehbare und sachliche Entscheidungsvorlagen für die Produktgestaltung zu erzielen. Zur Messung der subjektiv geladenen Aspekte der visuellen Wahrnehmung und zu deren Darstellung auf objektiver Ebene sind daher geeignete Vorgehensweisen und Verfahren einzusetzen. Mittels objektiv erfasster Daten sind hierzu Wirk-

[329] Vgl. **Just, M.; Carpenter, P.** (Theory of Reading), 1980, S. 330 f. und **Berghaus, N.** (Eye-Tracking), 2005, S. 90 ff.
[330] Vgl. u.a. **Schmitt, R.; Pfeifer, T.** (Qualitätsmanagement), 2015, S. 145 sowie Kapitel 2.3.2.
[331] Siehe insbesondere Kapitel 4.2, Kapitel 5 und Kapitel 6.
[332] Vgl. **Meffert, H.; Burmann, C.; Kirchgeorg, M.** (Marketing), 2015, S. 146.
[333] Zu den Herausforderungen an die *Objektivität*, vgl. **Gerrig, R. J.** (Psychologie), 2015, S. 30 ff.

zusammenhänge abzuleiten und Abhängigkeiten auszuwerten. Die **Reliabilität** (Zuverlässigkeit) dient als Maß für die Messgenauigkeit, um zu ermitteln, wie exakt etwas gemessen wird, ungeachtet dessen, ob genau dieses Merkmal zu erheben war[334]. Ein zuverlässiges Messinstrument führt somit bei wiederholter Anwendung durch den gleichen Anwender zu exakt demselben Ergebnis (reproduzierbar). Die Reliabilität wird in Untersuchungen durch subjektive und situationsabhängige Einflüsse (z. B. persönliche Einstellung, Müdigkeit) gemindert. **Validität** ist das Kriterium zur Prüfung der inhaltlichen Gültigkeit und überprüft, ob das Erhebungsinstrument tatsächlich das misst, wofür es eingesetzt wird. Reliabilität ist eine notwendige, aber nicht hinreichende Voraussetzung für Validität (siehe Abbildung 2-28). Eine Erhebung kann zuverlässig und präzise sein, dennoch ist das Ergebnis nicht zwangsläufig auch valide. Damit sowohl das Richtige (inhaltlich gültig) als auch das Richtige richtig (reproduzierbar) gemessen werden, sind Reliabilität und Validität des Messinstrumentes zu gewährleisten[335, 336].

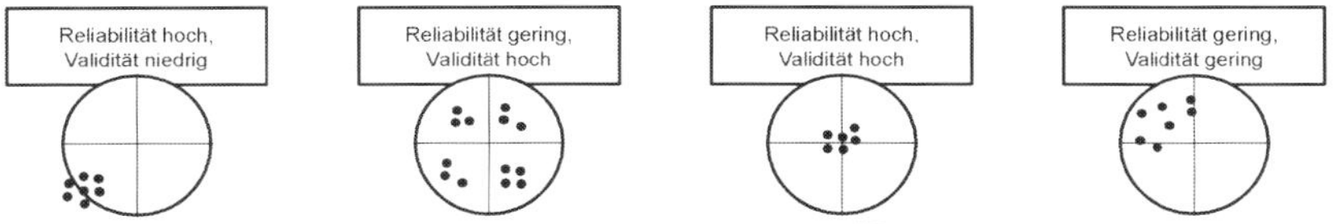

Abbildung 2-28: Zusammenhang zwischen Reliabilität und Validität[337]

Um Forschungsergebnissen eine höhere Plausibilität und Glaubwürdigkeit zu verleihen, wird das Prinzip der Triangulation angewendet[338]. Hierbei wird versucht, für die Fragestellung unterschiedliche Lösungswege zu finden und die Ergebnisse zu vergleichen[339]. Häufig wird dabei die Untersuchung einer Fragestellung mit verschiedenen Methoden (**Methodentriangulation**) durchgeführt. Ziel ist es, validere Analysen zu erzeugen, indem die Nachteile der einen Vorgehensweise durch die Vorteile der anderen ausgeglichen werden, um Fehler, Probleme oder Messungenauigkeiten aufzudecken.[340]

2.6.2 Methoden zur Erfassung der Kundenanforderungen

Wie im vorherigen Kapitel dargelegt, stellt die Erhebung von Daten und Informationen die Grundlage jeder Objektivierung von Wirkzusammenhängen dar. Im Bereich der Kundenorientierung, im Rahmen derer sich diese Arbeit bewegt, sind diese Daten und Informationen[341] häufig Kundenanforderungen, -wahrnehmungen, -meinungen oder -emotionen. Somit werden nachstehend Methoden zur Gewinnung von Kundeninformationen vorgestellt.

---

334 Vgl. **Lienert, G. A.; Raatz, U.** (Testaufbau und Testanalyse), 1998 und **Kromrey, H.; Strübing, J.** (Empirische Sozialforschung), 2009, S. 239 f.

335 Vgl. **Graner, M.** (Methoden in Produktentwicklungsprojekten), 2012, S. 83 f.

336 Vgl. insbesondere **Döring, N.; Bortz, J.** (Forschungsmethoden und Evaluation), 2016, S. 440 ff. sowie ergänzend **van de Loo, K.** (Befragung), 2010, S. 137 und **Berekoven, L.; Eckert, W.; Ellenrieder, P.** (Marktforschung), 2009, S. 80 ff.

337 Basierend auf **Graner, M.** (Methoden in Produktentwicklungsprojekten), 2012, S. 83 sowie **Trochim, W.; Donnelly, J.** (Research Methods), 2008.

338 Vgl. **Creswell, J.; Miller, D.** (Validity in Qualitative Inquiry), 2000, S. 124.

339 Vgl. **Mayring, P.** (Qualitative Sozialforschung), 2002, S. 147.

340 Vgl. **Blaikie, N.** (Use of Triangulation), 1991, S. 115.

341 Für eine Diskussion zu den Begrifflichkeiten *Kundendaten* und *Kundeninformationen*, vgl. **Quattelbaum, B.** (Wahrnehmungsrelevante Informationen), 2013, S. 65 ff.

Informationsquellen werden zunächst in primäre und sekundäre Quellen differenziert[342]. Primäre Quellen ermöglichen den direkten Zugang zu den gewünschten Informationen. Demgegenüber werden die relevanten Informationen bei sekundären Quellen aus bereits gesammelten Daten oder aus verfügbaren Dokumenten (z. B. Studien, Gesetze, Richtlinien sowie Primär- und Sekundärliteratur) extrahiert, analysiert und aufbereitet[343]. Dieses Vorgehen dient zumeist der Erhebung grundlegender Informationen und eignet sich vor allem zur Ermittlung von Basismerkmalen. Demgegenüber bieten kreative Methoden das Potenzial zur Ableitung neuer Begeisterungsmerkmale[344]. Weiterführend stellen insbesondere Experten, Nutzer, Feld und Markt Quellen für Informationen dar. Aufgrund ihres Fachwissens können Experten spezifische Sachverhalte fundierter beurteilen als unbedarfte Nutzer. Nutzer und Konsumenten verfügen über individuelle Beurteilungsmaßstäbe. Sie sind häufig repräsentativer als Experten. Zur Identifikation potenzieller Produktschwachpunkte sind sowohl die eigenen Kunden als auch Nicht-Kunden als Informationsquelle einzubinden[345]. Bereits verkaufte, im Feld befindliche Produkte sind eine weitere Quelle, da jede Rückmeldung über die Produktqualität Ansatzpunkte zur Produktverbesserung liefert. Im Vergleich zum Feld lassen sich aus dem Markt allgemeine Informationen zu einer bestimmten Produktklasse gewinnen, um basierend auf Datenanalysen Rückschlüsse auf die Kundenpräferenzen zu ziehen.[346]

Bei **Beobachtungen** (siehe Tabelle 2-8) werden Probanden während der Interaktion mit einem Produkt beobachtet[347]. Beobachtungen bedienen sich den primären Quellen und lassen einen Einblick in Abläufe und Strukturen zu. Dies ist besonders zur Erfassung und Analyse von Prozessabläufen und **Verhalten** hilfreich. Durch das Beobachten lassen sich auch implizite bzw. nicht dokumentierte Kundenwünsche ermitteln[348]. Es wird zwischen natürlichen und künstlichen Beobachtungssituationen unterschieden. Weiterhin können diese jeweils systematisch oder unsystematisch durchgeführt werden. Bei einer systematischen Beobachtung verfolgt der Beobachter die Situation hinsichtlich im Vorfeld festgelegter Kriterien. Für komplexe Situationen sind systematische Beobachtungen ungeeignet, da es dem Beobachter durch die festgelegten Kriterien nicht möglich ist, sich ändernde Situationen zu erfassen.[349] Bei der unsystematischen (unstrukturierten) Beobachtung wird demgegenüber jede auftretende Situation vor dem Hintergrund der Relevanz für den jeweiligen spezifischen Anwendungsfall erfasst. Dies resultiert in einem höheren Risiko infolge der Subjektivität der Beobachtungsergebnisse.[350] Im Allgemeinen ist die Dokumentation einer Beobachtung aufwendig.[351] Die letztliche Ausgestaltung der Beobachtung ist auf den Untersuchungszweck abzustimmen[352]. Die Simulation des kundentypischen Verhaltens gestattet mit weniger Aufwand

342 Vgl. **Schmitt, R.; Pfeifer, T.** (Qualitätsmanagement), 2015, S. 150.

343 Vgl. **Pohl, K.** (Requirements Engineering), 2008, S. 319.

344 Vgl. **Pohl, K.; Rupp, C.** (Basiswissen Requirements Engineering), 2009, S. 31 sowie Kapitel 2.3.2.

345 Vgl. **Juran, J.** (Qualitätsplanung), 1991, S. 65.

346 Vgl. **Schmitt, R.; Pfeifer, T.** (Qualitätsmanagement), 2015, S. 152 ff.

347 Vgl. **ebenda** (Qualitätsmanagement), 2015, S. 153.

348 Vgl. **Juran, J.** (Qualitätsplanung), 1991, S. 63.

349 Vgl. **Kopp, J.; Steinbach, A.** (Grundbegriffe der Soziologie), 2016, S. 230 ff.

350 Vgl. **Döring, N.; Bortz, J.** (Forschungsmethoden und Evaluation), 2016, S. 328.

351 Vgl. **Herrmann, A.; Huber, F.** (Produktmanagement), 2013, S. 43 f.

352 Vgl. **Häder, M.** (Empirische Sozialforschung), 2015, S. 310 f.

Einblick in die voraussichtliche Produktnutzung zu gewinnen. Dabei sind die Ergebnisse von den definierten Randbedingungen der Simulationsstudie abhängig.[353]

Tabelle 2-8: Merkmale zur Kategorisierung von Beobachtungsmethoden[354]

Kategorie	Ausprägungen	
Datenerhebungsform	Direkt vom Beobachter	Indirekt mit (technischen) Messmitteln
Art der Datenerhebung	Experimentelles Vorgehen • Konstante, kontrollierte Einflussgrößen • Randomisierte Stichprobenbeziehung	Quasiexperimentelles Vorgehen • Keine Randomisierung der Probanden
Beobachtungsstrategie	Unsystematisch • Freie Beobachtung ohne Richtlinien	Systematisch • Richtlinien zur Beobachtung und zur Dokumentation
Bedingungen für das Beobachtungsobjekt	Feldbeobachtung im normalen Umfeld	Laborbeobachtung unter kontrollierten, künstlichen Bedingungen
Erhebungssituation	Offene Situation • Proband weiß um die Beobachtung sowie Ziel und Aufgabe	Biotische Situation • Proband hat keine Kenntnis über Beobachtung und deren Ziel
Partizipationsgrad des Beobachters	Aktiv beteiligt	Nicht aktiv teilnehmend

Befragungsmethoden sind die am weitesten verbreiteten Erhebungsmethoden (v. a. in den empirischen Sozialwissenschaften) und werden schriftlich (Fragebogen) oder mündlich (Interview) durchgeführt[355]. Sie werden angewendet, um Ansichten, Verhalten, Wünsche oder Bedürfnisse zu erfassen[356]. Hiermit lassen sich insbesondere Leistungsmerkmale ermitteln, da diese von Kunden explizit verbalisiert werden[357]. Es kann sowohl beobachtbares als auch nicht beobachtbares Verhalten erfasst werden. Aufgrund des geringeren Einflusses des Untersuchungsanwenders ist dieses Verfahren objektiver als die direkte Beobachtung. Zudem sind sowohl die Erhebung der Daten mittels Fragebogen als auch deren Auswertung weniger aufwendig, insofern standardisierte Fragestellungen entlang festgelegter Skalen zu beantworten sind. Generell gilt die Methode der schriftlichen Befragung als kostengünstig und kann zumeist in kurzer Zeit durchgeführt werden. Das Ausfüllen eines Fragebogens wirkt anonymer und kann zu valideren Ergebnissen führen, wenn der Kontext der Fragen gut abgegrenzt ist und ein einheitliches, klares Verständnis zu einem bestimmten Thema vorliegt[358]. Die Durchführung von mündlichen Befragungen ist aufwendiger als die der schriftlichen Befragungen[359]. Sie gestatten jedoch einen intensiven Zugang zu Fachwissen, wenngleich sich das gegenseitige Verständnis und Vertrauen der Interviewpartner auf den Erfolg der Untersuchungsdurchführung auswirkt.[360] Die Delphi-Methode ist eine besondere Form

[353] Vgl. **Juran, J.** (Qualitätsplanung), 1991, S. 75 sowie **Stern, T.; Jaberg, H.** (Innovationsmanagement), 2010, S. 171.

[354] In Anlehnung an **Häder, M.** (Empirische Sozialforschung), 2015, S. 310 ff. sowie **Quattelbaum, B.** (Wahrnehmungsrelevante Informationen), 2013, S. 70 f. basierend auf **Döring, N.; Bortz, J.** (Forschungsmethoden und Evaluation), 2016, S. 328 ff.; **Hüttner, M.; Schwarting, U.** (Marktforschung), 2002, S. 158 ff. und **Berekoven, L.; Eckert, W.; Ellenrieder, P.** (Marktforschung), 2009, S. 141 ff.

[355] Vgl. **Schmitt, R.; Pfeifer, T.** (Qualitätsmanagement), 2015, S. 153.

[356] Vgl. **van de Loo, K.** (Befragung), 2010, S. 131.

[357] Vgl. **Pohl, K.; Rupp, C.** (Basiswissen Requirements Engineering), 2009, S. 30 f. und Kapitel 2.3.2.

[358] Vgl. **Schwinn, H.** (Requirements Engineering), 2011, S. 40 f.

[359] Vgl. **Schmitt, R.; Pfeifer, T.** (Qualitätsmanagement), 2015, S. 153.

[360] Vgl. **Schwinn, H.** (Requirements Engineering), 2011, S. 37 f.

der Expertenbefragung und stellt ein systematisches, mehrstufiges Vorgehen für die kollektive Beurteilung spezifischer Sachverhalte (z. B. Entwicklungsergebnisse) dar.[361]

In den zuvor beschriebenen Methoden werden Informationen nur eingeschränkt kollaborativ ermittelt. In Workshops wird demgegenüber die interdisziplinäre Entwicklungsarbeit gestärkt, da unterschiedliche Interessengruppen einen Sachverhalt bearbeiten, um ein spezifisches Problem zu lösen und um Wissen zu generieren.[362] Der Lead-User-Workshop ist hervorzuheben, bei dem diejenigen Produktnutzer, deren Nutzungsverhalten den aktuellen Marktanforderungen voraus ist, in die Identifikation von Anforderungen eingebunden werden.[363]

2.6.3 Grundlagen der Blickregistrierung

Zur Erfassung von Informationen über Aspekte der visuellen Wahrnehmung ist zwischen verbalen und non-verbalen Erhebungsmethoden zu unterscheiden. Diese Kategorisierung ist angelehnt an den Methoden zur Erhebung von Kundeninformationen aus Kapitel 2.6.2. Bei der Befragung, als verbale Methode zur Erfassung von Informationen über die Wahrnehmung, findet die Messung nicht zu dem Zeitpunkt der Reizaufnahme statt. Es wird somit die Erinnerung an die Informationsaufnahme und nicht die tatsächliche Informationsaufnahme gemessen[364]. Aufgrund mangelnden Erinnerungs- und Verbalisierungsvermögens ist daher die Validität als Gütekriterium eingeschränkt. Zudem wird durch Befragungsmethoden lediglich die bewusste Wahrnehmung ermittelt; unbewusste, sensomotorische, automatisierte Wahrnehmungsprozesse werden nicht erfasst. Folglich wird die Informationsaufnahme unvollständig abgebildet.[365] Insbesondere dem mangelnden Erinnerungs- und Verbalisierungsvermögen wirken **non-verbale** Methoden zur Analyse kognitiver Vorgänge entgegen[366].

Die leistungsfähigste Methode zur Erfassung von visuell wahrnehmbaren Informationen und zur Aufzeichnung des Blickverlaufes ist die apparative **Blickregistrierung** (engl.: Eye-Tracking). Dabei werden die drei Augenbewegungen Fixation, Sakkade und Folgebewegungen aufgezeichnet (siehe auch Kapitel 2.6.3)[367]. Diese Aufzeichnungen ermöglichen die Untersuchung der visuellen Interaktion zwischen Betrachter und Objekten. Insbesondere die Registrierung von Blickverläufen, die unbewusst erfolgen, liefert objektive und valide Daten über den Blickverlauf von Probanden[368]. Gegenüber Befragungsmethoden werden dabei keine Daten erfasst, die bereits bewusst verarbeitet wurden. Hierdurch werden unbewusste Wahrnehmungsprozesse zugänglich, wodurch validere Messergebnisse erzielt werden können.[369] Nachfolgend wird daher der Fokus auf apparative Blickregistrierungssysteme gelegt.

---

[361] Vgl. **Schmitt, R.; Pfeifer, T.** (Qualitätsmanagement), 2010, S. 201 sowie umfassend zu *Interview* und *Fragebogen*, vgl. **Döring, N.; Bortz, J.** (Forschungsmethoden und Evaluation), 2016, S. 356-429.

[362] Vgl. **Brooks-Harris, J.; Stock-Ward, S.** (Workshops), 1999, S. 1 ff.

[363] Vgl. **Schmitt, R.; Pfeifer, T.** (Qualitätsmanagement), 2015, S. 154 f. sowie **Stern, T.; Jaberg, H.** (Innovationsmanagement), 2010, S. 173 f.

[364] Vgl. **Kroeber-Riel, W.; Gröppel-Klein, A.** (Konsumentenverhalten), 2013, S. 341.

[365] Vgl. **Berghaus, N.** (Eye-Tracking), 2005, S. 93 f.

[366] Neben der Blickregistrierung gehören zu diesen *non-verbalen Methoden* u. a. die *unmittelbare Beobachtung* des motorischen Verhaltens, die *Reaktionszeitmessung*, die *Informations-Display-Matrix* sowie *aktualgenetische Verfahren*. Für die objektive Erfassung der visuellen Wahrnehmung und Aufmerksamkeit sind vorstehende Verfahren jedoch weitgehend ungeeignet. Vgl. **ebenda** (Eye-Tracking), 2005, S. 96 ff. und **Hofer, N.; Mayerhofer, W.** (Blickregistrierung), 2010, S. 143 ff.

[367] Vgl. **Duchowski, A. T.** (Eye Tracking), 2007, S. 47 und **Berghaus, N.** (Eye-Tracking), 2005, S. 105

[368] Vgl. **Bergstrom, J.; Schall, A.** (Eye Tracking), 2014, S. 1.

[369] Vgl. **Trommsdorff, V.** (Konsumentenverhalten), 2008, S. 250.

Die Blickregistrierung stellt folglich eine Form der Beobachtung dar, die als **apparatives** Verfahren der Informationsgewinnung den Anspruch erhebt, objektive Daten und Informationen zu erheben[370]. Bezugnehmend auf die Kategorisierung der Beobachtungsmethoden gemäß Tabelle 2-8 ist die Blickregistrierung eine **indirekte** Form der Datenerhebung, da in der Regel technische Messmittel eingesetzt werden. Darüber hinaus sind die Studiendesigns zumeist durch ein **experimentelles** Vorgehen bei standardisierter Beobachtung unter kontrollierten Bedingungen (**Laborbeobachtung**) in einer **offenen Situation** gekennzeichnet, bei denen der Beobachter **nicht aktiv** in den Studienablauf involviert ist.[371]

Anschließend an die Erhebung von Kundeninformationen erfolgt die Dateninterpretation, welche selbst einer Subjektivität unterliegt[372]. Bei der Interpretation der Blickverlaufsdaten und der Informationsgenerierung sind zudem die Subjektivität der erfassten Daten infolge individueller demografischer Merkmale der Betrachter sowie externer Faktoren, die die Verfassung des Betrachters beeinträchtigen, zu berücksichtigen (siehe Kapitel 2.5.1). Latente Kundenwünsche, derer sich der Kunde nicht bewusst ist, können allerdings nicht direkt erfasst werden[373]. Daher bedarf es der Interpretation der Blickregistrierungsdaten, um von den Messungen der visuellen Aufmerksamkeit auf Kundenbedürfnisse zu schließen.[374]

2.6.4 Entwicklung und Anwendungsbeispiele der Blickregistrierung

Methoden und Messtechniken zur Erfassung von Blickbewegungen werden seit mehr als 100 Jahren eingesetzt. Ausgehend von der Lesepsychologie folgten Studien zur Wahrnehmungspsychologie. Mit Verbesserung der Technologie weiteten sich die Einsatzgebiete aus, von denen ausgewählte Anwendungen in diesem Kapitel dargestellt werden.[375]

In der Anfangszeit der Blickregistrierung erfolgte die Erfassung der Augenbewegungen zunächst ohne technische Hilfsmittel. Bereits 1879 definierte JAVAL den Begriff *Sakkade*. Er erforschte die Augenbewegungen beim Lesen und gilt als Vater der Orthoptik (*Lehre des Sehens*). 1908 entwickelte HUEY das erste Blickregistrierungssystem. Er setzte eine Art Kontaktlinse ebenfalls zur Erforschung des Leseprozesses ein und erkannte, dass während des Lesens einige Wörter eines Satzes keiner Fixation unterliegen. Zudem analysierte er mit diesem System die Anzahl der Rücksprünge des Auges während des Lesens. BUSWELL entwickelte die ersten berührungslosen Blickregistrierungssysteme, die sich als Messgeräte ohne physischen Einfluss auf den Betrachter kennzeichnen und auf der Erfassung der Lichtreflexionen des Auges basierten. Dieser Ansatz bildet auch heute noch die Basis für diverse Blickregistrierungssysteme. BUSWELL stellte fest, dass sich aufgrund von Fixationskonzentrationen Bereiche von allgemeinem Interesse (areas of general interest (engl.), AOI) herausbilden, die zudem in Abhängigkeit von der Aufgaben- oder Fragestellung variieren.[376]

[370] Zu *apparativen Verfahren*, vgl. **Meffert, H.; Burmann, C.; Kirchgeorg, M.** (Marketing), 2015, S. 155.
[371] Vgl. **Müller, K.; David, J.; Straatmann, T.** (Qualitative Beobachtungsverfahren), 2011, S. 313 ff.
[372] Vgl. **Quattelbaum, B.** (Wahrnehmungsrelevante Informationen), 2013, S. 71.
[373] Vgl. **Stern, T.; Jaberg, H.** (Innovationsmanagement), 2010, S. 167 f.
[374] Zu Interpretationsmöglichkeiten ausgewählter Blickregistrierungsparameter, vgl. Kapitel 2.6.6.
[375] Vgl. **Zimmermann, U.** (Aktivierung visueller Reize), 2013.
[376] Vgl. **Issing, L.; Mickasch, H.; Haack, J.** (Blickbewegung und Bildverarbeitung), 1986, S. 19 f.

YARBUS griff diese Erkenntnisse auf und wies einen Zusammenhang zwischen Aufgabenstellung und Blickverhalten experimentell nach. Es wurden diejenigen Ausschnitte eines Bildes bevorzugt fixiert, die den höchsten Informationsgehalt haben und auf Basis der Erfahrung der Betrachter eine Interpretation des visuell Wahrgenommenen zulassen. So traten beim Betrachten des gleichen Bildes unterschiedliche Abfolgen von Blickbewegungen auf, je nachdem welcher Aufgabe nachzugehen war. YARBUS folgerte, dass Blickbewegungen den Gedankengang eines Menschen bei der Bildbetrachtung widerspiegeln. Somit können durch das Erfassen der Blickbewegungen die Gedanken bis zu einem gewissen Grad nachvollzogen werden. Weiterhin wurde gezeigt, dass sich der Blickpfad eines Betrachters bei **freier Interaktion** nach einer bestimmten Zeit wiederholt und der Betrachter die Aufmerksamkeit stets auf bereits betrachtete Elemente eines Objektes legt. Selbst bei wiederholter Betrachtung desselben Objektes ändern sich Blickpfad und damit der Gedankengang nur unwesentlich.[377] YARBUS sieht in den Untersuchungen den Nachweis, dass die Wahrnehmung maßgeblich vom Betrachter aktiv gesteuert und kontrolliert wird[378].

RUSSO setzte Blickregistrierungssysteme bei der Erforschung der Marketingeffektivität ein, insbesondere zur Untersuchung der Einflussnahme auf die Kaufentscheidung potentieller Kunden.[379] Seit den 1970er Jahren wurde die Technologie der Blickregistrierungssysteme weiterentwickelt. Die Auflösung wurde verbessert und die Rechnerintegration gesteigert. Entsprechende Software ermöglicht die Entwicklung umfangreicherer Analysestrategien auf Basis der aufgezeichneten und gespeicherten Informationen über die Blickpfade.[380]

Zahlreiche Anwendungen erfuhr die Blickregistrierung bei der Erforschung der **Produktgestalt** und des Produktdesigns[381]. RÄIHÄ ET AL. wendeten die Erkenntnisse von YARBUS auf die Produktgestaltung an. Sie untersuchten z. B. die Wirkung der Motivation und Einstellung unterschiedlicher Betrachter (Designer (Experten) und Nicht-Designer (Nutzer)) auf die Wahrnehmung sowie den **ersten Eindruck**[382], der bei der Produktbetrachtung entsteht. Dabei wurde z. B. festgestellt, dass es in der Art und Weise der Betrachtung von Produkten Unterschiede zwischen Experten und Kunden gibt. Demnach ist während des ersten Eindruckes zu unterscheiden zwischen umfassenden und eingegrenzten Wahrnehmungsstrategien[383], wobei diese eher produkt- als beobachterspezifisch sind. Die Autoren führten Abhängigkeiten der visuellen Aufmerksamkeit auf die **Produktkomplexität** zurück und leiteten diverse Interpretationsmöglichkeiten zwischen Produktgestalt und Parametern der Blickregistrierung ab[384]. In Kombination mit weiteren Erhebungsmethoden (Methode des **Lauten Denkens**) wurde die Produktbewertung erfasst und Zusammenhänge zwischen der Produkt-

---

377 Vgl. **Rötting, M.** (Parametersystematik), 2001, S. 34 und **Yarbus, A.** (Eye Movements), 1967, S. 171-211. So sind bei der Wahrnehmung von Gesichtern die Augen- und Mundpartien relevant, da sie Hinweise auf Stimmungen, Charaktermerkmale, Einstellungen und Eigenschaften von Personen liefern, vgl. **Behrens, G.** (Konsumentenverhalten), 1991, S. 149.

378 Vgl. **Yarbus, A.** (Eye Movements), 1967, S. 171 ff. sowie Kapitel 2.5.2.

379 Vgl. **Hofer, N.; Mayerhofer, W.** (Blickregistrierung), 2010, S. 149 und **Russo, J.** (Eye Fixations), 1978.

380 Vgl. **Rayner, K.** (Eye Movements), 1998.

381 Vgl. **Hammer, N.** (Visuelle Wahrnehmung von Designprodukten), 1990; **Koivunen, K., et al.** (How People Perceive Design), 2004; **Räihä, K., et al.** (Perception of Design), 2006 und **Chang, Y.-M.; Chu, C.-P.; Ma, M.-Y.** (Visual Cognitive Features), 2013. Siehe zu *Produktgestaltung* und *-design* auch Kapitel 2.4.

382 Zu dem Begriff *Erster Eindruck* und zu weiteren Standardfehlern der menschlichen Wahrnehmung, vgl. auch Kapitel 2.5.1.

383 Diese Wahrnehmungsstrategien können in Analogie zu den Ausführungen zu dem *Ebenenmodell der Wahrnehmung* (siehe Kapitel 2.3.3) auf Ebene *Gesamteindruck* (umfassende Wahrnehmungsstrategie) und *Wahrnehmungscluster* (eingegrenzte Strategie) gesehen werden.

384 Siehe hierzu auch Kapitel 2.6.6.

bewertung und Blickregistrierungsparametern erkannt. Zudem identifizierten sie die Marke als beeinflussenden Faktor auf die Wahrnehmungsrelevanz von Produktmerkmalen.[385] Ferner untersuchten sowohl HAMMER als auch RÄIHÄ ET AL. das Potenzial der apparativen Blickregistrierung zur **Validierung** der Wirkung der Produktgestalt aus Kundensicht. Dabei liegt der Fokus auf der Validierung visueller Eindrücke, der Erfassung wahrnehmungsrelevanter Merkmale und Produktbereiche, der Aufmerksamkeitsmessung sowie der Ermittlung derjenigen Merkmale, die als Indikator für die beabsichtigte Produktbotschaft fungieren.[386] RÄIHÄ ET AL. definierten Szenarien (Untersuchungsdesigns), um die Blickregistrierung im Entwicklungsprozess einzusetzen (siehe Abbildung 2-29).[387] Demnach ist es evident, dass eine Validierung der Produktgestalt unter Anwendung der Blickregistrierung stets dann möglich ist, wenn ein Produktmodell[388] vorliegt. Daher hat der Einsatz der Blickregistrierung in den verschiedenen Phasen der Produktentwicklung unterschiedliche Bedeutung.

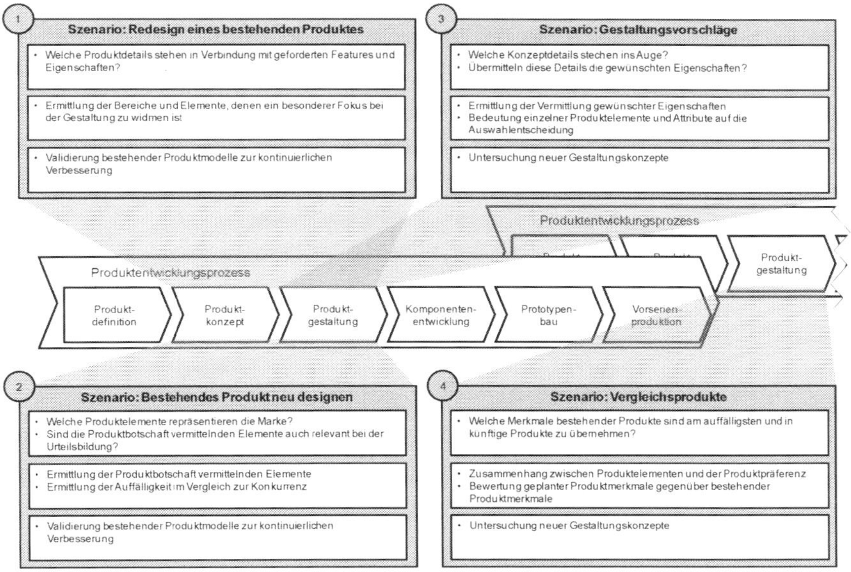

Abbildung 2-29: Unterstützung der Produktgestaltung durch Blickregistrierung: Szenarien[389]

In der Phase der *Produktdefinition / -idee* werden die Anforderungen an das künftige Produkt im Lastenheft festgehalten. Zu diesem frühen Zeitpunkt der Entwicklung liegen zumeist keine visuellen Repräsentanten vor. In der *Produktkonzeptionsphase* werden Lösungsansätze der Produktgestalt entwickelt und in Produktmodelle überführt, die die Produktgestalt zumindest schemenhaft darstellen. Somit erscheint bereits in dieser Phase die Anwendung der Blickre-

---

385 Vgl. **Räihä, K., et al.** (Perception of Design), 2006, S. 14 ff. sowie **van Zoest, W.; Donk, M.** (Visual Search), 2004.

386 Die genannten Aspekte über die visuelle Wahrnehmung bilden wesentliche Erkenntnisse für die *Produktgestaltung* ab. Die Kapitel 4 und 5 greifen daher u. a. diese Aspekte zur Strukturierung der objektiven Erfassung visueller Wahrnehmung auf.

387 Vgl. **Hammer, N.** (Visuelle Wahrnehmung von Designprodukten), 1990, S. 1 ff. sowie **Räihä, K., et al.** (Perception of Design), 2006, S. 24.

388 Zu dem Begriff *Produktmodell* und den verschiedenen Arten an Produktmodellen, vgl. auch Kapitel 2.2.4.

389 Eigene Darstellung in Anlehnung an die Erkenntnisse aus **ebenda** (Perception of Design), 2006, S. 38 f. Eine vergrößerte Darstellung befindet sich im Anhang (Abbildung VII-2).

gistrierung zielführend. In der *Produktgestaltungsphase* wird das Produktkonzept ausgearbeitet und es werden plastische Modelle des Produktes aus Ton oder Holz sowie mittels 3D-Druck erstellt. Durch Erfassung der visuellen Aufmerksamkeit einzelner Produktbereiche lassen sich Rückschlüsse auf die Verbesserung der Produktgestalt ziehen und relevante Bereiche mit den erforderlichen Gestaltelementen hervorheben (siehe Kapitel 2.4.2.1). In der *Komponentenentwicklung* werden Produktelemente detailliert ausgearbeitet und realisiert. Daher ist der Einsatz apparativer Blickregistrierungssysteme zur Bewertung der Wirkung der visuellen Aufmerksamkeit einzelner Komponenten denkbar. Die Phase des *Prototypenbaues* fungiert u. a. als Abnahme des Produktdesigns. Produktänderungen bewirken zu dieser späten Phase der Entwicklung erhebliche Kosten. Der Zusatznutzen der **Produktvalidierung** mittels Blickregistrierungsverfahren für die laufende Entwicklung ist somit begrenzt, liefert jedoch Erkenntnisse für das Produktmarketing (z. B. Akzentuierung von Produktmerkmalen in Produktbroschüren[390]). In der *Vorserienproduktion* ist die Produktgestalt vollständig ausgearbeitet. Die Erfassung der Wirkung visueller Stimuli auf die Wahrnehmung mittels Blickregistrierungssysteme bietet Anhaltspunkte für die Gestaltung zukünftiger Produktentwicklungen. Es ist zu betonen, dass im Verlaufe der Produktentwicklung die Produktgestalt einerseits konkretisiert wird und andererseits sich eine Entwicklung vom 2D- zu 3D-Objekt sowie vom virtuellen zu einem physischen Prototyp vollzieht. Hierdurch ergeben sich Implikationen auf die Möglichkeiten der **anzuwendenden Blickregistrierungsverfahren**. Der Einsatz eines brillenbasierten Blickregistrierungssystems ermöglicht es dem Betrachter beispielsweise, das Produkt mit mehreren Sinnen zu erfahren und im Vergleich zu bildschirmbasierten Systemen in einer natürlicheren Studienumgebung zu betrachten.[391]

Die heutigen Einsatzgebiete der Blickregistrierung sind mannigfaltig. Im Marketing wird sie bei Werbemitteltests sowie bei Verpackungs- und Designtests eingesetzt. Weitere Anwendungen finden sich in Medizin, Neurowissenschaften, Psychologie, Informatik und bei der Erforschung von Mensch-Maschine-Interaktionen zur Verbesserung der Bediener-, der Käufer- bzw. der Nutzerfreundlichkeit. Beispielsweise wird die Blickregistrierung in Gebrauchstests eingesetzt zur Analyse und Optimierung von grafischen Oberflächen oder zur Analyse der Aufmerksamkeitswirkung von Internetseiten und Zeitschriften[392].[393]

Aufgrund zahlreicher Anwendungsgebiete findet die Blickregistrierung weite Verbreitung in wissenschaftlichen Veröffentlichungen, insbesondere ab den 1970er (siehe Abbildung 2-30). Dies ist u. a. auf die aufkommenden Möglichkeiten, diese Erhebungstechnik mit kognitiven Prozessen und Wahrnehmungsprozessen zu verknüpfen, zurückzuführen. Darüber hinaus sind zahlreiche Veröffentlichungen der technischen Weiterentwicklung der Blickregistrierungsverfahren (z. B. Verbesserung der Genauigkeit und des Auflösungsvermögens) ge-

---

[390] Siehe hierzu z. B. das einführende Beispiel im Kapitel 1.1 sowie generell zum Einsatz der Blickregistrierung in der Werbeforschung, vgl. **Döring, N.; Bortz, J.** (Forschungsmethoden und Evaluation), 2016, S. 522.

[391] Für die Ausführungen zu den Phasen des Entwicklungsprozesses, vgl. **Beaujean, P., et al.** (Emotionale Produktgestaltung), 2011, S. 244 ff.; **Engeln, W.** (Methoden der Produktentwicklung), 2011, S. 47 ff. und Kapitel 2.2.2. Zu den diversen *Produktmodellen*, vgl. auch Kapitel 2.2.4.

[392] Vgl. u. a. **Köhler, M., et al.** (Emotionen und Produkt-Usability), 2014.

[393] Vgl. **Trommsdorff, V.** (Konsumentenverhalten), 2008, S. 240 und **Berghaus, N.** (Eye-Tracking), 2005, S. 102. Weitere Ausführungen zu den Anwendungsbeispielen finden sich u. a. in **Hofer, N.; Mayerhofer, W.** (Blickregistrierung), 2010 und **Döring, N.; Bortz, J.** (Forschungsmethoden und Evaluation), 2016, S. 522 ff.

widmet. Einige dieser technischen Neuerungen, wie Remote-Blickregistrierung[394] und verbesserte Datenverarbeitung für Echtzeitanalysen, sind auf diese Zeit zurückzuführen und gehen mitunter auch in die heutigen Blickregistrierungsverfahren ein[395].[396]

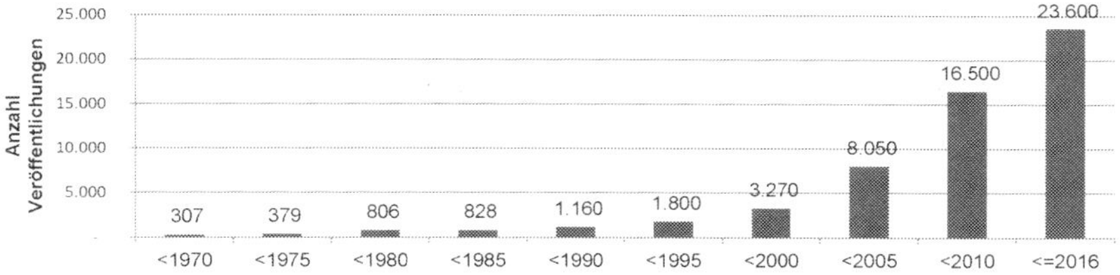

Abbildung 2-30: Wissenschaftliche Veröffentlichungen mit dem Stichwort „Eye-Tracking"[397]

2.6.5 Blickregistrierungsverfahren

Es wurden verschiedene Methoden sowie apparative Blickregistrierungssysteme entwickelt. Neben Methoden der direkten Beobachtung sind die wichtigsten **apparativen** Systeme das Elektrookulogramm, die Kontaktlinsenmethode, die Limbus-Pupillen- und Augenlidregistrierung, die Cornea-Reflex-Methode und die Doppelte-PURKINJE-Bild-Methode.[398] Die nachstehenden Ausführungen zu ausgewählten Verfahren nehmen Bezug zu relevanten Kriterien der Blickregistrierung: Auflösung, Messgrößenbereich, äußerer Einfluss auf den Probanden, Stabilität während der Blickregistrierung und Kalibrierungsdauer. Die *Auflösung* zählt zu den wichtigsten Kriterien bei der Bewertung der Messergebnisse von Blickregistrierungsverfahren. Sie ist Maß für die Genauigkeit und limitiert die minimal noch registrierbaren Augenbewegungen. Der *Messgrößenbereich* repräsentiert den maximal erfassbaren Winkel der Augenbewegungen und definiert somit den Anwendungsbereich des Einsatzes eines jeweiligen Blickregistrierungssystems. Die Kriterien *äußerer Einfluss* auf den Betrachter, *Stabilität* während der Blickregistrierung sowie *Kalibrierungsdauer* leiten sich insbesondere aus der Anwendbarkeit der Systeme für den Einsatz in Probandenstudien ab.[399]

Methoden der direkten Beobachtung

Die älteste Methode zur Erfassung der Augenbewegungen ist die **direkte Beobachtung** und kennzeichnet sich durch einen einfachen, kostengünstigen Versuchsaufbau. Die Augenbewegungen eines Probanden werden durch den Untersuchungsanwender erfasst. Es sind Bewegungen von etwa 1° registrierbar, jedoch nicht quantifizierbar. Aufgrund mangelnder Objektivierung und geringer Genauigkeit ist diese Methode nicht mit modernen apparativen Blickregistrierungssystemen vergleichbar und wird in der Folge nicht weiter berücksichtigt.[400] Das **Mannheimer**- und das sich ähnelnde **Companion-Verfahren** werden insbesondere in

394 Vgl. **Lambert, R.; Monty, R.; Hall, R.** (Monitoring of Eye Movements), 1974; **Merchant, J.; Morrissette, R.; Porterfield, J.** (Measurement of Eye Direction), 1974; **Monty, R.** (Eye-Movement Measuring and Recording System), 1975 und **Jacob, R.; Karn, K.** (Eye Tracking), 2003.

395 Ein umfassender Überblick hierzu befindet sich in **Collewijn, H.** (Eye Movement), 1999.

396 Vgl. **Jacob, R.; Karn, K.** (Eye Tracking), 2003, S. 573 ff.

397 Eigene Darstellung basierend auf einer Rechercheanfrage auf scholar.google.de, vgl. **o.V.** (Eye-Tracking), 2016.

398 Für eine umfassende Klassifikation der Blickregistrierungsverfahren, vgl. **Rötting, M.** (Parametersystematik), 2001, S. 38 ff.

399 Die Ausführungen zu den Kriterien in Anlehnung an die Beschreibungen der Blickregistrierungsverfahren in **Berghaus, N.** (Eye-Tracking), 2005, S. 102 ff. sowie **Hofer, N.; Mayerhofer, W.** (Blickregistrierung), 2010, S. 149 f. basierend auf **Issing, L.; Mickasch, H.; Haack, J.** (Blickbewegung und Bildverarbeitung), 1986, S. 16 ff.

400 Vgl. **Hofer, N.; Mayerhofer, W.** (Blickregistrierung), 2010, S. 149.

der Werbeforschung angewendet. Hierbei werden versteckt angebrachte Videokameras zur Aufzeichnung der Augenbewegungen sowie der Kopfposition eingesetzt und die Interaktion des Probanden mit dem Objekt (z. B. Zeitschrift, Bild) beobachtet. Es lässt sich analysieren, ob der Proband auf einzelne Elemente aufmerksam wurde. Aufgrund der vergleichsweise geringen Auflösung, stehen auch diese Verfahren nachfolgend nicht weiter im Fokus.[401]

Apparative Systeme und Techniken

Das **Elektrookulogramm** war in den 1970er Jahren die am weitesten verbreitete apparative Blickregistrierungstechnik und wird auch heute noch angewendet. Hierbei wird das elektrische Potential zwischen der Netzhaut (Retina) und der Hornhaut (Cornea) des Auges (cornearetinales Potential) von etwa 1 mV registriert, indem Elektroden auf der Haut aufgebracht werden, um Potentialdifferenzen aufzuzeichnen (siehe Abbildung 2-31). Es wird davon ausgegangen, dass jedes Grad Augenbewegung eine Potentialdifferenz von etwa 20 µV hervorruft.[402] Die Signalspannung ergibt sich folglich aus der Grundspannung U_0 und dem Blickwinkel φ der Augenbewegung.[403]

$$U = U_0 \times \sin \varphi. \tag{2-4}$$

mit

U_0 = *Grundspannung*

U = resultierende Signalspannung

φ = *Blickwinkel*

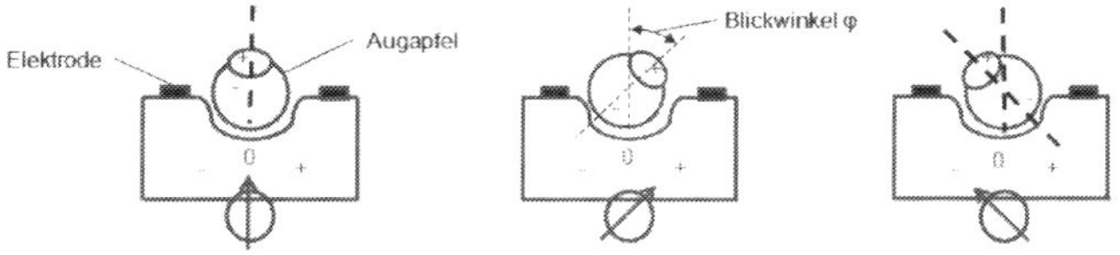

Abbildung 2-31: Funktionsprinzip des Elektrookulogramm[404]

Das Elektrookulogramm weist einen großen Messbereich (bis 70° des Blickfeldes) auf. Dabei beschränkt sich das System auf die Erfassung von Augenbewegungen. Somit bedarf es zur objektbezogenen Blickregistrierung eines Headtrackers[405] oder der Fixierung des Kopfes. Das Auflösungsvermögen des Elektrookulogrammes beträgt 1,5 bis 2°. Herausforderungen für dieses Verfahren bestehen in Änderungen des cornearetinalen Potentiales infolge von Lidschlägen, Lichtadaptionen des Auges und Aufmerksamkeitsschwankungen.[406]

Es ist zwischen optischen und magnetischen **Kontaktlinsenmethoden** zu unterscheiden. Bei der optischen Methode reflektieren an den Kontaktlinsen angebrachte Spiegel das einfallende Licht. Durch Augenbewegungen verschieben sich die Kontaktlinsen und folglich auch die Spiegelpositionen (siehe Abbildung 2-32). Das reflektierte Licht wird mittels Kamera oder optischer Sensoren aufgezeichnet, um Rückschlüsse auf den Blickverlauf zu ziehen. Bei der

401 Vgl. **Berghaus, N.** (Eye-Tracking), 2005, S. 102 und **Müller, K.; David, J.; Straatmann, T.** (Qualitative Beobachtungsverfahren), 2011, S. 318.

402 Vgl. **Issing, L.; Mickasch, H.; Haack, J.** (Blickbewegung und Bildverarbeitung), 1986, S. 16.

403 Vgl. **Rötting, M.** (Parametersystematik), 2001, S. 42 f.

404 Vgl. **Zipp, P.** (Bioelektrische Signale), 1988, S. 59; **Joos, M.; Rötting, M.; Velichkovsky, B.** (Spezielle Verfahren), 2002, S. 149 sowie **Rötting, M.** (Parametersystematik), 2001, S. 43.

405 Ein Headtracker ist ein videobasiertes System, das Lage und Position des Kopfes ermittelt und mittels eines Softwareprogrammes sowie z. B. eines Elektrookulogrammes den Blickpfad aufzeichnen kann.

406 Vgl. **Duchowski, A. T.** (Eye Tracking), 2007, S. 52.

magnetischen Methode wird dem Probanden eine Kontaktlinse mit Drahtspule auf der Cornea angebracht. Die Spule wird infolge der Augenbewegungen in einem elektromagnetischen Feld bewegt, das um den Kopf des Betrachters erzeugt wird. Basierend auf der Induktion der Spule im Magnetfeld erfolgt die Positionsbestimmung von Linse und Hornhaut.[407] Die Kontaktlinsenmethode ist aufgrund der hohen Auflösung (0,0014° bis 0,0028°) die präziseste Blickregistrierungsmethode. Nachteile bestehen in der aufwendigen Anbringung der Linse und dem erforderlichen Einsatz eines Headtrackers oder einer Kopffixierung zur direkten objektbezogenen Blickregistrierung. Ferner lassen sich aufgrund des geringen Messgrößenbereiches (etwa 5°) lediglich kleine Augenbewegungen erfassen.[408]

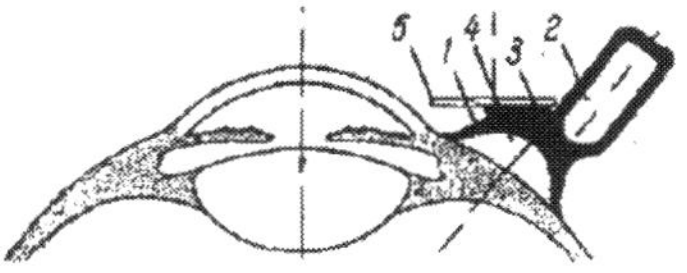

Abbildung 2-32: Schema der optischen Kontaktlinsenmethode[409]

Um Aussagen über Augenbewegungen abzuleiten, beruhen die **Limbus-Pupillen**- oder **Augenlidregistrierung** auf der optischen (videobasierten oder photoelektrischen[410]) Erfassung bestimmter Merkmale des Auges. Horizontale Augenbewegungen werden über die Erfassung des Limbus[411] ermittelt, vertikale hingegen insbesondere durch Betrachtung des Augenlides. Sowohl horizontale als auch vertikale Augenbewegungen gleichermaßen lassen sich durch Aufzeichnung der Pupille feststellen.[412]

Zwei wesentliche Verfahren der *Video-Okulographie* sind die Cornea-Reflex-Methode und die Doppelte-PURKINJE-Bild-Technik. Basis des **Cornea-Reflex-Verfahrens** ist die spiegelnde Beschaffenheit der Cornea. Lichtempfindliche Sensoren (z. B. CCD-Sensoren) oder Infrarotkameras zeichnen Lichtpunkte auf, die durch Reflexion an der Cornea erzeugt werden und führen diese der Auswertung zu.[413] Durch die unterschiedliche Krümmung von Cornea und Augapfel bewegt sich der Reflexionspunkt mit der Augenbewegung und relativ zum Kopf. Die Winkelveränderung der Augenstellung bewirkt folglich eine Verschiebung des Reflexpunktes (siehe Formel (2-5) sowie Abbildung 2-33).[414]

$$h_q = (r_r - r_c) \times \sin\varphi. \qquad (2\text{-}5)$$

mit

r_r = *Rotationspunkt des Auges*

h_q = *Verschiebung des Cornea-Reflexes*

r_c = *Radius der Cornea*

φ = *Blickwinkel*

---

407 Vgl. **ebenda** (Eye Tracking), 2007, S. 52 ff. und **Rötting, M.** (Parametersystematik), 2001, S. 43 f.

408 Vgl. **Duchowski, A. T.** (Eye Tracking), 2007, S. 54 ff.

409 **Yarbus, A.** (Eye Movements), 1967.

410 Die Merkmale des Auges reflektieren das Licht in unterschiedlicher Intensität. Mittels lichtempfindlicher Sensoren (z. B. CCD-Sensoren (Charge-coupled Device)) werden das reflektierte Licht und somit die Bewegung des Auges erfasst, vgl. **Rötting, M.** (Parametersystematik), 2001, S. 45. Bei diesen Sensoren wird die resultierende Spannung, die durch das einfallende Licht hervorgerufen wird, auf Basis des inneren Photoeffektes als elektrische Ladung gespeichert.

411 *Limbus* ist die Grenzlinie zwischen Augapfel und Iris, vgl. **Young, L.; Sheena, D.** (Methods & Designs), 1975, S. 400.

412 Vgl. **ebenda** (Methods & Designs), 1975, S. 405 ff. und **Rötting, M.** (Parametersystematik), 2001, S. 44 f.

413 Vgl. **Leven, W.** (Blickverhalten), 1991, S. 118.

414 Vgl. **Young, L.; Sheena, D.** (Methods & Designs), 1975, S. 402 ff. und **Rötting, M.** (Parametersystematik), 2001, S. 46 ff.

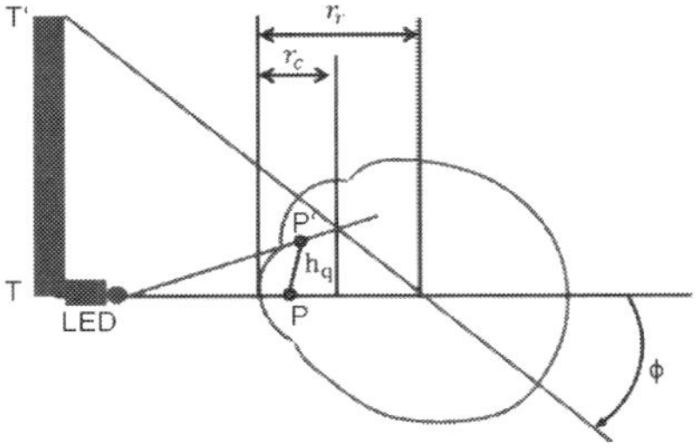

Abbildung 2-33: Funktionsprinzip der Cornea-Reflex-Methode[415]

Es wird zwischen am Kopf befestigten und berührungslosen Cornea-Reflex-Methoden unterschieden. Bei der Head-Mounted-Methode (Head-Mounted (engl.): am Kopf befestigt) wird die Lichtquelle am Kopf des Betrachters wie eine Brille befestigt. Dies gewährleistet die Bewegungsfreiheit des Kopfes. Demgegenüber befindet sich bei der Point-of-Regard-Methode (Point-of-Regard (engl.): Blickachse) die Lichtquelle im Blickfeld und kann somit als berührungsloses (z. B. bildschirmbasiertes) System charakterisiert werden.[416] Es werden gleichzeitig Cornea-Reflex und Pupillenposition erfasst, deren Abstand zueinander bei einer Kopfbewegung konstant bleibt. Dies ermöglicht die Bestimmung eines Vektors bzw. einer Blickachse zwischen Pupillenmitte und Cornea-Reflex und gestattet auch die objektbezogene Blickregistrierung[417]. Neben der berührungslosen Durchführung und der relativen Bewegungsfreiheit der Probanden (einige Zentimeter) sind Blickachsenmesssysteme u. a. durch eine hohe Auflösung (bis 0,4°) gekennzeichnet. Der Messbereich (30° horizontal; 20° vertikal) gestattet 2D- sowie 3D-Objektbetrachtungen bei überschaubarem Blickbereich. Für eine Blickfolgebewegungsregistrierung ist eine Kopffixierung oder ein Headtracker notwendig. Alternativ ist bei der Head-Mounted-Methode eine Kamera am Kopf anzubringen, um den Cornea-Reflex und den Blickverlauf aufzuzeichnen. Die Messergebnisse dieser Methoden sind empfindlich und werden limitiert durch probandenspezifische Besonderheiten (z. B. mangelnde Passgenauigkeit des Gerätes, individuelle Hornhautverformungen, schwacher Kontrast zwischen Pupille und Iris).[418]

Die **Doppelte-PURKINJE-Bild-Technik** basiert auf dem unterschiedlichen Reflexionsverhalten an den Grenzflächen des Auges. Infrarotlichtstrahlen werden an der Hornhaut und der Linse jeweils an Vorder- und Rückseite reflektiert, wodurch sich vier versetzte Reflexionen (PURKINJE-Bilder[419]) ergeben. Für die Blickregistrierung werden das erste (Reflexion an der Vorderseite der Cornea) und das vierte PURKINJE-Bild (Reflexion an der Rückseite der Linse) erfasst und miteinander verglichen[420]. Durch diese Analyse lassen sich translatorische und rotatorische Augenbewegungen differenzieren. Im Gegensatz zur translatorischen Augenbewegung, ändert sich bei der rotatorischen Bewegung der Abstand zwischen den beiden Reflexionen, der sich in einen Bewegungswinkel überführen lässt. Die Auflösung (etwa

415 In Anlehnung an **ebenda** (Parametersystematik), 2001, S. 48.

416 Vgl. **Berghaus, N.** (Eye-Tracking), 2005, S. 104.

417 Vgl. **Poole, A.; Ball, L.** (Eye Tracking), 2006, S. 212.

418 Vgl. **Issing, L.; Mickasch, H.; Haack, J.** (Blickbewegung und Bildverarbeitung), 1986, S. 16 ff.

419 Benannt nach dem Physiologen und Pathologen PURKYNĚ.

420 Das erste PURKINJE-Bild wird bei der Cornea-Reflex-Methode und der Blickachsenmessung zur Bestimmung der Hornhautposition genutzt.

0,03°) ist besser als die der Blickachsen- oder der Cornea-Reflex-Methode. Von Nachteil ist die erforderliche Kopffixierung aufgrund der vergleichsweise gering ausgeprägten vierten PURKINJE-Reflexion. Hierdurch reagiert die Registrierung empfindlich auf Änderungen und bedingt einen exakten Kalibrierungsvorgang der einzelnen Probanden.[421]

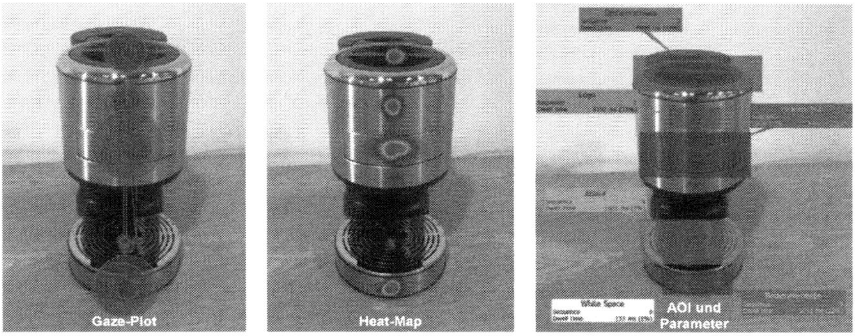

Abbildung 2-34: Ausgewählte Visualisierungsformen der Blickregistrierung[422]

Mittels Analyse-Software werden die erfassten Augenbewegungen rekonstruiert und auf unterschiedliche Weise visualisiert[423]. **Heat-Maps** werden zur Abbildung der Betrachtungsintensität eingesetzt. Hierbei werden besonders lange oder wiederholt fixierte Bereiche gekennzeichnet. Bei einem **Gaze-Plot** werden neben der Betrachtungsintensität (zumeist dargestellt durch den Kreisradius der Fixationspunkte), auch Blickverlauf sowie Fixationsreihenfolge visualisiert. Sakkaden entsprechen hierbei den Verbindungslinien zwischen den Fixationspunkten. Darüber hinaus lassen sich zahlreiche weitere **Parameter** der Blickregistrierung angeben und den gewählten AOI zuordnen (siehe Abbildung 2-34).[424]

2.6.6 Kennwerte der Blickregistrierung und deren Interpretation

Vorstehend aufgeführte, apparative Blickregistrierungssysteme ermöglichen das Aufzeichnen von Blickverläufen. Kennzahlen bieten eine Möglichkeit, das Datenmaterial zu Kenngrößen zu verdichten, um Vergleiche und weitergehende Analysen durchzuführen.[425] Neben Fixationen, Sakkaden und Blickpfaden bieten Blickregistrierungsuntersuchungen die Möglichkeit, weitere Parameter von Augen- und Blickbewegungen zu erfassen und zu analysieren.[426] Wie im Kapitel 2.5.3 dargestellt, knüpft die Strukturierung von Informationen über die visuelle Wahrnehmung in dieser Arbeit daran an, dass der Blickverlauf „[...] als Indikator für Wahrnehmungsprozesse herangezogen werden [...]“[427] kann.

[421] Vgl. **Duchowski, A. T.** (Eye Tracking), 2007, S. 57.

[422] Eigene Darstellung basierend auf Bildmaterial, das mit der Analyse-Software SMI BeGaze erstellt wurde.

[423] Vgl. **Berghaus, N.** (Eye-Tracking), 2005, S. 148 ff.

[424] Vgl. **Behrens, G.** (Konsumentenverhalten), 1991, S. 144 f.

[425] Vgl. **Sandt, J.** (Kennzahlen und Kennzahlensysteme), 2004, S. 10 ff.

[426] Für die Beschreibung zu nachstehenden sowie zu weiteren Parametern der Blickregistrierung, vgl. u. a. **Berghaus, N.** (Eye-Tracking), 2005, S. 105 ff.; **Hofer, N.; Mayerhofer, W.** (Blickregistrierung), 2010, S. 151 ff.; **Goldberg, J.; Kotval, X.** (Computer Interface Evaluation), 1999; **Goldberg, J.; Kotval, X.** (Eye Movement-Based Evaluation), 1998; **Zülch, G.; Stowasser, S.** (Eye Tracking), 2003 sowie insbesondere **Rötting, M.** (Parametersystematik), 2001, S. 68 ff.

[427] **Berghaus, N.** (Eye-Tracking), 2005, S. 93

***Tabelle 2-9: Ausgewählte Parameter der Blickregistrierung und deren Bedeutung*[428]**

			Der Parameter der Blickregistrierung ist ein möglicher Indikator für ...																		
			Auffälligkeit von Stimuli; abhängig von Aufgabenstellung	entgegengebrachte Aufmerksamkeit, aufgrund des wahrgenommenen Informationsgehaltes	wahrgenommenen Informationsgehalt	Informationsaufnahme	sofortige perzeptuelle Wahrnehmung	Sucheffizienz (Gestaltungsqualität)	Ausdehnung der Suche	Verarbeitungstiefe	kognitive Verarbeitung	Bearbeitungstiefe	Verhältnis von Suchzeit zu Verarbeitungszeit	Abweichung erwartete <> vorgefundene Situation; Unsicherheit im Umgang mit Stimulus	erlernte Blickpfade (Erfahrung)	Wahrscheinlichkeit der Informationsspeicherung	Bearbeitungsstrategien bzw. Persönlichkeitsmerkmale	Ähnlichkeit verschiedener Blickpfade	Wahrscheinlichkeit von Übergängen	Beanspruchung / Arousal	affektive Prozesse
Fixation	Raum	Fixationsort	X																		
		Fixationsdichte			X																
		Räumliche Dichte						X													
	Zeit	Fixationsdauer	X							X										X	
		Kumulierte Fixationsdauer		X																	
		Verweildauer (first pass gaze duration)				X														X	
		Verteilung der Fixationsdauer										X									
		Zeit bis zur ersten Fixation	X																		
	Häufigkeit	Gesamtanzahl						X													
		Relative Häufigkeit in einem Bereich		X												X					
Sakkade	Raum	Sakkadenweite	X																		
		Sakkadenausdehnung																		X	
		Laterale Augenbewegung															X				
	Zeit	Sakkadenanzahl pro Zeiteinheit																		X	
		Sakkadendauer	X																	X	
		Kumulierte Übergangzeit				X															
		Sakkadenlatenz																		X	
	Häufigkeit	Anzahl der Sakkaden						X													
	Geschwindigkeit	Sakkadengeschwindigkeit																		X	
		Augenbewegungsgeschwindigkeit						X												X	
Blickpfad	Raum	Blickpfadlänge						X													
		Richtungsänderung im Blickpfad												X							
		Konvexe Hülle							X												
	Zeit	Blickpfaddauer									X										
		Fixationen-Sakkaden-Verhältnis											X								
	Häufigkeit	Übergangshäufigkeit						X							X						
		Markov Matrizen																	X		
		Ketten-Editier-Verfahren																X			
		Lokale Blickpfade					X														
Weitere		Lidschlag																		X	
		Pupillengröße																		X	X

Auf Basis der Literatur liefert Tabelle 2-9 einen nicht abschließenden Überblick über die wichtigsten Parameter der Blickregistrierung und deren **Interpretationsmöglichkeiten** bezüglich ausgewählter Aspekte der visuellen Wahrnehmung. In dieser Übersicht sind die einzelnen Parameter kategorisiert danach, ob sie den Fixations-, den Sakkaden- oder den Blickpfadparametern zuzuordnen sind. Ferner wird in der Literatur eine Kategorisierung vorgenommen hinsichtlich räumlicher und zeitlicher Charakteristika sowie bezüglich der Häufigkeit des Auftretens des jeweiligen Parameters. Zudem finden sich Sakkadenparameter, die

428 Eigene Darstellung, die dem Grundprinzip folgt, den Parametern der Blickregistrierung potentielle Interpretationsmöglichkeiten gegenüberzustellen. Diese Gegenüberstellungen von Parametern der Blickregistrierung und potentiellen Interpretationsmöglichkeiten basieren dabei in ihrem grundlegenden Schema auf den Ausführungen im Kapitel 2.5.3 zu der *Eye-Mind-Hypothese* und der *Immediacy assumption*. Die hierbei auszugsweise, exemplarisch dargestellten Interpretationsmöglichkeiten basieren auf einer umfangreichen Literatur- und Studienrecherche sowie auf den Erkenntnissen aus Anhang A.3. Sie stellen potentielle korrelative Zusammenhänge zwischen kognitiven Prozessen und den objektiv erhobenen Informationen zu Augenbewegungen dar. Die Gliederung der Parameter der Blickregistrierung folgt in dieser Übersicht insbesondere der Parametersystematik nach RÖTTING, vgl. **Rötting, M.** (Parametersystematik), 2001. Die Übersicht ist im Wesentlichen als Ansatz zur Strukturierung von Interpretationsmöglichkeiten zu Parametern der Blickregistrierung zu verstehen und als nicht abschließend zu betrachten. Vielmehr bietet sich das Potenzial, die Erkenntnisse weiterer Studien- und Literaturquellen einzuordnen, Interpretationsmöglichkeiten und Blickregistrierungsparameter zu ergänzen oder gegebenenfalls exemplarisch aufgeführte, potentielle Interpretationsmöglichkeiten zu widerlegen.

die Geschwindigkeit des Blickverlaufes beschreiben. Es wird deutlich, dass die Literatur einigen Parametern mehrere Interpretationsmöglichkeiten zuordnet. Diese **Mehrdeutigkeit** bezüglich der Aussagekraft von Blickregistrierungsparametern ist insbesondere bei der Ergebnisinterpretation von Blickregistrierungsstudien zu berücksichtigen.[429] Aufgrund des speziellen Fokus dieser Arbeit auf wahrnehmungsrelevanten Aspekten, werden in der Folge v. a. die Parameter exemplarisch betrachtet, die eine Interpretation über die wahrgenommene Aufmerksamkeit sowie den wahrgenommenen Informationsgehalt zulassen.[430]

2.6.7 Grenzen der Blickregistrierung

Aufgrund der technischen Weiterentwicklung von Blickregistrierungssystemen sind die erzielbaren Ergebnisse zunehmend robuster und ermöglichen das kontaktlose Messen sowie die Bewegungsfreiheit der Probanden. Hierdurch schaffen die Systeme eine Versuchsumgebung, in der die Probanden ein **natürliches Verhalten** zeigen (siehe Kapitel 2.6.2). Somit finden die Methoden verstärkt Anwendung in der unternehmerischen Praxis und sind nicht lediglich Gegenstand von Forschungsaktivitäten[431]. Eine Einschränkung liegt jedoch in der **Interpretation** der Blickregistrierungsparameter begründet, da diese verschieden gedeutet werden können[432]. Daher ist es von Bedeutung, die Blickregistrierung mit anderen Erhebungsmethoden zu kombinieren, um einen umfassenderen und valideren Einblick in die Kundenmeinung zu erhalten[433]. Hierzu zählen Befragungen und physiologische Analysen (z. B. Herzfrequenz (EKG), EEG-Tracking, Hautleitfähigkeit (EDA))[434]. Die Blickregistrierung ist somit für umfangreiche Analysen nicht eigenständig zu verwenden und kann zudem die Ergebnisqualität weiterer Erhebungsmethoden stärken. Häufig führt die Praxis das Argument, dass Probanden ihren Blick aktiv, bewusst lenken und somit die Studienergebnisse manipulieren können. Die **Eye-mind-Hypothese** wirkt diesem Argument entgegen und gestattet einen Rückschluss auf die mentale Aufgabe[435]. Die Blickregistrierung wird im Bereich von Usability- und Nutzerstudien mit wenigen Probanden eingesetzt, da statistisch begründet bereits durch weniger als zehn Probanden etwa 80-95 % der Fehler identifiziert werden. Übertragen auf weitere Anwendungsfälle bedeutet dies, dass Heat-Maps mit weniger als zehn Probanden etwa 90 % der Variabilität des Blickverhaltens abdecken. Dies unterstützt bei der Identifikation der **aufmerksamkeitsrelevanten Produktbereiche**.[436] Wie dargestellt, lässt sich durch die Blickpfadaufzeichnungen ermitteln, auf welchen Produktkomponenten

[429] Weitere Grenzen der Blickregistrierung befinden sich im Kapitel 2.6.7.

[430] Umfangreiche Ausführungen zu Parametern der Blickregistrierung und der Aussagekraft zur Verarbeitung visueller Stimuli finden sich in **Hofer, N.; Mayerhofer, W.** (Blickregistrierung), 2010, S. 151 ff. und **Rötting, M.** (Parametersystematik), 2001. Den darin dargestellten Ausführungen sowie den Auflistungen im Anhang A.3 wird in dieser Arbeit gefolgt. Mit Blick auf die visuelle Wahrnehmung ist an dieser Stelle erneut hervorzuheben, dass die Blickregistrierung einen Einblick zu Aspekten der visuellen Wahrnehmung gestattet, diese jedoch nicht vollumfänglich abbildet. Wie an anderen Stellen dieser Arbeit betont, sind hierzu weitere Erhebungsmethoden erforderlich, um Informationen über die visuelle Wahrnehmung umfänglicher darzustellen. Insbesondere unterstützt die Blickregistrierung als indirekte Beobachtungsmethode bei der messtechnisch gestützten, objektiven Erhebung von Daten über die Informationsaufnahme im Rahmen der visuellen Wahrnehmung (siehe hierzu u. a. Kapitel 2.6.3 und 2.6.4).

[431] Siehe hierzu auch das einleitende Fallbeispiel aus dem Projektumfeld des Autors im Kapitel 1.1.

[432] Zu den unterschiedlichen Interpretationsmöglichkeiten, vgl. Kapitel 2.6.6 sowie zur Subjektivität der Ergebnisinterpretation, vgl. u. a. Kapitel 2.6.3.

[433] Siehe hierzu u. a. **Räihä, K., et al.** (Perception of Design), 2006, die eine Kombination mit dem *Lauten Denken* vornehmen.

[434] Für einen Überblick zu *physiologischen Messungen*, vgl. **Döring, N.; Bortz, J.** (Forschungsmethoden und Evaluation), 2016, S. 499.

[435] Vgl. **Just, M.; Carpenter, P.** (Theory of Reading), 1980, S. 330 f. und **Berghaus, N.** (Eye-Tracking), 2005, S. 90 f.

[436] Vgl. **Zimmermann, U.** (Wahr oder falsch?), 2013.

der Blick verweilte. Hieraus ergibt sich die Relevanz visueller Stimuli bezüglich eines bestimmten Aspektes. Die Blickregistrierung ist dabei als relatives Messsystem zu verstehen. Für die Ableitung qualitativer Aussagen zur Gestaltung einzelner Komponenten, bedarf es daher eines angepassten **Studiendesigns** und eines **Vorgehens** der Ergebnisauswertung.

2.7 Zwischenfazit

Kapitel 2 beschreibt entlang strukturierender Leitfragen die Facetten der Komplexität zur **Strukturierung** der objektiv erfassten Informationen über die visuelle Aufmerksamkeit zu wahrnehmungsrelevanten Produktmerkmalen. Dabei wurden Aspekte des heuristischen Bezugsrahmens systematisch erläutert und verschiedene Auffassungen gegenübergestellt.

Welche Bedeutung besitzt die *Kundenorientierung* in der Produktentwicklung physischer Produkte?

In dieser Arbeit werden insbesondere **Konsumgüter** fokussiert. Produkte stellen dabei angebotsorientierte Eigenschaftsbündel dar, die den Kundenanforderungen entsprechend am Markt angeboten werden (Kapitel 2.1). Im Kapitel 2.2 wurde aufgezeigt, dass der Produktentwicklungsprozess der Kernprozess zur Transformation von Kundenanforderungen in Produktspezifikationen **materieller Produkte** darstellt. In der Literatur werden diverse Vorgehensmodelle aufgeführt, um die Aktivitäten der Produktentwicklung zu strukturieren. Dabei ist die parallele und zum Teil iterative Entwicklungsarbeit zu betonen. Vereinfachend soll im weiteren Verlauf dieser Arbeit das Vorgehensmodell aus Abbildung 2-8 zur Integration der Erkenntnisse aus dieser Arbeit verwendet werden.

Für den unternehmerischen Erfolg ist die **kontinuierliche Bewertung** von Produktalternativen durch Integration des Kunden während früher Phasen von hohem Stellenwert. Es ist notwendig, Informationen über Kundeneindrücke in die Entwicklung und die Auswahl von Produktgestaltvarianten einfließen zu lassen und diese mit zusätzlichen Informationen systematisch abzusichern (z. B. mittels **Quality Gates**).

Welche Bedeutung besitzt die *visuelle Wahrnehmung* als Basis zur Beurteilung der *wahrgenommenen Produktqualität* aus Kundensicht?

Produktqualität wird über den subjektiv wahrgenommen Produktwert bewertet. Dieser generiert sich über die Protective und die **Perceived Quality** (siehe Kapitel 2.3). Visuelle, akustische und haptische Reize, die von einem Produkt ausgesendet werden, werden über die Sinnesorgane aufgenommen. Daran anlehnend thematisiert die Perceived Quality die Kundenwahrnehmung hinsichtlich Design, Haptik, Akustik, Geruch und Geschmack des Produktes und ist wesentlicher Differenzierungsfaktor. Es wurde gezeigt, dass diese Wahrnehmung entlang des **Ebenenmodells der Produktwahrnehmung** strukturiert werden kann. Kapitel 2.5 widmete sich der Klärung der Grundlagen zum Prozess der menschlichen Wahrnehmung und charakterisierte die Humanwahrnehmung als komplexen, multimodalen Vorgang. Dabei wurde die **visuelle Wahrnehmung** als die Sinnesmodalität mit der höchsten Bedeutung für die Beurteilung der Produktqualität aus Kundensicht beschrieben[437]. Aus physiologi-

[437] Vgl. **Schmitt, R.; Pfeifer, T.** (Qualitätsmanagement), 2015, S. 99 und **Berghaus, N.** (Eye-Tracking), 2005, S. 43.

scher Sicht ist der Wahrnehmungsvorgang gegliedert in die Aufnahme von Umweltreizen über Rezeptoren der menschlichen Sinnesorgane, die Umwandlung in Impulse und deren Weiterleitung und Verarbeitung zu Informationen im Gehirn. Gleichwohl die Aufnahme eines Primärreizes objektiv geschieht, sind die Reizverarbeitung, der Wahrnehmungsprozess und das Ergebnis der Wahrnehmung von **subjektiven** Faktoren (u. a. Filtereffekten) geprägt.[438]

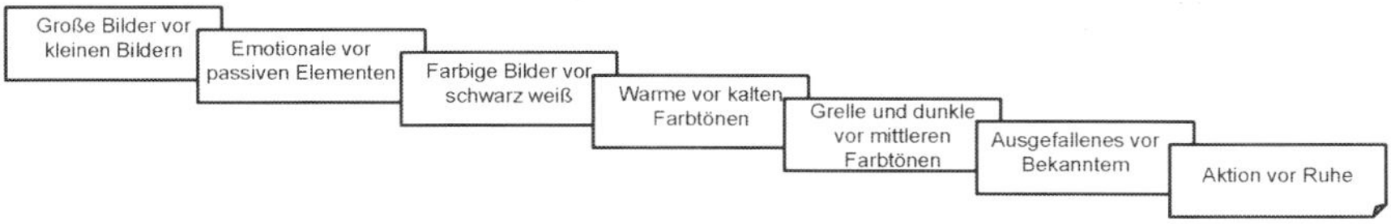

Abbildung 2-35: Richtlinien zur Lenkung visueller Wahrnehmung (Auswahl)[439]

Visuelle Reize beeinflussen folglich die menschliche Wahrnehmung. Das Betrachten von Objekten ist den unbelehrbaren Verhaltensweisen zuzuordnen, die als Reflexe im Stammhirn verankert sind. Weitere Unterschiede in der Fokussierung von Produktmerkmalen lassen sich auf demografische und kulturelle Faktoren zurückführen. Bei der Aufnahme visueller Reize sind Strukturen zu erkennen, die sich als Richtlinien für die Produktgestaltung eignen (siehe Abbildung 2-35). Aktivierende, emotionale Elemente werden häufiger und länger fixiert und somit besser verinnerlicht als passive Elemente. Wie im Kapitel 2.4.2 anhand der produktsprachlichen Funktionen dargestellt, besteht für die **Produktgestaltung** daher das Potenzial, die visuelle Wahrnehmung aktiv zu beeinflussen.[440]

Wie ordnet sich die *Produktgestaltung* in den Prozess der Produktentwicklung ein?

Im Kapitel 2.4 wurde die **Produktgestaltung** als Aspekt der kundenorientierten Produktentwicklung betrachtet und es wurde dargestellt, dass dieser eine hohe Bedeutung für die wahrnehmungsgerechte Gestaltung der Qualitätswahrnehmung zukommt. In dieser Arbeit wird insbesondere die **produktsprachliche Perspektive** betrachtet, da diese durch die menschlichen Sinne erfahrbar ist. Abgeleitet von den produktsprachlichen Funktionen wurden die Stellhebel der Produktgestaltung zur Umsetzung einer **emotionalen Produktgestaltung** vorgestellt. Es wurde vordergründig auf die formalästhetischen Funktionen und die semantische Dimension (Anzeichenfunktionen, Symbolfunktionen) der Wahrnehmung eingegangen und deren Bedeutung für visuelle Eindrücke betont. Zudem wurde dargestellt, dass die Einbindung des Kunden in die **Validierung** von Produktmodellen (Kapitel 2.2.4) im Rahmen der Produktgestaltung zur Steigerung der wahrgenommenen Produktqualität beiträgt.

Wie lassen sich Informationen über die visuelle Wahrnehmung objektiv erfassen und wie ordnet sich hierbei die *Blickregistrierung* ein?

Im Kapitel 2.6 wurde dargestellt, wie Informationen über die visuelle Wahrnehmung und Aufmerksamkeit erhoben und objektiviert werden können. Zur Ergänzung eines umfassenden Verständnisses der wahrgenommenen Produktqualität aus Kundensicht wurden die Vor-

[438] Vgl. **Prändl, I.** (Objektive und subjektive Wahrnehmung), 2011 sowie Kapitel 2.5.1 und Kapitel 2.5.2.

[439] Basierend auf **Zimmermann, U.** (Aktivierung visueller Reize), 2013 sowie weiterhin **Meffert, H.; Burmann, C.; Kirchgeorg, M.** (Marketing), 2015, S. 721 f. und **Kroeber-Riel, W.; Gröppel-Klein, A.** (Konsumentenverhalten), 2013, S. 302.

[440] Vgl. **Zimmermann, U.** (Aktivierung visueller Reize), 2013 sowie Kapitel 2.4.2 zu weiteren Zusammenhängen zwischen *Gestaltmitteln / -elementen* und *Wahrnehmungsphänomenen*.

züge non-verbaler Messmethoden zur Erfassung impliziter, latenter Kundeneindrücke und Kundenbedürfnisse aufgeführt. Hierbei ist die **apparative Blickregistrierung** als eine non-verbale Methode zur Messung der Aufmerksamkeit vorgestellt worden. Die Blickregistrierung unterstützt effektiv die Untersuchung von Produktmodellen[441] und liefert durch die **indirekte, messtechnische** Erfassung **objektive Daten** über die visuelle Wahrnehmung. Dies ermöglicht Aussagen über die Bewertung von Produktmodellen[442] auf verschiedenen Ebenen[443] der visuellen Wahrnehmung abzuleiten. Aufgrund der Vielzahl möglicher **Parameter der Blickregistrierung** wurde eine Auswahl häufig verwendeter Parameter vorgestellt, welche eine Interpretation der Wirkung visueller Stimuli auf den Betrachter ermöglichen, obgleich die Interpretationsansätze nicht eineindeutig sind. Da zumeist nicht direkt auf das emotionale Qualitätsurteil des Betrachters geschlossen werden kann, sind die Blickregistrierungsmethoden um weitere Erhebungsmethoden zur Erfassung des emotionalen Urteiles zu ergänzen (z. B. Methode des Lauten Denkens, Erfassung von physiologischen Signalen[444]).

Die Erkenntnisse aus Kapitel 2 resultieren in einer Konkretisierung des heuristischen Bezugsrahmens und in einem erweiterten Vorverständnis (Abbildung 2-36). Zur Auflösung des Bezugsrahmens wird in der Folge das Potential von **Kansei Engineering** herausgearbeitet.

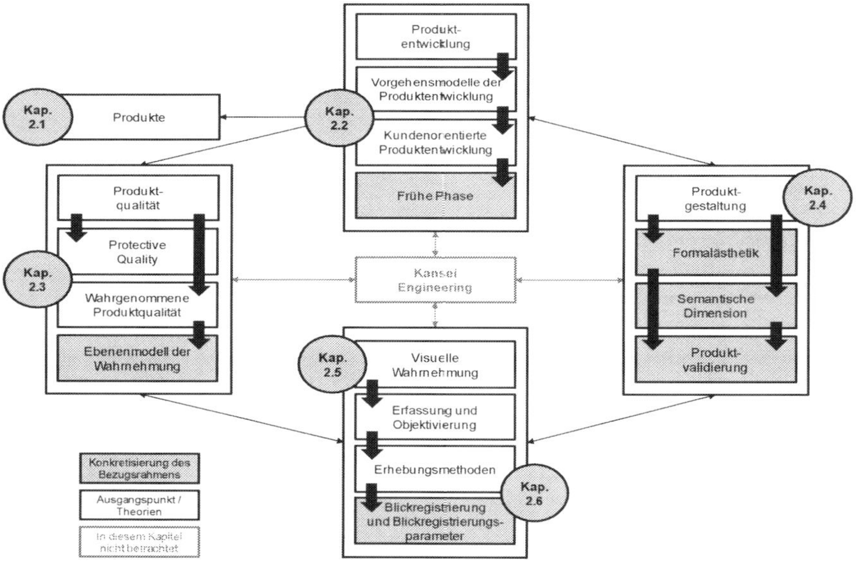

Abbildung 2-36: Konkretisierung des Bezugsrahmens und erweitertes Vorverständnis

441 Zur Kategorisierung von Produktmodellen, vgl. u. a. Kapitel 2.2.4 sowie zu den Potenzialen des Einsatzes der Blickregistrierung in der Produktentwicklung, vgl. Kapitel 2.6.4.

442 Zur Kategorisierung von *Produktmodellen*, vgl. u. a. Kapitel 2.2.4.

443 Zu dem *Ebenenmodell der Produktwahrnehmung*, vgl. Kapitel 2.3.3.

444 Z. B. ermöglichen EEG-Systeme oder Systeme zur Messung von EDA eine Stresspegelmessung des Probanden, vgl. u. a. **Döring, N.; Bortz, J.** (Forschungsmethoden und Evaluation), 2016, S. 514 ff.

3 Kansei Engineering als Vorgehensweise der Emotionalen Produktgestaltung

Wie bereits dargestellt, ist ein Produkt auf technisch-physikalischer Ebene funktionell und auf physiologischer sowie psychologischer Ebene brauchbar zu gestalten. Zudem soll es auf subjektiv-emotionaler Ebene den Kunden ansprechen. *Affective Engineering*[445] stellt Methoden und Vorgehensweisen zur Kundenintegration für die Bearbeitung der subjektiv-emotionalen Ebene zur Verfügung.[446] Der Fokus liegt auf der Klärung der Kundenanforderungen und deren Transformation in Produkt- und Gestaltmerkmale. Dieses Kapitel dient der Darstellung des Potenziales der Vorgehensweise Kansei Engineering sowohl für die kundenorientierte Produktentwicklung und -gestaltung als auch zur Auflösung des heuristischen Bezugsrahmens. Hierfür werden im Kapitel 3.1 die Begriffe der Methode, der Vorgehensweise und des Werkzeuges voneinander abgegrenzt, bevor Kapitel 3.2 auf Kriterien zur Hebung des Potenziales von Methoden und Vorgehensweisen im Entwicklungsprozess eingeht. Anschließend wird im Kapitel 3.3 das Kansei Engineering als eine Vorgehensweise zur Transformation von Kundeninformationen dargestellt und auf dessen Grundprinzipien eingegangen. Abgeleitet von den Ausprägungen des Kansei Engineerings wird eine übergeordnete Vorgehensweise vorgestellt, die als methodischer Rahmen in den Folgekapiteln dieser Arbeit aufgegriffen wird. Das Kapitel wird durch ein Zwischenfazit (Kapitel 3.4) abgeschlossen.

3.1 Begriffsabgrenzung: Methode, Vorgehensweise, Werkzeug

Der Begriff der *Methode* findet häufig Verwendung u. a. im Zuge von Vorgehensmodellen. Für das Verständnis dieser Arbeit wird in diesem Kapitel daher geklärt, wie die Begriffe *Methode*, *Methodik*, *Vorgehensweise* und *Werkzeug* im Zusammenhang stehen. MÜLLER definiert die Methode als eine „[...] Menge von Vorschriften, deren Ausführung den Vollzug einer als zweckmäßig erachteten Operationsfolge unter gegebenen Bedingungen hinreichend sicherstellt [...]“[447]. Ähnlich sieht ZELEWSKI die Methode als ein „[...] intersubjektiv nachvollziehbares und systematisch beschriebenes Verfahren, das zur Lösung von Problemen oder zur Erreichung von Zielen dient.“[448]. Methoden legen somit den Prozess fest, um ein zuvor definiertes Ziel zu erreichen. Dabei soll eine Methode auf die speziellen Randbedingungen innerhalb einer Problemstellung anpassbar sein[449]. Den Definitionen gemein sind somit der Prozesscharakter und die Anforderung nach Anpassbarkeit. LINDEMANN betrachtet die **Methode** als eine Vorschrift, die eine Abfolge der Tätigkeiten zur Zielerreichung vorgibt. Er sieht zugleich die Schwierigkeit, den Methodenbegriff klar abzugrenzen, da eine Methode sowohl als Handlungsabfolge als auch als aneinanderhängende Handlungsabfolgen gesehen werden kann. Oftmals geht nicht hervor, ob es sich um eine eigenständige Methode oder eine Methodenadaption handelt.[450] Zur Sicherstellung der Flexibilität und der Anpassbarkeit, sieht

[445] Siehe hierzu u. a. **Nagamachi, M.** (Kansei/Affective), 2011, S. 3.

[446] Vgl. **Schütte, S.** (Common Approach in Kansei Engineering), 2007, S. 3.

[447] **Müller, J.** (Arbeitsmethoden der Technikwissenschaft), 1990, S. 17.

[448] **Zelewski, S.** (Grundlagen Betriebswirtschaftslehre), 2008, S. 31.

[449] Vgl. **Müller, J.** (Arbeitsmethoden der Technikwissenschaft), 1990, S. 16.

[450] Vgl. **Lindemann, U.** (Methodische Entwicklung), 2009, S. 57 f.

LINDEMANN eine Methode als ein Netzwerk, „[...] in dem Methoden und deren Teilschritte als Module in anderen Methoden Anwendung finden können [...]"[451].

Die Verbindung einzelner Methoden leitet zu dem Begriff der **Methodik** über, die ein kontinuierliches, planmäßiges Vorgehen unter Einschluss mehrerer Methoden darstellt[452]. Synonym zur Methodik wird in dieser Arbeit die **Vorgehensweise** verwendet, da sich auch diese durch die Aneinanderreihung von Methoden charakterisiert. Für die effektive Unterstützung und Bearbeitung spezifischer Aufgaben innerhalb der Methodenschritte bedienen sich Vorgehensweisen zugehöriger **Werkzeuge**.[453] In dieser Arbeit zählen dazu Werkzeuge für statistische Analysen sowie zur Durchführung von Probandenstudien. Bei der **Methodologie** handelt es sich demgegenüber um die Lehre zu den wissenschaftlichen Methoden. Sie geht der Beantwortung nach, welche Methode für die Bearbeitung bestimmter Zielsetzungen und Problemstellungen als adäquat erachtet wird. Die Methodologie setzt folglich bei der Typologie der Methoden an und leitet über zur begründeten Festlegung der Methoden für die Datenerhebung und -analyse.[454] Im Verlauf dieser Arbeit werden Produktentwicklungsmethoden und -vorgehensweisen betrachtet, die unterstützend im Entwicklungsprozess von involvierten Unternehmensfunktionen (z. B. Marktforschung, Konstruktion, Vertrieb) eingesetzt werden[455].

3.2 Methoden und Vorgehensweisen in der Produktentwicklung

Ziel der Anwendung einer Vorgehensweise in der Produktentwicklung ist die **Unterstützung** im Sinne der „[...] Bereitstellung, Anwendung, Bewertung und Spezifizierung von Strategien und Methoden zur Definition von Produktideen [und deren Überführung in] marktgerechte Produkte [...]"[456]. Weiterführend dient der Einsatz von Methoden im Entwicklungsprozess dazu, Aktivitäten zielgerichtet durchzuführen und Vorgehensweisen zu strukturieren. Die Anwendung zielt somit auf die Unterstützung der **Entscheidungsfindung** innerhalb der Produktentwicklung zur Steigerung des Produkt- und Unternehmenserfolges. Gleichwohl der zielgerichtete Einsatz von Vorgehensweisen Chancen bietet, die Effektivität des Entwicklungsprozesses entscheidend zu verbessern und **Potenziale** zu heben, ist die Anwendung bezüglich des Verhältnisses von (Zeit-) **Aufwand und Nutzen** sowie Komplexität zu untersuchen.[457] Dabei stellt ein Potenzial einen Ansatz zur Steigerung der Leistungsfähigkeit (**Mehrwert** für die Produktentwicklung) durch bislang nicht ausgeschöpfte Ressourcen oder Fähigkeiten dar.[458] Der Mehrwert eines Methodeneinsatzes innerhalb eines unternehmerischen Entwicklungsprozesses für die kundenorientierte Produktgestaltung (= Gegenstand) ist dabei seitens der **Evaluatoren** (z. B. Mitarbeiter) einzuschätzen. Die Durchführung dieser Evaluation erfolgt mit Verfahren, die sich an den allgemeinen Methoden zur Erhebung von Informationen (Beobachtung und Befragung)[459] orientieren. Die Bewertung des potenziellen

---

451 **ebenda** (Methodische Entwicklung), 2009, S. 58.

452 Vgl. **Pahl, G., et al.** (Konstruktionslehre), 2007, S. 784.

453 Vgl. **Lindemann, U.** (Methodische Entwicklung), 2009, S. 58.

454 Vgl. **Heinze, T.** (Qualitative Sozialforschung), 2001, S. 12.

455 Vgl. **Graner, M.** (Methoden in Produktentwicklungsprojekten), 2012, S. 14 f.

456 **Albers, A.; Schweinberger, D.** (Produktentwicklung), 2001, S. 26.

457 Vgl. **Schneider, S.; Lindemann, U.** (Bewertungssystem für Methoden), 2005, S. 11 f. sowie Kapitel 4.1.2.

458 Vgl. **Voigt, C., et al.** (Potenzialanalyse und Fundamentalanalyse), 2005, S. 81.

459 Siehe zu ausgewählten Formen der Erhebung von Daten und Informationen, u. a. Kapitel 2.6.2.

Mehrwertes einer Aktivität in der Produktentwicklung (z. B. Anwendung einer Vorgehensweise) erfolgt entlang geeigneter quantitativer (z. B. Kosten, Zeit, Qualität) sowie qualitativer **Kriterien** (siehe Tabelle 3-1).[460] So ist dieses Potenzial u. a. abhängig von den unternehmerischen Randbedingungen. Für einen effektiven Einsatz ist die Methode bzw. die Vorgehensweise daher in die betrieblichen Strukturen eines Unternehmens zu integrieren[461]. Die Anforderungen an die Gestaltung der unternehmensspezifischen Voraussetzungen für die erfolgreiche Integration von Methoden und Vorgehensweisen in den Entwicklungsprozess leiten sich nicht nur aus der **Integrationsfähigkeit** ab, sondern auch aus der **Adaptionsfähigkeit** (siehe auch Kapitel 3.1), der Förderung der **Kommunikation**, dem erforderlichen **Ressourcenaufwand** sowie dem potenziellen **Mehrwert**.

Tabelle 3-1: Ausgewählte Kriterien für die Beurteilung einer Vorgehensweise / Methode[462]

Kriterien	Ausgewählte Items
Integrationsfähigkeit	Formal, klar strukturierter Produktentwicklungsprozess
	Sequentielle Abarbeitung von Meilensteinen im Produktentwicklungsprozess
	Methode bzw. Vorgehensweise ist in der Organisation bekannt
	Regelmäßiges Reporting
Adaption	Anpassung an vorhandene Strukturen / Vorgehensweisen des Entwicklungsprozesses
	Flexibilität der Methode
Kommunikation	Etablierung interdisziplinärer Kommunikation
	Stärkung der abteilungsübergreifenden Kommunikation
Ressourcen	Vermittlung neuer Vorgehensweisen im Produktentwicklungsprozess
	Verfügbarkeit organisatorischer / personeller / materieller Ressourcen für den Methodeneinsatz
	Personelle Kapazitäten zur Anwendung der Vorgehensweisen sind vorhanden
Mehrwert	Mehrwert durch den Methodeneinsatz

Die Unterstützung durch das Management sowie ein formal-strukturierter Entwicklungsprozess wirken sich positiv auf die **Integrationsfähigkeit** aus[463]. Durch die Erfüllung **betrieblicher Voraussetzungen** (z. B. Festlegung von Anwendungszeitpunkten und zugehöriger Werkzeuge) sind die Methodenschritte in den Entwicklungsprozess zu implementieren. Ist die Vorgehensweise bekannt, bereits in Anwendung oder bestehen ähnliche Vorgehensweisen, vereinfacht dies die Implementierung. Eine flexibel gestaltete Vorgehensweise ermöglicht die **Adaption** an bestehende Strukturen des Entwicklungsprozesses sowie an unternehmensspezifische Problemstellungen zur Integration der Kundenwünsche und fördert zugleich die **Akzeptanz** bei den Anwendern.[464] Die Literatur zeigt, dass sich der Einsatz von Methoden positiv auf die **interdisziplinäre Kommunikation** auswirkt. Hierfür ist das abteilungsübergreifende Zusammenarbeiten zu fördern und zu institutionalisieren, indem u. a. die erforderlichen Eingangsinformationen zur Anwendung der Vorgehensweise definiert werden.[465] Weiterhin sind materielle und immaterielle **Ressourcen**, die für die Anwendung einer

[460] Vgl. **Ophey, L.** (Entwicklungsmanagement), 2005, S. 87. Zur *Evaluation*, vgl. Kapitel 2.2.4 und Tabelle 2-1. Zu qualitativen und quantitativen Kriterien zur Bewertung von Methoden in der Produktentwicklung, vgl. **Potinecke, T.** (Systematisierung von Teilprozessen in der Produktentwicklung), 2009, S. 73 ff.

[461] Vgl. **Albers, A.; Schweinberger, D.** (Produktentwicklung), 2001, S. 31.

[462] Darstellung in Anlehnung an **Ehrlenspiel, K.; Meerkamm, H.** (Integrierte Produktentwicklung), 2013, S. 362.

[463] Vgl. **Graner, M.** (Methoden in Produktentwicklungsprojekten), 2012, S. 153 ff.

[464] Vgl. **Albers, A.; Schweinberger, D.** (Produktentwicklung), 2001, S. 2.

[465] Vgl. **Graner, M.** (Methoden in Produktentwicklungsprojekten), 2012, S. 160 ff.

Vorgehensweise erforderlich sind, bereitzustellen. Dazu zählen das Equipment zur Durchführung einer Methode, die Erfüllung der personellen Voraussetzungen (z. B. Methodenkenntnisse) sowie die Definition des zusätzlichen Zeit- und Kompetenzaufwandes. Mittels **organisatorischer** Voraussetzungen sind für die Bearbeitung spezifischer Schritte klare Verantwortlichkeiten festzulegen. Die **zeitlichen** Voraussetzungen stellen die Durchführung eines Methodenschrittes innerhalb eines maximal festgelegten Zeitraumes sicher. Vorhandene Erfahrungen (z. B. statistische Kompetenzen) und Hilfsmittel (z. B. Räumlichkeiten, Probandenpool, Maschinenverfügbarkeit zur Fertigung von Produktmodellen, Statistik-Software) sind bereitzustellen oder aufzubauen (z. B. Qualifizierungsmaßnahmen). Wird in der Anwendung einer Vorgehensweise ein **Mehrwert** gesehen, stütz dies die Notwendigkeit zu deren Durchführung und betont, dass das Potenzial innerhalb des Entwicklungsprozesses noch nicht umfassend gehoben ist. Zur Analyse des Potenziales der einzelnen Methodenschritte leiten sich Kriterien ab, die jeweils eine Spezifizierung der bereits aufgeführten Kriterien zur Beurteilung des Potenziales einer Vorgehensweise darstellen (siehe Tabelle 3-2).[466]

Tabelle 3-2: Ausgewählte Kriterien zur Beurteilung der Methodenschritte einer Vorgehensweise[467]

Kriterien	Ausgewählte Items
Betriebliche Voraussetzung	Aufgabeninhalte entsprechen bisherigen Entwicklungsaufgaben
	Werkzeuge / Hilfsmittel zur Durchführung sind bekannt und verfügbar
Organisatorische Voraussetzungen	Verantwortung für die Bearbeitung (AKV-Regelungen)
	Qualifizierungsmaßnahmen für die Bearbeitung
Persönliche Voraussetzungen	Kenntnisse und Erfahrungen in Bezug auf die Aufgabeninhalte und Werkzeuge
	Motivation der Bearbeiter zur Durchführung
Akzeptanz	Bedeutung
Leistungsfähigkeit	Mehrwert durch Durchführung
Information / Interdisziplinarität	Verfügbarkeit erforderlicher Eingangsinformationen in angemessener Zeit und Aufwand
	Förderung der Kommunikation
Zeitaspekt	Zeitpunkt und Zeitraum zur Durchführung

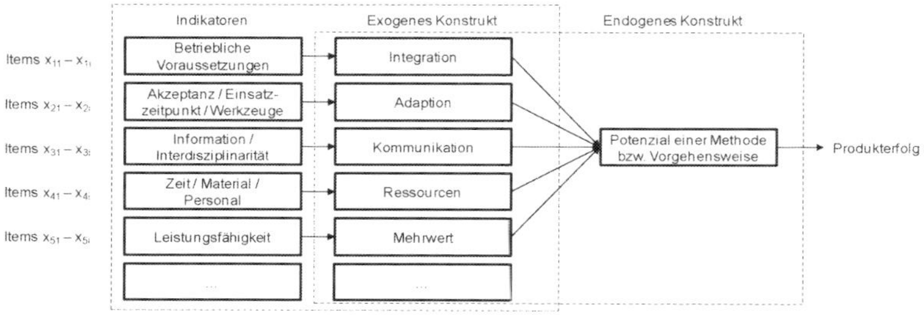

Abbildung 3-1: Schematische Darstellung des Potenziales einer Vorgehensweise[468]

---

[466] Vgl. **Ehrlenspiel, K.; Meerkamm, H.** (Integrierte Produktentwicklung), 2013, S. 362 sowie **Ophey, L.** (Entwicklungsmanagement), 2005, S. 30.

[467] In Anlehnung an **Ehrlenspiel, K.; Meerkamm, H.** (Integrierte Produktentwicklung), 2013, S. 362 und **Ophey, L.** (Entwicklungsmanagement), 2005, S. 30.

[468] In Anlehnung an **Graner, M.** (Methoden in Produktentwicklungsprojekten), 2012, S. 76. GRANER bildet den Methodeneinsatz in der Produktentwicklung anhand von Strukturgleichungsmodellen ab, um die Zusammenhänge zwischen *endogenen* und *exogenen* Faktoren weiterführend quantitativ zu beschreiben und zu analysieren. Das endogene Konstrukt ist die zu erklärende, abhängige Komponente. Die exogenen Konstrukte des Modells liegen zumeist latent vor und lassen sich nicht direkt erfassen. Sie erfordern eine Messung mithilfe von Indikatoren. Die Indikatoren können innerhalb eines *Evaluierungsinstrumentes* (z. B. Fragebogen) über Items gemessen werden, um eine Aussage über den Indikator und schließlich das exogene Konstrukt zu ermöglichen. Vgl. **Backhaus, K., et al.** (Multivariate Analysemethoden), 2016, S. 19 f. und S. 581 ff.

Abbildung 3-1 bildet beispielhaft die Annahme schematisch ab, dass die vorstehenden Kriterien die Anwendung einer Vorgehensweise (bzw. einer Methode) positiv beeinflussen. Diese Kriterien für die erfolgreiche Anwendung einer Vorgehensweise werden über Items operationalisiert, die sich aus der Spezifizierung je Methodenschritt ableiten lassen. Dieser Zusammenhang zwischen Untersuchungsgegenstand und den ihn beeinflussenden Parametern lässt sich weiterführend analysieren.[469]

3.3 Grundprinzipien des Kansei Engineerings

Ziel **emotionaler Produktgestaltung** (siehe Kapitel 2.4.1) ist es, die Gestaltung neuer Produkte um die sensitiv wahrnehmbare Dimension gemäß der gewünschten Produktbotschaft aktiv zu beeinflussen. In der Literatur wird das Potenzial gesehen, die **Vorgehensweise** des Kansei Engineerings in bestehende, formale Produktentwicklungsstrukturen zu integrieren (z. B. Quality-Gate-Ansätze)[470], um die Produktentwicklung mit sensitiv erfahrbaren Aspekten zu bereichern. Dabei zielt die Vorgehensweise von Kansei Engineering auf die Untersuchung von (empirischen) Zusammenhängen zwischen der **semantischen Dimension** und der Dimension der wahrnehmungsrelevanten **Produktmerkmale** und -eigenschaften. Hierfür greift Kansei Engineering auf verschiedene Methoden der Datenerhebung zurück[471]. Die Datenanalyse schließlich baut je nach Fragestellung auf unterschiedlichen **multivariaten Analyseverfahren** auf. In diesem Kapitel werden die Grundprinzipien des Kansei Engineerings vorgestellt. Zunächst wird im Kapitel 3.3.1 der Begriff des Kansei Engineerings geklärt und im Kapitel 3.3.2 auf die Anwendung dieser Vorgehensweise in Wissenschaft und Praxis eingegangen. Es werden Ausprägungen von Kansei Engineering dargestellt und die Grundstruktur einer allgemeinen Vorgehensweise aufgeführt (Kapitel 3.3.3), welche den diversen Ausprägungen zugrunde liegt. Abschließend grenzt Kapitel 3.3.4 etablierte Ansätze[472] der Kundenintegration von Kansei Engineering ab.

3.3.1 Begriff des Kansei Engineerings

Es bestehen verschiedene Ansätze zur **Kundenintegration**. Lange Zeit wurde jedoch keine Methode bzw. Vorgehensweise dahingehend konzipiert, mit emotionalen Aspekten der Kunden umzugehen. Kansei Engineering (oder auch *Emotion Engineering*[473] genannt) wurde von NAGAMACHI entwickelt.[474] Es beschreibt eine **interdisziplinäre** Vorgehensweise, um subjektive, kundenspezifische Vorstellungen und Emotionen der Kunden bereits in frühen Phasen der Produktentwicklung auf Basis **mathematisch-statistischer** Modelle mit konkreten Pro-

---

[469] Vgl. **Graner, M.** (Methoden in Produktentwicklungsprojekten), 2012, S. 75 ff. sowie in Analogie, vgl. auch **Backhaus, K., et al.** (Multivariate Analysemethoden), 2016, S. 517 ff.

[470] Zur Verbindung von Kansei Engineering mit Stage-Gate-Ansätzen der Produktentwicklung, vgl. **Schütte, S.** (Engineering Emotional Values), 2005, S. 91 f. Zu *Vorgehensmodellen* der Produktentwicklung, vgl. Kapitel 2.2.2. Neben diesen Phasenmodellen für die Produktentwicklung unterstützen Projektmanagementansätze wie Design for Six Sigma bzw. Six Sigma die systematische Bearbeitung von Produktentwicklungsprojekten. Zu dem Projektmanagementansatz von Six Sigma, vgl. u. a. **Töpfer, A.; Günther, S.** (Six Sigma), 2007 und **Köhler, M.; Frank, D.; Schmitt, R.** (Six Sigma), 2014, S. 264 ff.

[471] Zu Methoden der Erhebung von Kundeninformationen, vgl. u. a. Kapitel 2.6.2.

[472] Vgl. **Wildemann, H.** (Kundenorientierte Produktentwicklung), 2004, S. 7 ff. und **Jiao, R., et al.** (Affective Design), 2007, S. 573 ff.

[473] Vgl. **Nagamachi, M.; Lokman, A.** (Innovations of Kansei Engineering), 2011, S. 15.

[474] Vgl. **Nagamachi, M.** (Kansei/Affective), 2011, S. 8 ff.

duktmerkmalen in Verbindung zu setzen.[475] Methoden und Werkzeuge unterschiedlicher Wissenschaftsdisziplinen (u. a. Psychologie, Mathematik, Ingenieurwissenschaften) werden zur Verbesserung bestehender sowie zur Entwicklung neuer Produkte miteinander kombiniert.[476] Ein Produkt, welches **Kansei**-Elemente enthält, geht über die reine Erfüllung technisch-funktionaler Aspekte der Produktqualität hinaus. Mithilfe dieses *Kansei-Produktes* lassen sich emotionale Kundenreaktionen prognostizieren. Insofern orientiert sich die Entwicklung des Kansei Engineerings entlang der Entwicklung des Begriffes *Qualität*.[477]

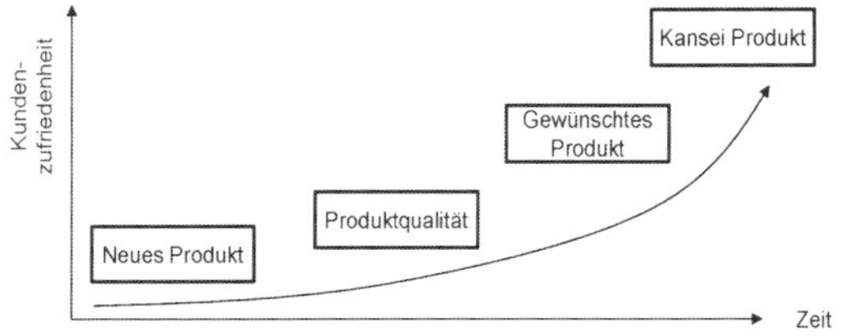

Abbildung 3-2: Entwicklung des Verständnisses zu Kansei[478]

Kansei bildet sich aus den japanischen Kanji-Zeichen *Kan* und *Sei*. Bislang konnte der Begriff nicht eindeutig in weitere Sprachen übersetzt werden[479]. Der Ursprung der Forschungsaktivitäten zu *Kansei* basiert auf BAUMGARTEN[480]. Neben einer philosophischen Interpretation hat sich insbesondere das psychologische Verständnis etabliert. In die Deutung des Kanseis fließen somit sowohl individuelle Eindrücke infolge von **Sinneswahrnehmungen** als auch individuelle, situations- und umweltabhängige Aspekte (u. a. Gefühle, Wünsche, Emotionen, Bedürfnisse) ein.[481] Attribute, wie Sinn, Gefühl, Sensitivität, Ästhetik, Intuition oder Emotion prägen das kundenspezifische Kansei[482]. Folglich wird durch externe Reize ein Eindruck beim Betrachter erzeugt, auf den dieser intuitiv, individuell reagiert (siehe Abbildung 3-3)[483].

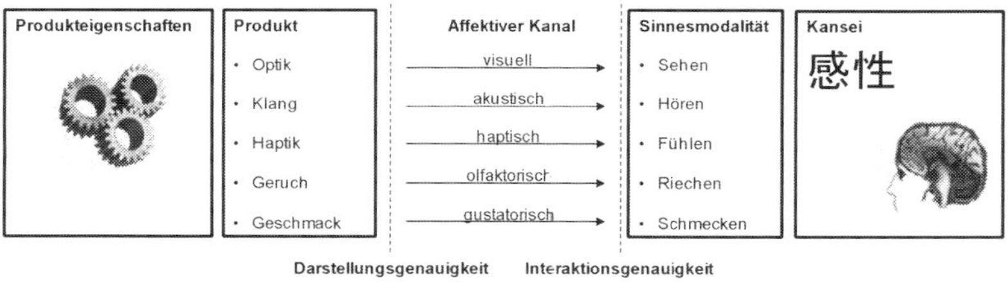

Abbildung 3-3: Entstehung individueller Kanseis[484]

---

[475] Vgl. **Schütte, S.** (Designing Feelings), 2002, S. 23 f.

[476] Vgl. **Nagamachi, M.; Dahlgaard, J.** (New Trend of Kansei Engineering), 2008, S. 290 f. und **Schütte, S.** (Designing Feelings), 2002, S. 23 f.

[477] Vgl. **Lokman, A.** (Emotional User Experience), 2009, S. 51 ff. sowie zu dem Qualitätsbegriff, vgl. u. a. Kapitel 2.3.1.

[478] In Anlehnung an **ebenda** (Emotional User Experience), 2009, S. 52.

[479] Vgl. **Schütte, S.** (Engineering Emotional Values), 2005, S. 35 ff. SCHÜTTE nimmt eine umfassende Klärung des Kansei-Begriffsverständnisses aus unterschiedlichen wissenschaftlichen Perspektiven vor.

[480] Vgl. **ebenda** (Engineering Emotional Values), 2005, S. 54, der auf **Lee, S.; Harada, A.; Stappers, J.** (Design based on Kansei), 2002 referenziert, die sich wiederum auf BAUMGARTEN beziehen (siehe u. a. **Baumgarten, A.** (Aesthetica), 1961).

[481] Vgl. **Nagamachi, M.** (Kansei/Affective), 2011, S. 3.

[482] Vgl. **Lee, S.; Harada, A.; Stappers, J.** (Design based on Kansei), 2002, S. 213. Diesem Verständnis folgt gemäß SCHÜTTE auch das Dainihon Japanese Dictionary, welches Kansei in die englische Sprache mit *sensitivity* übersetzt, vgl. **Schütte, S.** (Engineering Emotional Values), 2005, S. 37 f.

[483] Siehe hierzu auch die Ausführungen zum *Prozess der Wahrnehmung*, vgl. Kapitel 2.5.1.

[484] In Anlehnung an **ebenda** (Engineering Emotional Values), 2005, S. 67 basierend auf **Picard, R.** (Affective Computing), 1997 und **Nagamachi, M.** (Kansei Engineering), 1994.

Die Komplexität und Mehrdeutigkeit des individuellen Kanseis werden hervorgerufen durch:

- **Subjektivität**, infolge individueller Prägungen (u. a. Wissen, Erfahrung, Charakter).
- **Intuitive Reaktion** auf externe Stimuli.
- Interaktion zwischen Intuition und **aktivierenden Vorgängen**.[485]

Kansei Engineering betrachtet somit das *Kansei* und die *Kansei*-Erfahrung eines Kunden gleichermaßen, um diese mit relevanten Produktmerkmalen in Zusammenhang zubringen. Es bietet den Rahmen, die psychologische Komponente auch von produktsprachlichen Produktfunktionen (z. B. Einzelassoziationen wie *hochwertig*, *langlebig* oder *exklusiv)* zu interpretieren und auf bestimmte technische Gestaltparameter zu transferieren. Ziel von Kansei Engineering ist es u. a., Informationen zu Sinneswahrnehmungen eines Kunden während der Interaktion mit einem Produkt bzw. Produktmodell **objektiv** zu erfassen, zu analysieren und in die Realisierung wahrnehmungsgerecht gestalteter Produkte systematisch einzubinden.[486]

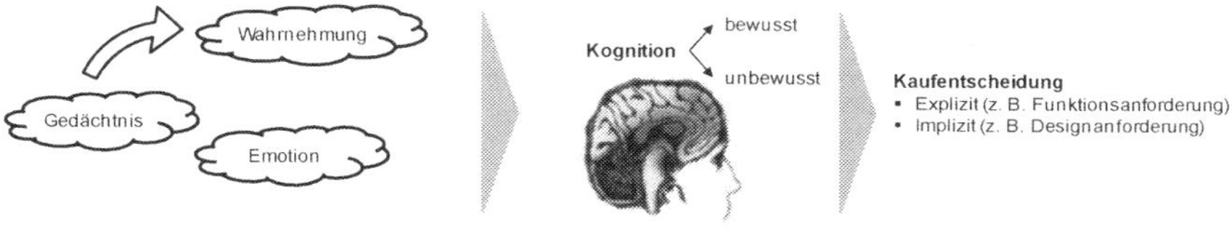

Abbildung 3-4: Entstehung und Einfluss impliziter Anforderungen[487]

3.3.2 Anwendung in Wissenschaft und Praxis sowie Ausprägungen

Zahlreiche erfolgreiche Produkte in unterschiedlichen Branchen (z. B. Automobil- und Elektronikindustrie, Haushaltsgeräte (u. a. Küchendesign), Konsumgüterverpackungen) basieren bereits auf der Anwendung von Kansei Engineering in der Produktentwicklung[488]. Eines der bekanntesten Beispiele ist die Entwicklung des weltweit erfolgreichen, zweisitzigen Sportwagens Mazda MX-5[489]. Zudem ist seit Anfang der 1980er Jahre eine deutlich steigende Verbreitung des Kansei Engineerings in der wissenschaftlichen Literatur zu verzeichnen[490].

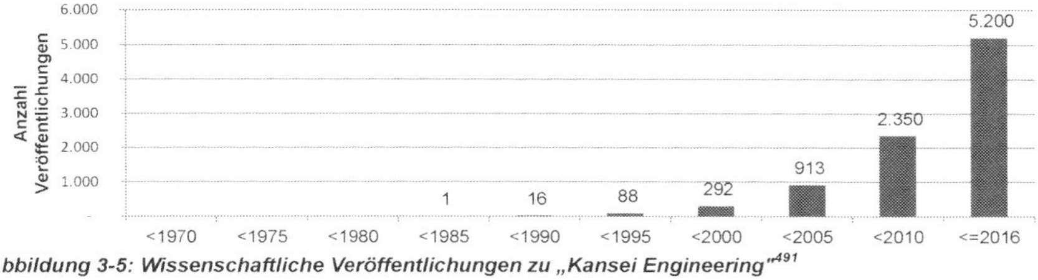

Abbildung 3-5: Wissenschaftliche Veröffentlichungen zu „Kansei Engineering"[491]

485 Vgl. **Kang, N.-G.** (Improve Kansei Quality), 2011, S. 250 sowie zur *Subjektivität*, *Selektivität* und *Aktivität* menschlicher Wahrnehmung, vgl. auch Kapitel 2.5.1.

486 Vgl. **Shaari, N.** (Analysing Images based on Kansei Engineering), 2013, S. 417.

487 In Anlehnung an **Schütte, S.** (Engineering Emotional Values), 2005, S. 50.

488 Vgl. **Schütte, S.** (Designing Feelings), 2002, S. 34.

489 Vgl. hierzu sowie zu weiteren Anwendungsbeispielen **Nagamachi, M.** (Kansei/Affective), 2011, S. 5 ff. sowie **Lokman, A.** (Design & Emotion), 2010.

490 In Anlehnung an **Syaifoelida, F., et al.** (Kansei Engineering), 2013, S. 9.

491 Eigene Darstellung basierend auf einer Rechercheanfrage auf scholar.google.de, **o.V.** (Kansei Engineering), 2016.

Ausprägungen des Kansei Engineerings

Ausgehend vom prinzipiellen Verständnis des Kansei Engineerings und dessen wissenschaftlicher Verbreitung entwickeln sich auch die methodischen Ansätze kontinuierlich weiter. So finden sich in aktuellerer Literatur bis zu acht Ausprägungen zur Klassifikation der **Vorgehensweisen** des Kansei Engineerings[492]. Ausgewählte, nachstehende Ausprägungen des Kansei Engineerings werden im Anhang A.4 schematisch dargestellt. Dabei ist jede Ausprägung durch die Anwendung spezifischer, insbesondere **statistischer Werkzeuge** geprägt. Zudem ist eine zunehmende **Rechnerintegration** der Analysen festzustellen.[493]

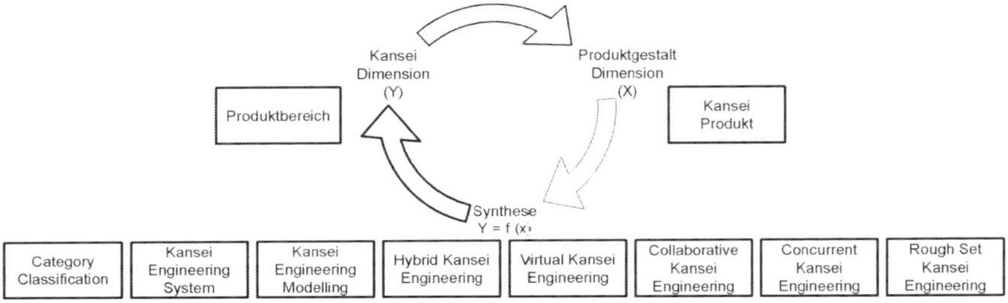

Abbildung 3-6: Prinzip und Klassifikation des Kansei Engineerings[494]

Category Classification

Bei der *Category Classification* werden von einem Zielkonzept des künftigen Produktes ausgehend Unterkonzepte anhand qualitativer Methoden (z. B. Affinitätsdiagramme) abgeleitet. Diese werden einzeln bewertet, um anhand einer Systemstruktur auf physische Produktmerkmale und Gestaltelemente zu schließen. Dieser pragmatische Ansatz ähnelt dem **Ebenenmodell** der wahrgenommenen Produktqualität (siehe Kapitel 2.3.3). Der Vorteil besteht in der Anwendbarkeit in nahezu allen Produktbereichen. Durch die Aufteilung eines Gesamtkonzeptes auf einzelne physikalische Merkmale lassen sich deren Auswirkungen auf die Produktwahrnehmung separat untersuchen. Den Vorteilen steht der Aufwand zur Bestimmung relevanter Merkmale sowie zur Bildung von (mathematischen) Zusammenhängen zwischen Produkteigenschaften und Aspekten der Kundenwahrnehmung gegenüber.[495]

Kansei Engineering System (KES)

Anhand statistischer, computer- und datenbankgestützter Berechnungen verknüpft KES Kundenwünsche, -bedürfnisse und -emotionen mit konkreten Produkteigenschaften[496]. Grundlage sind vier **Datenbanken**. Die Kansei-Datenbank, die die Kanseis des jeweiligen Entwicklungsobjektes umfasst. Eine Bilderdatenbank, die zu den Kansei-Wörtern Designalternativen unterbreitet. Eine Wissensbasis, die unterschiedliche Designausprägungen aus Expertenwissen generiert, sowie eine Design- und Farbendatenbank, die unterschiedliche

[492] Vgl. u. a. **Lokman, A.** (Design & Emotion), 2010.

[493] Vgl. **Lévy, P.** (Beyond Kansei Engineering), 2013, S. 84 sowie **Lokman, A.** (Design & Emotion), 2010, S. 5 basierend auf **Ishihara, I., et al.** (Kansei and Product Develoment), 2005.

[494] In Anlehnung an **Lokman, A.** (Design & Emotion), 2010, S. 5.

[495] Vgl. **Schütte, S.** (Designing Feelings), 2002, S. 25 ff. und **Lokman, A.** (Design & Emotion), 2010, S. 5.

[496] Vgl. **ebenda** (Design & Emotion), 2010, S. 5.

Ausprägungen zu den Gestaltvorschlägen realisiert.[497] Die Wissensbasis bringt ein Kansei-Wort (semantisches Konzept bzw. zeichenhafte Produktfunktion) mit einem zugehörigen Bild in Verbindung und ordnet aus der Design- und Farbendatenbasis passende Ausprägungen zu.[498] Diese Zuordnung von Kansei-Wörtern zu technischen Realisierungen erfolgt einseitig, sodass das KES auch als *Forward-Kansei-Engineering* bezeichnet wird[499]. Die identifizierten Kundenanforderungen werden automatisch mit zugehörigen Gestaltalternativen in Zusammenhang gebracht. Es bietet somit ökonomischen, zeitlichen und organisatorischen Mehrwert, insbesondere bei Anwendungsfällen, bei denen die Erstellung von realen Prototypen aufwendig ist[500].

Hybrid Kansei Engineering

Das *Backward-Kansei-Engineering* ist dem KES entgegen gerichtet. Hierbei werden aus einer Datenbank zu existierenden Produkten die Kansei-Wörter (zeichenhaften Produktfunktionen) künftiger Produkte vorhergesagt.[501] Die Verbindung von Forward- und Backward-Kansei-Engineering leitet über zum *Hybrid KES*, welches insbesondere dem iterativen Charakter von Entwicklungsprozessen Rechnung trägt[502]. Auf Basis beider Systeme gründet die Entscheidung über die Produktgestalt.[503] Durch systematische Datenerfassung, -speicherung und -auswertung gestattet es ohne kostenintensive Prototypenherstellung oder Durchführung von Marktanalysen die effektive **Validierung** der Umsetzung des Kanseis. Insbesondere in der Konzeptphase der Produktentwicklung werden dadurch Entscheidungen zu Produktgestaltalternativen zielgerichtet unterstützt, um **flexibel** und **schnell** auf die sich wandelnden Kundenanforderungen zu reagieren.[504]

Kansei Engineering Modelling

Das *Kansei Engineering Modelling* ist eine **computergestützte** Methode, um mathematische Modelle zu Merkmalen eines Produktes aufzustellen. Mittels Probandenstudien erfolgt die Bewertung der Umsetzung von Produkteigenschaften unterschiedlicher Produkte. Die Probandenurteile werden erhoben und Präferenzlisten erzeugt sowie analysiert. Im Abgleich mit den technischen Parametern der Referenzreize wird ein mathematisches Modell erstellt, welches zur Planung von Produktmerkmalen verwendet wird.[505]

Virtual Kansei Engineering

Virtual Kansei Engineering erweitert KES um eine **virtuelle Realität**, deren Umgebung veränderbar ist. Dieses System bindet den potentiellen Verbraucher ein und unterstützt bei der Entscheidungsfindung durch die virtuelle Interaktion mit dem Produkt. Die erhobenen Informationen zu den präferierten Gestaltalternativen fließen in die Produktentwicklung ein.[506]

---

497 Vgl. **Schütte, S.** (Designing Feelings), 2002, S. 28 ff.

498 Vgl. **Nagamachi, M.** (Kansei Engineering), 1995, S. 5 ff.

499 Vgl. **Lokman, A.** (Design & Emotion), 2010, S. 6.

500 Z. B. Gestaltung von Häusern, vgl. **Nagamachi, M.; Lokman, A.** (Innovations of Kansei Engineering), 2011, S. 34.

501 Vgl. **Schütte, S.** (Designing Feelings), 2002, S. 30 ff.

502 Vgl. **Lokman, A.** (Design & Emotion), 2010, S. 6 sowie zur *Iteration* innerhalb der Produktentwicklung, vgl. Kapitel 2.2.2.

503 Vgl. **Schütte, S.** (Designing Feelings), 2002, S. 30 ff.

504 Vgl. **Nagamachi, M.; Lokman, A.** (Innovations of Kansei Engineering), 2011, S. 102 ff.

505 Vgl. **Schmitt, R.; Pfeifer, T.** (Qualitätsmanagement), 2015, S. 574.

506 Vgl. **Schütte, S.** (Designing Feelings), 2002, S. 33.

Tabelle 3-3: Ausprägungen und Anwendungsbeispiele des Kansei Engineerings (KE)[507]

Ausprägung	Beispiele (Auswahl)	Quelle
Category Classification	• Mazda MX-5	NAGAMACHI, 1999[508]
KES	• Gebäudedesign • Blumenanordnung • Modedesign	NAGAMACHI; NISHINO, 1999[509] ISHIHARA ET AL., 2007[510] NAGAMACHI; LOKMAN, 2009[511]
Hybrid KES	• Gestaltung von Pumps	CHEN ET AL., 2008[512]; MATSUBARA; NAGAMACHI 1997[513]
KE Modelling	• Wortklang-Diagnose-Systeme	NAGAMACHI, 1993[514]
Virtual KE	• Gestaltung von Küchenschränken	ENOMOTO ET AL., 1993[515]
Collaborative KE	• Internetbasiertes Gestaltungssystem	ISHIHARA ET AL., 2005[516]
Concurrent KE	• Gestaltung von Shampoobehältern	NAGAMACHI, 2000[517]
Rough Sets KE	• Gestaltung von Bierdosen	OKAMOTO; NISHINO; NAGAMACHI, 2007[518]

Collaborative Kansei Engineering

Das *Collaborative Kansei Engineering* ist ein internetgestütztes System. Es erweitert das KES auf Netzwerke (z. B. Internet) und führt Kunden- und Designaspekte zusammen[519]. Der Kunde gestaltet das Produkt mit und bringt Ideen ein, wodurch Potenziale in der Verkürzung der Konzeptphase und in der Effizienzsteigerung in der Designphase gesehen werden.[520] Durch **interaktive Ausgestaltung** mit dem Kunden eignet es sich besonders für die Abbildung des Zusammenhanges zwischen Kundenwahrnehmungen und technischen Eigenschaften auf Basis des Kundenurteils gemäß einer **kundenorientierten** Produktentwicklung.

Concurrent Kansei Engineering

Beim *Concurrent Kansei Engineering* werden unterschiedliche Abteilungen zur Durchführung und Auswertung von Kansei-Analysen zusammengeführt. Es ist geprägt durch einen **funktionsübergreifenden** Prozess und erfüllt die Forderung nach einer **interdisziplinären Kommunikation**. Es besteht das Potenzial, ein gemeinsames Produktverständnis und zeitliche Ersparnisse zu erzielen, Missverständnissen und Fehlentscheidungen entgegenzuwirken.[521]

Rough Sets Kansei Engineering

Mittels des *Rough Sets Kansei Engineering* werden insbesondere mehrdeutige und unklare Kansei-Daten und **nichtlineare Zusammenhänge** untersucht[522]. Durch Anwendung der

---

507 Übersicht basierend auf **Lokman, A.** (Design & Emotion), 2010, S. 5 f.
508 Vgl. **Nagamachi, M.** (Kansei Engineering), 1999.
509 Vgl. **Nagamachi, M.; Nishino, T.** (HousMall), 1999.
510 Vgl. **Ishihara, K., et al.** (Flower Arrangements), 2007.
511 Vgl. **Nagamachi, M.; Lokman, A.** (Innovations of Kansei Engineering), 2011, S. 78 ff.
512 Vgl. **Chen, J.; Wang, K.; Liang, J.** (Hybrid Kansei Design Expert System), 2008.
513 Vgl. **Matsubara, Y.; Nagamachi, M.** (Hybrid Kansei), 1997.
514 Vgl. **Lokman, A.** (Design & Emotion), 2010, S. 12.
515 Vgl. **Enomoto, N., et al.** (Virtual Kitchen System), 1993.
516 Vgl. **Ishihara, I., et al.** (Kansei and Product Develoment), 2005.
517 Vgl. **Nagamachi, M.** (Kansei Engineering and Concurrent Engineering), 2000.
518 Vgl. **Okamoto, R.; Nishino, T.; Nagamachi, M.** (Rough Sets Models for Beer Can Design), 2007.
519 Vgl. **Lokman, A.** (Design & Emotion), 2010, S. 6.
520 Vgl. **Schütte, S.** (Designing Feelings), 2002, S. 33 f.
521 Vgl. **Lokman, A.** (Design & Emotion), 2010, S. 6.
522 Vgl. **Nagamachi, M.; Okazaki, Y.; Ishikawa, M.** (Kansei Engineering), 2006.

Rough-Sets-Vorgehensweise lassen sich Handlungsempfehlungen basierend auf kausalen Beziehungen ableiten.[523]

3.3.3 Allgemeine Vorgehensweise

In der Literatur wird die **Flexibilität** des Kansei-Engineering-Ansatzes hervorgehoben. Dieser ist, in Abhängigkeit von der Fragestellung und dessen was und wie das jeweilige Kansei-Konstrukt zu messen ist, mit spezifischen Methoden und Werkzeugen aus der Produktentwicklung, Psychologie und Mathematik, auszugestalten (siehe Kapitel 3.3.1)[524]. Dessen ungeachtet folgen zahlreiche Ansätze in der Literatur einer übergeordneten Struktur.[525]

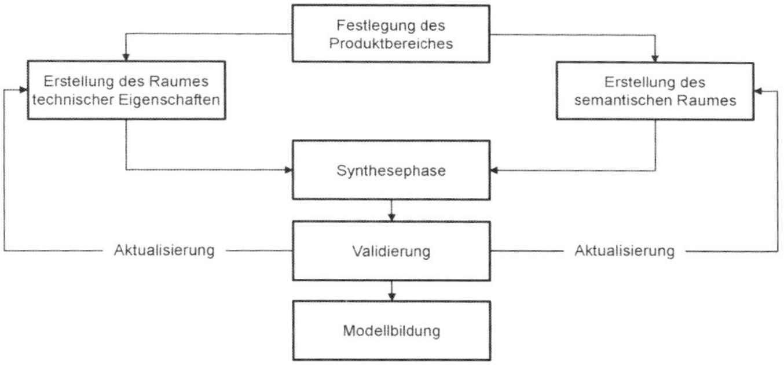

Abbildung 3-7: Allgemeine Vorgehensweise des Kansei Engineerings[526]

SCHÜTTE überführte diese allgemeine Vorgehensweise in eine schematische Darstellung (siehe Abbildung 3-7). Demnach wird das Produkt aus zwei Perspektiven betrachtet. Einerseits aus der Perspektive dessen, was der Kunde vom Produkt erwartet – der **semantischen Dimension** (z. B. produktsprachliche Funktionen) – und andererseits aus der **Dimension der Produkteigenschaften**. Zunächst werden diese Dimensionen bzw. Räume gebildet und anschließend miteinander in Verbindung gesetzt. Durch diese **Synthese** wird angestrebt, Aussagen abzuleiten, wie die Variation im Eigenschaftsraum eine Änderung im semantischen Raum hervorruft. Nachdem diese Beziehungen hergestellt sind, ist eine **Validierung** vorgesehen und gegebenenfalls **Anpassungen** an den beiden Dimensionen vorzunehmen. Die Synthese ist iterativ durchzuführen bis ein zufriedenstellendes Ergebnis als mathematisches oder nichtmathematisches **Modell** erstellt ist. Dieses Modell lässt Schlussfolgerungen zu, wie die beiden Dimensionen in **Korrelation** stehen.[527] Jeder Schritt dieser Vorgehensweise ist durch statistische oder nichtstatistische Werkzeuge ausgestaltet.[528]

Kansei Engineering kennzeichnet somit eine aus mehreren Schritten bestehende **Vorgehensweise**, die den Entwicklungsprozess und die Produktgestaltung unterstützt, ein Produkt

---

[523] Vgl. **Lokman, A.** (Design & Emotion), 2010, S. 6.

[524] Vgl. **Schütte, S.** (Designing Feelings), 2002, S. 45.

[525] Vgl. u. a. **Lokman, A.** (Design & Emotion), 2010, S. 5 und **Nagamachi, M.** (Kansei/Affective), 2011, S. 299 ff.

[526] In Anlehnung an **Schütte, S.** (Engineering Emotional Values), 2005, S. 55 und **Schütte, S.** (Designing Feelings), 2002, S. 78 ff. sowie zu statistischen Methoden im Kansei-Engineering-Ansatz, vgl. **Tarantino, P.** (Statistical Thinking Approach to Kansei Engineering), 2008, S. 25.

[527] Vgl. **Schütte, S.** (Engineering Emotional Values), 2005, S. 55 ff.

[528] Vgl. **Schütte, S.** (Designing Feelings), 2002, S. 78 ff. und **Nagamachi, M.** (Kansei/Affective), 2011, S. 29.

zu generieren, das dem Konsumenten eine vom Unternehmen intendierte Produktbotschaft vermittelt[529]. Die einzelnen **Methodenschritte** sind darauf ausgerichtet, diesen Eindruck systematisch im Produkt umzusetzen.[530] Diese **prozessuale** Perspektive des Kansei Engineerings gestattet die detaillierte Untersuchung und Bewertung der einzelnen Methodenschritte. Diese Schritte werden von mehreren Faktoren beeinflusst. Hieraus ergeben sich **Anforderungen** an das Vorgehen im Allgemeinen und die einzelnen Schritte im Speziellen.[531]

Festlegung des Produktbereiches

Da die Ergebnisse aus Kansei-Studien stets **produktspezifisch** sind, beginnt die Vorgehensweises mit der Festlegung des zu untersuchenden Produktbereiches[532]. Basierend auf der Produktstrategie, der Zielgruppe und dem Marktsegment werden zunächst vorhandene Produkte oder Produktkonzepte ermittelt, um ein umfassendes Abbild des Produktbereiches zu erhalten. Hierbei erfolgt eine Beschreibung und Clusterung der Zielgruppen gemäß demografischer Daten, da diese häufig inhomogen verteilt und die Analysen folglich nicht direkt vergleichbar sind. Der derart aufgestellte Produktbereich lässt sich nachfolgend einerseits auf Basis eines semantischen Raumes und andererseits durch den Raum technischer Eigenschaften beschreiben.[533]

Erstellung des semantischen Raumes

Objekte lassen sich durch semantisches Vokabular beschreiben[534]. In der Literatur zu Kansei Engineering erfolgt die Bildung des semantischen Raumes entlang der **Erhebung**, **Strukturierung** und **Reduktion** der semantischen Ausdrücke (zumeist Adjektive)[535]. Quellen für deren Erhebung sind mannigfaltig (u. a. Experten, Lastenhefte, Broschüren, Internetforen, Werbeanzeigen). Hierbei kann die Anzahl an Wörtern in Abhängigkeit von der jeweiligen Produktkategorie stark schwanken. Für die anschließende Strukturierung und Reduktion stehen entweder statistische (z. B. Faktoren- und Clusteranalyse[536]) oder qualitative Ansätze (z. B. Affinitätsdiagramme) zur Verfügung. Durch Faktoren- und / oder Clusteranalyse können Korrelationen zwischen semantischen Wörtern aufgezeigt und stellvertretende Wörter für jeden Faktor oder jedes Cluster ausgewählt werden, um einen reduzierten Satz semantischer Wörter zu bilden. Nichtstatistische, qualitative Ansätze zur Datenreduktion sowie zur Hierarchisierung der Daten sind u. a. Affinitätsdiagramme, bei denen insbesondere Fokus- oder Expertengruppen involviert werden[537]. Dabei werden ungeordnete Daten in Gruppen eingeordnet, deren Elemente in Bezug auf ihre produktsprachliche Funktion in engem Zusammenhang stehen.[538] Bezüglich der Menge zu analysierender Kansei-Wörter ist abzuwä-

529 Vgl. **Nagamachi, M.** (Kansei Engineering), 1995, S. 4 f.

530 Vgl. **Lévy, P.** (Beyond Kansei Engineering), 2013, S. 87.

531 Zu den Kriterien zur Bewertung der Methodenschritte, vgl. Kapitel 3.2 und zu den Anforderungen an die zu entwickelnde Vorgehensweise, vgl. Kapitel 4.2.

532 Vgl. **Lokman, A.** (Design & Emotion), 2010, S. 6 f.

533 Vgl. **Schütte, S.** (Designing Feelings), 2002, S. 79.

534 Vgl. **Osgood, C.; Snider, J.** (Semantic Differential), 1969.

535 Vgl. **Lokman, A.** (Design & Emotion), 2010, S. 7.

536 Vgl. **Backhaus, K., et al.** (Multivariate Analysemethoden), 2016, S. 21 und S. 453 ff.

537 Vgl. **Köhler, M.; Schmitt, R.** (Systematic Consumer Evaluation Measurement), 2012, S. 506 sowie Kapitel 2.6.2.

538 Vgl. **Kamiske, G. F.; Brauer, J.-P.** (Qualitätsmanagement), 2011, S. 125 ff. Mittels *KJ-Methode*, die den Affinitätsmethoden zuzuordnen ist, können auch Beziehungen und Abhängigkeiten grafisch dargestellt werden, vgl. **Kawakita, J.** (The KJ Method), 1986 sowie **Tarantino, P.** (Statistical Thinking Approach to Kansei Engineering), 2008, S. 26.

gen. In der Literatur wird empfohlen, nur übergeordnete Kansei-Wörter zur Erzielung eines allgemeingültigen Ergebnisses in die Analyse einzubinden. Gehen jedoch relevante Wörter nicht in die Synthesephase ein, kann dies zu einem weniger signifikanten Ergebnis führen.[539]

Erstellung des Raumes technischer Eigenschaften

Demgegenüber werden für die weitere Auswertung die wichtigsten Produkteigenschaften ausgewählt und durch Gestaltelemente (z. B. Größe, Farbe, Form, Material) festgelegt[540]. Die Literatur betont, die relevanten technischen Eigenschaften analog dem Vorgehen zur Bestimmung der Kansei-Wörter festzulegen.[541] Produktmerkmale bereits bestehender Produkte sowie unternehmensspezifische Merkmale bieten dabei die Basis zur Ableitung technischer Parameter. Entlang einer Systemanalyse lassen sich relevante technische Merkmale und Ausprägungen erfassen. Basierend darauf kann eine Strukturierung, z. B. anhand eines morphologischen Kastens, vorgenommen werden[542].

Tabelle 3-4: Morphologischer Kasten am Beispiel eines Stiftes[543]

Merkmal	Ausprägungen / Gestaltelemente			
Klemme	herausstehend		klappbar	
Griff	wellig	zylindrisch, bündig	zylindrisch, nicht bündig	
Clip	integriert		separiert	
Deckel	Metall	nicht metallisch	Kunststoff, opak	Kunststoff, transparent
Farbe	rot	blau	farblos	

Synthese

Die semantischen und die technischen Produktbeschreibungen spannen je einen Vektorraum auf, die in der Synthesephase miteinander in Beziehung gesetzt werden. Ziel ist die Ermittlung des Zusammenhanges zwischen Produktgestalt und der semantischen Dimension. Die diversen Gestaltvarianten und Merkmalsausprägungen rufen verschiedene Emotionen hervor und beeinflussen in unterschiedlichem Maße die wahrgenommene Umsetzung der semantischen Konzepte (Kansei-Wörter).[544] Zur Bewertung der wahrgenommenen Produktqualität sind Informationen über die Sinneswahrnehmungen und die resultierenden Emotionen objektiv zu erheben. Emotionen lassen sich nach Intensität, Richtung (positiv oder negativ) und Inhalt (z. B. Freude, Interesse, Trauer, Wut) kategorisieren.[545] Befragungen sind verbreitet, um diese subjektiven Eindrücke zu erfassen[546]. So werden objektiv kaum erfassbare Konstrukte (z. B. Kundenzufriedenheit) oft allein mittels Befragungen erhoben.[547] Mithilfe der *Semantic Differential Method* (SD-Methode) von OSGOOD[548] werden individuelle Eindrücke zu Objekten erfasst und quantifiziert. Sie stellt ein subjektiv-verbales Verfahren zur

539 Vgl. **Schütte, S., et al.** (Affective Meaning), 2008, S. 484.

540 Zu den Ausführungen zu *Gestaltelementen*, vgl. Kapitel 2.4.2.

541 Vgl. **Schütte, S.** (Designing Feelings), 2002, S. 80.

542 Zu den Zielen und der Vorgehensweise zur Erstellung eines *morphologischen Kastens*, vgl. **Schmitt, R.; Pfeifer, T.** (Qualitätsmanagement), 2015, S. 532 f.

543 In Anlehnung an **Nagamachi, M.; Lokman, A.** (Innovations of Kansei Engineering), 2011, S. 77.

544 Vgl. **Schütte, S.** (Engineering Emotional Values), 2005, S. 55 ff.

545 Vgl. **Bänsch, A.** (Käuferverhalten), 2002, S. 11 ff.

546 Vgl. **Trommsdorff, V.** (Konsumentenverhalten), 2008, S. 72 f. sowie Kapitel 2.6.2.

547 Vgl. **Sigg, B.** (Emotionen im Marketing), 2009, S. 53.

548 Siehe **Osgood, C.; Snider, J.** (Semantic Differential), 1969.

Erfassung kognitiver Vorgänge dar. Zur Ermittlung, inwieweit ein Produkt bzw. dessen Eigenschaften bestimmte emotionale Zustände beim Nutzer hervorrufen, werden gegensätzliche oder sich einander ausschließende Adjektivpaare gebildet und anhand mehrstufiger LIKERT-Skalen gegenübergestellt[549]. Häufig werden anstatt bipolarer Skalen auch unipolare Rating-Skalen verwendet. Durch die Probanden werden vorgelegte Objekte (z. B. Produktmodelle, Produktelemente) bewertet.[550] Es ergeben sich für die betreffenden Objekte charakteristische Profilverläufe, die Aussagen über Richtung, Inhalt und Intensität von Emotionen ermöglichen (siehe Abbildung 3-8)[551]. Mittels Korrelationsanalysen oder Distanzmaßen lässt sich die Ähnlichkeit verschiedener Objekte bestimmen.[552]

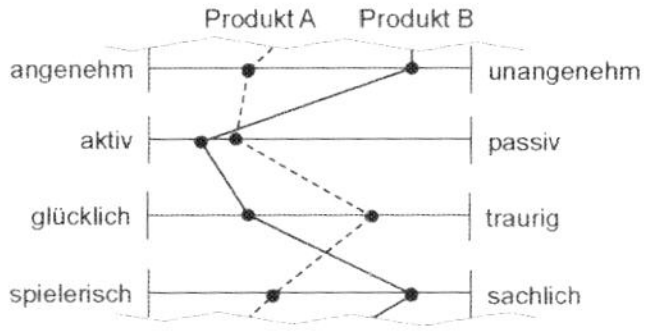

Abbildung 3-8: Zweipolige Rating-Skalen des Semantischen Differentiales

Um den Zusammenhang von technischen Realisierungen auf die Veränderung des Kanseis zu analysieren, werden statistische Verfahren[553] im Rahmen des Kansei Engineerings eingesetzt (u. a. Regressionsanalyse, Allgemeine lineare Modelle, Quantification Theory I (QT1) sowie weitere Verfahren[554]). Im Allgemeinen wird dabei der Einfluss mehrerer unabhängiger Variablen auf den Wert einer abhängigen Variablen untersucht (siehe Formel (3-1))[555].

$$y_i = x_{1i} + a_2 x_{2i} + \cdots + a_n x_{ni} + \varepsilon \qquad (3\text{-}1)$$

mit

y = abhängige Variable (Kansei-Wort)

x_i = unabhängige Variable (technische Parameter)

a_i = Gewichtung der unabhängigen Variablen i

ε = Fehleranteil

Die QT1 im Speziellen gestattet die Analyse nominalverteilter Eigenschaften (z. B. Farbe, Material)[556], bei der die unabhängigen Variablen in Dummy-Variablen transformiert (Wert 1 bei Eintreten der Ausprägung, sonst 0) werden. Zudem werden dabei quantitative (z. B. Höhe) bzw. qualitative (z. B. Farbausprägungen) Merkmale kategorisiert[557].

---

549 Vgl. **Nagamachi, M.** (Kansei/Affective), 2011, S. 35 und **Nagamachi, M.; Lokman, A.** (Innovations of Kansei Engineering), 2011, S. 54 f.

550 Zu den *LIKERT-Skalen*, vgl. **Döring, N.; Bortz, J.** (Forschungsmethoden und Evaluation), 2016, S. 269 f. und **Stier, W.** (Empirische Forschungsmethoden), 1999, S. 97 ff.

551 Vgl. **Meffert, H.; Burmann, C.; Kirchgeorg, M.** (Marketing), 2015, S. 144 und **Bänsch, A.** (Käuferverhalten), 2002, S. 15 f.

552 Vgl. **Kroeber-Riel, W.; Gröppel-Klein, A.** (Konsumentenverhalten), 2013, S. 271 ff. und **Osgood, C.; Suci, G.** (Factor Analysis), 1955.

553 Für einen Überblick zu *multivariaten Analysemethoden*, vgl. **Backhaus, K., et al.** (Multivariate Analysemethoden), 2016 und **Backhaus, K.; Erichson, B.; Weiber, R.** (Fortgeschrittene Multivariate Analysemethoden), 2013.

554 Siehe hierzu **Lokman, A.** (Design & Emotion), 2010, S. 9. Darin werden u. a. Fuzzy Logic (vgl. **Shimizu, Y.; Jindo, T.** (Fuzzy Logic Analysis Method), 1995), Neuronale Netze (vgl. **Ishihara, S., et al.** (Kansei Structure by Neural Networks), 1996), Genetische Algorithmen (**Nishino, T., et al.** (Kansei Engineering System and Genetic Algorithm), 1999) oder Rough-Set-Analysen (**Nishino, T.** (Rough Sets and Kansei), 2005) aufgeführt.

555 In Anlehnung an **Nagamachi, M.** (Kansei/Affective), 2011, S. 107 f. sowie **Backhaus, K., et al.** (Multivariate Analysemethoden), 2016, S. 87 sowie Abbildung 3-6.

556 Siehe u. a. Kapitel 2.4.2.1 zu den *Gestaltelementen* mit nominalverteilten Eigenschaften (z. B. Farbe mit Rot, Grün etc.).

557 Siehe **Hayashi, C.** (Quantification of Qualitative Data), 1951.

Validierung

Die Validierung der erarbeiteten mathematischen oder nichtmathematischen Zusammenhänge erfolgt im Anschluss an die Synthesephase. Die Ergebnisse der Synthesephase werden in die Erstellung von Produktmodellen (z. B. Prototypen) überführt, die von potenziellen Konsumenten auf deren tatsächliche Wirkung auf die Sinneswahrnehmung **validiert** werden. Erforderliche **Modellanpassungen** fließen in das Redesign des Produktmodells oder in die Gestaltung künftiger Produktmodelle ein.[558]

Modellbildung

Nach der Validierung wird ein mathematisches oder nichtmathematisches, **produktspezifisches** Modell gebildet. Dieses beschreibt ein **optimiertes Produktmodell** und besitzt Gültigkeit innerhalb der Analysen des ausgewählten semantischen und technischen Raumes. Aus dem Modell lassen sich Empfehlungen für die wahrnehmungsgerechte Entwicklung und Gestaltung eines spezifischen Produktes ableiten, um eine sinnliche Wirkung zu realisieren bzw. um bestimmte Emotionen zu evozieren.[559]

3.3.4 Abgrenzung zu ausgewählten Ansätzen der Kundenintegration

Zur Übersetzung der Stimme des Kunden in die des Lieferanten setzen Unternehmen Vorgehensweisen und Methoden ein. Ziel ist die Vermeidung von Over Engineering oder das Nichtberücksichtigen gewisser Bedürfnisse.[560] Wie in den vorigen Abschnitten beschrieben, stellt Kansei Engineering einen Ansatz hierfür dar. Die Charakteristika des Kansei Engineerings werden insbesondere durch die Differenzierung zu anderen Ansätzen der Kundenintegration deutlich[561]. Im Folgenden werden weitere, in der Praxis häufig angewendete und in der Literatur dem Kansei Engineering vielfach gegenübergestellte, Ansätze der Kundenintegration – VoC, Means-End-Analyse, Conjoint Analyse, Quality Function Deployment – charakterisiert sowie deren Vor- und Nachteile im Vergleich zu Kansei Engineering aufgezeigt.[562]

Voice of Customer (VoC)

VoC (Voice of Customer (engl.): Stimme des Kunden) gestattet die systematische Erfassung der Kundenanforderungen. Die Analyse der Kundenstimme und die Ableitung von Kundenanforderungen erfolgen dabei im Rahmen eines VoC-Interviews (siehe Tabelle 3-5). VoC kann zu Beginn eines Entwicklungsprozesses für die Produktdefinition eingesetzt werden, um das Verständnis für die Stimme des Kunden zu stärken und um Eingangsdaten für weitere Methoden der systematischen Kundenintegration zu generieren.[563] Insofern ist VoC zumeist keine eigenständige Vorgehensweise, sondern ergänzt andere Vorgehensweisen mit quantifizierbaren und spezifizierten Kundenanforderungen.

---

[558] Zur *Validierung* im Kontext dieser Arbeit, vgl. auch Kapitel 2.2.4.

[559] Zu den Ausführungen zum allgemeinen Vorgehen des Kansei Engineerings, vgl. **Schütte, S.** (Engineering Emotional Values), 2005, S. 55 f.

[560] Vgl. **Boutellier, R.; Biedermann, A.** (Qualitätsgerechte Produktplanung), 2014, S. 444 sowie **Schmitt, R.; Pfeifer, T.** (Qualitätsmanagement), 2015, S. 146.

[561] Vgl. **Lévy, P.** (Beyond Kansei Engineering), 2013, S. 84.

[562] Vgl. **Wildemann, H.** (Kundenorientierte Produktentwicklung), 2004, S. 7 ff. und **Jiao, R., et al.** (Affective Design), 2007, S. 573 ff. sowie zu *QFD*, vgl. **Lokman, A.** (Emotional User Experience), 2009, S. 36 f.

[563] Vgl. **Lokman, A.** (Design & Emotion), 2010, S. 2 sowie zur Phase der *Produktdefinition*, vgl. Kapitel 2.2.2.

Tabelle 3-5: Exemplarisches Vorgehen von Voice of Customer[564]

Kundenstimme (VoC)	Wer?	Was?	Wo?	Wann?	Warum?	Wie viel?	Kundenanforderung
Leicht zu bedienende Herdtür	Käufer, Nutzer	Leichtgängige Herdtür	Herdtür	Beim Kochen und Backen	Meist nur eine Hand frei; Angst vor Verbrennungen	Max. 30°C am Griff	Leicht von außen zu öffnen / zu schließen, geringe Temperatur

Means-End-Ansatz

Der auf Tolman (1932) basierende Means-End-Ansatz zielt darauf, Nutzenvorstellungen und Werte, die eine Kaufentscheidung bestimmen, aufzudecken.[565] *Means* sind dabei die Leistungsbündel und *Ends* die angestrebten Zielsetzungen[566]. Für die Verknüpfung von Produktmerkmalen (Attributen) mit Werthaltungen und Nutzenkomponenten wurden verschiedene Means-End-Modelle entwickelt, sowohl für Produktverbesserungen als auch für Produktinnovationen. Sie umfassen im Wesentlichen drei Schritte (siehe Abbildung 3-9). Zunächst werden die kaufrelevanten Eigenschaften ermittelt. Anschließend werden durch *Laddering* die Nutzenkomponenten und Werthaltungen abgeleitet, die abschließenden analysiert, verdichtet und kategorisiert werden. Die entwickelten Kategorien werden zu kognitiven Strukturen (Means-End-Ketten) zusammengefasst.[567] Häufigkeitswerte gehen in die Erstellung einer Hierarchical Value Map (HVM) ein, welche die Means-End-Ketten grafisch visualisiert und die kognitive Struktur auf übergeordneter Ebene darstellt. Aus der Means-End-Analyse können Empfehlungen für die Produktgestaltung abgeleitet oder Eingangsdaten (Kundenanforderungen) für weitere Ansätze (z. B. QFD, Kansei Engineering) generiert werden.[568]

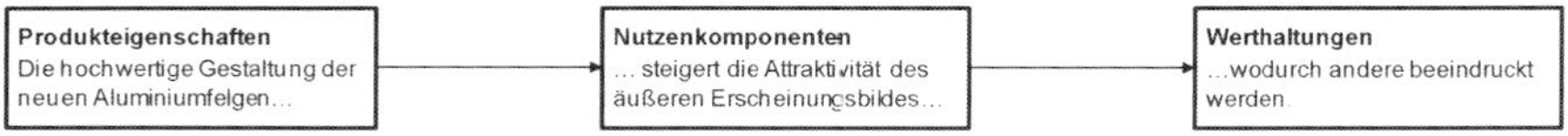

Abbildung 3-9: Schritte des Means-End-Ansatzes[569]

Die Vorteile liegen in der Identifikation und Verknüpfung relevanter Aspekte der Motivation[570]. Die Validität ist hoch, da sich die Probanden in vertrauten Konzepten äußern können. Hieraus ergeben sich diverse Anwendungsbereiche für die Marktforschung (z. B. Produkt- und Kommunikationspolitik). Demgegenüber deckt die Means-End-Analyse die Konsummotivation unvollständig ab, da vordergründig kognitive Aspekte betrachtet werden. Aktivierende Prozesse und emotionale Aspekte einer Kaufentscheidung werden vernachlässigt.[571] Zudem ist der Prozess zur Datengewinnung und -auswertung aufwendig und zugleich geprägt durch den Einfluss des Forschers sowie eine heuristische Vorgehensweise.[572]

Conjoint-Analyse

Die Conjoint-Analyse ist ein Marktforschungsinstrument zur kundenorientierten, nutzenoptimierten Produktgestaltung. Sie ermöglicht es, Gesamturteile bzw. den wahrgenommenen

564 In Anlehnung an **ebenda** (Six Sigma), 2007, S. 115.

565 Vgl. **Farsky, M.** (Messung des Markenimages), 2007, S. 34.

566 Vgl. **Wildemann, H.** (Kundenorientierte Produktentwicklung), 2004, S. 11 f.

567 Vgl. **Kirchgeorg, M.** (Marktforschung), 2005, S. 162 f. und **Farsky, M.** (Messung des Markenimages), 2007, S. 35.

568 Vgl. **Wildemann, H.** (Kundenorientierte Produktentwicklung), 2004, S. 12 und **Herrmann, A.** (Nachfrageorientierte Produktgestaltung), 1996, S. 11.

569 In Anlehnung an **Kuß, A.** (Means-End-Chains), 1994, S. 259.

570 Vgl. **Herrmann, A.** (Nachfrageorientierte Produktgestaltung), 1996, S. 11.

571 Vgl. **Kroeber-Riel, W.; Gröppel-Klein, A.** (Konsumentenverhalten), 2013, S. 241 f.

572 Vgl. **Wriggers, S.** (Kritische Würdigung der Means-End-Theorie), 2004, S. 26 ff.

Produktgesamtnutzen zu dekomponieren und mittels statistischer Verfahren den Anteil der Einzelurteile (Eindrücke) am Gesamturteil zu erfahren und hierfür Teilnutzenwerte jeder Produkteigenschaft abzuleiten.[573] Basierend auf der Kenntnis der Teilnutzenwerte kann durch systematische Variation der Eigenschaftsausprägungen eine optimale Kombination der Ausprägungen für einzelne Produktkomponenten zur Maximierung des wahrgenommenen Gesamtproduktnutzens aus Kundensicht erzielt werden[574]. Weitere Anwendungsgebiete der Conjoint-Analyse sind die Bestimmung von zielgruppenspezifischen Preisbereitschaften und Preis-Absatz-Funktionen[575].[576] Vorteile bestehen folglich insbesondere in der realitätsnahen Abbildung von Kaufentscheidungen sowie in der direkten Nutzenmessung von Produktmerkmalsausprägungen unter Berücksichtigung der preislichen Wertschätzung[577].

Conjoint-Analysen vergleichen Produkte auf Ebene des Gesamteindruckes jedoch lediglich relativ miteinander. Infolge des subjektiven Eindruckes kann dies zu einer Über- oder Unterbewertung führen. Zudem setzen Conjoint-Analysen die Kenntnis zu präferenzdeterminierenden Eigenschaften a priori voraus. Daher ist v. a. zur Erzielung von Produktinnovationen die Auswahl von zu überprüfenden Produkteigenschaften und relevanten -ausprägungen auf Basis des Nutzenbeitrages schwierig[578]. Ferner erfordert das Verfahren umfangreiche statistisch-mathematische Kenntnisse.[579] Im Vergleich zu Kansei Engineering ist keine direkte Aussage über das *Kansei* möglich. Dieses ist zumeist nur als Kombination aus funktionalen, ästhetischen und semantischen Aspekten des Teilnutzenwertes abgebildet.[580]

Quality Function Deployment (QFD)

QFD ist eine strukturierte Vorgehensweise zur systematischen Kundenorientierung in der Produkt- und Prozessentwicklung[581]. QFD unterstützt den Entwicklungsprozess qualitätsorientiert bei der Abbildung von Zusammenhängen zwischen funktionellen Kundenwünschen und technischen Produktcharakteristika[582]. Der Anwendungsbereich liegt in der Planung neuer oder der Weiterentwicklung bestehender Produkte.[583] Ziel ist es, die Kundenwünsche nicht nur zu analysieren, sondern insbesondere die *Stimme des Kunden* (VoC) auf konkrete, technische Produkteigenschaften und -spezifikationen, zu transformieren. QFD führt schrittweise und systematisch unterschiedliche Unternehmensbereiche (z. B. Marketing, Produktentwicklung, Fertigung, Beschaffung, Qualitätssicherung) durch abgestimmte Planungs- und Kommunikationsschritte zusammen. Dieser QFD-Prozess besteht aus vier Teilprozessen[584]. Zentrales Planungs- und Kommunikationsinstrument der Teilprozesse ist das House of Qua-

---

573 Vgl. **Kroeber-Riel, W.; Gröppel-Klein, A.** (Konsumentenverhalten), 2013, S. 407; **Backhaus, K., et al.** (Multivariate Analysemethoden), 2016, S. 518 ff. und **Meffert, H.; Burmann, C.; Kirchgeorg, M.** (Marketing), 2015, S. 165 ff.

574 Vgl. **Müller, W.; Böckmann, J.** (Methoden der Produktgestaltung), 2008, S. 99 und **Sattler, H.** (Messung von Präferenzen), 2006, S. 7 f.

575 Vgl. **Schütte, S.** (Engineering Emotional Values), 2005, S. 4 in Anlehnung an **Green, P.; Srinivasan, V.** (Conjoint Analysis), 1978.

576 Vgl. **Meffert, H.; Burmann, C.; Kirchgeorg, M.** (Marketing), 2015, S. 392 und 498 ff.

577 Vgl. **Schmitt, R.; Pfeifer, T.** (Qualitätsmanagement), 2015, S. 260 f.

578 Vgl. **Sattler, H.** (Messung von Präferenzen), 2006, S. 7 f.

579 Vgl. **Schmitt, R.; Pfeifer, T.** (Qualitätsmanagement), 2015, S. 261.

580 Vgl. **Schütte, S.** (Designing Feelings), 2002, S. 44.

581 Vgl. **Akao, Y.** (Quality Function Deployment), 1990, S. 3 ff.

582 Vgl. **Lokman, A.** (Design & Emotion), 2010, S. 1.

583 Vgl. **Specht, G.; Beckmann, C.; Amelingmeyer, J.** (F&E-Management), 2002, S. 167.

584 Vgl. **Schmitt, R.; Pfeifer, T.** (Qualitätsmanagement), 2015, S. 585 ff.

lity (HoQ), welches die Integration von kunden- und wettbewerbsrelevanten Informationen unterstützt.[585] Die vier HoQ sind inhaltlich verbunden, wobei die Ergebnisse des vorangehenden HoQ die Eingangsdaten für das nachfolgende sind (siehe Abbildung 3-10).[586] Ausgangspunkt bilden die Kundenanforderungen, die in das erste HoQ eingehen[587]. Mit QFD werden konkrete Entwicklungsvorgaben für Lasten- bzw. Pflichtenhefte abgeleitet.[588]

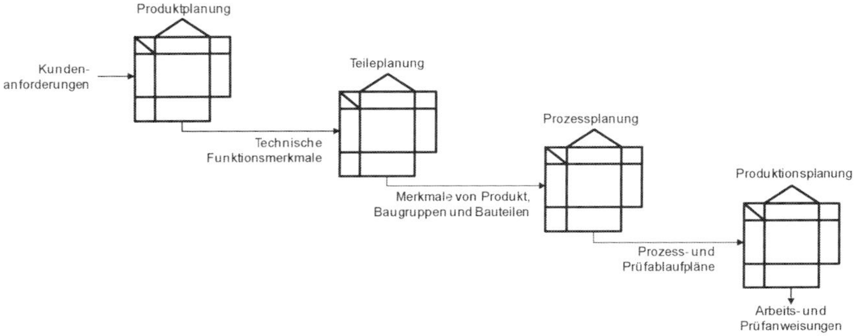

Abbildung 3-10: HoQ und Vier-Phasen-Konzept des QFD-Ansatzes[589]

Mittels QFD werden die Entwicklungstätigkeiten auf die Erfüllung der Kundenanforderungen ausgerichtet, indem Informationen für Entscheidungen in der Produktentwicklung standardisiert und nachvollziehbar aufbereitet werden.[590] Aufgrund des interdisziplinären Charakters verbessert QFD zugleich die Kommunikation zwischen den beteiligten Bereichen und trägt letztlich zur Verringerung von Fehlentwicklungen sowie zur Reduktion von Entwicklungszeiten und -kosten durch weniger Änderungsschleifen bei.[591] Nachteile werden insbesondere in der Komplexität der Durchführung gesehen. Die Komplexität führt zudem zu Unübersichtlichkeit und erfordert qualifizierte Mitarbeiter für die Anwendung von QFD.[592] Eine Herausforderung besteht weiterhin in der mangelnden Quantifizierung von qualitativen Aussagen[593]. Kansei Engineering und QFD unterscheiden sich in ihren Eingangsdaten: Während QFD technisch-funktionale Kundenanforderungen wie Ergonomie, Funktionalität, Ausstattung einbindet, sind die Eingangsdaten des Kansei Engineerings abstrakter. Dessen ungeachtet sieht die Literatur die Möglichkeit zur Kombination beider Ansätze, indem Erkenntnisse des Kansei Engineerings in die HoQ einbezogen werden[594].[595]

---

585 Vgl. **Boutellier, R.; Biedermann, A.** (Qualitätsgerechte Produktplanung), 2014, S. 444 ff. und **Specht, G.; Beckmann, C.; Amelingmeyer, J.** (F&E-Management), 2002, S. 167.

586 Vgl. **Curtius, B.** (Quality Function Deployment), 1995, S. 5.

587 Vgl. **Akao, Y.** (Introduction to QFD), 1990, S. 5.

588 Vgl. **DGQ** (QFD), 2001, S. 14.

589 In Anlehnung an ASI und **Kamiske, G. F.; Brauer, J.-P.** (Qualitätsmanagement), 2011, S. 241 sowie **Hauser, J.; Clauser, D.** (House of Quality), 1988, S. 13 dargestellt in **Schütte, S.** (Designing Feelings), 2002, S. 41.

590 Vgl. **Hawlitzky, N.** (Integriertes Qualitätscontrolling), 2002, S. 277.

591 Vgl. **Kamiske, G. F.; Brauer, J.-P.** (Qualitätsmanagement), 2011, S. 246 und **Curtius, B.** (Quality Function Deployment), 1995, S. 7 f.

592 Vgl. **Schmitt, R.** (Marktorientierte Konzeptfindung), 1995, S. 315 ff.

593 Vgl. **Hawlitzky, N.** (Integriertes Qualitätscontrolling), 2002, S. 277.

594 Vgl. **Schütte, S.** (Engineering Emotional Values), 2005, S. 92 f.

595 Vgl. **Schütte, S.; Krus, P.; Eklund, J.** (Affective Engineering in Product Development Process), 2008, S. 8.

Zusammenfassende Gegenüberstellung

Gleichwohl etablierte Ansätze zur Erfassung und Integration von Kundenbedürfnissen in den Entwicklungsprozess (z. B. VoC, Means-End-Analyse, Conjoint-Analyse, QFD) subjektive Aspekte einbinden, berücksichtigen sie überwiegend explizit geäußerte Kundenanforderungen. Sie setzen subjektive Kundeneindrücke zumeist nur in eingeschränktem Maße in Zusammenhang mit Produktmerkmalen.[596] Die Erfassung impliziter Aspekte und deren Transformation in Gestaltparameter erfordern daher unterstützende Ansätze, wie **Kansei Engineering**, welches affektive Aspekte der Kunden erfasst, analysiert und in Produktmerkmale übersetzt.[597] Demgegenüber ist den Ansätzen gemein, dass sie auf eine **systematische** Integration der erhobenen Daten in **frühe Phasen** des Entwicklungsprozesses zielen und dass sie eine hohe Komplexität in der Anwendung aufweisen[598].

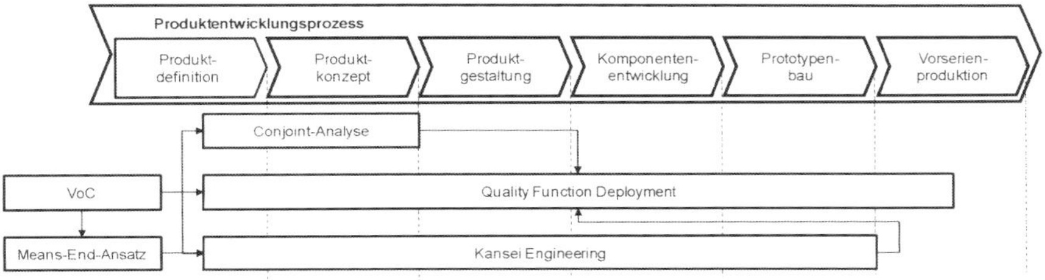

Abbildung 3-11: Mögliche Verortung der Vorgehensweisen im Produktentwicklungsprozess

VoC sowie Means-End-Analysen fokussieren die rein subjektiven Nutzeranforderungen und können daher Grundlage für weitere Ansätze bilden. Demgegenüber stellen die Conjoint-Analyse und QFD umfassende Ansätze dar, die die Kundensicht mit Unternehmensaspekten in Verbindung bringen. LOKMAN und NOOR sehen das Potenzial für den Einsatz von Kansei Engineering zu jedem Zeitpunkt des Entwicklungsprozesses, sowohl für Neu- als auch für Weiterentwicklungen, durch unterschiedliche Funktionsbereiche (z. B. Industriedesign, Marketing, Ingenieurwesen). Sobald der zu untersuchende Produktbereich festgelegt ist, lassen sich die Methodenschritte des Kansei Engineerings **flexibel** innerhalb der Produktentwicklung zur Unterstützung der Entscheidungsfindung in der Produktentwicklung anwenden.[599] Abbildung 3-11 nimmt zusammenfassend eine prinzipielle Einordnung der Ansätze aufgrund ihrer spezifischen, vorstehend aufgeführten Zielsetzungen in den Entwicklungsprozess vor.

3.4 Zwischenfazit

Kapitel 3 orientierte sich an der inhaltlichen Aufarbeitung folgender strukturierender Leitfrage.

Welche Potenziale besitzt eine allgemeine Vorgehensweise des Kansei Engineerings zur Beantwortung der forschungsleitenden Fragestellung?

---

596 Vgl. **ebenda** (Affective Engineering in Product Development Process), 2008, S. 5.

597 Vgl. **Barone, S.; Lombardo, A.; Tarantino, P.** (User Needs), 2009, S. 11; **Lokman, A.** (Design & Emotion), 2010, S. 2 und **Müller, W.; Böckmann, J.** (Methoden der Produktgestaltung), 2008, S. 112; **Barone, S.; Lombardo, A.; Tarantino, P.** (Logistic Regression), 2007, S. 2 und **Schütte, S.** (Engineering Emotional Values), 2005, S. 4 f.

598 Zur Komplexität der Anwendung von Kansei Engineering, vgl. u. a. **ebenda** (Engineering Emotional Values), 2005, S. 99 f.

599 Vgl. **Lokman, A.; Noor, N.** (Kansei Engineering Concept), 2006, S. 120.

Kansei Engineering repräsentiert eine Gruppe an Vorgehensweisen der kundenorientierten Produktentwicklung und -gestaltung zur Übersetzung von Kundeneindrücken, -empfindungen und -erwartungen in relevante Produktmerkmale. Den einzelnen Ausprägungen des Kansei Engineerings ist gemein, diese Zusammenhänge auf Basis **quantifizierter** Daten sowie statistischer Untersuchungen valide abzubilden. Zudem folgen die Ausprägungen einer **allgemeinen Vorgehensweise**. Diese erleichtert durch die Datenpräsentation das Verständnis des emotionalen Einflusses eines Produktes[600]. Zur Erfüllung eines spezifischen Untersuchungszweckes werden Methoden und Werkzeuge unterschiedlicher Wissenschaftsgebiete wie Mathematik, Computerwissenschaften und Psychologie kombiniert abgestimmt[601]. Insofern folgt Kansei Engineering einem **systematisch-strukturierten**, ingenieursspezifischen Ansatz, der den **Rahmen** zur Beantwortung spezifischer Fragestellungen bietet. Ein wesentlicher Vorteil der Vorgehensweise besteht daher in der Unabhängigkeit von den einzusetzenden Werkzeugen; das globale Konstrukt der Vorgehensweise bleibt bestehen, während die verwendeten Werkzeuge anwendungsfallspezifisch adaptiert werden. Dies garantiert die anwendungsbezogene **Anpassbarkeit** und fördert die Anwendung bereits im betrieblichen Umfeld bekannter Werkzeuge.[602] Da Kansei Engineering unterschiedliche Sichten auf das Produkt (Semantik und Technik) verbindet, stärkt es die abteilungsübergreifende, **interdisziplinäre Kommunikation** und Zusammenarbeit. Dabei stehen die Ausrichtung auf Fragestellungen der Ingenieurwissenschaften und die Objektivierung der erhobenen Daten in scheinbarem Widerspruch zur Subjektivität des Kanseis. LÉVY argumentiert, dass Kansei Engineering das Kansei mit den Gestaltelementen nicht direkt verbindet, sondern lediglich die vom Kunden ausgesendeten Eindrücke mit den Gestaltelementen in Verbindung setzt. Diesem Verständnis von Kansei Engineering folgend, grenzt LÉVY *Kansei Science* und *Kansei Design* voneinander ab. Kansei Science stellt dabei die Verbindung zwischen Kansei und kognitiven Prozessen der Konsumenten her, indem Ansätze aus den Wahrnehmungswissenschaften integriert werden. Kansei Design verbindet das Kansei mit philosophischen, kulturellen Aspekten.[603] Dieser Diskussion ungeachtet, fokussiert die Anwendung von Kansei Engineering in dieser Arbeit insbesondere die Generierung eines **Mehrwertes** für die Entwicklung und Gestaltung **materieller Produkte**. Obgleich Werkzeuge aus dem Bereich der Wahrnehmungswissenschaften Anwendung finden und grundlegende Prinzipien des Produktdesigns untersucht werden, liegt der Schwerpunkt auf dem Einsatz im **Engineering**.[604]

Zumeist erfolgt die Erfassung von Informationen über die (visuelle) Kundenwahrnehmung und über -emotionen anhand verbaler Messtechniken und nicht anhand der Messung körperlicher Reaktionen und physiologischer Parameter.[605] Weiterhin bestehen Herausforderungen für die kundenorientierte Produktentwicklung darin, die für die Kundenwahrnehmung relevanten Produktelemente zu ermitteln und die Komponenten in der Produktgestaltung zu fokussieren, die den größten Einfluss auf die semantische Dimension der Produktwahrnehmung

[600] Vgl. **Schütte, S.** (Designing Feelings), 2002, S. 24 f. und S. 82.
[601] Vgl. **Schütte, S., et al.** (Kansei Engineering), 2004, S. 216.
[602] Vgl. **Lévy, P.; Yamanaka, T.; Lee, S.** (Kansei and Kansei Design), 2007, S. 15.
[603] Vgl. **Lévy, P.** (Beyond Kansei Engineering), 2013, S. 87 ff.
[604] Zu den Kriterien für die Integration von Vorgehensweisen und die Anwendung von Methodenschritten, vgl. Kapitel 3.2.
[605] Vgl. **Schütte, S.** (Designing Feelings), 2002, S. 24 und S. 87 f.

nehmen. Hierbei bietet Kansei Engineering das Potenzial, den konkretisierten heuristischen Bezugsrahmen dieser Arbeit **methodisch aufzulösen** (siehe Abbildung 3-12).

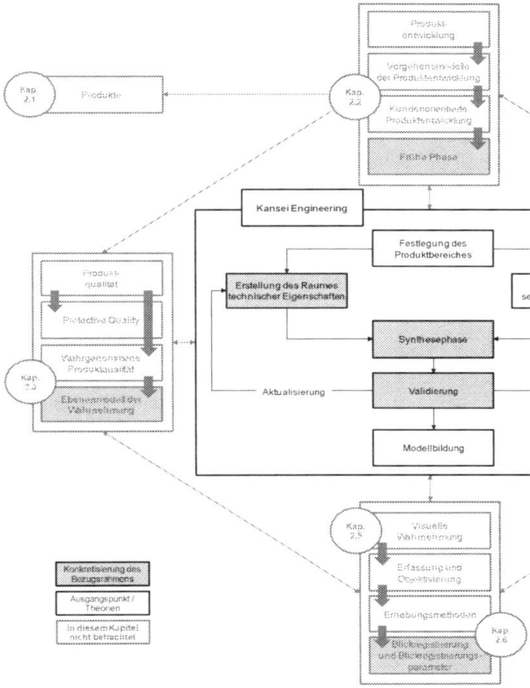

Abbildung 3-12: Konkretisierung des Bezugsrahmens um Kansei Engineering

Insoweit erscheint Kansei Engineering geeignet, die Produktentwicklung insbesondere im Kontext der Beantwortung der forschungsleitenden Forschungsfrage dieser Arbeit zu unterstützen, insofern die Anforderungen an die erfolgreiche Integration (z. B. Ressourcen, Adaption und Mehrwert) innerhalb eines bestehenden Entwicklungsprozesses erfüllt werden. Entgegen der hohen Flexibilität und Anpassbarkeit der Vorgehensweise, führt die Literatur gleichwohl **Forschungsbedarf** im Bereich des Kansei Engineerings auf. Die Untersuchung des semantischen Raumes ist wissenschaftlich weit vorangeschritten. Potenziale für Forschungsaktivitäten werden insbesondere darin gesehen, den **Raum relevanter Produktmerkmale** aus Kundensicht mit geeigneten Werkzeugen zu definieren. Weiterhin sind die Methoden in der **Synthesephase** stärker auf den jeweiligen Anwendungsfall auszurichten. Schließlich besteht Verbesserungspotenzial von Werkzeugen und Methoden zur **Validierung** der erstellten mathematischen und nicht-mathematischen Produktmodelle.[606] Der hier aufgezeigte Forschungsbedarf zu den aufgeführten Schritten des Kansei Engineerings wird in den folgenden Hauptkapiteln aufgegriffen.

[606] Vgl. **Schütte, S.** (Engineering Emotional Values), 2005, S. 99.

4 Herleitung des Konzeptes zur Strukturierung objektiv erfasster Informationen der visuellen Wahrnehmung

Basierend auf dem aufgezeigten Forschungsbedarf in den vorstehenden Kapiteln werden in diesem Kapitel die inhaltlichen Anforderungen an das Konzept abgeleitet sowie anschließend eine Konkretisierung des Konzeptes vorgenommen. Im Kapitel 4.1 werden zunächst **Anforderungen** zur Ausgestaltung einer Vorgehensweise aufgeführt, welche zur Beantwortung der praxisrelevanten Problemstellung und leitenden Forschungsfrage entwickelt wird. Für die Entwicklung dieser Vorgehensweise werden im Kapitel 4.2 die prinzipiellen Schritte dieses Vorgehens dargelegt. Dabei wird auf die Integration des Kansei Engineerings sowie auf die schrittweise Anwendung der Vorgehensweise mit dem Fokus der objektiven Erfassung und Strukturierung von Informationen über die visuelle Wahrnehmung eingegangen. Auf Basis der abzuleitenden Anforderungen, erfolgt im Kapitel 5 die **Ausgestaltung** der Vorgehensweise zur Strukturierung der objektiven Erfassung von Informationen über die visuelle Wahrnehmung mit spezifischen Methoden und Werkzeugen.

4.1 Anforderungen an das Konzept aus Forschung und Praxis

Dieses Kapitel orientiert sich an folgender Leitfrage: *Welche Anforderungen werden an die konzeptionelle Erweiterung des Kansei Engineerings zur objektiven Erfassung von Informationen über die visuelle Wahrnehmung gestellt?* Hierfür greift Kapitel 4.1.1 die Forschungsfrage, die Lösungshypothese sowie die Zielsetzung dieser Arbeit auf. Diese Erkenntnisse werden im Kapitel 4.1.2 um die Bedeutung der objektiven Erfassung von Informationen über die visuelle Wahrnehmung in frühen Phasen der Produktentwicklung ergänzt, welche aus Experteninterviews mit Vertretern der industriellen Praxis gewonnen wurden. Die Anforderungen an die Entwicklung einer Vorgehensweise zur Bearbeitung der Forschungsfrage werden im Kapitel 4.1.3 aus den theoretischen Vorüberlegungen und Analysen sowie den praktischen Erkenntnissen abgeleitet und aufgeführt.

4.1.1 Forschungsfrage, Lösungshypothese und Zielsetzungen der Arbeit

Im Kapitel 1.4 wurde die leitende **Forschungsfrage** bereits herausgearbeitet.

Lassen sich objektiv erfasste Daten über die visuelle Wahrnehmung zu relevanten Produktmerkmalen durch einen Kansei-Engineering-Ansatz für (Produktdesign-) Entscheidungen in der kundenorientierten Produktentwicklung systematisch strukturieren?

Zur Operationalisierung dieser Forschungsfrage orientierten sich die Kapitel 2 und 3 an strukturierenden Leitfragen, um eine Aufarbeitung des Standes der Technik zu relevanten Themen des heuristischen Bezugsrahmens vorzunehmen. Infolgedessen fand eine Detaillierung des heuristischen Bezugsrahmens statt, dessen Erkenntnisse in den Zwischenfazits der Unterkapitel 2.7 und 3.4 zusammengefasst wurden. Folgende **Lösungshypothese** resultiert aus den Herausforderungen des Standes der Technik.

Ein systematisch, konzeptionell erweiterter Kansei-Engineering-Ansatz unterstützt die Entscheidungsfindung der kundenorientierten Produktgestaltung bereits in frühen Phasen durch die Integration von objektiv erfassten Informationen über die visuelle Wahrnehmung.

Basierend auf den Grundprinzipien des Kansei Engineerings lässt sich folgern, dass die allgemeine Vorgehensweise von Kansei Engineering Potenziale zur **Auflösung des heuristischen Bezugsrahmens** birgt. Die Vorgehensweise kann als **Übersetzungshilfe** fungieren, um Zusammenhänge zwischen impliziten und unbewussten Kundeneindrücken einerseits – in dieser Arbeit mit dem Fokus auf der visuellen Wahrnehmung – und Produktgestaltparametern andererseits abzubilden. Sie bietet dabei eine mechanistisch anzuwendende **Struktur**, um die interdisziplinäre Problemstellung dieser Arbeit **methodisch** zu lösen.[607]

Basierend auf der Hauptforschungsfrage leitet sich somit das **Ziel** ab, eine Vorgehensweise auf Basis des Kansei-Engineering-Ansatzes zu entwickeln. Auf Basis der Erhebung objektiver und quantifizierter Daten und Informationen über die visuelle Wahrnehmung zielt diese Vorgehensweise insbesondere auf die Strukturierung von Erkenntnissen über die (1) **Erfassung visuell relevanter** Merkmale, deren (2) **Verbindung zur semantischen Dimension der Wahrnehmung** und die (3) **Validierung** der sinnlichen Wirkung von Gestaltgrundsätzen auf die visuelle Wahrnehmung. Durch Anwendung der Vorgehensweise wird die Unterstützung der Entscheidungsfindung in frühen Phasen der Produktgestaltung angestrebt. Die Implikationen für die Produktgestaltung bestehen in einer objektivierten Auswahl von wahrnehmungsrelevanten Qualitätsmerkmalen und Produktgestaltalternativen. Gleichzeitig leistet die Ausrichtung auf relevante Produkte bzw. Produktkomponenten einen Beitrag zur Reduktion von Entwicklungsaufwänden und zur Steigerung des Unternehmenserfolges.[608]

Durch die Anwendung der zu erarbeitenden Methodik wird das Ziel verfolgt, die Entstehung von Emotionen zu Beginn des Wahrnehmungsprozesses, insbesondere bei der **Informationsaufnahme** zu beeinflussen. Dabei werden die Erkenntnisse aufgegriffen, dass ein Produkt ein Bündel von Reizen ist, welches während des Entwicklungsprozesses verschiedene Entwicklungsstufen durchläuft und somit die Reizausprägungen verändert. Die Änderung der Reizausprägungen beeinflusst folglich die Wahrnehmung.[609] Zudem wird die Wahrnehmung durch die Erfahrungen der jeweiligen Zielgruppe beeinflusst. In dieser Arbeit wird dabei nicht auf die Erwartungen und Vorstellungen Einfluss genommen, vielmehr ist systematisch aufzuzeigen, wie Zusammenhänge zwischen subjektiven Erwartungen (semantische Dimension der Wahrnehmung) und ästhetischer Dimension (wahrnehmungsrelevante Merkmale) bei der visuellen Informationsaufnahme abgebildet und strukturiert werden können.

4.1.2 Praxisrelevante Handlungsfelder

Ziel der Experteninterviews mit Vertretern aus KMU war es u. a., die wissenschaftlich aufgearbeiteten Aspekte des heuristischen Bezugsrahmens aus **Perspektive der industriellen Praxis** zu reflektieren. Zudem sollten Erkenntnisse zur Integration der erhobenen Daten und Informationen in den unternehmerischen Entwicklungsprozess gewonnen werden, die im

---

607 Zur allgemeinen Struktur des Kansei Engineerings, vgl. Kapitel 3.3.3.

608 Zu den Herausforderungen der Produktentwicklung sowie der Bedeutung früher Phasen, vgl. Kapitel 2.2.

609 Siehe hierzu die Ausführungen zu dem *Wahrnehmungsprozess*, u.a. im Kapitel 2.5.2.

weiteren Verlauf der Ableitung von Anforderungen an die Ausgestaltung der zu entwickelnden Vorgehensweise dienen. Die Durchführung dieser Interviews erfolgte mit Unternehmensvertretern, die in die kundenorientierte Produktgestaltung (u. a. Geschäftsführung, Marketing, Produktentwicklung) eingebunden waren. Semistrukturierte Leitfäden zur Interviewdurchführung dienten der Erfassung von Rahmendaten der Unternehmen, des Vorgehens für Produktinnovationen, der Art und Weise zur Kundenintegration sowie der Beschreibung des Produktentwicklungsprozesses.[610]

Die Ergebnisse der Experteninterviews betonen die Relevanz von Intuition und Expertenwissen für die **Entscheidungsfindung**. Prinzipiell sind Intuition, Bauchgefühl und Kreativität für die Lösungsfindung von Entwicklungsaufgaben wünschenswert[611]. Ursächlich für die Bauchentscheidung der KMU ist der Mangel an **objektiv erhobenen Kennzahlen** bzw. Entscheidungskriterien[612]. Zudem werden Entscheidungen zur Produktgestaltung intuitiv und unter geringer Beachtung der impliziten Anforderungen der Zielgruppen getroffen, da es an Kompetenzen für die objektive Erfassung von Kundenanforderungen mangelt. Hingegen bedürfen unternehmerische Entscheidungen einer fundierten Entscheidungsgrundlage, die sowohl auf Expertenwissen als auch auf Datenanalyse basiert. Hieraus leitet sich die Anforderung zur Sensibilisierung für die Entscheidungsfindung basierend auf objektiv erfassten Informationen zu Kundenanforderungen ab. Flache Unternehmenshierarchien ermöglichen einen hohen Grad an **Flexibilität**.[613] Um die Flexibilität durch Erweiterung der Produktentwicklung um weitere methodische Vorgehensweisen sicherzustellen, ist ein **generisch gestalteter Handlungsrahmen** mit flexiblen und adaptierbaren Inhalten anzuwenden. Aus den Experteninterviews und ergänzender Fachliteratur wird deutlich, dass unzureichende Transparenz und Kenntnis über bereichsübergreifende Entwicklungsprojekte bestehen[614]. Die Experteninterviews identifizieren zudem die Anforderung an eine **Aufwand-Nutzen-Analyse** für den Methodeneinsatz zur Erfassung von Informationen über die visuelle Kundenwahrnehmung. Dies begründet sich insbesondere durch den Mangel an finanziellen Ressourcen in Bezug auf die Durchführung von Marktforschungsmethoden (z. B. Kundenbefragungen, Messung der sensorischen Wahrnehmung). Daher sollte ein zusätzlicher Methodeneinsatz einem minimalen monetären Aufwand gegenüberstehen (siehe zusammenfassend Tabelle 4-1).

Tabelle 4-1: Anforderungen aus der industriellen Praxis[615]

Kategorie	Anforderung
Aufwand / Ressourcen	Die Anwendung der Verfahren zur Integration der visuellen Wahrnehmung soll kostengünstig, benutzerfreundlich und **intuitiv** sein.
Entscheidungsfindung	Die Entscheidungsfindung soll auf Basis **objektiver** erfasster Kennzahlen erfolgen.
Generischer Handlungsrahmen	Die eingesetzten Methoden und Werkzeuge sollen **flexibel** und **adaptierbar** sein. Einführung einer **Dokumentation** der Produktentwicklungsprojekte.
Kosten-Nutzen-Analyse	Der Einsatz zusätzlicher Methoden zur Kundenintegration ist einer **Kosten-Nutzen**-Analyse zu unterziehen.

610 Zur Struktur und den Inhalten der Interviewleitfäden, vgl. **Köhler, M., et al.** (Emotion and Perceived Quality), 2015, S. 25.

611 Vgl. **Prefi, T.** (Qualitätsorientierte Unternehmensführung), 2003, S. 112.

612 Vgl. **Dreher, A.** (Innovation und Bauchgefühl), 2003, S. 38.

613 Vgl. **Dombrowski, U., et al.** (Modernisierung kleiner und mittlerer Unternehmen), 2009, S. 1 ff.

614 Vgl. **Fleischer, J., et al.** (Anlaufsteuerung), 2004, S. 30.

615 Die aufgeführten Anforderungen stehen in engem Zusammenhang zu den Ausführungen und den Kriterien aus Kapitel 3.2.

4.1.3 Anforderungen

Die Hauptforschungsfrage und die theoretischen sowie praktischen Erkenntnisse vorstehender Abschnitte aufgreifend, ergeben sich inhaltliche Anforderungen an die Entwicklung der Vorgehensweise, die sich aus dem erweiterten Verständnis des heuristichen Bezugrahmens ableiten (siehe Abbildung 4-1)[616]. Demnach dient das zu entwickelnde Vorgehen dazu, bereits in **frühen Phasen** des unternehmerischen Entwicklungsprozesses materieller Produkte (insbesondere **Konsumgüter**) eine Produktbotschaft im Produkt konsequent umzusetzen. Aus dem Themenfeld der emotionalen Produktgestaltung ergibt sich, den Zusammenhang zwischen **Formalästhetik** und **semantischer Dimension** der Wahrnehmung sowie die **Validierung** des Produktes aus Kundensicht abzubilden. Aufgrund der Bedeutung der **wahrgenommenen Produktqualität** im Kontext dieser Arbeit und zur Beantwortung der Forschungsfrage, ist auch die Wahrnehmungsrelevanz in den Fokus der Methodik zu rücken. Zur Strukturierung verschiedener Problemstellungen der Wahrnehmungsrelevanz lässt sich dabei das **Ebenenmodell der Wahrnehmung** anwenden. Wie herausgearbeitet, ist besonders in frühen Phasen der Produktentwicklung die **visuelle Wahrnehmung** für das Hervorrufen von Emotionen entscheidend. Um Informationen über das visuell Wahrgenommene objektiv zu erfassen, sind Verfahren in die Methodik zu integrieren, die an der Erfassung physiologischer Veränderungen und somit des subjektiven Gefühlserlebens ansetzen. Die durch apparative Blickregistrierungssysteme erhobenen **Parameter** bieten einen Ansatzpunkt zur **Quantifizierung und Objektivierung** von Informationen über die visuelle Wahrnehmung. Im Abgleich mit weiteren Erhebungsmethoden bieten sie Potenzial zur umfassenderen Abbildung der Qualitätswahrnehmung und gestatten somit Zugang zur **Produktvalidierung** aus Sicht der Kunden.

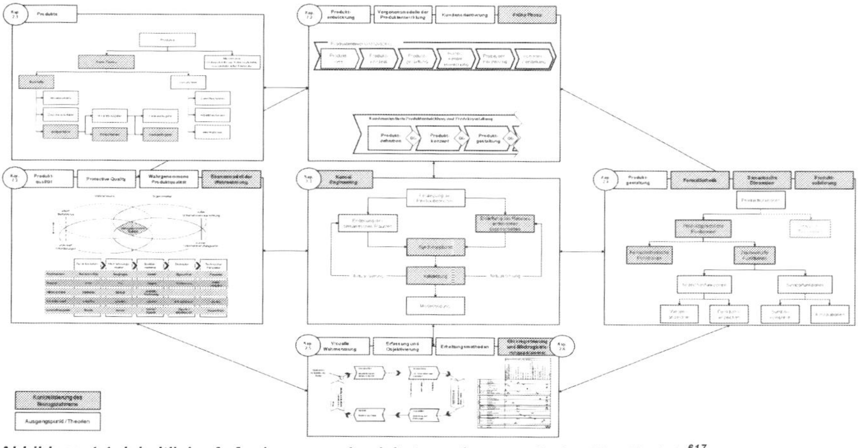

Abbildung 4-1: Inhaltliche Anforderungen abgeleitet aus dem erweiterten Verständnis[617]

Die Ausführungen und die Literaturanalyse zu **Kansei Engineering** zeigen, dass Forschungspotenziale entlang des allgemeinen Vorgehens von Kansei Engineering bestehen.

---

616 Siehe hierzu u. a. Kapitel 2.7 und Kapitel 3.4.

617 Eigene schematische Darstellung in Anlehnung an die Ausführungen und Darstellungen in den aufgeführten Kapiteln. Eine vergrößerte Abbildung befindet sich im Anhang (Abbildung VII-3).

Daher ist die Erweiterung der allgemeinen Vorgehensweise des Kansei Engineerings in Bezug auf diejenigen Aspekte vorzunehmen, bei denen im Kapitel 3.4 Potenziale durch die Erfassung der visuellen Wahrnehmung festgestellt wurden (**Raum technischer Eigenschaften**, **Synthese**, **Validierung**). Die zu entwickelnde Methodik ist mit Bezug auf objektiv erfasste Informationen über die visuelle Wahrnehmung dahingehend auszurichten, (1) den **Raum technischer Eigenschaften** aus Kundensicht zu beschreiben, (2) den **Zusammenhang zwischen semantischer Dimension und Qualitätsmerkmalen** abzubilden und (3) die **Validierung** dieser Zusammenhänge zu untersuchen. Es sind **geeignete statistische Methoden** einzusetzen, um die Signifikanz der Entscheidungsgrundlagen für die Produktentwicklung und Produktgestaltung zu stützen (siehe Tabelle 4-2).

***Tabelle 4-2:** Inhaltliche Anforderungen an das Konzept*

Objektbereich	Anforderung
Produkt / Produkt-entwicklung	• Beitrag zur Bewältigung der Herausforderungen der kundenorientierten Produktentwicklung • Frühe Phasen der Entwicklung, insbesondere Produktgestaltung, materieller Produkte • Integration in bestehenden Entwicklungsprozess
Produkt-gestaltung	• Umsetzung formalästhetischer und semantischer Funktionen • Validierung unterschiedlicher Kategorien an Produktmodellen
Produkt-qualität	• Beitrag zur Steigerung der wahrgenommenen Produktqualität • Strukturierung der objektiven Daten entlang des Ebenenmodells der Wahrnehmung • Fokus auf visueller Wahrnehmung
Objektivie-rung visueller Wahr-nehmung	• Blickregistrierung zur Erfassung von Informationen über die visuelle Wahrnehmung • Quantifizierung mithilfe geeigneter Blickregistrierungsparameter • Ergänzung der Blickregistrierung um weitere Erhebungsmethoden • Anwendung geeigneter Analyseverfahren
Kansei Engineering	• Vorgehensweise als Handlungskonzept zur Auflösung des Bezugsrahmens • Fokus auf: Raum technischer Eigenschaften, Synthese, Validierung • Anwendung geeigneter statistischer Verfahren zur Ableitung signifikanter Implikationen

Die zu entwickelnde Methodik ist an das **allgemeine Vorgehen des Kansei Engineerings** anzulehnen. Daher sind die Anforderungen dafür zu erfüllen, diesen Ansatz in die bisherigen Strukturen des unternehmerischen Entwicklungsprozesses zu **integrieren**[618]. Die Untersuchungen in der Praxis zeigen, dass die Kriterien aus Kapitel 3.2 (Integrationsfähigkeit, Adaption und Flexibilität, Förderung der interdisziplinären Kommunikation, Ressourcenverfügbarkeit und die Generierung eines Mehrwertes) zu erfüllen sind. Insbesondere steht hierbei die Sicherstellung der Akzeptanz für die zu entwickelnde Vorgehensweise im Vordergrund. Demgemäß ist Kansei Engineering als integrierter Bestandteil des Entwicklungsprozesses zu implementieren, indem die im Kontext dieser Arbeit relevanten Schritte in den unternehmerischen Entwicklungsprozess eingebunden werden. Hierzu sind **spezifische**, auf die jeweiligen Methodenschritte bezogene Voraussetzungen zu berücksichtigen. Je Methodenschritt sind betriebliche, organisatorische (z. B. Definition klarer AKV) und personelle (z. B. Methoden- und Statistikkompetenz) Voraussetzungen zu schaffen, um die Leistungsfähigkeit (**inhaltlicher Mehrwert**) des Methodenschrittes für die Produktgestaltung zu entfalten und zur Akzeptanz je Methodenschritt im Speziellen und letztlich der Vorgehensweise im Allgemeinen beizutragen (siehe auch Kapitel 3.3.3 und Kapitel 3.2).

[618] Insbesondere die Erkenntnisse aus den Untersuchungen in der Praxis unterstreichen die Bedeutung der Erfüllung allgemeiner Rahmenbedingungen für die Integration einer Vorgehensweise, vgl. Kapitel 4.1.2.

Tabelle 4-3: Anforderungen an die Methodenschritte des Kansei Engineerings (Auswahl)[619]

Methodenschritte des Kansei Engineerings	Betriebliche Voraussetzungen	Organisatorische Voraussetzungen	Personelle Voraussetzungen	Akzeptanz	Mehrwert
Raum technischer Eigenschaften	**Kundenkliniken** zur Erfassung kundenrelevanter Produktparameter	**AKV** zur Erfassung technischer Produkteigenschaften	**Kenntnis** zu methodischen Vorgehen	Erfassung kundenrelevanter technischer Eigenschaften ist **wichtig**	Erfassung relevanter technischer Eigenschaften ist **sinnvoll**
Synthese	**Kundenstudien** zur Überführung (impliziter) Kundenwünsche in technische Merkmale	**AKV** für Transfer impliziter Anforderungen in visuell wahrnehmbare Eigenschaften	**Kenntnisse** zu statistischen Analysemethoden	Zusammenhang zwischen Emotionen und visuell wahrnehmbaren Merkmalen ist **wichtig**	Abbildung des Zusammenhanges ist **sinnvoll**
Validierung	**Kundenkliniken** zur Validierung von visuellen Eigenschaften	**AKV**; Zeitnahe Realisierung von **Produktmodellen**	**Kenntnisse** zu statistischen Analysemethoden	Validierung visuell wahrnehmbarer Eigenschaften von Produktmodellen ist **wichtig**	Produktmodelle durch Probandenstudien zu validieren ist **sinnvoll**

Aus diesen Anforderungen an die Entwicklung der Vorgehensweise werden **Teilforschungsfragen** abgeleitet. Diese orientieren sich entlang der drei in dieser Arbeit zu fokussierenden Schritte der allgemeinen Vorgehensweise des Kansei Engineerings und tragen zur Auflösung des theoretischen Bezugsrahmens und zur Beantwortung der leitenden Hauptforschungsfrage bei.

Teilforschungsfrage 1
Wie lassen sich Informationen zu den aus Wahrnehmungssicht relevanten, visuellen Gestaltmerkmalen objektiv erfassen, um einen Raum technischer Eigenschaften aus Kundensicht zu beschreiben?

Teilforschungsfrage 2
Wie lässt sich der Zusammenhang zwischen visuell relevanten Produktgestaltmerkmalen und der semantischen Dimension der Wahrnehmung objektiv erfassen und abbilden?

Teilforschungsfrage 3
Wie lässt sich die Wirkung der Zusammenhänge zwischen semantischer Dimension und Produktmerkmalen auf die visuelle Wahrnehmung objektiv abbilden und validieren?

4.2 Konzept zur Bewältigung des Handlungsbedarfes

Die Ausführungen in diesem Kapitel dienen der Beantwortung nachstehender Leitfrage: *Wie kann eine übergeordnete Vorgehensweise des Kansei Engineerings zur Beantwortung der praxisrelevanten Problemstellung angewandt werden?* Hierfür werden die drei Teilforschungsfragen in ein Konzept der zu entwickelnden Methodik überführt. Das Konzept wird in Module, die den späteren Methodenschritten der Vorgehensweise entsprechen, aufgeteilt. Je Modul wird dargestellt, welche Anforderungen aus Kapitel 4.1 mit dem jeweiligen Modul umzusetzen sind und welche prinzipiellen Aspekte zur Durchführung des Modules zu bearbeiten sind. Analog zu dem **allgemeinen Vorgehen** des Kansei Engineerings ist zunächst der **Produktbereich** festzulegen, welcher einer Analyse zu unterziehen ist. Daran schließt sich die Erhebung der **semantischen Produktbeschreibung** an. Für weitere Analysen und die konzeptionelle Ausgestaltung werden diese Schritte in der vorliegenden Arbeit als gegeben bzw. als hinreichend genug erfasst angesehen. Sie werden daher weder konzeptionell weiterent-

[619] Basiert auf den Ausführungen zu Kapitel 3.2.

wickelt noch detailliert betrachtet. Vielmehr wird in der Literatur[620] zu Kansei Engineering Forschungspotenzial in den Schritten des **Technischen Raumes**, der **Synthese** und der **Validierung** gesehen. Die objektive Erfassung von Informationen über die visuelle Wahrnehmung bietet in dieser Arbeit das Potenzial einen Beitrag zur Schließung dieser Forschungslücke zu leisten. Das Konzept umfasst nachstehende Module, die Bezug zu den Teilforschungsfragen nehmen. Es ist dahingehend zu untergliedern, auf welche konkrete Fragestellung der allgemeinen Vorgehensweise des Kansei Engineerings sich die Anforderungen beziehen.

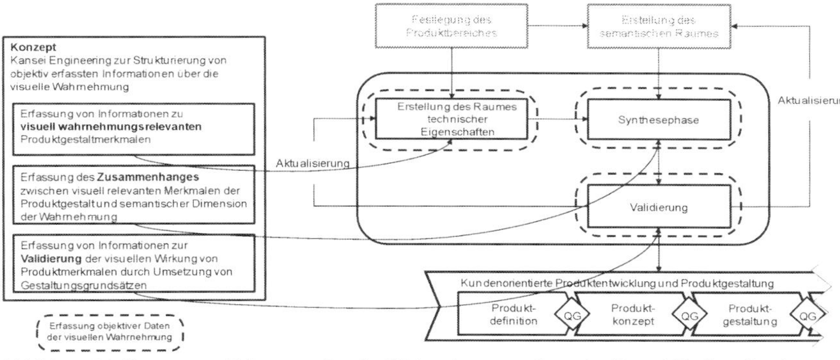

Abbildung 4-2: Konzept zur Erfassung visueller Wahrnehmung entlang des Kansei-Engineering-Ansatzes

Handelt es sich um frühe Phasen bzw. um Neuproduktentwicklungen und -gestaltungen, während derer noch keine Kenntnisse über die Wahrnehmungsrelevanz bestimmter Gestaltelemente aus Kundensicht vorliegen, dann ist der allgemeinen Vorgehensweise des Kansei Engineerings insoweit zu folgen, dass zunächst der **Raum technischer Eigenschaften** (Modul 1) zu erstellen ist. Hierdurch wird das zu fokussierende Produkt in seine visuell wahrnehmungsrelevanten Struktur- und Gestaltelemente (Qualitätsmerkmale)[621] gegliedert.

Mithin liegen gemäß der allgemeinen Vorgehensweise des Kansei Engineerings die Eingangsinformationen vor, um den **Zusammenhang** zwischen ästhetischer und **semantischer Dimension** der Wahrnehmung zu erfassen, zu quantifizieren und abzubilden (Modul 2). Hierdurch wird der wesentliche Beitrag geleistet, um das Produkt zum Botschafter der produktsprachlichen Funktionen mittels visuell wahrnehmbarer Produktmerkmale werden zu lassen. Durch das Aufstellen von (u. a. korrelativen) Zusammenhängen lässt sich ableiten, welche Produktgestaltelemente Einfluss auf die semantische Dimension der Wahrnehmung nehmen und welche Gestaltelemente die bedeutendsten zur Umsetzung spezifischer semantischer Konzepte bzw. produktsprachlicher Funktionen sind. Diese stellen letztlich die Grundlage für die emotionale Beurteilung aus Kundensicht dar.

Ist die Produktgestalt bereits basierend auf der Wirkung der Gesetze der Gestaltpsychologie entworfen und ein Produktmodell erstellt, so ist im Verlauf der Produktentwicklung die tatsächliche Wirkung der Umsetzung der Gestaltgesetze auf die visuelle Wahrnehmung des Betrachters kontinuierlich zu **validieren** und auf Abweichungen bezüglich der intendierten

[620] Siehe hierzu die Ausführungen im Kapitel 3.4.

[621] Zu dem Begriff *Qualitätsmerkmal*, vgl. Kapitel 2.3.2.

Wirkung zu untersuchen. Im Sinne einer wahrnehmungsbasierten Produktgestaltung, dient Modul 3 der **Validierung** der Umsetzung von Zusammenhängen zwischen Produktgestaltmerkmalen und produktsprachlichen Funktionen auf die visuelle Wahrnehmung. Durch Strukturierung der **erhobenen** und **analysierten**, objektiven Informationen über die visuelle Wahrnehmung leistet die Vorgehensweise entlang der drei dargestellten Schritte des Kansei Engineerings Implikationen für eine wahrnehmungsgerechte Produktgestaltung. Entsprechend der Denkweise der allgemeinen Vorgehensweise des Kansei Engineerings, sind die Module im Gesamtzusammenhang zu sehen. Demnach lassen sich aus den Erkenntnissen von Modul 3 **Adaptionen** an den zu fokussierenden Produktelementen (Modul 1) vornehmen, insofern die gewünschten Effekte nicht signifikant bestätigt werden konnten.[622]

Ziel der Kapitel 4.2.1 bis 4.2.3 ist es, spezifische **Anforderungen** an die Ausgestaltung der drei skizzierten Module abzuleiten. Zudem wird das jeweilige Vorgehen zur **Quantifizierung** dargestellt und der **Mehrwert** sowie die Implikationen für die kundenorientierte Produktgestaltung untersucht. Aufgrund der Bedeutung der **Objektivierung** der erfassten Daten und der Aufbereitung signifikanter Information über die visuelle Wahrnehmung werden im Kapitel 4.2.4 die Grundlagen der Datenanalyse mittels **statistischer Analyseverfahren** für die Entscheidungsfindung im Kontext dieser Arbeit dargestellt. Kapitel 4.2.5 zeigt zusammenfassend die Implikationen für die kundenorientierte Produktentwicklung und -gestaltung auf.

4.2.1 Erfassung visuell wahrnehmungsrelevanter Produktmerkmale

Dem Kansei Engineering mangelt es an Methoden zur Identifikation der relativen Bedeutung von Produktmerkmalen und der Auswahl derjenigen Produktmerkmale, die das Produkt aus Kundensicht am besten repräsentieren[623]. Über die Ermittlung der Komponenten, die aus Kundensicht hauptsächlich in das Produktwerturteil eingehen, lassen sich Anhaltspunkte dafür identifizieren, auf welche Produktvarianten bzw. Gestaltelemente sich die Produktgestaltung zu konzentrieren hat. Daher ist es Ziel dieses Modules, objektive Daten und Informationen über die visuelle Wahrnehmungsrelevanz von Gestaltelementen zu erheben, um einen Raum technischer Eigenschaften aus Kundensicht zu etablieren. Hierfür ist zunächst Kenntnis über die **Produktstrukturelemente** zu gewinnen, um anschließend die **visuell wahrnehmungsrelevanten Produktgestaltelemente** zu bestimmen und zu priorisieren.

Strukturierung der visuell erfahrbaren Produktelemente

Um Kenntnis über die prinzipiell visuell erfahrbaren Produktelemente zu erlangen, ist die Produktgestalt systematisch und methodisch zu gliedern. Diese Gliederung ist ohne Bezug zur Wahrnehmungsrelevanz, sondern ausschließlich mit Bezug auf die tatsächlich vorhandenen Elemente der verfügbaren Produktmodelle zu vollziehen.

Erfassung visuell wahrnehmungsrelevanter Produktelemente

Nach Kenntnis über die prinzipiell verfügbaren Elemente der oder des Produktmodelle(s) schließt sich die Erhebung derjenigen Elemente, Bereiche oder Produktvarianten an, die besondere visuelle Aufmerksamkeit bei den Betrachtern hervorrufen. Es sind Erhebungsme-

622 In der Grundstruktur ähnelt das Vorgehen dem *Hybrid-KES*, vgl. Kapitel 3.3.2.

623 Vgl. **Schütte, S.** (Designing Feelings), 2002, S. 87.

thoden einzusetzen, um ein umfassendes Abbild der wahrnehmungsbezogenen Aufmerksamkeit zu generieren. Wie dargestellt, eignen sich für die Erfassung von Kundeninformationen verschiedene qualitative und quantitative Erhebungsmethoden. Neben Befragungen (z. B. freie oder strukturierte Interviews, Fokusgruppendiskussionen) zur Erfassung expliziter Informationen sind insbesondere **apparative Blickregistrierungsverfahren** einzusetzen, die objektive Informationen über das visuell unbewusst Wahrgenommene liefern.[624] Es ist ein **Vorgehen** zu etablieren, das die Aufmerksamkeitsrelevanz von Produktbereichen bzw. -elementen allein aufgrund der Wirkung **formalästhetischer Produktfunktionen** ermittelt.

Quantifizierung, Priorisierung und Strukturierung wahrnehmungsrelevanter Produktelemente

Bei der Anwendung von Blickregistrierungsverfahren sind **geeignete Parameter** zu wählen, die sich prinzipiell eignen, um die **Auffälligkeit** und visuelle **Relevanz** von Gestaltelementen zu quantifizieren. Basierend auf dieser **Quantifizierung** und einer Auswertung mittels geeigneter Analyseverfahren, wird eine **Priorisierung** für die Anforderungserhebung ermöglicht. Die **Strukturierung** des Produktmodells in **visuell relevante** Produktelemente bildet schließlich die Basis für die Erstellung des Raumes wahrnehmungsrelevanter, technischer Gestaltelemente. Hierfür ist ein Ansatz aufzuzeigen, anhand dessen die Strukturierung vorzunehmen ist.

4.2.2 Synthese von Qualitätsmerkmalen und semantischer Dimension der Wahrnehmung

Dieses Modul fokussiert den **Zusammenhang** zwischen semantischer Dimension der Wahrnehmung und der sinnlichen Wirkung von wahrnehmungsrelevanten Gestaltelementen. Benannter Zusammenhang lässt sich zweiseitig untersuchen. Einerseits steht im Mittelpunkt des Forschungsinteresses die Analyse, welche Wirkung die Variation von Produkten und Gestaltelementen auf die semantische Dimension der Wahrnehmung haben. Andererseits lässt sich untersuchen, welchen Einfluss die Produkterwartung auf die, dem Produkt bzw. den Gestaltelementen entgegengebrachte, Aufmerksamkeit hat. Zur **Abbildung** und **Quantifizierung** dieser Zusammenhänge bilden zum einen die Erkenntnisse aus Kapitel 4.2.1 Eingangsdaten. Zum anderen ist der in dieser Arbeit als gegeben angenommene semantische Raum in die Gegenüberstellung einzubinden[625]. Es sind Zusammenhänge auf verschiedenen **Ebenen der Wahrnehmung** und zwischen verschiedenen Produkten abzubilden.

Die Gegenüberstellung beider Dimensionen bildet die Basis der Datenaufbereitung. Beide Dimensionen haben Einfluss auf die Lenkung der Wahrnehmung. Somit sind **Wahrnehmungsbeiträge** zu ermitteln, die sich aus der Erhebung der Wahrnehmung der Betrachter ergeben. Aufgrund der Limitationen der alleinigen Anwendung der Blickregistrierung ist der Erfassung eines umfassenderen Abbildes der Kundenwahrnehmung nachzugehen. Hierzu sind sowohl **unbewusste** als auch **bewusste** Aspekte der Wahrnehmung zu erfassen und auszuwerten. Es ist folglich zu analysieren, welche Produktelemente am stärksten bzw. am auffälligsten dazu beitragen, eine intendierte Produktbotschaft zu transportieren. Die Blickregistrierung allein genügt nicht, um abzuleiten, dass die Relevanz auch zwangsläufig positiv

[624] Zu den verschiedenen *Erhebungsmethoden* im Kontext dieser Arbeit, vgl. Kapitel 2.6.2 und Kapitel 2.6.5.

[625] Zu dem semantischen Raum im Vorgehen des Kansei Engineering, vgl. Kapitel 3.3.3.

wahrgenommen wird[626]. Wenngleich die vorliegende Arbeit vordergründig einen Beitrag leisten soll zur Strukturierung objektiver Informationen zu visuell auffälligen bzw. relevanten Produktelementen, ist flankierend aufzuzeigen, wie ein Zusammenhang zwischen den Wahrnehmungsbeiträgen und der **emotionalen Bewertung** dargestellt werden kann.[627]

Quantifizierung

Neben der Erhebung und der **Datenaufbereitung** der erhobenen Wahrnehmungsbeiträge ist insbesondere die Untersuchung der Forschungsfragen über geeignete **statistische Verfahren** zur Ermittlung signifikanter Unterschiede von Bedeutung.

Implikationen für die Produktgestaltung

Durch dieses Modul wird angestrebt, zwischen sich ähnelnden Gestaltvarianten diejenige zu ermitteln, die die höhere wahrgenommene Aufmerksamkeit beim Betrachter hervorruft. Es ist Auskunft darüber zu geben, welche Gestaltvarianten auf Ebene des Gesamteindruckes bzw. welche Produktmerkmale auf Ebene Qualitätsmerkmal bezüglich der Umsetzung einer produktsprachlichen Funktion bevorzugt wahrgenommen werden. Hierdurch leiten sich Empfehlungen für die Gestaltung von Produktkomponenten und -alternativen sowie zur begründeten Reduktion der Anzahl an Produktalternativen ab. Aufgrund der Relevanz produktsprachlicher Funktionen, besitzen die Erkenntnisse aus diesem Modul entlang der gesamten Produktgestaltung Bedeutung. Daher erscheint die Anwendung dieses Modules iterativ entlang der unterschiedlichen Phasen des Produktentwicklungsprozesses zweckdienlich[628].

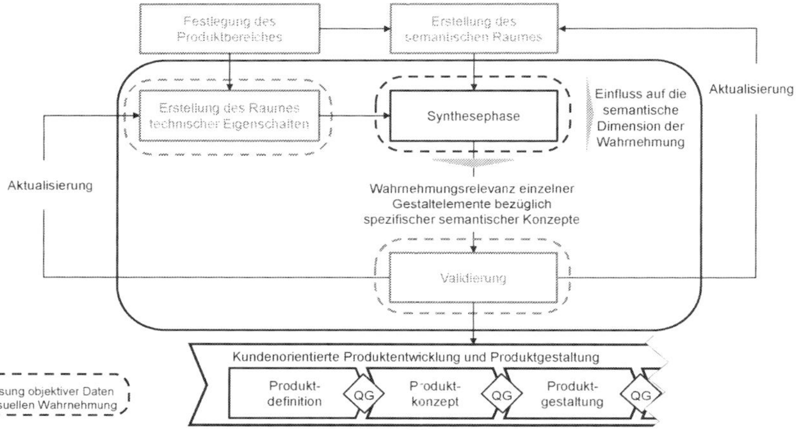

Abbildung 4-3: Betrachtungsbereich der Synthesephase[629]

[626] Vgl. Kapitel 2.6.7.

[627] Weitere Ansätze zur Verknüpfung von Wahrnehmung mit objektiv erhobenen Daten zur emotionalen Bewertung finden sich z. B. in dem Forschungsprojekt CONEMO. Einen Überblick hierzu liefert **Köhler, M., et al.** (Emotion and Perceived Quality), 2015. Darüber hinaus ist auf die Ausführungen und Literaturhinweise in **Meffert, H.; Burmann, C.; Kirchgeorg, M.** (Marketing), 2015, S. 111 f. und **Döring, N.; Bortz, J.** (Forschungsmethoden und Evaluation), 2016, S. 521 ff. zu verweisen.

[628] Vgl. **Räihä, K., et al.** (Perception of Design), 2006 sowie Kapitel 2.6.4.

[629] In Anlehnung an die Grundstruktur des allgemeinen Vorgehens von Kansei Engineering nach SCHÜTTE, vgl. Kapitel 3.3.3.

4.2.3 Validierung der Zusammenhänge von Produktmerkmalen und produktsprachlichen Funktionen auf die visuelle Wahrnehmung

Ausgehend von den Erkenntnissen der Gestaltpsychologie und Ästhetik wird ein Produkt so gestaltet, dass es die menschliche Wahrnehmung bereits bei der **Reizaufnahme** zielgerichtet beeinflusst. Bei der Umsetzung von Gestaltgrundsätzen wird grundsätzlich von einer positiven, emotionalen Bewertung ausgegangen, da das Produkt in Konformität zu *Harmonie*, *Ordnung, Gruppierung* etc. zu gestalten ist[630]. Ziel dieses Modules ist es, mittels Blickregistrierungsparametern die realisierte Wirkung auf die visuelle Wahrnehmung und Aufmerksamkeit von Produktmodellen bereits während der Produktgestaltung **objektiv** zu überprüfen. Gemäß dem allgemeinen Vorgehen des Kansei Engineerings korrespondiert dieses Modul mit der **Validierung**, da die tatsächliche Wirkung der Realisierung von Gestaltgrundsätzen eines vorhandenen Produktmodells[631] auf die menschliche Wahrnehmung untersucht wird. Durch dieses Modul lassen sich **Adaptionen** an der Gestalt des Produktes vornehmen, um den Raum technischer Elemente (Produktmerkmale) anzupassen oder um intensivere Investigationen des semantischen Raumes anzugehen. Diese Anpassungen entsprechen der *Aktualisierung* im Modell nach SCHÜTTE. Insbesondere die Anpassung des Raumes technischer Eigenschaften mit den Erkenntnissen aus der menschlichen Wahrnehmung stellt hierbei eine Erweiterung der ursprünglichen Ansätze des Kansei Engineerings dar, die zumeist die Anpassung des semantischen Raumes mittels SD-Methode thematisierten.[632]

Grundsätzlich ist zur Überprüfung der Wirkung von Gestaltungsgrundsätzen auf die bereits im Kapitel 4.2.2 aufgeführte Gegenüberstellung von semantischer Dimension einerseits und Gestaltelementen andererseits zu verweisen. Wie im Kapitel 2.4.2 dargestellt, wird sowohl durch die Ausprägung der Gestaltelemente als auch durch deren Anordnung zueinander angestrebt, **Produktästhetik** zu erreichen bzw. **Assoziationen** beim Betrachter auszulösen, die dessen Erwartungen entsprechen. Zudem wurde in Kapitel 2.6.6 dargestellt, dass die verschiedenen **Blickregistrierungsparameter** Ansätze zur Interpretation zulassen, wie ein Betrachter ein Objekt wahrnimmt und mitunter, wie er dieses emotional bewertet. Es sind Zusammenhänge aufzuzeigen, um die Wirkung ihrer Umsetzung auf die visuelle Wahrnehmung mithilfe der Blickregistrierung abzugleichen.[633] Diese Zusammenhänge und Aussagen hinsichtlich der Wirkung einer Gestaltung auf die menschliche Wahrnehmung lassen sich systematisch ableiten bzw. durch **Hypothesen** prüfen[634]. Mit Bezug auf die Gestaltungsgrundsätze ist zu unterscheiden zwischen Zusammenhängen für **formalästhetische Produktfunktionen** und denen, die die **semantische Dimension** der Wahrnehmung (Anzeichen- und Symbolfunktionen) beeinflussen.

---

[630] Zu ausgewählten *Gestaltungsgrundsätzen*, vgl. u. a. Kapitel 2.4.2.

[631] Dabei kann das zu untersuchende *Produktmodell* physisch vorliegen als Prototyp oder nichtphysisch als 2D- oder 3D-Entwurf, siehe Kapitel 2.2.4.

[632] Vgl. **Schütte, S.** (Designing Feelings), 2002, S. 88.

[633] In diesem Zusammenhang sind die Grenzen der Blickregistrierung zu beachten, vgl. Kapitel 2.6.7. Dabei wird ausgeführt, dass die Blickregistrierung mit weiteren Erhebungsmethoden zu kombinieren ist, um auch Rückschlüsse auf die emotionale Bewertung des Gesehenen ziehen zu können.

[634] Für eine Diskussion zur Differenzierung zwischen *Hypothesen* und *Theorien*, vgl. **Gerrig, R. J.** (Psychologie), 2015, S. 28 f.

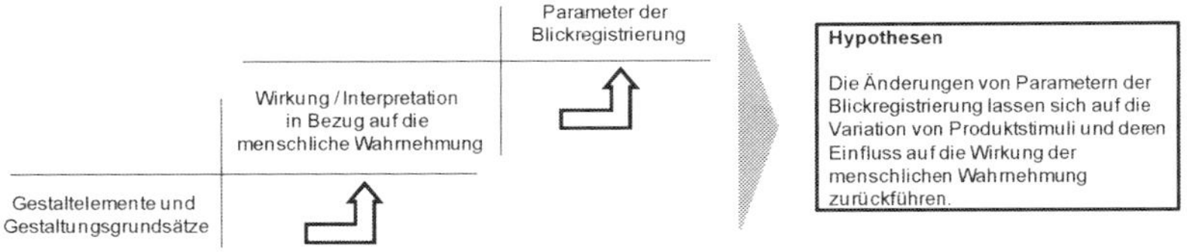

Abbildung 4-4: Ansatz zur Hypothesenbildung im Modul der Validierung

Quantifizierung

Die Wirkung der Realisierung der aufgezeigten Zusammenhänge auf die visuelle Wahrnehmung lässt sich u. a. durch Vergleiche mit und ohne Umsetzung dieser Zusammenhänge zu ergründen. Basierend auf der **Quantifizierung** der erhobenen Daten der Blickregistrierung sind geeignete **statistische Verfahren** anzuschließen, welche die Ermittlung signifikanter Unterschiede ermöglichen und somit einen Effekt infolge der Variation der Produktstimuli auf die menschliche Wahrnehmung bestätigen.

Implikationen für die Produktgestaltung

Für die Produktgestaltung ergeben sich **Implikationen**, die iterativ zur **Validierung** der Wirkung verschiedener Entwicklungsstufen von Produktmodellen (= verschiedene Reizausprägungen) auf die menschliche Wahrnehmung angewendet werden können. Durch die proaktive Anwendung von Gestaltungsgrundsätzen ist es Intention der Produktgestaltung, die Qualitätswahrnehmung auf unterschiedlichen Ebenen der Wahrnehmung aktiv zu lenken. Basierend auf dem Ansatz zur Aufstellung von Zusammenhängen lassen sich produktspezifische Hypothesen auswählen und prüfen, um Entscheidungen für spezifische Gestaltungsregeln zur aktiven Lenkung der visuellen Wahrnehmung valide abzuleiten. Werden Abweichungen der registrierten Blickbewegungen zu der intendierten Produktbotschaft festgestellt, kann dies ein Indiz für eine unzureichende wahrnehmungsgerechte Gestaltung des Produktes sein.

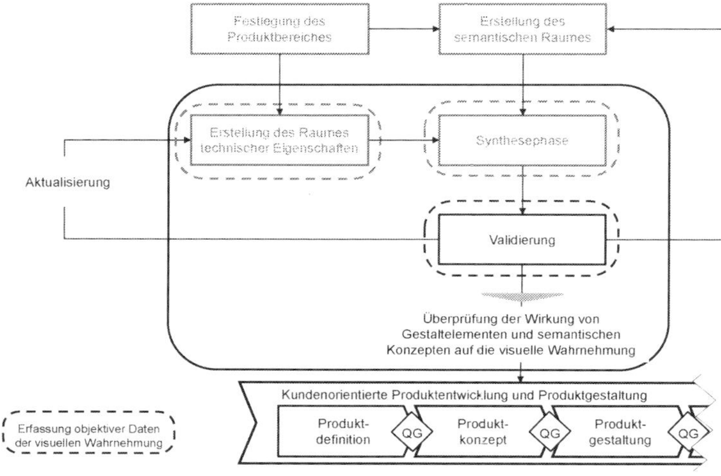

Abbildung 4-5: Betrachtungsbereich des Modules der Validierung

4.2.4 Statistische Datenanalyse von objektiv erfassten Informationen über die visuelle Wahrnehmung

Die Objektivierung von Informationen über die visuelle Wahrnehmung vollzieht sich in dieser Arbeit entlang der drei dargestellten Module und hinsichtlich der jeweiligen Zielstellung. In Bezug auf die Erstellung des Raumes technischer Eigenschaften ist mittels statistischer Datenanalyse Erkenntnis darüber zugewinnen, welche Gestaltelemente relevant sind. Diese Analyse erstreckt sich auf die **Wahrnehmungsrelevanz** (Modul 1), und zwar sowohl bewusst wahrgenommen und explizit geäußert als auch unbewusst wahrgenommen und indirekt durch Blickregistrierung erfasst. Diese Fragestellung lässt sich insbesondere mit Methoden der deskriptiven Statistik analysieren. Hinsichtlich der Untersuchung des **Zusammenhanges** zwischen wahrnehmungsrelevanten Gestaltelementen und der semantischen Dimension der Wahrnehmung (Modul 2) sind geeignete statistische Verfahren zur Ermittlung signifikanter Unterschiede einzusetzen. Für die **Validierung der Wirkung der Zusammenhänge** auf die visuelle Wahrnehmung, erfasst durch Blickregistrierungsparameter (Modul 3), sind statistische Verfahren zur Ermittlung signifikanter Unterschiede einzusetzen. Den Untersuchungen gemeinsam ist, dass es sich um **experimentelle** Situationen handelt[635]. Vordergründige Zielsetzung der Auswertungen ist es dabei, signifikante Unterschiede der Zusammenhänge zwischen zwei oder mehreren Variablen zu ermitteln.

Statistische Verfahren zur Datenanalyse und zur Ableitung von Signifikanzaussagen

Das multivariate Analyseverfahren, das die vorstehenden Problemstellungen untersucht, ist die ANOVA (Analysis of Variance (engl.): **Varianzanalyse**). Die Varianzanalyse wird als „[...] das wichtigste Analyseverfahren zur Auswertung von Experimenten [...]“[636] geführt. Im Allgemeinen untersuchen **multivariate** Verfahren den Zusammenhang in der Datenstruktur. Dabei ist zu differenzieren zwischen strukturentdeckenden und strukturprüfenden Verfahren, wenngleich eine überschneidungsfreie Verortung einzelner multivariater Verfahren aufgrund der speziellen, praktischen Anwendungszusammenhänge nicht immer gelingt. Die Verfahren der Varianzanalyse werden primär den strukturprüfenden Verfahren zugeordnet, da eine Vermutung über die Zusammenhänge aufgrund von theoretischen und / oder sachlogischen Vorüberlegungen besteht. Auf Basis dieser sachlogischen Vorüberlegungen erfolgt die Zuordnung in abhängige und unabhängige Variablen. Im Fall der Varianzanalyse, wird für eine oder mehrere abhängige Variablen metrisches und für die unabhängige Variable (Faktoren) nominales Skalenniveau gefordert. Für den Anwendungszusammenhang in dieser Arbeit ist zu konstatieren, dass die abhängigen Variablen in der Regel die **Parameter der Blickregistrierung** sind. Es ist somit eine Vermutung bezüglich des Zusammenhanges zwischen den Variablen getroffen. Bezüglich der Faktoren ist zu differenzieren zwischen den verschiedenen Modulen des Konzeptes. Im Prinzip ist die Varianzanalyse dabei der Vergleich der Mittelwerte des Parameters bedingt durch unterschiedliche Faktorstufen. Mittels Prüfgrößen und Hypothesentests wird geprüft, ob sich die Gruppenmittelwerte signifikant voneinander unterscheiden. Bei Gleichheit der Mittelwerte ist davon auszugehen, dass kein Effekt des jeweili-

[635] Für eine Diskussion zum Begriff *Experiment* und zur Unterscheidung im Vergleich zu *Test*, vgl. **Albers, A., et al.** (Verifikation und Validierung), 2016, S. 554. Darin wird als Experiment insbesondere die Validierung von Hypothesen verstanden.

[636] **Backhaus, K., et al.** (Multivariate Analysemethoden), 2016, S. 174.

gen Faktors auf die abhängige Variable festgestellt werden kann.[637] Die Varianzanalyse stellt eine Verallgemeinerung der t-Tests dar. In der einfachsten Form lassen sich Mittelwertunterschiede zweier Gruppen sowohl mittels ANOVA als auch mittels **t-Tests** untersuchen. Varianzanalysen und t-Tests zählen zu den parametrischen Testverfahren. Für diese Verfahren gelten zusammenfassend folgende Bedingungen für die Zuverlässigkeit des Testes:[638]

- Intervallskalierung der abhängigen Variable
- Normalverteilung des zu untersuchenden Merkmales in der Population
- Varianzhomogenität (Homoskedastizität) der Residuen
- Unabhängigkeit der Messwerte in allen Bedingungen

Die Prüfung der Normalverteilung erfolgt u. a. durch den KOLMOGOROV-SMIRNOV- oder SHAPIRO-WILK-Test und die Prüfung auf Varianzhomogenität u. a. mithilfe des LEVENE-Testes[639]. Sowohl t-Test als auch Varianzanalyse verhalten sich robust gegenüber einer Verletzung der Annahmen der Normalverteilung und Varianzhomogenität. Die Unabhängigkeit der Messwerte wird, insofern es das Studiendesign gestattet durch zufällige Zuweisung der Probanden zu den Faktorstufen erreicht.[640] Wie beschrieben, ist die verallgemeinerte statistische Fragestellung, die den skizzierten Problemen zugrunde liegt, die Untersuchung auf signifikante **Mittelwertunterschiede**. Abhängig davon, ob abhängige oder unabhängige Stichproben zu vergleichen sind und ob die dargestellten Annahmen zutreffen, sind zur Prüfung der statistischen Signifikanz verschiedene Testverfahren anzuwenden (siehe Abbildung 4-6). Unter Voraussetzung der Normalverteilungsannahme und Gleichheit der Varianzen in der Grundgesamtheit ist bei zwei unabhängigen Stichproben der Zweistichproben-t-Test und bei abhängigen Stichproben der verbundene t-Test anzuwenden. Bei Nichterfüllung dieser Annahmen sind alternative Testverfahren wie U-Test, WELCH-Test und WP-Test anzuwenden.[641]

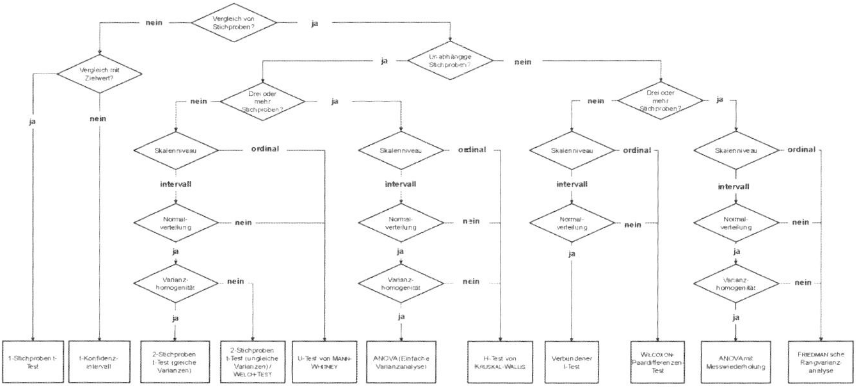

Abbildung 4-6: Testverfahren zur Prüfung auf Unterschiede zwischen Stichproben[642]

---

[637] Zu allgemeinen Ausführungen zur *ANOVA*, vgl. u. a. **ebenda** (Multivariate Analysemethoden), 2016, S. 17 ff. und S. 174 ff.

[638] Vgl. **Rasch, B., et al.** (Quantitative Methoden 2), 2014, S. 1 ff. und **Pospeschill, M.** (Statistische Methoden), 2006, S. 276 sowie zum *t-Test*, vgl. **Rasch, B., et al.** (Quantitative Methoden 1), 2014, S. 33 ff.

[639] Vgl. **Backhaus, K., et al.** (Multivariate Analysemethoden), 2016, S. 210 ff.

[640] Vgl. **Rasch, B., et al.** (Quantitative Methoden 2), 2014, S. 30 f.

[641] Insofern nicht anderweitig angegeben, wird nachfolgend auf einem Signifikanzniveau von $\alpha = 0{,}05$ getestet.

[642] Eigene Darstellung in Anlehnung an **Kähler, W.-M.** (Statistische Datenanalyse), 2006, S. 414 und 441. Eine vergrößerte Abbildung befindet sich im Anhang A.1.

4.2.5 Implikationen für die Produktgestaltung

In der Grundlagenliteratur zu Kansei Engineering wird für eine intensivere Einbindung der gewonnenen Daten in den Produktentwicklungsprozess plädiert[643]. Somit ist die Anforderung zu erfüllen, sowohl die Vorgehensweise im Allgemeinen als auch die Erkenntnisse aus den Methodenschritten im Speziellen in den vorhandenen Entwicklungsprozess **zu integrieren**[644]. Evident ist, dass die Blickregistrierung in den Phasen zum Einsatz kommen kann, in denen visuell erfahrbare Produktmodelle (z. B. Produktskizzen oder CAD-Zeichnungen) und Alternativen dieser vorliegen[645]. Zur Synchronisation der Anforderungen an die Phasen der Produktentwicklung und zur Absicherung der erhobenen Daten und Informationen über die visuelle Wahrnehmung empfiehlt sich die Implementierung von Quality Gates.[646] Aufgrund des Fokus dieser Arbeit auf frühen Phasen der Produktentwicklung, werden beispielhafte Inhalte für die Quality Gates nach der Produktdefinitions-, der Produktkonzept- und der Produktgestaltungsphase geführt.

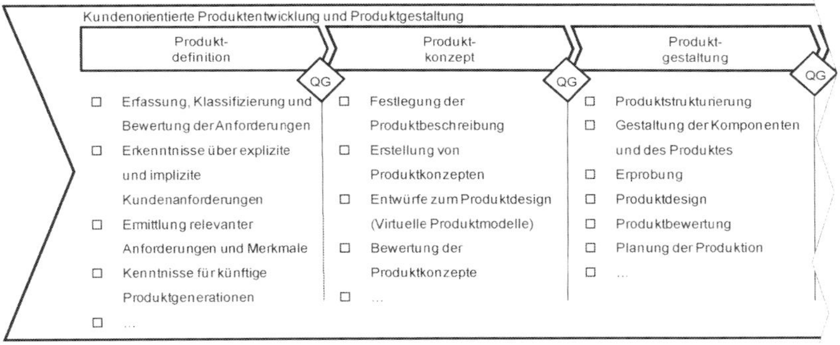

Abbildung 4-7: Anforderungen an Quality Gates in frühen Phasen der Produktentwicklung (Auszug)[647]

Zur Stärkung der **Akzeptanz** der zu entwickelnden Vorgehensweise sind die Erkenntnisse in bestehende Phasen der Produktentwicklung und -gestaltung einzubinden. Dies unterstützt bei der Sensibilisierung für die Bedeutung der visuellen Wahrnehmung für die Produktgestaltung. Im Sinne einer **Aufwand-Nutzen-Relation** ist keine erschöpfende Auflistung, dessen was in dem jeweiligen Quality Gate zu erfüllen ist, vorzunehmen. Vielmehr sind zur **Unterstützung der Entscheidungsfindung** die Quality Gates um die zusätzlichen Anforderungen zu ergänzen, die sich aus den Erkenntnissen der Anwendung der zu entwickelnden Vorgehensweise zielgerichtet ableiten lassen. Der **Mehrwert** der Vorgehensweise besteht insbesondere darin, Designentscheidungen in der Produktgestaltung durch zusätzliche, objektiv erfasste Informationen über die visuelle Wahrnehmung begründet zu unterstützen.[648] Insoweit liefert die Vorgehensweise eine methodische Begründung für Auswahlentscheidungen

[643] Siehe u. a. **Schütte, S.** (Designing Feelings), 2002, S. 88.

[644] Siehe hierzu Kapitel 4.1.3 und Kapitel 3.2.

[645] Vgl. Kapitel 2.6.4.

[646] Vgl. **Schmitt, R.; Pfeifer, T.** (Qualitätsmanagement), 2015, S. 143 ff. basierend auf **Prefi, T.** (Qualitätsorientierte Unternehmensführung), 2003 sowie Kapitel 2.2.3.

[647] Arbeitsschritte der Phasen in Anlehnung an **Engeln, W.** (Methoden der Produktentwicklung), 2011, S. 25 ff. Aufgabeninhalte des Produktdesigns nach ENGELN werden dabei in dieser Grafik der Phase Produktgestaltung zugeordnet.

[648] Zu den aufgeführten Kriterien, vgl. u. a. Kapitel 4.1.2 und Kapitel 3.2.

in Folge des systematischen Vergleiches (Benchmarkings) zwischen Produktvarianten[649]. Auf Basis der Quantifizierung und Objektivierung dieser Unterschiede und des Aufzeigens von Signifikanzen lassen sich Alternativen reduzieren sowie Produktverbesserungen unter Berücksichtigung der wahrnehmungsgerechten Gestaltung anstoßen. Die Analysen umfassen folgende Aspekte:

- Vergleiche auf Ebene des Gesamteindruckes zur Analyse der visuellen Aufmerksamkeit von Produktvarianten.
- Identifikation wahrnehmungsrelevanter Gestaltelemente auf Cluster- und Merkmalsebene (Aufmerksamkeitsfokus) als Basis für die Urteilsbildung.
- Zusammengehörigkeit von Elementen auf Clusterebene u. a. auf Basis expliziter Nennungen sowie der Analyse von Blickregistrierungsparametern.
- Ermittlung von Gestaltelementen, die zur Umsetzung produktsprachlicher Funktionen der semantischen Dimension besondere Relevanz aufweisen.
- Ableitung von Gestaltungsempfehlungen für Produktmerkmale der betrachteten Gestaltvariante.
- Nutzung von Gestaltungsrichtlinien[650] auf Merkmals- und Deskriptorenebene, wodurch auch eine Beziehung zu technischen Parametern hergestellt werden kann.

4.3 Zwischenfazit

Der Stand der Wissenschaft (Kapitel 2), die Lösungshypothese (Kapitel 4.1.1) und das beschriebene Konzept (Kapitel 4.2) zeigen, dass den frühen Phasen der Produktentstehung eine hohe Bedeutung zuteilwird, um die aus Kundensicht visuell relevanten Produktmerkmale zu identifizieren und wahrnehmungsgerecht zu gestalten. Wie begründet, sind dabei die ästhetische und die semantische Dimension der Wahrnehmung zugleich zu erfüllen. Die Verknüpfung der Produkterwartung bzw. des Produktverständnisses (repräsentiert und beschrieben durch semantische Konzepte) mit den wahrgenommenen Produktmerkmalen bzw. Gestaltelementen ist, so analysiert, erforderlich für eine hohe wahrgenommene Produktqualität. Zur Lösung und Strukturierung dieser Herausforderungen wurden Anforderungen an die Ausgestaltung eines Ansatzes entlang des Kansei-Engineering-Vorgehens aufgezeigt.

Hierfür sind die Kriterien zur Integration von Kansei Engineering in den Produktentwicklungsprozess zu erfüllen, um die Basisvoraussetzungen für eine Applikation der Vorgehensweise zu schaffen. Der **Mehrwert** besteht in der Anwendung der zu entwickelnden Vorgehensweise. Einzug in das Konzept aus Kapitel 4.2 finden in Analogie zum allgemeinen Vorgehen des Kansei Engineerings (siehe Kapitel 3.3.3) insbesondere die semantische Dimension sowie der Raum technischer Eigenschaften mit Bezug auf die Relevanz visuell wahrnehmbarer Produkteigenschaften. Da der Blickverlauf durch Gedankengänge[651], Erwartungen sowie Gefühlszustände beeinflusst wird und **subjektiv** vom Betrachter abhängig ist, wird der Untersuchungsanwender mittels apparativer Blickregistrierungsverfahren befähigt, **objektive** Daten über den visuellen Produkteindruck zu erfassen, um die impliziten und latenten

649 Vgl. **Daub, O.** (Objektivierung der Subjektivität), 2014, S. 68 f.

650 Vgl. **Prefi, T.; Falk, B.; Schmitt, R.** (Qualität und Markt), 2014, S. 396.

651 Vgl. **Yarbus, A.** (Eye Movements), 1967.

Kundenanforderungen an ein Produkt abzubilden und in Zusammenhängen darzustellen.[652] Innerhalb der Vorgehensweise ist daher die Blickregistrierung einzusetzen, um Informationen über die visuelle Wirkung von Produkten bzw. Produktgestaltvarianten auf verschiedenen **Ebenen der Wahrnehmung** zu erfassen. Die Anwendung von **statistischen Auswerteverfahren** bildet die Basis für die Beurteilung von Zusammenhängen der objektiv erhobenen Daten über die visuelle Wahrnehmung. Es ist dargestellt, dass durch die Erhebung von Informationen zu wahrnehmungsrelevanten Aspekten, das Potenzial zur Erweiterung des allgemeinen Vorgehens von Kansei Engineering v. a. in folgenden Schritten besteht:

- Identifikation der Qualitäts- und Produktmerkmale, die aus Sicht des Kunden wahrnehmungsrelevant sind (entspricht dem **Raum technischer Produktmerkmale**)
- Verknüpfung der Produktbedeutung (der Erwartung, die ein Kunde einem Produkt beimisst) mit den relevanten Produktmerkmalen (entspricht der **Synthese**)
- Ableitung sowie Prüfung der Wirkungen von Gestaltungsgrundsätzen und der Variation von Gestaltelementen auf die visuelle Wahrnehmung (entspricht der **Validierung**)

Im Kapitel 5 erfolgt die **Ausgestaltung** der Module des Konzeptes zur Beantwortung sowohl der Teilforschungsfragen als auch der leitenden Forschungsfrage. Durch die analytisch-deduktive Ausgestaltung werden die drei Module des Konzeptes aus Kapitel 4.2 in die **Methodenschritte** der zu entwickelnden Vorgehensweise transferiert.

[652] Vgl. **Köhler, M.; Falk, B.; Schmitt, R.** (Eye-Tracking in Kansei Engineering Method), 2015.

5 Kansei Engineering zur Strukturierung objektiv erfasster Informationen der visuellen Wahrnehmung

Nachdem die Anforderungen und Hauptinstrumente der erweiterten Vorgehensweise im Kapitel 4 aufgezeigt wurden, erfolgt in diesem Kapitel die **Ausgestaltung** des Konzeptes für einen Einsatz in der Unternehmenspraxis anhand der Beantwortung folgender Leitfrage: *Wie ist der Lösungsansatz schrittweise auszugestalten?* Das Konzept der zu entwickelnden Vorgehensweise strebt nach „[...] Konstruktion eines objektiv nachprüfbaren theoretischen Modells der Realität [...]“[653]. Im Fokus dieser Arbeit steht demnach nicht lediglich die **induktive Herleitung** eines Vorgehens zur Lösung der Probleme der Praxis, sondern auch das Aufzeigen zur Anwendung des Vorgehens und der dem Vorgehen immanenten Theorien im Anwendungszusammenhang. Die empirische Sozialforschung bietet Werkzeuge, um einen systematischen Zugang zur Prüfung der Theorien zu erlangen. Um diese Prüfung im Anwendungszusammenhang vorzunehmen (siehe Kapitel 6), werden die Arbeitsschritte der empirischen Sozialforschung (siehe Abbildung 5-1) als Referenz zur **deduktiven Ausgestaltung** der aufgezeigten Theorien entlang der drei Schritte des Kansei-Engineering-Ansatzes verwendet.

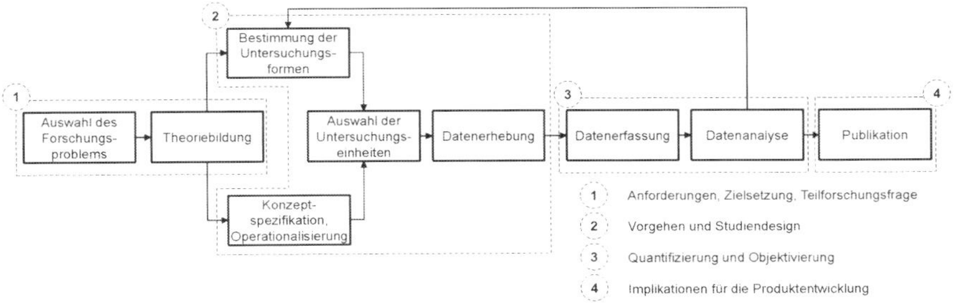

Abbildung 5-1: Forschungsaktivitäten empirischer Sozialforschung[654]

In den Kapiteln 5.1 bis 5.3 werden die drei Module des Konzeptes aus Kapitel 4.2 aufgegriffen und jeweils **Anforderungen und Ziel**, das prinzipielle **Vorgehen**, Ansätze zur **Quantifizierung und Objektivierung**[655] sowie die **Implikationen** für den Produktentwicklungsprozess aufgezeigt. Diese Aspekte bilden die Basis zur Strukturierung dieses Kapitels und seiner Unterkapitel (siehe Abbildung 5-2). Im Kapitel 5.4 erfolgt die Zusammenfassung der wesentlichen Implikationen aus der Anwendung der Methodenschritte für die Entscheidungsfindung in der kundenorientierten Produktgestaltung (siehe Kapitel 4.2.5). Bei der Darstellung der einzelnen Schritte wird, soweit es der Erkenntniserweiterung dient, dem Prinzip der **Methodentriangulation** gefolgt, um mittels Verknüpfung von qualitativer mit quantitativer Forschung zur Erkenntniserweiterung der Untersuchungsergebnisse beizutragen[656 657].

---

[653] **Schnell, R.; Hill, P. B.; Esser, E.** (Methoden der empirischen Sozialforschung), 2013, S. 3. Eine ähnliche Beschreibung nimmt FRIEDRICHS vor, vgl. **Friedrichs, J.** (Methoden empirischer Sozialforschung), 1990, S. 14.

[654] Vgl. **Schnell, R.; Hill, P. B.; Esser, E.** (Methoden der empirischen Sozialforschung), 2013, S. 4.

[655] Zur *Objektivierung* werden insbesondere Verfahren zur statistischen Auswertung eingesetzt, vgl. Kapitel 4.2.4.

[656] Vgl. **Mayring, P.** (Qualitative und quantitative Analyse), 2001, S. 9 und umfassend zur Methodentriangulation **Denzin, N.** (Research Act), 1978. Sowie ergänzend, siehe Kapitel 2.6.1.

[657] Zu grundlegenden Schritten des nachfolgend auszugestaltenden Vorgehens, vgl. auch **Köhler, M.; Schmitt, R.** (Systematic Consumer Evaluation Measurement), 2012.

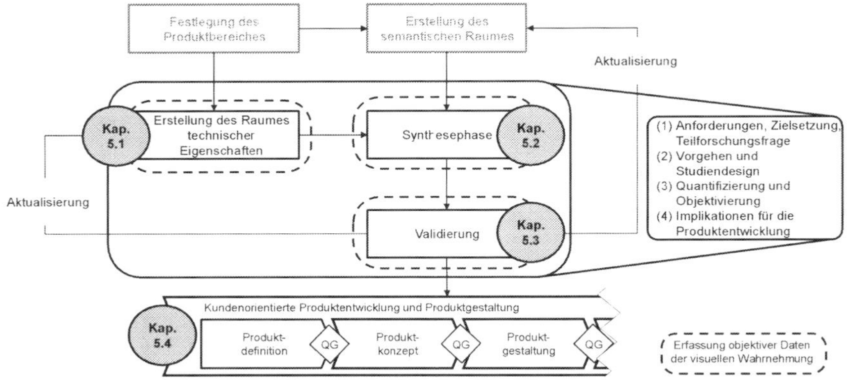

Abbildung 5-2: Struktur des Kapitels 5

5.1 Erfassung visuell wahrnehmungsrelevanter Produktmerkmale

Zum **Zwecke** der Erstellung eines Raumes relevanter, wahrnehmbarer Produkteigenschaften auf Basis der visuellen Aufmerksamkeit, steht im Fokus der Untersuchungen dieses Kapitels die Beantwortung von **Teilforschungsfrage 1**.

Wie lassen sich Informationen zu den aus Wahrnehmungssicht relevanten, visuellen Gestaltmerkmalen objektiv erfassen, um einen Raum technischer Eigenschaften aus Kundensicht zu beschreiben?

Wie im Kapitel 4.2.1 ausgeführt, ist in diesem Schritt 1 der Erfüllung folgender **Anforderungen** nachzugehen:

- Strukturierung der prinzipiell, visuell erfahrbaren Produktelemente
- Entwicklung eines Vorgehens mit Fokus auf formalästhetischen Produktfunktionen
- Einsatz qualitativer und quantitativer Erhebungsmethoden
- Anwendung von Blickregistrierungsparametern
- Erfassung visuell wahrnehmungsrelevanter Produktmerkmale
- Priorisierung der wahrnehmungsrelevanten Produktmerkmale
- Strukturierung der erhobenen Daten anhand des Ebenenmodells der Wahrnehmung
- Ableiten von Implikationen für die Produktentwicklung

Die Ausgestaltung des Methodenschrittes zielt auf die Erfüllung vorstehender Anforderungen und ist angelehnt an die Forschungsaktivitäten der empirischen Sozialforschung (Abbildung 5-1). Daher wird in den nachfolgenden Unterkapiteln zunächst das Vorgehen zur **Datenerhebung** (siehe Kapitel 5.1.1) dargestellt. Dem schließen sich die **Quantifizierung** sowie **Objektivierung** der Datenanalyse (siehe Kapitel 5.1.2) und abschließend die prinzipiellen **Implikationen** für den Entwicklungsprozess an (siehe Kapitel 5.1.3).

5.1.1 Vorgehen

Die Basis für die Erstellung des Raumes wahrnehmungsrelevanter Produktelemente bildet die Strukturierung der prinzipiell visuell erfahrbaren Produktelemente. Basierend auf verfügbaren Produktmodellen ist eine Systemanalyse der Gestalt des Produktmodells durchzuführen. Dabei erfolgt die Bestimmung der existierenden, äußerlich wahrnehmbaren Komponenten (= Systemelemente) und deren Gliederung in Strukturebenen. Zumeist wird von der Gesamtsicht auf das zu analysierende Objekt ausgehend immer detaillierter strukturiert. Grundsätzlich ist dabei eine granulare Strukturierung bis auf Merkmalsebene denkbar.[658] Die Limitationen innerhalb des Anwendungsbereiches dieser Arbeit bestehen einerseits in der differenzierten Wahrnehmung von Reizunterschieden (siehe Kapitel 2.5.1) und andererseits im Auflösungsvermögen des verfügbaren apparativen Blickregistrierungssystems (siehe Kapitel 2.6.5). Nach Ermittlung der Strukturelemente, erfolgt die eigentliche Bestimmung der visuell wahrnehmungsrelevanten Produktmerkmale über die Erhebung von Informationen der visuellen Aufmerksamkeit.

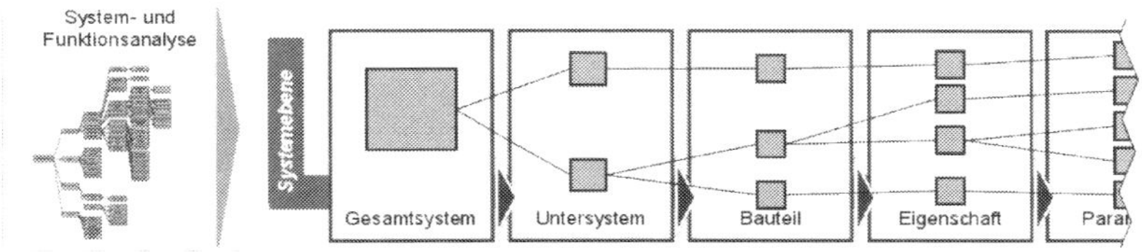

***Abbildung 5-3:* Systemanalyse für ausgewählte Strukturebenen**[659]

Erfassung visuell wahrnehmungsrelevanter Produktelemente

Im Zuge der Ausgestaltung des Vorgehens zur Erfassung der wahrnehmungsrelevanten Produktelemente ist zunächst zu klären, was unter *wahrnehmungsrelevant* zu verstehen ist. Diese theoretische Klärung umfasst die *Konzeptspezifikation*[660]. Wahrnehmungsrelevant sind die Produkt- und Qualitätsmerkmale, die eine höhere Aufmerksamkeit und somit Wahrnehmungsrelevanz beim Kunden hervorrufen, und zwar allein aufgrund der Wirkung formalästhetischer Produktfunktionen, d. h. frei von semantischer Bedeutung. Daher zielt dieser Methodenschritt auf die Ermittlung der Wirkung der elementaren Gestaltelemente bzw. des Gestaltaufbaues[661] auf die **Aufmerksamkeit**.

Zur Bestimmung der wahrnehmungsrelevanten Produktmerkmale lassen sich prinzipiell Methoden zur Erfassung der explizit wahrgenommenen Aspekte der Humanwahrnehmung (z. B. mittels Fragebogen) sowie zur Erhebung der impliziten Aspekte (in dieser Arbeit mittels **Blickregistrierung**) anwenden. Da der Fokus dieser Arbeit auf der Strukturierung objektiv erfasster Informationen über die visuelle Wahrnehmung liegt, werden in der Folge insbesondere apparative Methoden der **Blickregistrierung** und deren **Parameter** zur Operationalisierung der Zielsetzung betrachtet. Bei der Erfassung durch die Blickregistrierung ist ein Vorgehen zu entwickeln, um die **formalästhetischen Funktionen** getrennt von semantischen Eigenschaften eines Produktes zu betrachten. Hierzu ist eine **freie Interaktion** des Probanden mit dem Produkt zu gewährleisten.[662] Zudem sind die Blickdaten unmittelbar bei Erscheinen des Produktes aufzuzeichnen, da gerade zu Beginn eines Blickverlau-

---

658 Vgl. **VDA** (Produkt- und Prozess-FMEA), 2006, S. 31 ff.

659 In Anlehnung an **ebenda** (Produkt- und Prozess-FMEA), 2006, S. 32.

660 Vgl. **Schnell, R.; Hill, P. B.; Esser, E.** (Methoden der empirischen Sozialforschung), 2013, S. 7.

661 Vgl. *formalästhetische Produktfunktionen* im Kapitel 2.4.2.1.

662 Vgl. u. a. **Köhler, M.; Schmitt, R.** (Systematic Consumer Evaluation Measurement), 2012, S. 506.

fes Orientierungsvorgänge stattfinden[663]. Durch Blickpfadaufzeichnungen bezogen auf ein Objekt lässt sich ermitteln, auf welchen Produktkomponenten der Blick des Probanden länger und auf welchen kürzer verweilte. Hiermit ist jedoch nur eine relative Relevanz der Komponenten bezüglich eines bestimmten Sachverhaltes ableitbar. Um Handlungsempfehlungen für die Gestaltung einzelner Komponenten abzuleiten, bedarf es Vergleichsaufzeichnungen der Blickpfade unterschiedlicher Varianten (Benchmarking). Dabei ist zu beachten, dass sich die zu vergleichenden Produktvarianten nur durch wenige Komponenten voneinander unterscheiden (siehe Abbildung 5-4).

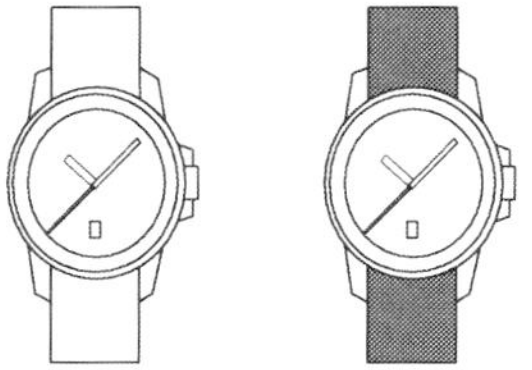

Abbildung 5-4: Identische Uhren mit unterschiedlichen Armbändern[664]

5.1.2 Quantifizierung und Objektivierung der Datenanalyse

Die Literatur führt diverse **Parameter** an, die eine Aussage und Interpretation über die visuelle Aufmerksamkeit zulassen und folglich als **geeignet** erscheinen, um die Relevanz einer Produktvariante bzw. von Gestaltelementen zu quantifizieren. Dabei ist die Fixation die Grundvoraussetzung dafür, dass ein Produktelement als auffällig wahrgenommen wird (siehe Kapitel 2.6.3). Spezifische Parameter, die gemäß Literatur eine Analyse der visuellen Aufmerksamkeit gestatten, sind u. a. IF, KFD, SW, SA, SD, FH (Abbildung 5-5).[665] Die KFD wird somit in der Literatur als *ein* Maß für die visuelle Aufmerksamkeit gesehen. Diese stellt die gesamte Fixationszeit auf einem Objekt oder einem Bereich erhöhter Aufmerksamkeit (AOI) dar und kann entweder relativ bezogen auf die Gesamtfixationszeit (in [%]) oder absolut (in [s]) ermittelt werden. Wird bei einem Objekt eine höhere KFD als bei anderen Objekten festgestellt, wird davon ausgegangen, dass dieses als auffälliger wahrgenommen wird und / oder einen höheren Informationsgehalt besitzt.[666]

$$KFD_i = \frac{t_i}{t_{ges}} \tag{5-1}$$

mit

KFD_i = kumulierte Fixationsdauer auf Komponente i [%]
t_i = kumulierte Fixationsdauer auf Komponente i [s]
t_{ges}= Gesamte Objektbetrachtungsdauer [s]

Da FD und FH zugleich die KFD beeinflussen und nicht eindeutig hervorgeht, welcher Parameter die KFD maßgeblich beeinflusst, ist die alleinige Angabe der KFD problematisch.[667]

---

[663] Vgl. **Berghaus, N.** (Eye-Tracking), 2005, S. 92. Die Orientierungsphase dient dazu, einen Überblick über das zu Betrachtende zu gewinnen und ist auf etwa zwei Sekunden beschränkt, vgl. **Pannasch, S., et al.** (Visual Fixation Durations), 2008, S. 3 ff. und **Tatler, B.; Gilchrist, I.; Rusted, J.** (Visual Representation), 2003, S. 589.

[664] Die Produktalternativen unterscheiden sich durch das Material und somit auch durch die Farbe des Armbandes.

[665] Zu Parametern der Blickregistrierung, vgl. Kapitel 2.6.6, Tabelle 2-9 sowie im Anhang Tabelle VII-1 bis Tabelle VII-4.

[666] Vgl. **Rötting, M.** (Parametersystematik), 2001, S. 113.

[667] Vgl. **Jacob, R.; Karn, K.** (Eye Tracking), 2003, S. 589.

Daher besteht die Möglichkeit und die Erfordernis, nicht nur die KFD, sondern auch weitere Parameter in die Analyse der visuellen Aufmerksamkeit einzubeziehen, zumal den einzelnen Parametern in der Literatur mehrere Interpretationsmöglichkeiten zugeschrieben werden.

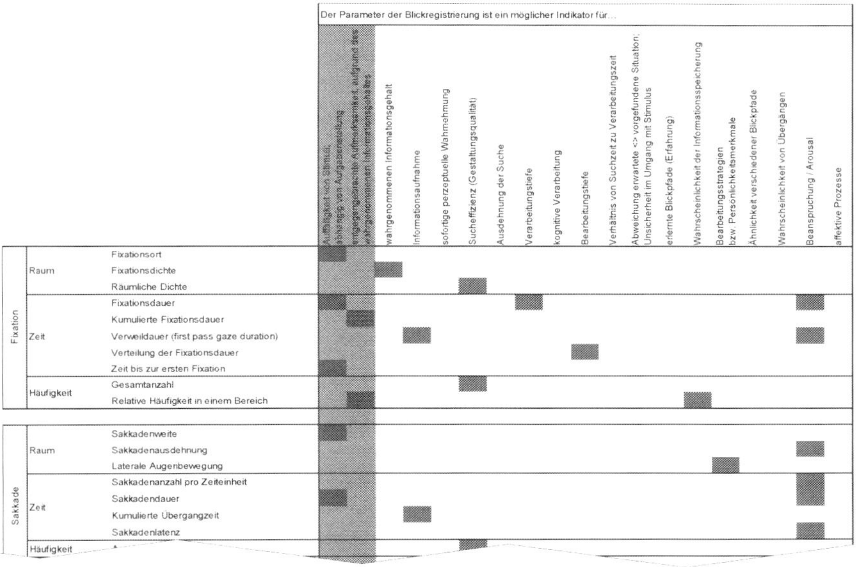

Abbildung 5-5: Blickregistrierungsparameter zur Analyse der visuellen Aufmerksamkeit (Auswahl)[668]

Aus den zentralen Parametern der Analyse lassen sich funktionale Zusammenhänge ableiten. Diese Zusammenhänge können je Betrachter bzw. summiert oder gemittelt über alle Betrachter hinweg analysiert werden. Wird der Blickpfad nur eines Probanden untersucht, lässt sich aus den zuvor genannten Parametern über die Ermittlung der Aufmerksamkeit eine Reihenfolge der Relevanz der Produktelemente ableiten. Die Ermittlung der visuellen Aufmerksamkeit von Produktelementen kennzeichnet sich somit als multifaktoriell (siehe Formel (5-2)). Daher ist **fallspezifisch** zu klären, welche Parameter in die Analyse einzubinden sind.

$$A_i = f(KFD_i; FH_i; {}^{1}/_{\delta_i}; IF_i; SW_i; FD_i; \dots) \tag{5-2}$$

mit

A_i = Grad der visuellen Aufmerksamkeit auf Komponente i

KFD_i = kumulierte Fixationsdauer auf Komponente i [%;s]

FH_i = Fixationshäufigkeit

δ_i = Zeitintervall bis zur ersten Fixation von Komponente i

IF_i = Initialfixation [wahr / falsch]

SW_i = Sakkadenweite

FD_i = Fixationsdauer

i = Komponentennummer

668 Für eine differenzierte Betrachtung zu den Blickregistrierungsparametern, vgl. die zusammenfassende Darstellung im Kapitel 2.6.6 sowie Anhang A.3.

Priorisierung wahrnehmungsrelevanter Produktelemente

Wenngleich die KFD *ein* möglicher, jedoch nicht der einzige Parameter zur Ableitung visuell relevanter Produktmerkmale darstellt, werden die wissenschaftlichen Ausführungen nachfolgend anhand dieses Parameters exemplarisch veranschaulicht. Somit sollen die Vorgehensweisen, insofern nicht anderweitig angegebenen, Gültigkeit auch für andere Parameter der Blickregistrierung aufweisen. Das PARETO-Diagramm der *freien Interaktion* eignet sich zur Ermittlung der wahrnehmungsrelevantesten Produktelemente. Mit dem **PARETO-Prinzip** werden Ursache-Wirkungsbeziehungen quantifiziert und Ursachen priorisiert. Demnach lassen sich durch 20 % der Ursachen bis zu 80 % der Wirkung erklären. Das Prinzip ist auf volkswirtschaftliche Untersuchungen von PARETO (1848-1923) zurückzuführen und wurde von JURAN zur Analyse weiterer empirischer Beobachtungen übernommen.[669] Übertragen auf die **Priorisierung** von wahrnehmungsrelevanten Gestaltelementen auf Basis objektiv erhobener Daten der Blickregistrierung bedeutet dies, dass nur wenige Produktelemente (gemäß PARETO-Prinzip 20 %) für einen Großteil der Aufmerksamkeit (80 %) verantwortlich sind.[670]

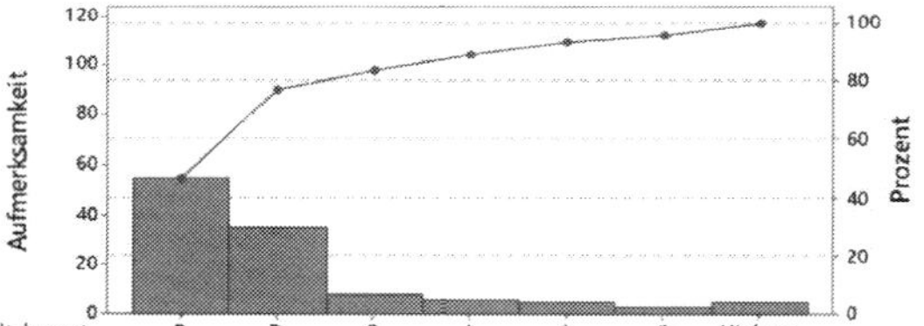

Gestaltelement	D	B	G	I	A	C	Weitere
Aufmerksamkeit	55	35	8	6	5	3	5
Prozent	47,0	29,9	6,8	5,1	4,3	2,6	4,3
Kum %	47,0	76,9	83,8	88,9	93,2	95,7	100,0

Abbildung 5-6: Exemplarisches PARETO-Diagramm

Die betrachteten System- bzw. Produktgestaltelemente werden als visuell **wahrnehmungsrelevant** eingestuft und stellen **Qualitätsmerkmale** dar. Diese Qualitätsmerkmale bilden die Basis zur Beurteilung eines Wahrnehmungsclusters aus Kundensicht. Bei der Bildung derartiger Wahrnehmungscluster ist ein gewisser Detaillierungsgrad nicht zu überschreiten (vergleiche Kapitel 2.3.3). Dabei lässt sich die Verteilung der Qualitätsmerkmale auch auf die Bildqualität, den Aufnahmewinkel des Produktmodells und Größeneffekte etc. zurückführen. Zudem ist eine direkte Aussage über die Bedeutung der einzelnen Komponenten zur Umsetzung der produktsprachlichen Funktion allein aufgrund von Schritt 1 nicht möglich. Dennoch sind diese Bereiche bzw. Komponenten bei der Ableitung von Gestaltungsempfehlungen zu berücksichtigen, da sie die Aufmerksamkeit des Betrachters hervorrufen und somit u. a. den *ersten Eindruck* prägen[671].

5.1.3 Implikationen für den Produktentwicklungsprozess

Die Bearbeitung dieses Schrittes zur Ermittlung wahrnehmungsrelevanter Qualitätsmerkmale gibt u. a. Rückschlüsse zu folgenden, relevanten Untersuchungsfragestellungen[672]:

[669] Vgl. **Hoffmann, D.** (Software-Qualität), 2013, S. 267 f.

[670] Vgl. **Schmitt, R.; Pfeifer, T.** (Qualitätsmanagement), 2015, S. 520 f.

[671] Zu dem *Ersten Eindruck*, vgl. Kapitel 2.5.1.

[672] Vgl. **Daub, O.** (Objektivierung der Subjektivität), 2014, S. 66 sowie Kapitel 2.6.4.

- Welche Qualitätsmerkmale rufen bei einer ersten Interaktion mit dem Produkt maßgeblich die Aufmerksamkeit hervor (Eye-Catcher)?
- Welche Qualitätsmerkmale werden detailliert betrachtet?
- Lassen sich standardisierte Betrachtungsabläufe bei den Betrachtern identifizieren?
- Lassen sich die Eindrücke priorisieren?

Zunächst ist die Bestimmung der Elemente, welche zuerst den Fokus des Betrachters sowie derjenigen, die am stärksten die visuelle Aufmerksamkeit hervorrufen und somit die visuelle Wahrnehmung prägen, erforderlich. Mithilfe der Priorisierung der Wahrnehmungsrelevanz von Elementen wird die Priorisierung während der Anforderungserhebung unterstützt. Daher lässt sich dieser Schritt frühzeitig in der Produktentwicklung und -gestaltung durchführen, um Entwicklungsressourcen zielgerichtet einzusetzen. Aufgrund der Bestimmung der technisch relevanten Produktmerkmale aus Sicht der unternehmensinternen Vertreter und der anschließenden Ermittlung der wahrnehmungsrelevanten Produktelemente aus Kundensicht, findet zugleich ein Abgleich zwischen Kunden- und Unternehmensperspektive statt.

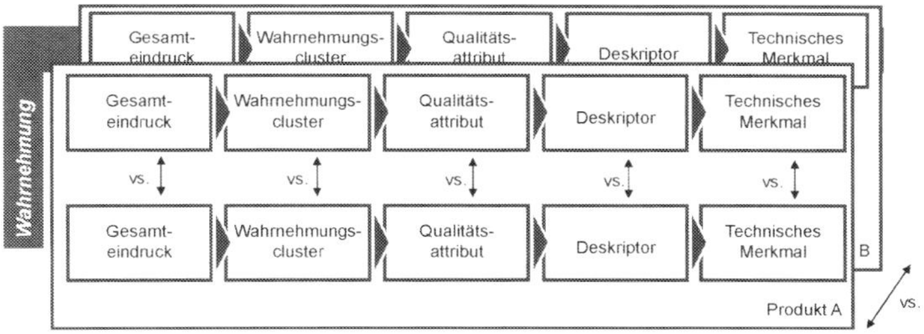

Abbildung 5-7: Potenzielle Entscheidungen strukturiert entlang des Ebenenmodells der Wahrnehmung[673]

Zudem liefert die Analyse der Blickdaten Kenntnis darüber, wie ein Produkt auf Basis der visuellen Wahrnehmung systematisch in seine Komponenten und Merkmale unterteilt werden kann und welche Komponenten visuell zusammengehörige Wahrnehmungsbereiche bzw. -cluster bilden[674]. Dies ermöglicht die **Strukturierung** der visuellen Wahrnehmung entlang der Ebenen des **Ebenenmodells der Wahrnehmung** (siehe Abbildung 5-7). Neben der Ermittlung der Relevanz von einzelnen Gestaltelementen bzw. Wahrnehmungsbereichen, lässt sich das Vorgehen auch auf die Ebene des Gesamteindruckes übertragen. Folglich kann bei mehreren zur Auswahl stehenden Produktalternativen die für die menschliche Aufmerksamkeit und Wahrnehmung relevanteste ermittelt werden.

5.2 Synthese von Qualitätsmerkmalen und semantischer Dimension der Wahrnehmung

Beim Betrachten eines Produktes ist nicht lediglich von Interesse, welche Produktgestaltmerkmale die Aufmerksamkeit[675] des Betrachters hervorrufen. Vielmehr hat der Betrachter bereits eine Erwartung an das Produkt bzw. ordnet diesem zeichenhafte Funktionen zu, die durch verschiedene subjektive Einflüsse geprägt sind (Erfahrungen, soziales Umfeld etc.).

[673] Darstellung basierend auf Abbildung 2-19 und den Ausführungen im Kapitel 5.1.3.

[674] Die Bedeutung derartiger *Gruppierungsgesetze* wurde im Kapitel 2.4.2.1 diskutiert.

[675] Zur *Aufmerksamkeitsrelevanz*, vgl. Kapitel 5.1.

Es wird zur Beschreibung der Unternehmens- und Produkt-DNA auf diverse semantische Konzepte zurückgegriffen[676]. Somit sind mehrere semantische Konzepte in die Analysen einzubinden, um deren Wirkung auf die visuelle Wahrnehmungs- und Aufmerksamkeitsrelevanz bestimmter Produkt- und Qualitätsmerkmale zu untersuchen. Diese Analysen stellen den **Hauptschritt** der Vorgehensweise dar. Ziel ist die Bildung von Zusammenhängen (**Synthese**) zwischen semantischen Konzepten und Qualitätsmerkmalen, um abzuleiten, welche Merkmale am stärksten mit einem semantischen Konzept assoziiert werden. Im Fokus dieses Schrittes steht die Beantwortung von **Teilforschungsfrage 2**.

Wie lässt sich der Zusammenhang zwischen visuell relevanten Produktgestaltmerkmalen und der semantischen Dimension der Wahrnehmung objektiv erfassen und abbilden?

Wie im Kapitel 4.2.2 ausgeführt, sind in diesem Schritt folgende **Anforderungen** zu erfüllen:

- Zusammenhang zwischen semantischer Dimension der Wahrnehmung und der Wirkung von wahrnehmungsrelevanten Produktmerkmalen
- Wirkung der Qualitätsmerkmale auf die semantische Dimension der Wahrnehmung
- Einfluss der Produkterwartung auf die entgegengebrachte Aufmerksamkeit
- Abbildung der Zusammenhänge auf verschiedenen Ebenen der Wahrnehmung
- Erhebung objektiver Daten über die Wahrnehmung (Wahrnehmungsbeiträge)
- Erfassung und Auswertung unbewusster und bewusster Aspekte der Wahrnehmung
- Zusammenhang zwischen Wahrnehmungsbeiträgen und emotionaler Bewertung
- Ermittlung signifikanter Unterschiede mittels statistischer Analyseverfahren

Der forschungsmethodische Ansatz folgt auch in diesem Kapitel der Methodentriangulation, da sowohl qualitative als auch quantitative Ansätze zur Beantwortung der Teilforschungsfrage Anwendung finden. Zur Erfüllung vorstehender Anforderungen erfolgt die Ausgestaltung des Methodenschrittes der **Synthese** in Anlehnung an das Vorgehen der empirischen Sozialforschung nach Abbildung 5-1. Zunächst wird im Unterkapitel 5.2.1 das Vorgehen zur **Datenerhebung** dargestellt. Daran schließen sich die **Analyse** und **Quantifizierung** anhand von Matrizen und die Auswertung durch statistische Analyseverfahren an (siehe Kapitel 5.2.2 und 5.2.3). Abschließend werden die prinzipiellen **Implikationen** für den Entwicklungsprozess aufgezeigt (siehe Kapitel 5.2.4).

5.2.1 Vorgehen

Ziel dieses Methodenschrittes ist die Bildung von Zusammenhängen zwischen semantischen Konzepten und Produktgestaltelementen durch die objektive Erfassung von Informationen über die bewusste und unbewusste Wahrnehmung. Die semantischen Konzepte zur Beschreibung der semantischen Dimension werden in dieser Arbeit als gegeben angenommen und liegen folglich als Eingangsdaten für die Schritte der Vorgehensweise bereits vor. Die relevanten Produktmerkmale sind diejenigen, die durch Schritt 1 ermittelt werden. Daher ist Schritt 2 in Verbindung mit Schritt 1 aus Kapitel 5.1 durchzuführen. Da besonders in frühen Phasen der Produktentwicklung die visuelle Wahrnehmung von Produktmodellen entscheidend ist, beschränkt sich die Methodik weiterhin auf die Erfassung der bewussten und unbewussten **visuellen** Wahrnehmung. Die Wahrnehmungsbeiträge des bewusst (z. B. mittels

[676] Zu *Partialstilen* und *Einzelassoziation*, vgl. Kapitel 2.4.2.3.

Fragebogen) und des unbewusst (mittels Blickregistrierung) Wahrgenommenen lassen sich in Matrizen qualitativ abbilden. Hierfür sind die erforderlichen Eingangsdaten zu erheben. Um die Kundenwahrnehmung und die Kundeneindrücke vollständig zu erfassen, lassen sich zusätzlich zur Erfassung von Informationen über die Wahrnehmung auch die aus der Wahrnehmung resultierenden Kundenemotionen erheben[677]. Schließlich werden die generierten Daten ausgewertet und Gestaltungsempfehlungen abgeleitet, indem Zusammenhänge zwischen den semantischen Konzepten und dem Produkt bzw. den Produktmerkmalen abgebildet werden. Diese Gestaltungsempfehlungen zur erfolgreichen Umsetzung einer intendierten produktsprachlichen Funktion beziehen sich auf das Produkt oder auf einzelne Qualitätsmerkmale und unterstützen bei der Reduktion der Anzahl an Produktalternativen.[678]

Um objektive Informationen, über die aus Kundensicht wahrgenommene Umsetzung einzelner intendierter Produktbotschaften in den Qualitätsmerkmalen, zu erfassen, werden den Probanden Produktmodelle[679] verschiedener Designvarianten präsentiert. Während bzw. im Anschluss an die Betrachtung werden durch Blickregistrierungs- und Befragungsmethoden sowohl **unbewusste** als auch **bewusste** visuelle Kundeneindrücke erhoben. Hierbei ergeben sich besondere Anforderungen an die Qualität und Präsentation dieser Produktmodelle. Die Produktmodelle sind so aufzubereiten, dass sie aus dem gleichen Blickwinkel präsentiert werden. Zudem ist ein einheitlicher Hintergrund zu wählen, um die Probanden nicht durch äußere Einflüsse vom eigentlichen Betrachtungsobjekt abzulenken. Weiterhin sind die zu vergleichenden Alternativen in gleicher Größe abzubilden. Abhängig von der gewählten Darstellungsgröße lassen sich Analysen auf den unterschiedlichen Detaillierungsebenen der Wahrnehmung vornehmen. Um die Änderungen des wahrgenommenen Gesamteindruckes auf die Wirkung einzelner Produktkomponenten zurückzuführen, sollten sich die Produktalternativen schließlich in nur möglichst wenigen Komponenten voneinander unterscheiden.[680]

Erhebung der unbewussten Kundenwahrnehmung

Gedanken und Erwartungen nehmen Einfluss auf den Blickverlauf und damit auf die Lenkung der visuellen Wahrnehmung. In Abhängigkeit von der Aufgabenstellung ändern sich der individuelle Gedankengang und folglich der Blickverlauf.[681] Übertragen auf die Anwendung der Blickregistrierung in dieser Arbeit bedeutet dies, dass bei der Anweisung an ein bestimmtes semantisches Konzept zu denken, diejenigen Qualitätsmerkmale bei den Probanden mehr Aufmerksamkeit hervorrufen werden, welche eher mit diesem Wort assoziiert werden und Rückschlüsse auf die Umsetzung der semantischen Produktfunktion im Produkt liefern. Hierdurch wird die unbewusste Zuordnung von Produktkomponenten zu einzelnen semantischen Konzepten erfasst. Die potenziell zu erhebenden **Parameter der Blickregistrierung** sind diejenigen, mit denen prinzipiell die Aufmerksamkeit abgebildet werden kann[682].

---

[677] Zur Erhebung von emotionalen Eindrücken greifen die Ansätze von Kansei Engineering häufig auf die SD-Methode bzw. auf Fragebogentechniken zurück, vgl. u. a. Kapitel 3.3.3. Wenngleich die Erhebung emotionaler Aspekte nicht im wissenschaftlichen Fokus dieser Arbeit steht, werden Fragebogentechniken ergänzend eingesetzt, um die *prinzipielle Verknüpfung* von wahrnehmungsrelevanten Informationen, deren sich diese Arbeit widmet, mit emotionalen Aspekten aufzuzeigen.

[678] Zu dem Aufbau dieser Matrizen, vgl. **Köhler, M.; Schmitt, R.** (Systematic Consumer Evaluation Measurement), 2012.

[679] Z. B. (computergenerierte) Skizzen, Fotos oder Prototypenaufbauten, siehe u. a. Kapitel 2.2.4.

[680] Zu den Anforderungen an die Qualität und die Präsentation der *Produktmodelle*, vgl. auch Kapitel 5.1.1. sowie **Köhler, M., et al.** (Emotion and Perceived Quality), 2015.

[681] Vgl. **Yarbus, A.** (Eye Movements), 1967 sowie Kapitel 2.6.4.

[682] Hierbei ist u. a. auf die Parameter zu verweisen, die bereits im Kapitel 5.1.1 aufgeführt sind.

Erhebung der bewussten Wahrnehmung und der emotionalen Bewertung der Kunden

Befragungsmethoden (z. B. halbstrukturierte Interviews oder standardisierte Fragebögen) unterstützen bei der Erhebung bewusster, visueller Kundeneindrücke. Es wird eine bewusste Zuordnung der einzelnen Qualitätsmerkmale zu dem jeweiligen semantischen Konzept erstellt. Auf verschiedenen Ebenen der Wahrnehmung (Produkt, Cluster, Merkmale) lässt sich ermitteln, welche Variante aus Kundensicht in Zusammenhang mit der semantischen Dimension steht. Rating-Skalen stellen eine Möglichkeit dar, um durch die Probanden eine Einschätzung zur Umsetzung der einzelnen semantischen Wörter in den Qualitätsmerkmalen vorzunehmen.[683] Diese Evaluation erfolgt dabei in Anlehnung an die **Synthese** des allgemeinen Vorgehens des Kansei Engineerings anhand mehrstufiger LIKERT-Skalen[684] (z. B. *sehr stark* bis *sehr schwach* ausgeprägt). Statistische Analysen (z. B. Berechnung von Mittelwerten, Streuungen und Konfidenzintervallen) geben Hinweise, inwieweit semantische Konzepte in den Qualitätsmerkmalen Umsetzung finden.[685]

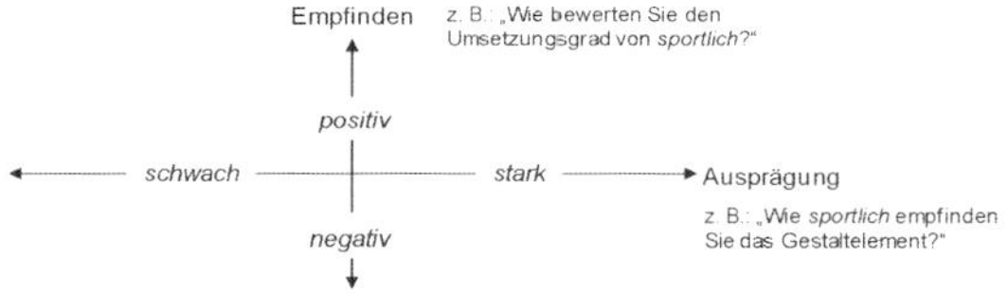

Abbildung 5-8: Wahrgenommene Umsetzung und Beurteilung der semantischen Dimension

Die erfassten Daten liefern Informationen darüber, welche Qualitätsmerkmale der Betrachter mit einer spezifischen produktsprachlichen Funktion verbindet. Um zudem zu ergründen, ob der Eindruck aus Kundensicht positiv oder negativ ist, sind Informationen über Emotionen zu erheben. Grundsätzlich lassen sich Emotionen anhand der Richtung, der Intensität und des Inhaltes beschreiben[686]. Methoden, um explizite Informationen über Emotionen zu erhalten, sind beispielweise Fragebögen. Um die Richtung und Intensität der emotional, bewussten Kundenbewertung bezüglich der Ausprägung des jeweiligen semantischen Wortes zu erfassen, ist die Befragung um emotionale Bewertungen des Umsetzungsgrades zu ergänzen. Hiermit kann das individuelle Empfinden hinsichtlich der Ausprägung des jeweiligen semantischen Wortes eingeschätzt werden (z. B. *sehr positiv* bis *sehr negativ*). Zur Erfassung von Informationen über Emotionen sind neben den verbalen Messverfahren non-verbale, apparative Verfahren einzusetzen (u. a. Erfassung physiologischer Signale[687]). Nachteile dieser Verfahren bestehen in der zeit- und kostenintensiven Erhebung. Sie sind zumeist nur für den Einsatz unter Laborbedingungen geeignet und es sind anwendungsfallspezifische Anweisungen für die Erhebung und Auswertung zu entwickeln[688].[689]

683 Vgl. **Eid, M.; Gollwitzer, M.; Schmitt, M.** (Statistik und Forschungsmethoden), 2013, S. 31.

684 Vgl. **Schütte, S.** (Designing Feelings), 2002, S. 63.

685 Die Methode zur Erhebung der bewussten Aspekte der Wahrnehmung liefert valide Ergebnisse, ist jedoch auch mit einem erheblichen Auswertungsaufwand verbunden.

686 Vgl. u. a. **Meffert, H.; Burmann, C.; Kirchgeorg, M.** (Marketing), 2015, S. 112 sowie Kapitel 3.3.3.

687 So können durch die Aufzeichnung von Herzfrequenz und der Aktivität von Gesichtsmuskeln während der Blickregistrierung, Informationen darüber erfasst werden, welche Produktalternative bzw. -komponente hinsichtlich der Umsetzung einer Produktbotschaft den höchsten positiven emotionalen Wert hervorruft. Eine aus Kundensicht positive Bewertung wäre somit durch eine hohe Herzfrequenz und einer Aktivität des Lachmuskels gekennzeichnet, vgl. **Schmitt, R., et al.** (Objectifying User Attention and Emotion), 2014 sowie **Döring, N.; Bortz, J.** (Forschungsmethoden und Evaluation), 2016, S. 520 f.

688 Vgl. **Trommsdorff, V.** (Konsumentenverhalten), 2008, S. 72 ff.

689 In der vorliegenden Arbeit werden die bewussten Emotionen mittels Fragebogen erhoben.

5.2.2 Analyse und Quantifizierung mittels Strategie-Qualitätsmerkmal-Matrix

Die zuvor erhobenen Daten lassen sich als Wahrnehmungsbeiträge $W_{ij,exp}$ für das explizit Geäußerte und als Wahrnehmungsbeiträge $W_{ij,imp}$ für das implizit visuell Wahrgenommene abbilden und in Matrizen gegenüberzustellen.[690] Diese Wahrnehmungsbeiträge können **absolut** oder **relativ** dargestellt und analysiert werden. Bei der absoluten Abbildung der Daten werden die erhobenen Daten aus der Blickregistrierung bzw. aus den Fragebögen unbereinigt dargestellt. Bezüglich der explizit geäußerten, bewussten Aspekte der Wahrnehmung (z. B. erfasst mittels Fragebögen) bezieht sich dies u. a. auf die Häufigkeit der Nennungen, inwiefern ein Produktmerkmal mit einem Kansei-Wort bzw. einer produktsprachlichen Funktion im Zusammenhang steht. Bezüglich der unbewussten Wahrnehmung und Aufmerksamkeit sind dies die mittels Blickregistrierung erhobenen Wahrnehmungsbeiträge $W_{ij,imp}$. Diese Zusammenhänge lassen sich spezifisch je Betrachter und gemittelt über alle Betrachter hinweg analysieren. Für die vorliegende Arbeit ist insbesondere die Ermittlung der gemittelten Werte von Interesse[691]. Die Summe der Messwerte eines bestimmten Blickregistrierungsparameters (z. B. KFD) über alle Probanden n einer bestimmten **Faktorstufenkombination** AS_{ij} aus Ausprägung und semantischem Konzept errechnet sich gemäß Formel (5-3)[692].

$$AS_{ij} = \sum_{m=1}^{n} x_{ijm} \tag{5-3}$$

mit

x_{ijm} = beliebiger Blickregistrierungsparameter

i = Faktorstufe des Faktors A

j = Faktorstufe des Faktors S

m = Versuchsperson

n = Anzahl Versuchspersonen

Die Summe der Messwerte eines bestimmten Blickregistrierungsparameters (z. B. KFD) über alle Probanden n für eine bestimmte Gestaltausprägung i ergibt sich gemäß Formel (5-4).

$$A_i = \sum_{j=1}^{q} AS_{ij} \tag{5-4}$$

mit

i = Stufe des Faktors A

j = Stufe des Faktors S

q = Anzahl der Faktorstufen des Faktors S

Die Summe der Messwerte eines Blickregistrierungsparameters (z. B. KFD) über alle Probanden n für ein spezifisches semantisches Konzept j errechnet sich gemäß Formel (5-5).

$$S_j = \sum_{i=1}^{p} AS_{ij} \tag{5-5}$$

mit

i = Stufe des Faktors A

j = Stufe des Faktors S

p = Anzahl der Faktorstufen des Faktors A

---

690 Für die Bildung dieser Matrizen, vgl. **Köhler, M.; Schmitt, R.** (Systematic Consumer Evaluation Measurement), 2012.

691 Zur Bedeutung von Mittelwertanalysen im Kontext dieser Arbeit, vgl. u. a. Kapitel 4.2.4 sowie Kapitel 5.2.3.

692 Zu den Faktorstufen, vgl. auch Kapitel 5.2.3.3.

Die Gesamtsumme aller Messwerte eines bestimmten Blickregistrierungsparameters (z. B. KFD) in der Matrix resultiert aus Formel (5-6) (siehe auch Abbildung 5-9).

$$G = \sum_{i=1}^{p}\sum_{j=1}^{q}\sum_{m=1}^{n} x_{ijm} = \sum_{i=1}^{p}\sum_{j=1}^{q} AS_{ij} = \sum_{i=1}^{p} A_i = \sum_{j=1}^{q} S_j \quad (5\text{-}6)$$

mit

p = Anzahl der Faktorstufen des Faktors A

q = Anzahl der Faktorstufen des Faktors S

n = Anzahl der Probanden

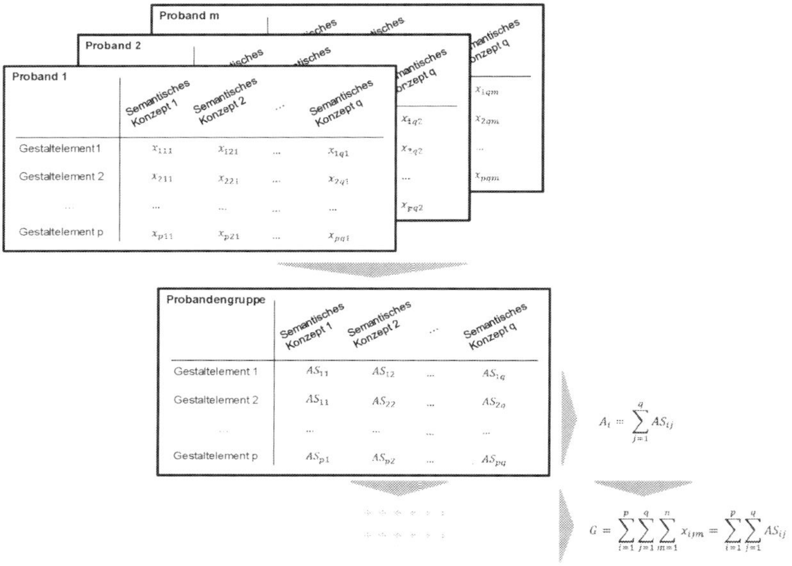

Abbildung 5-9: Berechnung der Gesamtsumme aller Messwerte eines Blickregistrierungsparameters

Aus den absoluten Werten lässt sich weiterhin die Bedeutung eines Produktmerkmales bzw. einer Gestaltvariante für die Umsetzung eines Konzeptes der semantischen Dimension der Wahrnehmung ableiten. Zudem lässt sich ermitteln, welches semantische Konzept bzw. produktsprachliche Funktion am relevantesten für die jeweilige Gestaltvariante ist.[693]

Zur Untersuchung der Wirkung der Variationen von semantischer Dimension der Wahrnehmung und von Produktgestaltelementen auf die visuelle Aufmerksamkeit, ist insbesondere die Analyse der jeweiligen **Effekte** dieser Wirkung von Bedeutung. Zur Ermittlung dieser Effekte sind die Abweichungen der erhobenen Wahrnehmungsbeiträge von Interesse. Bezüglich der explizit geäußerten, bewussten Wahrnehmung lässt sich dies durch **Mittelwertabweichungen** und durch Abweichungen in der Häufigkeit der Nennungen abbilden.

Bezüglich der unbewussten Wahrnehmung kann eine **Referenzierung** der Wahrnehmungsbeiträge vorgenommen werden, z. B. mit Bezug zur **freien Interaktion** (siehe Kapitel 5.1), in Bezug auf ein weiteres semantisches Konzept oder in Bezug zu alternativen Gestaltausprä-

[693] Als Basis zur Beurteilung der Relevanz einer Gestaltvariante für die Umsetzung einer produktsprachlichen Funktion kann auf die Analysen mittels PARETO-Diagramm zurückgegriffen werden vgl. Kapitel 5.1.2.

gungen. Lassen sich Abweichungen in den Wahrnehmungsbeiträgen feststellen, so sind diese unter sonst gleichen Bedingungen (ceteris paribus, c. p.) auf die Effekte der Faktoren zurückzuführen. Über den Vergleich mit der Referenzaufnahme lassen sich somit Rückschlüsse auf die Änderung der Aufmerksamkeit bei dem jeweiligen semantischen Wort und die damit einhergehende visuelle Relevanz der einzelnen Qualitätsmerkmale für die Umsetzung der semantischen Produktfunktion ziehen. Ferner lassen sich die Werte normieren bzw. **skalieren**[694], um im Zuge der Datenauswertung die wahrnehmungsrelevantesten Gestaltelemente für jede produktsprachliche Funktion zu ermitteln.[695]

Tabelle 5-1: Kriterien zur Ausgestaltung der Matrizen

Kategorie	Ausprägungen	
Eingangsdaten	$W_{ij,imp}$ aus der Blickregistrierung	$W_{ij,exp}$ erhoben mit Fragebögen
Skalierung der Daten	ja	nein
Referenzierung	ohne (absolut)	mit (relativ)

Wird eine Komponente mit einem semantischen Konzept explizit oft in Verbindung gebracht resultiert daraus ein hoher $W_{ij,exp}$. Diese Komponente und die sie prägenden Gestaltelemente sind somit für die wahrgenommene Umsetzung der produktsprachlichen Funktion bedeutsam. Sind die absoluten Wahrnehmungswerte und die Wahrnehmungswerte im Vergleich zur Referenzmessung aller Qualitätsmerkmale für ein semantisches Konzept tendenziell hoch, deutet dies auf eine starke Umsetzung des semantischen Konzeptes im Gesamtprodukt. Aus den Parametern der Blickregistrierung lassen sich Hinweise für die visuelle Aufmerksamkeit der Gestaltvarianten beim Gedanken an einzelne semantische Konzepte ableiten. Ein hoher $W_{ij,imp}$ lässt darauf schließen, dass die Komponente bei dem jeweiligen semantischen Konzept eine höhere visuelle Aufmerksamkeit bei den Betrachtern hervorruft als bei der freien Interaktion oder im Vergleich zu weiteren semantischen Konzepten. Die Probanden assoziieren diejenigen Produktelemente mit dem jeweiligen semantischen Konzept, die eine höhere visuelle Aufmerksamkeit hervorrufen[696]. Diese Produktelemente haben folglich für die Umsetzung der produktsprachlichen Funktion (z. B. Funktionsanzeichen) eine hohe Bedeutung. Aufgrund der **Grenzen der Blickregistrierung** lässt sich hieraus nicht direkt auf den Umsetzungsgrad des semantischen Konzeptes schließen[697].

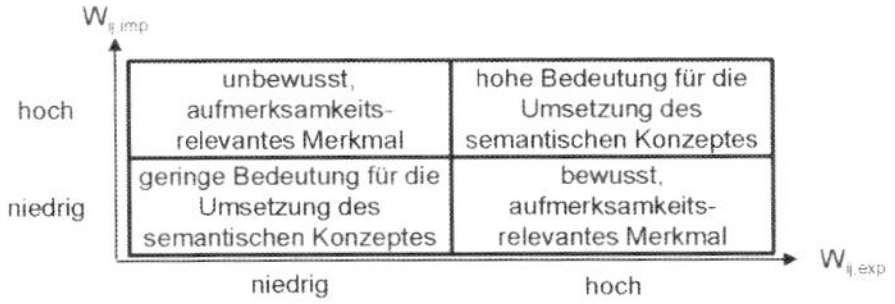

Abbildung 5-10: Portfolio zur Gegenüberstellung impliziter und expliziter Wahrnehmungsbeiträge

Sind $W_{ij,imp}$ und $W_{ij,exp}$ einer Komponente gleichzeitig hoch bzw. niedrig, so stärkt dies die Bedeutung des jeweiligen Produktelementes zur Umsetzung der produktsprachlichen Funktion. Wird ein Produktelement häufig genannt und gleichzeitig intensiver betrachtet im Ver-

[694] Z. B. auf einer Skala von 0 bis 10, d. h. keine bis sehr hohe Bedeutung.

[695] Für die Erstellung und die Analyse dieser Matrizen hier und in der Folge, vgl. **ebenda** (Systematic Consumer Evaluation Measurement), 2012.

[696] Hierbei ist auf die bereits aufgeführten Erkenntnisse von YARBUS und RÄIHÄ ET AL. zu verweisen, vgl. Kapitel 2.6.4.

[697] Zu ausgewählten Grenzen der Blickregistrierung, vgl. Kapitel 2.6.7.

gleich zu anderen Elementen (absolut) bzw. im Vergleich zur Referenzmessung (relativ), so wird diesem Qualitätsmerkmal eine hohe Bedeutung für die wahrgenommene Umsetzung des semantischen Konzeptes zuteil. Demgegenüber ist die Bedeutung einer Produktkomponente für die wahrgenommene Umsetzung der produktsprachlichen Funktion gering, wenn sie im Rahmen der Blickregistrierung keine Aufmerksamkeitsrelevanz erhielt und auch explizit aus Kundensicht die produktsprachliche Funktion nicht bzw. kaum umsetzt (selten genannt in Befragung).

Weichen $W_{ij,exp}$ und $W_{ij,imp}$ voneinander ab, sind differenziertere Empfehlungen zur Gestaltung der wahrgenommenen Umsetzung einer Produktbotschaft abzuleiten. Komponenten, mit geringen $W_{ij,exp}$ (d. h. selten genannt) und hohen $W_{ij,imp}$ (d. h. ausgeprägter Blickregistrierungsparameter), sind visuell auffällige Elemente für die wahrgenommene Umsetzung der jeweiligen Produktbotschaft. Diese Elemente scheinen bedeutend für die wahrgenommene Umsetzung der jeweiligen produktsprachlichen Funktion zu sein. Bei der Gestaltung empfiehlt sich die Orientierung analog zu den Komponenten, die die Produktbotschaft bereits umsetzen. Komponenten, die häufig genannt werden (hoher $W_{ij,exp}$), jedoch einen geringen $W_{ij,imp}$ aufweisen, sind nicht in dem zu erwartenden Maße wahrnehmungs- bzw. aufmerksamkeitsrelevant. Dies ist einerseits auf Aspekte des Studiendesigns zurückzuführen (z. B. kleine Komponente, geringe Qualität der Darstellung des Produktmodells, mangelnde Auflösung des Blickregistrierungssystems, eingeschränkte Zeit zur Blickaufzeichnung)[698]. Andererseits kann dies in einer tatsächlich **unzureichenden wahrnehmungsgerechten Gestaltung** begründet sein. Die Ergebnisse der Blickregistrierung stehen jedoch nicht der Bedeutung der Komponente zur Umsetzung der produktsprachlichen Funktion entgegen.[699]

5.2.3 Datenauswertung mittels statistischer Analyse

Im Forschungsprozess empirischer Forschung[700] erfordert die Ableitung signifikanter Aussagen eine statistische Analyse zur Auswertung der erhobenen Daten. Es ist zu überprüfen, ob sich das Blickverhalten (z. B. visuelle Aufmerksamkeit erhoben über die KFD), bedingt durch die Änderung semantischer Konzepte oder durch die Änderung der Gestaltausprägung, **signifikant** verändert. Die Frage, die der statistischen Analyse zugrunde liegt, ist Folgende:

*Beeinflusst die Wahl der Gestaltausprägungen und die Wahl semantischer Konzepte die visuelle Aufmerksamkeit **signifikant**?*

Durch Prüfung der Ergebnisse auf statistische Signifikanz sind Unterschiede zwischen den Untersuchungsgruppen abzuleiten. Weisen die Ergebnisse der statistischen Tests (siehe Abbildung 5-11) keine signifikanten Änderungen der zu analysierenden Parameter der Blickregistrierung (z. B. gemittelte KFD) im Vergleich zur Referenzmessung auf, ist der Mittelwertunterschied zufällig zustande gekommen und lässt keine statistisch begründete Entscheidung für die Produktgestaltung zu.

698 Zu Kriterien der Blickregistrierung, vgl. u. a. Kapitel 2.6.5 sowie zur Präsentation der Objekte im Rahmen der Blickregistrierungsstudien, vgl. u. a. Kapitel 5.1.1 und Kapitel 5.2.1.

699 Für den prinzipiellen Aufbau und zur Auswertung der hier dargestellten Matrizen, vgl. insbesondere **Köhler, M., et al.** (Emotion and Perceived Quality), 2015; **Köhler, M.; Schmitt, R.** (Systematic Consumer Evaluation Measurement), 2012 sowie **Gerke, J.** (Semantische und technische Produktbeschreibung), 2012, S. 40 ff.

700 Vgl. hierzu u. a. Kapitel 5.

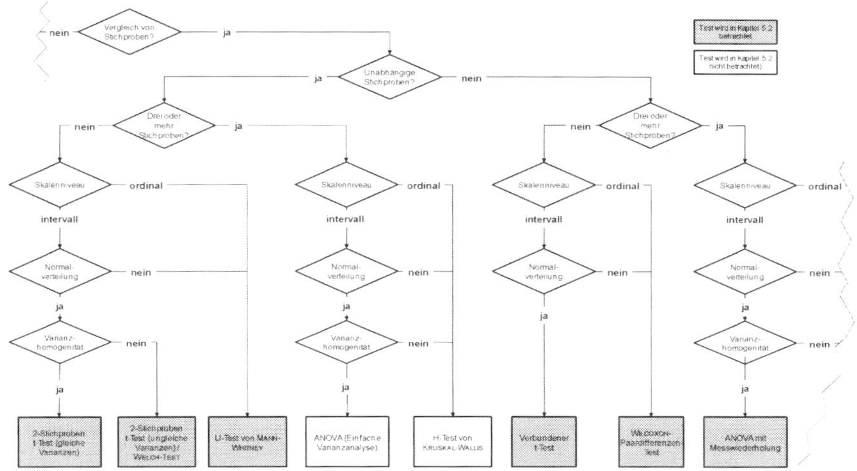

***Abbildung 5-11: Ausgewählte Testverfahren zur Prüfung der Hypothesen im Schritt der Synthese*[701]**

5.2.3.1 Vergleich von zwei unabhängigen Stichproben

Werden die Daten von zwei unabhängigen Stichproben (z. B. unterschiedliche Probandengruppen) erhoben, dann ist zur Auswertung ein Hypothesentest für unabhängige Stichproben anzuwenden. Zunächst ist zu prüfen, ob die Datenreihen normalverteilt vorliegen und ob Varianzhomogenität gewährleistet ist[702]. Zur Prüfung der **Varianzhomogenität** wird der F-Test auf Varianzgleichheit angewendet.[703] Sind beide Voraussetzungen erfüllt, kann der Zweistichproben-t-Test zur Prüfung der Hypothese herangezogen werden. Liegen die Daten normalverteilt vor, sind aber varianzinhomogen, wird der WELCH-Test[704] eingesetzt. Sind die Daten nichtnormalverteilt ist ein nichtparametrischer Test anzuwenden (z. B. U-Test[705]).

5.2.3.2 Vergleich von zwei abhängigen Stichproben

Bei verbundenen Stichproben (z. B. wiederholte Erhebung von Blickregistrierungsparametern an der gleichen Probandengruppe mit zwei unterschiedlichen semantischen Konzepten) werden nicht die Einzelstichproben, sondern die Differenz der Messwertpaare der Stichproben untersucht. Folgen die Differenzen der Messwertpaare einer Normalverteilung[706], eignet sich hierzu ein t-Test für abhängige Stichproben[707].[708] Ist die Stichprobe klein und sind die

[701] Eigene Darstellung in Anlehnung an **Kähler, W.-M.** (Statistische Datenanalyse), 2006, S. 414 und 441.

[702] Zur Prüfung der Normalverteilung einer Stichprobe wird in dieser Arbeit der SHAPIRO-WILK-Test angewendet, da er bereits bei einer kleinen Anzahl Teilnehmern in der Stichprobe angewendet werden kann. Blickregistrierungsstudien im Kontext der visuellen Wahrnehmung werden häufig mit zehn bis 20 Probanden durchgeführt. Siehe hierzu insbesondere **Räihä, K., et al.** (Perception of Design), 2006 sowie Kapitel 2.6.4.

[703] Vgl. **Steland, A.** (Basiswissen Statistik), 2013, S. 200 f. und **Hedderich, J.; Sachs, L.** (Angewandte Statistik), 2016, S. 497 f.

[704] Vgl. **Steland, A.** (Basiswissen Statistik), 2013, S. 203 f.

[705] Vgl. **Hedderich, J.; Sachs, L.** (Angewandte Statistik), 2016, S. 513 ff. und **Bühl, A.** (Moderne Datenanalyse), 2016, S. 360 ff. Für den U-Test gilt die Voraussetzung der Varianzhomogenität.

[706] Prüfung, ob die Datenreihe normalverteilt ist, erfolgt mittels SHAPIRO-WILK-Test, siehe Kapitel 5.2.3.1.

[707] Vgl. **ebenda** (Moderne Datenanalyse), 2016, S. 346 ff.

[708] Vgl. **Eid, M.; Gollwitzer, M.; Schmitt, M.** (Statistik und Forschungsmethoden), 2013, S. 348 ff.

Differenzen nichtnormalverteilt, so ist auf einen nichtparametrischen Test (wie den WP-Test) für abhängige Variablen zurückzugreifen.[709]

5.2.3.3 Mehrere Messungen abhängiger Stichproben

Da ein Produkt meist mit mehr als zwei semantischen Konzepten bzw. Assoziationen in Verbindung gebracht wird[710], ist eine Erweiterung des gepaarten t-Testes für abhängige Stichproben erforderlich. Die Verallgemeinerung des gepaarten t-Testes ist die **ANOVA mit Messwiederholung**[711]. Das zugrundeliegende statistische Problem erfordert es, die Probanden nacheinander unter mehreren Einflussbedingungen (Faktoren) zu testen. Dies sind zum einen der Faktor *semantisches Konzept* (Faktor S) und zum anderen der Faktor *Gestaltvariante* (Faktor A). Es ist als ANOVA **mit zwei messwiederholten Faktoren** gekennzeichnet.

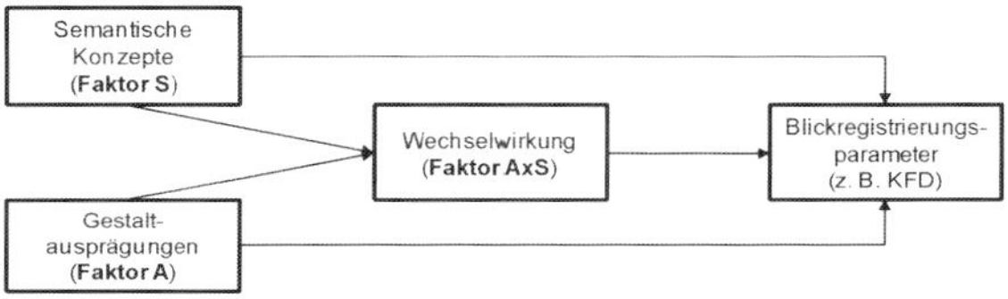

Abbildung 5-12: Abhängige Variablen, Faktoren und Wechselwirkungen bei der ANOVA

Die Faktorstufen ergeben sich aus der Anzahl der relevanten semantischen Konzepte (q Stufen) bzw. der relevanten Gestaltungsausprägungen (p Ausprägungen). Im Sinne der Effizienz der statistischen Analyse ist zuvor eine valide Auswahl relevanter semantischer Konzepte (als Eingangsdaten angenommen) bzw. Gestaltvarianten (Schritt 1[712]) vorzunehmen.

Die ANOVA mit Messwiederholung auf zwei Faktoren ermöglicht in dieser Arbeit die simultane Beantwortung folgender Fragen[713]:

- Beeinflusst die Wahl einer Gestaltvariante die visuelle Aufmerksamkeit?
- Beeinflusst die Wahl des semantischen Konzeptes bei wiederholter Anwendung verschiedener Konzepte die visuelle Aufmerksamkeit?
- Verändert die Wahl der Gestaltvariante den Einfluss von semantischen Konzepten auf die visuelle Aufmerksamkeit?

Neben der mehrfachen Messung an denselben Probanden aufgrund der zeitlichen Veränderung eines Merkmales, sind weitere Gründe für die Anwendung der ANOVA mit Messwiederholung die Vorteile der Versuchsplanung und der statistischen Auswertung. Der simultane Vergleich beliebig vieler Messzeitpunkte verhindert zudem die α-Fehler-Kumulierung.[714]

Die **Gesamtvarianz** der abhängigen Variable ergibt sich aus folgenden Varianzanteilen: Einerseits die Varianz infolge der Unterschiede innerhalb der Probanden. Dieser Varianzanteil

[709] Für große Stichproben ($n \geq 30$) kann eine Normalverteilung angenommen werden, vgl. **ebenda** (Statistik und Forschungsmethoden), 2013, S. 349. Zur Berechnung des WP-Testes, vgl. **Hedderich, J.; Sachs, L.** (Angewandte Statistik), 2016, S. 542 ff.

[710] Vgl. **Steffen, D.** (Design als Produktsprache), 2000, S. 92 sowie Kapitel 2.4.2.3.

[711] RM-ANOVA oder auch Repeated Measures ANOVA. Vgl. auch Kapitel 4.2.4.

[712] Vgl. Kapitel 5.1.

[713] In Anlehnung an **Rasch, B., et al.** (Quantitative Methoden 2), 2014, Kapitel 7.

[714] Vgl. **ebenda** (Quantitative Methoden 2), 2014, Kapitel 7. Zahlreiche der nachfolgenden Ausführungen zur ANOVA mit Messwiederholung auf zwei Faktoren aus Kapitel 5.2.3.3 basieren auf RASCH ET AL.

setzt sich zusammen aus der Effektvarianz, d. h. die Varianz infolge der experimentellen Manipulation (anderes semantisches Konzept bzw. andere Gestaltausprägung), sowie der unsystematischen, nichterklärbaren Residualvarianz. Andererseits die Varianz infolge systematischer Unterschiede zwischen den Probanden (Personenvarianz), die sich z. B. durch Persönlichkeitsunterschiede, Motivationen, Erfahrungen etc. ergibt (Abbildung 5-13).[715]

$$\sigma_{ges}^2 = \sigma_{Vpn}^2 + \sigma_A^2 + \sigma_S^2 + \sigma_{A\times S}^2 + \sigma_{ges_{res}}^2 \quad (5\text{-}7)$$

mit

σ_{Vpn}^2 = *Varianz zwischen Personen*

σ_A^2 = *Varianz von Faktor A (Ausprägung)*

σ_S^2 = *Varianz von Faktor S (semantisches Konzept)*

$\sigma_{A\times S}^2$ = *Varianz der Wechselwirkung AxS*

$\sigma_{ges_{res}}^2$ = *Varianz der Gesamtresiduen*

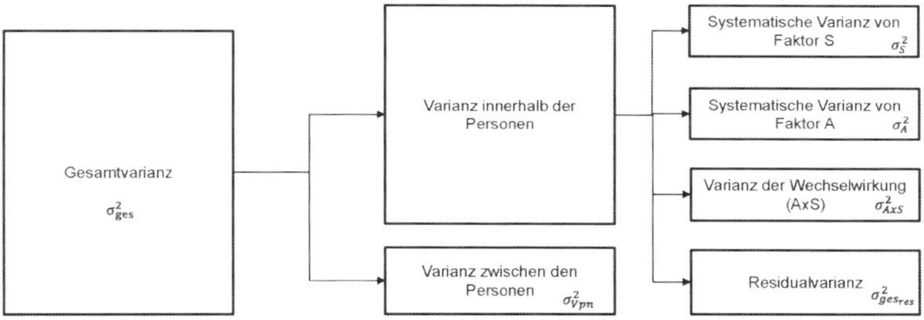

Abbildung 5-13: Varianzzerlegung für die Varianzanalyse mit zwei messwiederholten Faktoren[716]

Die Residualvarianz ergibt sich aus unsystematischen Einflüssen auf die Parameter der Blickregistrierung sowie aus systematischen, nicht einzeln bestimmbaren Wechselwirkungen mit dem Personenfaktor (siehe Formel (5-8)).

$$\sigma_{ges_{res}}^2 = \sigma_{A\times Vpn}^2 + \sigma_{S\times Vpn}^2 + \sigma_{A\times S\times Vpn}^2 + \sigma_\varepsilon^2 \quad (5\text{-}8)$$

mit

$\sigma_{A\times Vpn}^2$ = *Varianz der Wechselwirkung zwischen Faktor A und dem Personenfaktor*

$\sigma_{S\times Vpn}^2$ = *Varianz der Wechselwirkung zwischen Faktor S und dem Personenfaktor*

$\sigma_{A\times S\times Vpn}^2$ = *Varianz der Wechselwirkung zwischen Faktor A, Faktor S und dem Personenfaktor*

σ_ε^2 = *Varianz des Messfehlers*

Signifikanzprüfung[717]

Die **Effektvarianzen** für die Faktoren A und S bilden den Zusammenhang zwischen dem jeweiligen Faktor und dem Personenfaktor ab. Somit sind die Effekte stets zur jeweiligen Varianz zu relativieren. Die Prüfgröße für die Signifikanzprüfungen (Formel (5-9)) für den

---

[715] Vgl. **ebenda** (Quantitative Methoden 2), 2014, S. 86.

[716] In Anlehnung an **ebenda** (Quantitative Methoden 2), 2014, S. 86 und **Pospeschill, M.** (Statistische Methoden), 2006, S. 294.

[717] Die Ausführungen zu den Signifikanzprüfungen basieren auf **Rasch, B., et al.** (Quantitative Methoden 2), 2014, S. 86 f. und **Pospeschill, M.** (Statistische Methoden), 2006, S. 295 ff.

Effekt des Faktors A ergibt sich aus dem Verhältnis der erklärten Varianz infolge der Änderung der Gestaltvarianten (Formel (5-10)) zur Varianz der Wechselwirkung aus Faktor A und Personenfaktor (Formel (5-11)).

$$F_{A(df_A;\, df_{Prüf(A)})} = \frac{\hat{\sigma}_A^2}{\hat{\sigma}_{Prüf(A)}^2} = \frac{\hat{\sigma}_A^2}{\hat{\sigma}_{A\times Vpn}^2} \tag{5-9}$$

mit

$\hat{\sigma}_{A\times Vpn}^2$ = *geschätzte Varianz der Wechselwirkung zwischen Faktor A und dem Personenfaktor*

df_A = *Freiheitsgrade von Faktor A*

$df_{A\times Vpn}$ = *Freiheitsgrade von* $A \times Vpn$

wobei

$df_A = p - 1$

$df_{A\times Vpn} = (p-1)\cdot(n-1)$

$$\hat{\sigma}_A^2 = \frac{QS_A}{df_A} = \frac{n \cdot \sum_{i=1}^{p}(\bar{A}_i - \bar{G})^2}{p-1} \tag{5-10}$$

mit

QS = *Quadratsumme*

$$\hat{\sigma}_{A\times Vpn}^2 = \frac{QS_{A\times Vpn}}{df_{A\times Vpn}} = \frac{\sum_{i=1}^{p}\sum_{m=1}^{n}[x_{im} - (\bar{A}_i + \bar{P}_m - \bar{G})]^2}{(p-1)\cdot(n-1)} \tag{5-11}$$

mit

$\bar{P}_m$ = *über alle Messungen gemittelte Werte der einzelnen Versuchsperson*

Die Prüfgröße für die Signifikanzprüfungen für den **Effekt des Faktors S** (Formel (5-12)) ergibt sich aus dem Verhältnis der erklärten Varianz infolge der Änderung zwischen den semantischen Konzepten (Formel (5-13)) zur Varianz der Wechselwirkung aus Faktor S und Personenfaktor (Formel (5-14)).

$$F_{S(df_S;\, df_{Prüf(S)})} = \frac{\hat{\sigma}_S^2}{\hat{\sigma}_{Prüf(S)}^2} = \frac{\hat{\sigma}_S^2}{\hat{\sigma}_{S\times Vpn}^2} \tag{5-12}$$

mit

df_S = *Freiheitsgrade von Faktor S*

$df_{S\times Vpn}$ = *Freiheitsgrade von* $S \times Vpn$

wobei

$df_S = q - 1$

$df_{S\times Vpn} = (q-1)\cdot(n-1)$

$$\hat{\sigma}_S^2 = \frac{QS_S}{df_S} = \frac{\sum_{j=1}^{q} n \cdot q \cdot (\bar{S}_j - \bar{G})^2}{q-1} \tag{5-13}$$

$$\hat{\sigma}_{S\times Vpn}^2 = \frac{QS_{S\times Vpn}}{df_{S\times Vpn}} = \frac{\sum_{i=1}^{p}\sum_{j=1}^{q}\sum_{m=1}^{n}[x_{ijm} - (\bar{AS}_{ij} + \bar{AP}_{im} - \bar{A}_i)]^2}{p\cdot(q-1)\cdot(n-1)} \tag{5-14}$$

Die Prüfgröße für die Signifikanzprüfungen für den **Effekt der Wechselwirkung (AxS)** (Formel (5-15)) ergibt sich aus dem Verhältnis der Varianz der Wechselwirkung zur Varianz der Wechselwirkung zwischen Wechselwirkung (AxS) und Personenfaktor (Formel (5-16)).

$$F_{A\times B(df_{A\times S};\, df_{Prüf(A\times S)})} = \frac{\hat{\sigma}^2_{A\times S}}{\hat{\sigma}^2_{Prüf(A\times S)}} = \frac{\hat{\sigma}^2_{A\times S}}{\hat{\sigma}^2_{A\times S\times Vpn}} \quad (5\text{-}15)$$

mit

$df_{A\times S}$ = *Freiheitsgrade von* $A \times S$

$df_{A\times S\times Vpn}$ = *Freiheitsgrade von* $A \times S \times Vpn$

wobei

$$df_{A\times S} = (p-1)\cdot(q-1)$$

$$df_{A\times S\times Vpn} = (p-1)\cdot(q-1)\cdot(n-1)$$

$$\hat{\sigma}^2_{A\times S} = \frac{QS_{A\times S}}{df_{A\times S}} = \frac{\sum_{i=1}^{p}\sum_{j=1}^{q} n\cdot[\bar{A}S_{ij} - (\bar{A}_i + S - \bar{G})]^2}{(p-1)\cdot(q-1)} \quad (5\text{-}16)$$

Effektstärke

Die **Effektstärken** für die Haupteffekte (S und A) sowie für die Wechselwirkung (AxS) basieren in der Literatur zumeist auf dem Effektstärkenmaß *partielles Eta-Quadrat*. Dieses Maß spiegelt den Anteil der durch den jeweiligen Effekt erklärten Variabilität innerhalb der Stichprobe wieder. Zur Berechnung der Effektstärkenmaße wird insbesondere auf die Werte der Quadratsummenberechnungen zurückgegriffen (siehe Formeln (5-17) bis (5-19)).[718]

$$\eta^2_{p(A)} = \frac{QS_A}{QS_A + QS_{Prüf(A)}} \quad (5\text{-}17)$$

$$\eta^2_{p(S)} = \frac{QS_A}{QS_S + QS_{Prüf(S)}} \quad (5\text{-}18)$$

$$\eta^2_{p(AxS)} = \frac{QS_{AxS}}{QS_{AxS} + QS_{Prüf(AxS)}} \quad (5\text{-}19)$$

Annahmen der Varianzanalyse mit Messwiederholung

Die Anwendung einer ANOVA mit Messwiederholung knüpft an den Voraussetzungen einer ANOVA ohne Messwiederholung an (siehe Kapitel 4.2.4). Die Annahme der **Unabhängigkeit** der Messwerte ist bei wiederholter Messung verletzt, da es sich bei den Messungen um die gleichen Probanden handelt und die Daten daher korrelieren (z. B. infolge von Lerneffekten). Es ergeben sich komplexere mathematische Hintergründe zur Ergebnisauswertung und -interpretation. Die Voraussetzungen für die Anwendung der ANOVA mit Messwiederholung abstrahiert auf den Anwendungszusammenhang sind:

[718] Vgl. **Rasch, B., et al.** (Quantitative Methoden 2), 2014, S. 87. RASCH ET AL. weisen darauf hin, dass die Aussagekraft von Effektstärken bei Verfahren mit Messwiederholung im Vergleich zu Verfahren ohne Messwiederholung eingeschränkt ist. Sie können stark vom Effekt in der Grundgesamtheit abweichen, vgl. **ebenda** (Quantitative Methoden 2), 2014, S. 74.

- Die abhängige Variable ist **intervallskaliert** (z. B. Blickregistrierungsparameter, KFD).
- Die abhängige Variable *Blickregistrierungsparameter* ist für jede Kombination der Faktorstufen bezüglich der Faktoren A und S **normalverteilt**.
- Es liegt **Varianzhomogenität** vor, d. h. die Varianzen des Blickregistrierungsparameters in Folge der Faktorstufenkombinationen sind ähnlich groß.
- Es besteht **Homogenität der Korrelationen** zwischen den einzelnen Stufen der messwiederholten Faktoren A und S.

Bei Anwendung der ANOVA mit Messwiederholung auf mehreren Faktoren wird gefolgert, dass die **Korrelationen** zwischen den unterschiedlichen Stufen der messwiederholten Faktoren (Faktor S und Faktor A) **homogen** sind. D. h. bei gleicher Gestaltvariante ist die Korrelation zwischen den Messungen zu zwei semantischen Konzepten 1 und 2 gleich der Korrelation zwischen den weiteren Paaren an semantischen Konzepten. Bei Verletzung dieser Annahme kann der Test zu signifikanten Ergebnissen führen, wenngleich kein Effekt vorliegt (progressive Testentscheidung). Homogenität liegt immer dann vor, wenn der messwiederholte Faktor genau zwei Stufen hat. Die Homogenität aller Korrelationen ist eine strikte Voraussetzung. Valide Ergebnisse können bereits dann erzielt werden, wenn die Annahme der **Zirkularität** bzw. Sphärizität vorliegt. Diese Annahme verallgemeinert die Annahme der Homogenität der Korrelationen und geht davon aus, dass die Varianzen der Differenzen zwischen jeweils zwei Faktorstufen homogen sind. Die statistische Überprüfung der Annahme der **Sphärizität** erfolgt z. B. durch MAUCHLY-Test[719]. Bei geringer Probandenanzahl hat der Test eine geringe Teststärke. Es kann somit eine Verletzung der Sphärizität vorliegen, wenngleich das Testergebnis nicht signifikant ist. Für den Ausgleich der Verletzung der Annahme der Sphärizität existieren daher Korrekturverfahren.[720]

Stichprobenumfangsplanung

Die Bestimmung des Stichprobenumfanges basiert auf der mittleren Korrelation der Faktorstufen der messwiederholten Faktoren. Da diese meist nicht bekannt sind, erfolgt deren Abschätzung. Eine konservative Abschätzung ist die *Nullkorrelation*, d. h. die Stichprobenbestimmung wird analog zur (M)ANOVA ohne Messwiederholung vollzogen, wodurch sich für das Untersuchungsdesign zumeist ein zu großer Stichprobenumfang ergibt. Demgegenüber wirkt ein erhöhter Stichprobenumfang kompensierend auf die Reduktion der Teststärke infolge der Verletzung der Voraussetzungen.[721]

Post-hoc-Analysen und paarweise Vergleiche

Wenn sich durch die Analysen **signifikante Effekte** ergeben, dann ist zu beantworten, welche Faktorstufenkombinationen (semantische Konzepte oder Designvarianten oder Wechselwirkungen) sich tatsächlich voneinander unterscheiden. Hierfür kann eine Post-hoc-Analyse mit gepaarten t-Tests hinsichtlich der Mittelwertunterschiede durchgeführt werden. Zur Veranschaulichung der Ergebnisse können diese gepaarten t-Tests anhand von paar-

---

719 Die Hypothesen sind: H_0: Zirkularitätsannahme ist erfüllt bzw. H_1: Zirkularitätsannahme ist nicht erfüllt.

720 Zu den Annahmen der ANOVA mit Messwiederholung, vgl. **Pospeschill, M.** (Statistische Methoden), 2006, S. 302 und insbesondere **Rasch, B., et al.** (Quantitative Methoden 2), 2014, S. 71 f.

721 Vgl. **Pospeschill, M.** (Statistische Methoden), 2006, S. 302 und **Rasch, B., et al.** (Quantitative Methoden 2), 2014, S. 88.

weisen Vergleichen miteinander in Beziehung gesetzt werden und fundierte Empfehlungen für das Produktdesign abgeleitet werden.[722]

Die paarweisen Vergleiche lassen sich für weitere Analysen zu **Relevanzen** („*Welches ist die Gestaltvariante, die die höchste Aufmerksamkeit hervorruft?*") sowie zu **Präferenzen** („*Welches ist die bevorzugte Gestaltvariante?*") anwenden. Diese Analysen zur Aufmerksamkeitsrelevanz sowie zur Präferenz von Gestaltvarianten sind in Abhängigkeit von der Detaillierungstiefe auf unterschiedlichen **Ebenen der Wahrnehmung** durchführbar. Unter Auswertung der erhobenen Blickregistrierungsparameter (z. B. KFD) lässt sich ermitteln, ob:

- ein Produkt C signifikant mehr Aufmerksamkeit als ein Produkt A hervorruft (2),
- kein signifikanter Unterschied zwischen den Blickregistrierungsparametern bezüglich der Produkte A und B festzustellen ist (1) oder
- ein Produkt C signifikant weniger Aufmerksamkeit hervorruft als ein Produkt B (0).

Auf Basis der paarweisen Vergleiche, die für alle relevanten Gestaltvarianten vorzunehmen sind, werden die relativen Gewichtungen für Relevanz- und Präferenzentscheidungen abgeleitet. Hierfür sind die paarweisen Vergleiche in eine tabellarische Form zu überführen und Zeilensummen zu berechnen. Anhand von Formel (5-20) und entsprechender Rundungsvorschriften lässt sich eine Normierung, z. B. für den Wertebereich von 0 bis 10, vornehmen.[723]

$$Normierung_i = Rd(10 * \frac{x_i - x_{j,min}}{x_{j,max} - x_{j,min}}) \quad (5\text{-}20)$$

bzw.

$$Normierung_j = Rd(10 * \frac{x_j - x_{i,min}}{x_{i,max} - x_{i,min}})$$

mit

x_i = *Zeilensumme der i-ten Ausprägung*

x_j = *Zeilensumme des j-ten semantischen Konzeptes*

i = Faktorstufe des Faktors A (Ausprägung)

j = Faktorstufe des Faktors S (semantisches Konzept)

$x_{i,max}$ = *maximale Zeilensumme bei Ausprägung i*

$x_{i,min}$ = *minimale Zeilensumme bei Ausprägung i*

$x_{j,max}$ = *maximale Zeilensumme bei semantischen Konzept j*

$x_{j,min}$ = *minimale Zeilensumme bei semantischen Konzept j*

	Produkt A / Wahrnehmungsbereich A / Gestaltelement A	Produkt B / Wahrnehmungsbereich B / Gestaltelement B	Produkt C / Wahrnehmungsbereich C / Gestaltelement C	Zeilensumme	Normierung [0... 10]
Produkt A / Wahrnehmungsbereich A / Gestaltelement A		1	0	1	0
Produkt B / Wahrnehmungsbereich B / Gestaltelement B	1		2	3	10
Produkt C / Wahrnehmungsbereich C / Gestaltelement C	2	0		2	5

Abbildung 5-14: Exemplarische Anwendung des paarweisen Vergleiches für ein semantisches Konzept j

[722] Vgl. **ebenda** (Quantitative Methoden 2), 2014, S. 88 f. Bei den Post-hoc-Analysen sind die gleichen Tests einzusetzen, wie bei der Varianzanalyse ohne Messwiederholung, vgl. **Pospeschill, M.** (Statistische Methoden), 2006, S. 301 f.

[723] Zum paarweisen Vergleich, vgl. **Schmitt, R.; Pfeifer, T.** (Qualitätsmanagement), 2015, S. 165 sowie **Drews, G.; Hillebrand, N.** (Projektmanagement-Methoden), 2010, S. 130 ff.

Analog zu vorstehenden Ausführungen des paarweisen Vergleiches lassen sich auch die Fragestellungen zu **Präferenzentscheidungen** analysieren. Unter Anwendung von Fragebögen ist hierbei beispielsweise zu erheben, ob eine Gestaltvariante A eine höhere Präferenz (2) oder geringere Präferenz (0) als die zu vergleichende Variante B aufweist bzw. als gleichwertig (1) einzustufen ist[724].

5.2.4 Implikationen für den Produktentwicklungsprozess

Durch die Blickregistrierung werden valide, **objektive** Daten und Informationen erhoben, um Aussagen zu liefern, welche Qualitätsmerkmale die Betrachter bewusst und unbewusst mit einem bestimmten semantischen Konzept bzw. einer produktsprachlichen Funktion assoziieren. Die Bearbeitung dieses Methodenschrittes (**Synthese**), zur Abbildung der Effekte der semantischen Dimension der Wahrnehmung und der Wirkung von Gestaltvarianten auf Aspekte der visuellen Wahrnehmung, liefert diverse Implikationen für die Produktgestaltung.

- Bedeutung der Qualitätsmerkmale für die Umsetzung der semantischen Dimension
- Abgleich expliziter und impliziter Kundeneindrücke
- Wahrgenommene Umsetzung einer produktsprachlichen Funktion aus Kundensicht
- Ableitung von Gestaltungsempfehlungen für einzelne Produktmerkmale

Über den Vergleich der **Matrizen** lassen sich qualitative Unterschiede und Gemeinsamkeiten für unterschiedliche **Ebenen der Wahrnehmungsstruktur** ableiten. Diese bilden die Basis für weiterführende Analysen zur Unterstützung der Entscheidungsfindung. Diese Ermittlung relevanter Qualitätsmerkmale zur Umsetzung produktsprachlicher Funktionen ist Basis der **wahrnehmungsgerechten** Gestaltung in dieser Arbeit. Ergänzt um die Kenntnis zu emotionalen Beurteilungen bezüglich des Umsetzungsgrades des jeweiligen semantischen Konzeptes lässt sich ableiten, in welchem Maße die jeweilige produktsprachliche Funktion aus Kundensicht umgesetzt wurde und wie dies empfunden wird (positiv oder negativ). Hierdurch lassen sich Produktalternativen in Bezug auf die Umsetzung der semantischen Dimension vergleichen, Abweichungen zur effektiven wahrnehmungsgerechten Gestaltung feststellen und Empfehlungen zur Gestaltung von Produkten und Komponenten auf den Ebenen Gesamteindruck, Wahrnehmungscluster und Qualitätsmerkmal ableiten (siehe Abbildung 5-15).

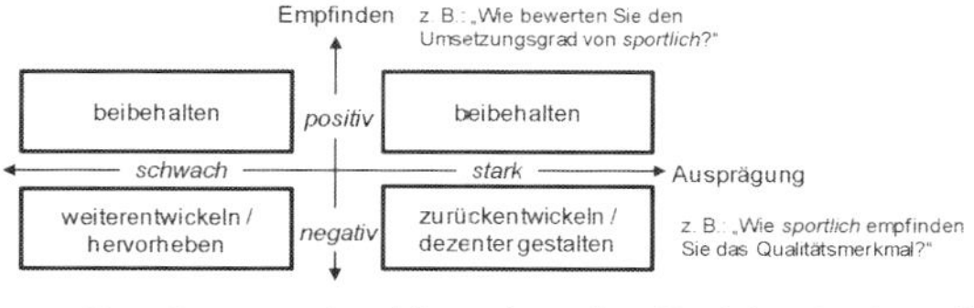

Abbildung 5-15: Portfolio aus Umsetzungsgrad und Bewertung einer Produktunterstrategie

Wird die gewünschte hervorzurufende produktsprachliche Funktion (z. B. Einzelassoziation) mit der jeweiligen Gestaltausprägung visuell vermittelt (zumindest anhand der Informationen aus der Blickregistrierung) und wird dies von den Kunden positiv empfunden, so ist diese Gestaltausprägung ***beizubehalten***. In Produktbeschreibungen und Broschüren sollte auf diese Einzelassoziation verwiesen werden, um die Wahrnehmung des Kunden aktiv zu lenken

[724] Um Entscheidungen zu erwirken und die Tendenz zur Mitte bei der Entscheidungsfindung zu reduzieren, empfiehlt sich die Anwendung von lediglich zwei Möglichkeiten: *präferiert* (1) und *nicht präferiert* (0).

(siehe Kapitel 1.1). Eine hohe visuelle Aufmerksamkeit einer Gestaltausprägung in Verbindung mit einer negativen Bewertung deutet darauf hin, dass die Produktbotschaft ebenfalls visuell vermittelt wurde; diese Umsetzung jedoch nicht positiv empfunden wird. Durch systematische Änderung der Gestaltelemente ist das Qualitätsmerkmal *zurück zu entwickeln*. Ist eine Ausprägung weniger wahrnehmungsrelevant und wird dies positiv bewertet, so scheint die dezent realisierte produktsprachliche Funktion den Betrachtern zu gefallen (*beibehalten*).[725] Wird demgegenüber diese gering wahrgenommene Ausprägung negativ bewertet, so ist das Produkt mit den entsprechenden Gestaltelementen zielgerichtet *weiter zu gestalten / hervorzuheben*.[726] Hiermit ist flankierend dargestellt, wie die Erkenntnisse aus der Erhebung der Wahrnehmung mit der emotionalen Beurteilung in Zusammenhang stehen können. Dieser Abgleich knüpft an den **Grenzen der Blickregistrierung** an und trägt prinzipiell dazu bei, validere Ergebnisse für die Entscheidungsfindung abzuleiten, steht jedoch aufgrund des Forschungsinteresses dieser Arbeit nicht im Fokus der weiteren Darstellungen.

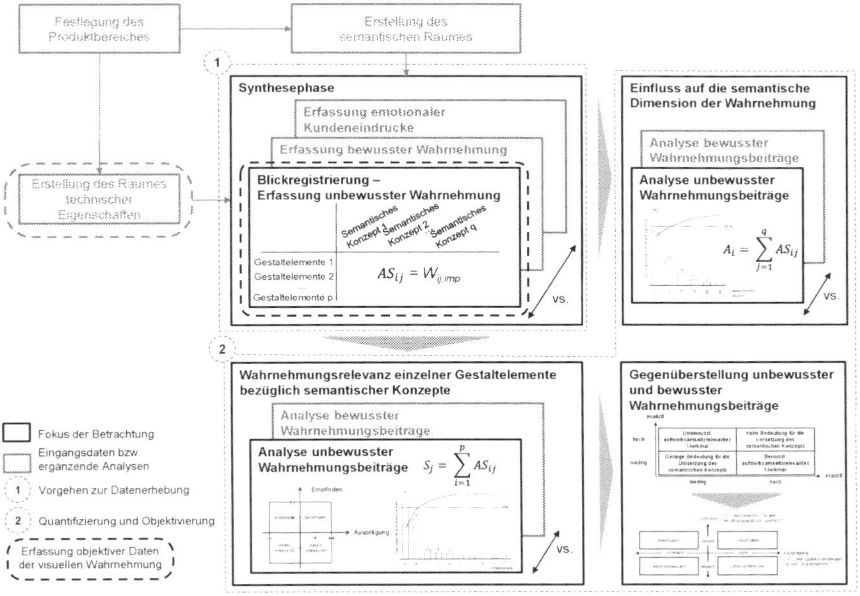

Abbildung 5-16: Schematische Darstellung der Analyseschritte der Synthese[727]

Die Darstellung der aufgezeigten Zusammenhänge in Form von qualitativen Abbildungen (Matrizen) reduziert die zugrundeliegenden mathematisch-statistischen Analysen auf die Kernaussagen. Dieser **pragmatische Ansatz** eröffnet das Potenzial zur Anwendung im Praxiszusammenhang, da er ohne Expertenwissen zu statistischen Analysen durchführbar ist. Dies wirkt zugleich einem der Vorbehalte des Kansei Engineerings (u. a. starke Fokussierung auf mathematisch-statistischen Analysen) entgegen. Die im Kapitel 5.2 beschriebenen

---

725 Für ähnliche Schlussfolgerungen, vgl. **Köhler, M.; Schmitt, R.** (Systematic Consumer Evaluation Measurement), 2012 sowie **Schmitt, R., et al.** (Objectifying User Attention and Emotion), 2014.

726 Zu ausgewählten Gestaltgrundsätzen, vgl. u. a. Kapitel 2.4.2.

727 Eine vergrößerte Darstellung befindet sich im Anhang A.1.

Analyseschritte finden sich zusammengefasst in Abbildung 5-16. Hierbei liegt der Fokus auf der Erfassung von Informationen über die visuelle Wahrnehmung mittels Blickregistrierung. Darüber hinaus ist aufgezeigt, dass zwischen diesen Daten bzw. Informationen der Wahrnehmung stets auch ein Abgleich zu bewussten Aspekten der Wahrnehmung erforderlich ist, um ein umfassendes Abbild der Humanwahrnehmung zu erhalten.

Ergänzt um **statistische Analysen** liefert dieser Schritt der erweiterten Kansei-Engineering-Vorgehensweise den **Rahmen**, um valide Informationen für die Entscheidungsfindung in der kundenorientierten Produktgestaltung bereitzustellen. Bezüglich einer wahrnehmungsgerechten Produktgestaltung lassen sich auf verschiedenen **Ebenen der Wahrnehmung** diejenigen Gestaltvarianten identifizieren, die die visuelle Wahrnehmung lenken bzw. die Aufmerksamkeit am stärksten hervorrufen. Zudem lassen sich Gesetzmäßigkeiten zur **wahrnehmungsgerechten Produktgestaltung** mit dem Ziel der Umsetzung intendierter Produktbotschaften verallgemeinern. Die Validierung der Wirkung neuer und bereits etablierter Zusammenhänge (z. B. Gestaltungsgrundsätze) zwischen Produktgestalt und der semantischen Dimension auf die visuelle Wahrnehmung, ist Inhalt des folgenden Methodenschrittes.

5.3 Validierung der Zusammenhänge von Produktmerkmalen und produktsprachlichen Funktionen auf die visuelle Wahrnehmung

Die beiden vorstehenden Kapitel **strukturieren** zunächst die Anwendung der Blickregistrierung zur Ermittlung **wahrnehmungsrelevanter** Produktmerkmale (= Qualitätsmerkmale) aus Kundensicht (Kapitel 5.1). Anschließend wurde gezeigt, wie diese Qualitätsmerkmale mit den Erwartungen (= **zeichenhafte** Produktfunktionen) der Kunden in Verbindung gesetzt werden, um deren Einfluss auf die wahrnehmungsgerechte Produktgestaltung zu untersuchen (Kapitel 5.2). Dem vorliegenden Kapitel liegt die Annahme zugrunde, dass ein Blickverhalten, welches einem Gestaltungsgrundsatz folgt, eine positive Emotion beim Betrachter evoziert. Hierfür ist zu ergründen, welche Attribute Einfluss auf das Qualitätsempfinden nehmen.[728] In Anlehnung an das allgemeine Vorgehen des Kansei Engineerings entspricht dieser Schritt der **Validierung**[729]. Der Validierungsaspekt begründet sich durch die Überprüfung der Zusammenhänge zwischen Produktmerkmalen und produktsprachlichen Funktionen zur aktiven Lenkung der visuellen Qualitätswahrnehmung. Das Kapitel geht der Beantwortung der **Teilforschungsfrage 3** nach.

Wie lässt sich die Wirkung der Zusammenhänge zwischen semantischer Dimension und Produktmerkmalen auf die visuelle Wahrnehmung objektiv abbilden und validieren?

Über Parameter der Blickregistrierung ist der Zusammenhang zu untersuchen, ob durch das jeweilige Produktmodell die intendierte Wirkung von Gestaltungsgrundsätzen zur Lenkung der Wahrnehmung und für das Hervorrufen eines harmonischen Eindruckes sowie eines positiven Qualitätsempfindens realisiert wird.

---

[728] Attribute / Merkmale / Eigenschaften, die die visuelle Wahrnehmung bei der ersten Interaktion mit dem Produkt beeinflussen, sind v. a. Farbe, Material, Glanz, Körnung, Spalte, Kratzanfälligkeit, Beleuchtung, Sauberkeit, vgl. **Daub, O.** (Objektivierung der Subjektivität), 2014, S. 67. Diese Aspekte stehen in enger Beziehung zu den *Gestaltelementen*, vgl. Kapitel 2.4.2.1.

[729] Zu dem Begriff *Validierung* siehe u. a. Kapitel 2.2.4 sowie zur *Validierung* im Vorgehen von Kansei Engineering, vgl. Kapitel 3.3.3.

Exemplarisch stehen nachfolgende Fragestellungen im Fokus der Untersuchung:

- Lässt sich anhand von Blickregistrierungsparametern nachweisen, dass *Trägerelemente* eine höhere visuelle Aufmerksamkeit hervorrufen als andere Gestaltelemente bei der Assoziation von *Stabilität*?
- Wenn ja, welche Gestaltausprägung von Trägerelementen wird eher in Verbindung mit *Stabilität* gesetzt?

Die Beantwortung derartiger **produktspezifischer** Fragestellungen führt zu Implikationen für die Produktgestaltung (u. a. Relevanz von Produktmerkmalen zur Umsetzung eines Aspektes der Produkt-DNA)[730]. Bezogen auf die Beispielfragestellungen bedeutet dies, dass das Denken an semantische Konzepte (*stabil*) Einfluss auf die visuelle Wahrnehmung von Produktelementen (*Trägerelemente* bzw. Ausprägung der Trägerelemente) ausübt und sich dies in der Änderung der objektiv erfassten Blickregistrierungsparameter widerspiegelt. Diese Erkenntnisse sind für den Anwendungsfall gültig und nicht verallgemeinerbar. Dieser Methodenschritt fokussiert daher die **prinzipielle Methodik** zur Aufstellung von Hypothesen, die Anwendungsfall bezogen zu spezifizieren und zu prüfen sind. Wie im Kapitel 4.2.3 ausgeführt, bestehen folgende Anforderungen an die Ausgestaltung des Methodenschrittes:

- Gegenüberstellung von semantischer Dimension mit Produktgestaltelementen
- Zusammenhänge zwischen Blickregistrierungsparametern und der Wirkung von Gestaltelementen auf die visuelle Aufmerksamkeit
- Zusammenhänge zur Validierung der Wirkung von formalästhetischen Produktfunktionen auf die visuelle Wahrnehmung
- Zusammenhänge zur Validierung der Wirkung der semantischen Dimension auf die visuelle Wahrnehmung
- Kombination der Blickregistrierung mit Methoden zur Erfassung emotionaler Urteile
- Quantifizierung sowie statistische Analysen zur Prüfung der Wirkung der Gestaltgesetze auf die visuelle Wahrnehmung

Die Ausgestaltung des Schrittes der **Validierung** zur Umsetzung vorstehender Anforderungen lehnt sich an das Vorgehen der empirischen Sozialforschung nach Abbildung 5-1 an. Es wird zunächst das prinzipielle **Vorgehen** (siehe Kapitel 5.3.1) zur Gegenüberstellung der Gestaltelemente zur Umsetzung semantischer Produktfunktionen aufgezeigt. Dem schließen sich die Ansätze der **Datenanalyse** zur Überprüfung der aufgestellten Zusammenhänge (siehe Kapitel 5.3.2) und abschließend die prinzipiellen **Implikationen** für den Entwicklungsprozess an (siehe Kapitel 5.3.3).

5.3.1 Vorgehen

Um die Zusammenhänge im Anwendungsfall produktspezifisch prüfen zu können, lassen sich Hypothesen ableiten. Das prinzipielle Vorgehen zur Ableitung dieser Hypothesen orientiert sich in dieser Arbeit an den produktsprachlichen Funktionen (Kapitel 2.4.2.1 bis 2.4.2.3). So lassen sich Gestaltungsgrundsätze für formalästhetische und für zeichenhafte Produktfunktionen in Beziehung zu Blickregistrierungsparametern aus Kapitel 2.6.6 setzen. Im Kapitel 2.4.2.1 wurden Zusammenhänge für das Hervorheben von Objekten (**Auffälligkeit**), zu deren **Gruppierung** und zur Gestaltung von **Komplexität / Ordnung** dargestellt. Bei der

[730] Zu den Implikationen für die Produktentwicklung, vgl. Kapitel 5.3.3.

Validierung der Wirkung formalästhetischer Funktionen auf die visuelle Wahrnehmung mittels Parametern der Blickregistrierung ist zu bedenken, dass hier keine semantische Deutung einfließt. In Studien ist daher eine **freie Interaktion** des Betrachters mit dem Produkt zu gewährleisten, ohne diesen zu beeinflussen (z. B. Befragung) oder das Blickverhalten aktiv zu lenken (z. B. Denken an Einzelassoziation).[731] In den Kapiteln 2.4.2.2 (Wesens- und Funktionsanzeichen) und 2.4.2.3 (Symbolfunktionen) wurden die zeichenhaften Funktionen innerhalb der **semantischen Dimension** vorgestellt. Aus dem Bereich der Gestaltungspsychologie wurden ausgewählte Gestaltungsgrundlagen aufgeführt, für die nachfolgend ein **Ansatz** für den Abgleich geeigneter Blickregistrierungsparameter aufgezeigt wird.

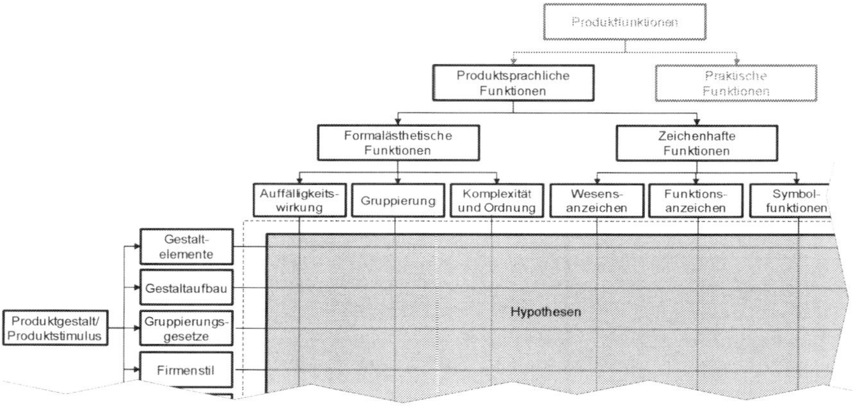

Abbildung 5-17: Ableitung von Hypothesen zur Prüfung der Wirkung produktsprachlicher Funktionen[732]

In diesem Schritt sind die Ergebnisse ebenfalls gemäß der **Methodentriangulation** abzuleiten. So lässt sich u. a. die Methode des **Lauten Denkens** in Kombination mit der Blickregistrierung anwenden, um Gedankengänge der Betrachter nachzuvollziehen und in die Validierung einzubeziehen[733]. Simultan bzw. retrospektiv zur Durchführung der Blickregistrierung äußern die in die Studie eingebundenen Betrachter ihre Gedanken, die während der Erfüllung der Aufgabe bestehen. Beim retrospektiven Lauten Denken kommentieren Probanden z. B. eine Videoaufzeichnung. Im Vergleich zum simultanen Lauten Denken wird der Betrachter während der Studiendurchführung nicht beeinflusst; jedoch besteht dabei der Nachteil im mangelnden Erinnerungsvermögen des Betrachters[734].[735] Beim kombinierten Einsatz von Lauten Denken mit der Blickregistrierung ist ein zeitliches Offset in der Auswertung zu berücksichtigen, da die visuelle Aufmerksamkeit der Sprache vorauseilt.[736]

---

731 Analog zu dem Vorgehen bei *freier Interaktion*, wie es bereits im Kapitel 5.1.1 skizziert wurde.

732 Abbildung basierend auf den Ausführungen zu Kapitel 2.4.2. Die Ableitung der Hypothesen basiert in Anlehnung an die Zusammenhänge, die im Kapitel 2.4.2 dokumentiert und im Anhang A.2 exemplarisch visualisiert sind. Vgl. auch **Pielsticker, T.** (Eye-Tracking und Gestaltungsgrundsätze), 2014, S. 40 ff.

733 Zur kombinierten Anwendung von Blickregistrierungsverfahren und Protokollen des Lauten Denkens, vgl. u. a. **Rötting, M.** (Parametersystematik), 2001, S. 158; **Hofer, N.; Mayerhofer, W.** (Blickregistrierung), 2010, S. 149; **Russo, J.** (Eye Fixations), 1978 sowie Kapitel 2.6.4 und Kapitel 2.7.

734 Vgl. **Russo, J.; Johnson, E.; Stephens D.** (Verbal Protocols), 1989, S. 670 und **Berghaus, N.** (Eye-Tracking), 2005, S. 96.

735 Vgl. **Wenzel, A.; Burmester, M.** (Evaluation interaktiver Infografiken), 2013, S. 93. Zudem zur Unterstützung der Analyse verbaler Protokolle durch Blickregistrierung, vgl. **Rötting, M.** (Parametersystematik), 2001, S. 158.

736 Vgl. **Velichkovsky, B.; Pomplun, M.** (Blickmaus), 1997, S. 324 und **Velichkovsky, B.; Pomplun, M.; Rieser, J.** (Attention and Communication), 1996, S. 139. Darin wird ein Offset von etwa 450 bis 500 ms angegeben.

5.3.1.1 Abgleich von formalästhetischen Funktionen

Ziel dieses Unterkapitels ist es, den Zusammenhang zwischen Produktstimulus (Gestaltelement) und der intendierten Wirkung auf die formalästhetischen Funktionen abzubilden. Die Prüfung des Zusammenhanges erfolgt dabei in der objektiven Erhebung von Blickregistrierungsparametern. Es ist der prinzipielle **Ansatz** zur Ableitung von Zusammenhängen aufzuzeigen, welche der Produktentwicklung in Form von Hypothesen zur **Validierung** des tatsächlichen Grades an Auffälligkeit, Gruppierung und Ordnung dienen. Eine Zusammenfassung nachstehender Erkenntnisse findet sich in Abbildung 5-18. Wie im Kapitel 2.4.2.1 dargestellt, haben Farbe, Form (-größe) und (Farb-) Kontrast eine besondere Bedeutung zum Hervorheben von Produktmerkmalen. Die Gestaltungsgrundsätze zur Umsetzung von **Auffälligkeit** sollten sich in den Parametern der Blickregistrierung wiederfinden lassen, die mögliche Indikatoren für die Auffälligkeit und Relevanz von Produktstimuli darstellen[737]. Exemplarisch lässt sich der Zusammenhang aufstellen, dass *Elemente, die in einer Signalfarbe gestaltet sind, früher Ziel einer Fixation (IF) werden als Produktelemente, die keine Signalfarbe aufweisen.* Analog lässt sich formulieren, dass *Elemente, die sich von der Umgebung unterscheiden (Kontrast), die Bereitschaft für eine große Sakkadenweite (SW) erhöhen.*

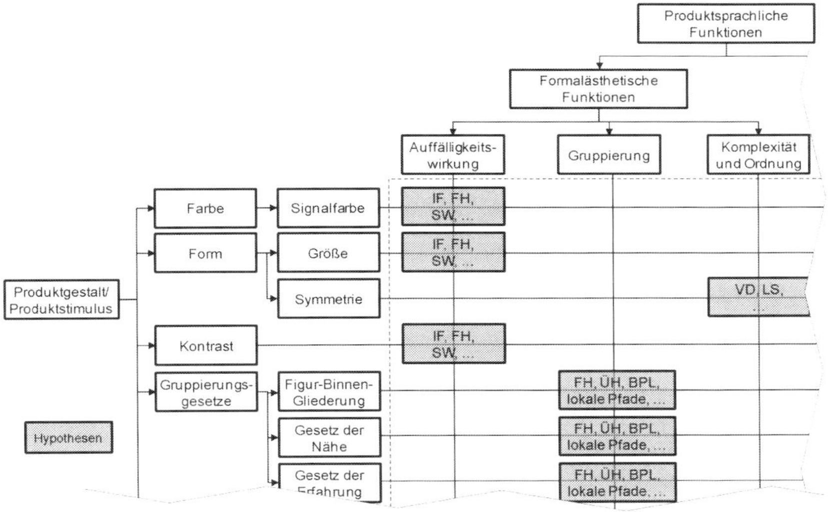

Abbildung 5-18: Wirkung der Formalästhetik auf die visuelle Aufmerksamkeit (Auswahl)[738]

Da bei einer positiv wahrgenommenen **Gruppierung** die gruppierten Produktelemente als zusammengehörige Einheit wahrgenommen werden (= Wahrnehmungscluster, siehe Kapitel 2.3.3), stellt die Fixationshäufigkeit (FH) in der Orientierungsphase ein Indikator für den wahrgenommenen Gruppierungsgrad dar. Lokale Blickpfade sind ein Hinweis für die wahrgenommene Gruppierung bestimmter Elemente. Die Blickpfadlänge (BPL) und die Übergangshäufigkeit (ÜH) sind mögliche Indikatoren für die wahrgenommene Umsetzung der

---

[737] Zu diesen Parametern (z. B. IF, FH, SW), vgl. u. a. Kapitel 5.1.2 sowie Kapitel 2.6.6.

[738] Abkürzungen: IF-Initialfixation; FH-Fixationshäufigkeit; SW-Sakkadenweite; VD-Verweildauer; LS-Lidschläge; ÜH-Übergangshäufigkeit; BPL-Blickpfadlänge. Zu diesen und weiteren Abkürzungen, vgl. das Formelverzeichnis im Kapitel II. Siehe zudem die Zusammenhänge dargestellt im Kapitel 2.4.2, im Anhang A.2 sowie im Kapitel 2.6.6.

Gestaltqualität und können folglich für die Validierung der Umsetzung von Gruppierungsgrundsätzen (z. B. *Figur-Binnen-Gliederung*, *Gesetz der Nähe*) dienen. Durch einen hohen Gruppierungsgrad nimmt die wahrgenommene Ordnung zu, die **Komplexität** sinkt. Um den wahrgenommenen Grad an Komplexität quantitativ zu erfassen, kann daher auf den Parametern des Blickverhaltens bezüglich der Gruppierungswirkung aufgebaut werden (z. B. Verweildauer (VD), Lidschläge (LS)). Ein beispielhafter, denkbarer Zusammenhang hierfür ist: *Symmetrische (geordnete) Formen haben eine kürzere VD als asymmetrische (komplexere)* Formen. Die Erfahrung im Umgang mit einem Produkt reduziert den wahrgenommenen Komplexitätsgrad. Daher ist bei der Analyse und Interpretation der Komplexität zudem die Erfahrung des Betrachters zu berücksichtigen. Zur Erfassung der Erfahrung von Probanden führt die Literatur u. a. die Übergangshäufigkeit (ÜH) als einen möglichen Indikator.

5.3.1.2 Abgleich von zeichenhaften Funktionen

Zur Prüfung der wahrgenommenen Umsetzung von **Wesensanzeichen** eignen sich Parameter der Blickregistrierung, die in der Literatur als Indikator für das **Objekterkennen** gesehen werden. Es lässt sich z. B. die Hypothese aufstellen, dass *durch Verwendung der archetypischen Form eines Elementes die VD bzw. first pass gaze duration verkürzt werden kann.*[739]

Die realisierte Wirkung auf die visuelle Wahrnehmung durch Umsetzung der Gestaltungsgrundsätze für **Funktionsanzeichen** lässt sich nicht allein durch Erhebung der Blickdaten während freier Interaktion mit dem Produkt ermitteln. Wie im Kapitel 2.6.4 gezeigt und bereits im Kapitel 5.2 in die Vorgehensweise integriert, lässt sich durch Aufgabenstellungen (z. B. *Denke an das Funktionsanzeichen (= semantisches Konzept)!*[740]) Einfluss auf die visuelle Aufmerksamkeit nehmen und die Qualitätswahrnehmung zielgerichtet lenken. Wird ein Bereich besonders häufig (FH) oder lang fixiert (FD, KFD), so scheint dieser für die Bedeutung des fixierten Gegenstandes in Bezug auf das Funktionsanzeichen für den Probanden **besonders informationshaltig** und / oder **wichtig** zu sein. Dabei ist zu betonen, dass die FD nicht nur das entgegengebrachte Interesse an einem Wahrnehmungsbereich repräsentiert. Vielmehr wird die FD auch durch **Schwierigkeiten in der Interpretation** des Produktes beeinflusst. Demgegenüber geben Parameter, die als Indikator für die Sucheffizienz gelten (z. B. FSV, BPL), Auskunft über die Effektivität der Akzentuierung von Produktmerkmalen. Eine hohe BPL und ein geringes FSV ließen sodann auf eine unzureichende wahrgenommene Umsetzung eines Funktionsanzeichen im Qualitätsmerkmal bei der Betrachtung des Produktmodells schließen.

Bei der **Validierung** der wahrgenommenen Umsetzung des **Funktionsanzeichens** *Bedienung* steht im Fokus, ob Produktelemente visuell wahrnehmbar effektiv angeordnet und für den Betrachter sinnvoll gestaltet sind. Hierfür eignet sich der Parameter *Richtungsänderung* (RÄ), da diese als möglicher Indikator für einen korrelativen Zusammenhang zwischen Unsicherheit im Umgang mit dem fixierten Stimulus und der Abweichung zwischen subjektiv erwarteter und tatsächlich betrachteter Produktgestalt gesehen wird. Eine erhöhte VD kann als Indikator für Probleme bei der Interpretation von Bedienelementen stehen. Zur Prüfung der

[739] Vgl. u.a. die Ausführungen im Kapitel 2.6.6 und im Anhang A.3.

[740] Verschiedene ausgewählte *Funktionsanzeichen* wurden im Kapitel 2.4.2.2 dargestellt.

Anordnung der Objekte bezüglich der Umsetzung von *Bedienbarkeit*, könnten Parameter angewendet werden, die im Zusammenhang mit der Sucheffizienz gesehen werden (z. B. FH, BPL, ÜH). Die Pupillengröße (PG) ändert sich in Abhängigkeit von dem emotionalen Zustand des Betrachters und kann daher als potentieller Indikator der emotionalen Wirkung des Gesehenen dienen. Dies kann Hinweise auf die tatsächlich wahrgenommene Gestaltung geben. Insbesondere eine *nicht* vom Betrachter *wahrgenommene* Vermittlung von Funktionsanzeichen (z. B. *Stabilität*, *Standfestigkeit*) kann Emotionen (z. B. Unsicherheit, Angst) evozieren. Bei der Interpretation der Studienergebnisse ist zu bedenken, dass auch externe Faktoren (z. B. Lichtverhältnisse) Einfluss auf die PG nehmen.[741] Analog zu den Funktionsanzeichen, bietet es sich auch bei der Analyse von **Symbolfunktionen** an, den Probanden aufzufordern, beim Betrachten des Produktmodells an eine bestimmte Assoziation (semantisches Konzept, z. B. *männlich* oder *hochwertig*) zu denken und zu erfassen, wie häufig (FH) und wie lang (FD, KFD) bestimmte Produktelemente betrachtet werden (siehe zusammenfassend Abbildung 5-19). Wie einerseits das *Kansei* selbst individuell geprägt ist, so unterliegt andererseits auch die Bewertung der Produktgestalt durch Konsumenten subjektiven Einflüssen (z. B. Erfahrung, kultureller Hintergrund, soziale Zugehörigkeit). Zur Steigerung der Validität der Erhebung und gemäß dem Prinzip der **Methodentriangulation**, ließe sich für den Abgleich der Wirkung von Symbolfunktionen auf die visuelle Wahrnehmung eine weitere Erhebungsmethode (z. B. Lautes Denken) einbinden (siehe Kapitel 2.6.4).

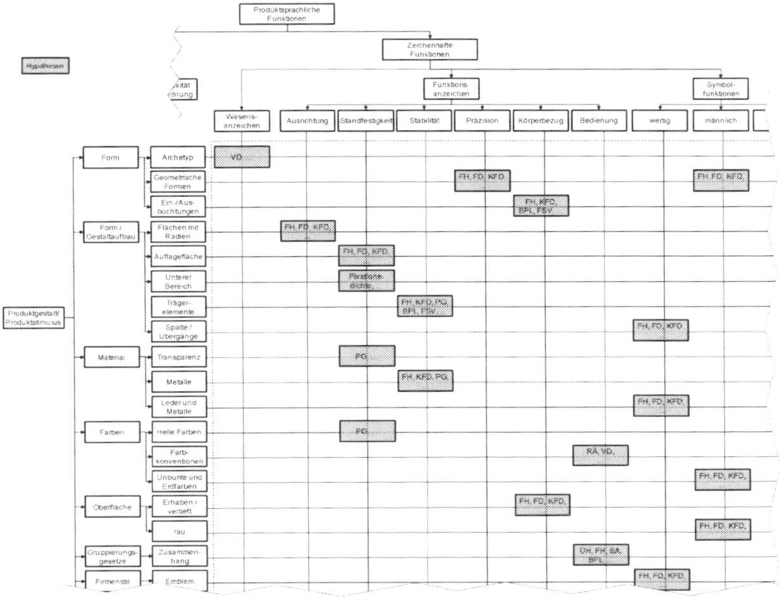

Abbildung 5-19: Wirkung zeichenhafter Produktfunktionen auf die visuelle Aufmerksamkeit (Auswahl)[742]

[741] Zu den Interpretationsmöglichkeiten der einzelnen im Kapitel 5.3.1.2 aufgeführten Blickregistrierungsparameter, vgl. u. a. Kapitel 2.6.6 sowie Anhang A.3.

[742] Die aufgeführten Zusammenhänge dieser Abbildung basieren auf den Erkenntnissen aus Kapitel 2.4.2 sowie Kapitel 2.6.6. Abkürzungen: IF-Initialfixation; FH-Fixationshäufigkeit; FD-Fixationsdauer; KFD-kumulierte Fixationsdauer; VD-Verweildauer; SW-Sakkadenweite; LS-Lidschläge; FA-Fixationsanzahl; ÜH-Übergangshäufigkeit; BPL-Blickpfadlänge; SA-Sakkadenanzahl; FSV-Fixations-Sakkaden-Verhältnis; PG-Pupillengröße, vgl. das Formelverzeichnis im Kapitel II.

5.3.2 Objektivierung der Datenanalyse mittels statistischer Ansätze

Zur Darstellung der prinzipiellen Wirkweise, stehen die aufgestellten Zusammenhänge und die abgeleiteten Hypothesen unter der Annahme, dass die sonstigen Bedingungen des experimentellen Studiendesigns konstant bleiben (c. p.). Ohne die Generalisierbarkeit des Methodenschrittes 3 einzuschränken, wird demnach angenommen, dass sich die Unterschiede der abhängigen Variable (Parameter der Blickregistrierung) zwischen den Stichproben allein auf die Variation einer unabhängigen Variable zurückführen lassen: *entweder* die Veränderung des vom Produkt ausgehenden Stimulus, d. h. die Ausprägungen der Produktgestalt bzw. einzelner Gestaltelemente (Faktor A), *oder* die Variation der semantischen Dimension (Faktor S) bei unveränderten Produktstimuli.

Um die tatsächliche Wirkung der Produktstimuli auf die visuelle Wahrnehmung (Blickregistrierungsparameter) zu untersuchen, sind daher Vergleiche von genau **zwei Stichproben** durchzuführen; einer bei der der Zusammenhang (z. B. Gestaltungsgrundsatz) umgesetzt ist und einer bei der dies nicht zutrifft. Handelt es sich bei den Stichproben um normalverteile, varianzhomogene Daten, ist der t-Test anzuwenden. Es ist zu differenzieren, ob die Hypothese an denselben (abhängige Daten, verbundener t-Test) oder an verschiedenen Probanden (unabhängige Daten, Zweistichproben-t-Test) durchgeführt wird. Bei Nichterfüllung der Voraussetzungen (nichtnormalverteilt bzw. varianzinhomogen) sind alternative Testverfahren wie U-, WELCH- und WILCOXON-Paardifferenzen-Test einzusetzen.[743]

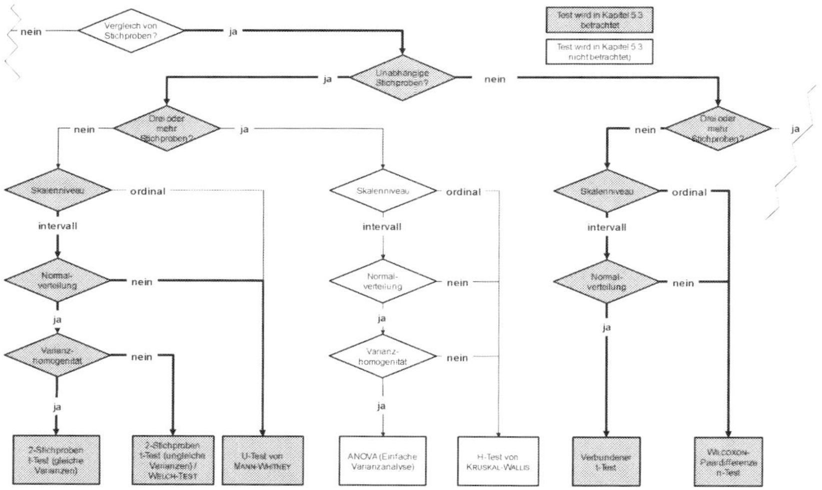

Abbildung 5-20: Ausgewählte Testverfahren zur Prüfung der Hypothesen im Schritt der Validierung[744]

[743] Vgl. u. a. **Eid, M.; Gollwitzer, M.; Schmitt, M.** (Statistik und Forschungsmethoden), 2013, S. 305-370 und **Pospeschill, M.** (Statistische Methoden), 2006, S. 201-236. Zur Veranschaulichung der prinzipiellen Inhalte der entwickelten Vorgehensweise wird in dieser Arbeit für Schritt 3 exemplarisch auf den Vergleich von zwei Stichproben zurückgegriffen. Dies schränkt die potenzielle Verallgemeinerbarkeit von Schritt 3 nicht ein. Analog zu den Ausführungen zu Schritt 2 im Kapitel 5.2.3, ließe sich ein Vergleich mehrerer Stichproben (z. B. mittels ANOVA) anwenden.

[744] Eigene Darstellung in Anlehnung an **Kähler, W.-M.** (Statistische Datenanalyse), 2006, S. 414 und 441.

5.3.3 Implikationen für den Produktentwicklungsprozess

Für die produktsprachlichen Funktionen wurde ein **Vorgehen** aufgezeigt, um potenzielle Prüfmöglichkeiten in Form von Hypothesen hinsichtlich der tatsächlich erzielten visuellen Aufmerksamkeit abzuleiten. Hierdurch kann Fragen nachgegangen werden, wie z. B. *Welche Assoziationen werden durch die Produktgestalt tatsächlich hervorgerufen?*

Die Hypothesen können im Verlaufe der Produktentwicklung kontinuierlich in **Validierungsaktivitäten** ihre Anwendung finden. Dieser Schritt leistet einen Beitrag für die Produktgestaltung, um die Wirkung von Produktmodellen auf die visuelle Wahrnehmung in frühen Stadien des Entwicklungsprozesses bei potenziellen Kunden zu **validieren**. Insofern die Effekte dieser Zusammenhänge nicht signifikant bzw. nicht wie gewünscht ausfallen, ergeben sich Potenziale zur **Optimierung**[745] der Produktgestalt (siehe Abbildung 5-21). Diese bestehen darin, die Produktmerkmale durch Variation der Gestaltelemente abzuändern bzw. eine Akzentuierung bei der Auswahl der semantischen Konzepte vorzunehmen. Die tatsächliche Ausgestaltung obliegt den Verantwortlichen der Produktgestaltung. Valide Ergebnisse sind von den exakten Versuchsbedingungen abhängig, sodass externe Störgrößen auf die visuelle Wahrnehmung zu reduzieren sind. Gemäß dem dargestellten Studien-Setup liefert der Ansatz zu Schritt 3 immer dann wertvolle Erkenntnisse für die Produktgestaltung, wenn genau eine bestimmte Fragestellung fokussiert wird.

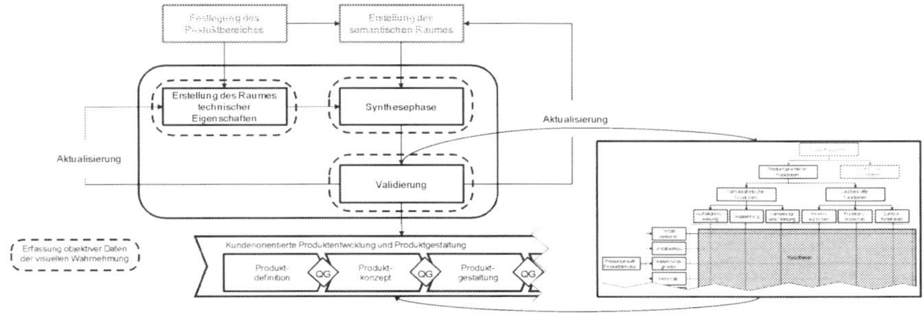

***Abbildung 5-21:** Ableitung und Nutzung von Hypothesen zur Validierung der Wirkung produktsprachlicher Funktionen auf die visuelle Wahrnehmung*[746]

5.4 Zwischenfazit

Entlang eines erweiterten, strukturierten Kansei-Engineering-Ansatzes ist dargestellt, wie Informationen zu visuell wahrnehmungsrelevanten Produktmerkmalen objektiv erfasst werden (siehe Kapitel 5.1), wie diese im Sinne einer wahrnehmungsgerechten Gestaltung in Zusammenhang mit der semantischen Dimension der Wahrnehmung gebracht werden (siehe Kapitel 5.2) und wie der Einfluss auf die visuelle Wahrnehmung von Gestaltvarianten durch Umsetzung von Gestaltungsgrundsätzen objektiv validiert werden kann (siehe Kapitel 5.3).

[745] Die Optimierung entspricht dem Schritt der *Anpassung / Aktualisierung* im Vorgehen des Kansei Engineerings. Zu dem allgemeinen Vorgehen des Kansei Engineerings, vgl. Kapitel 3.3.3.

[746] Die Abbildung fasst die prinzipiellen Aspekte aus Kapitel 5.3 zur Ableitung und Nutzung von Hypothesen für die Prüfung der tatsächlichen Wirkung *produktsprachlicher Funktionen* auf die visuelle Wahrnehmung zusammen.

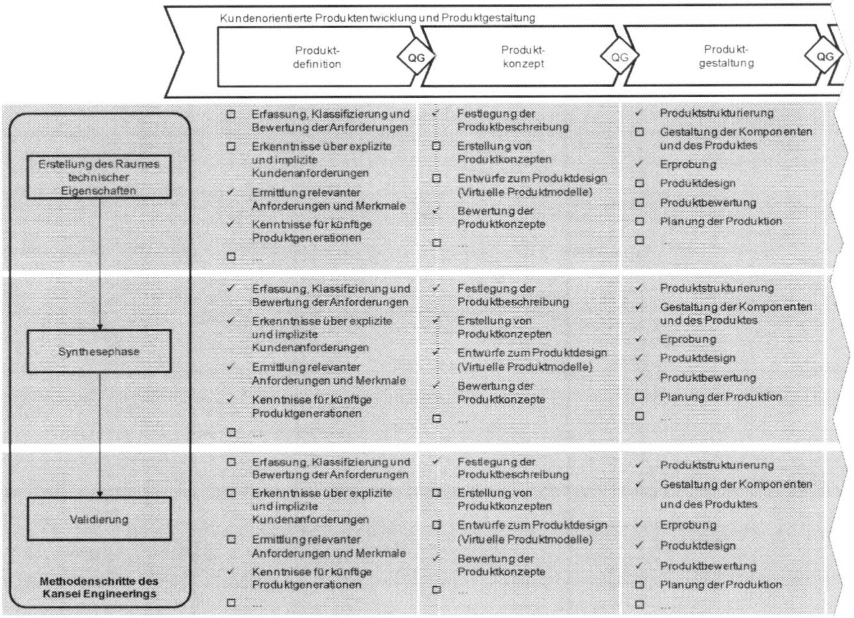

***Abbildung 5-22:** Potenzielle Implikationen für frühe Phasen kundenorientierter Entwicklung (Auswahl)*[747]

Um den **Mehrwert** aus der Anwendung der Vorgehensweise für die unternehmerische Praxis darzustellen, ist nach Anwendung der Methodenschritte aufgezeigt, welche **Implikationen** sich potenziell aus den erhobenen, objektiven Daten über die visuelle Wahrnehmung für die Entscheidungsprozesse in der kundenorientierten Produktgestaltung ableiten lassen (siehe Abbildung 5-22). Die Erkenntnisse aus der Anwendung der entwickelten Vorgehensweise und die Implikationen für die kundenorientierte Produktgestaltung sind wesentlich für die Beantwortung der leitenden Forschungsfrage. Nachdem die **Vorgehensweise zur Strukturierung der objektiv erfassten Informationen über die visuelle Wahrnehmung** für die Unterstützung der Entscheidungsfindung in frühen Phasen der kundenorientierten Produktentwicklung ausgestaltet ist, ist deren prinzipielle Anwendbarkeit in der Unternehmenspraxis zu untersuchen. Daher erfolgt im nachstehenden Kapitel die Erprobung der Vorgehensweise und der abzuleitenden Erkenntnisse im **Anwendungszusammenhang**.[748]

---

[747] Die Abbildung beinhaltet die Arbeitsschritte in der Produktentwicklung in Anlehnung an **Engeln, W.** (Methoden der Produktentwicklung), 2011, S. 25 ff. In die Abbildung 4-7 sind die Erkenntnisse aus den Kapiteln 5.1 bis 5.3 exemplarisch integriert.

[748] Vgl. den Forschungsprozess *anwendungsorientierter Forschung* nach ULRICH aus Kapitel 1.3.

6 Fallbeispiele zur Prüfung der Konsistenz des Ansatzes

Die im Kapitel 4 konzipierte und im Kapitel 5 detaillierte Vorgehensweise ist Ergebnis des praxisnahen Forschungsprozesses dieser Arbeit. Gemäß dem Forschungsprozess nach ULRICH wird durch die anwendungsorientierte Prüfung der dargestellten Vorgehensweise der Übergang zur Beratung der Praxis vollzogen.[749] Daher ist in diesem Kapitel folgende Leitfrage zu bearbeiten: *Welche Erkenntnisse lassen sich aus der partiellen Anwendung des Ansatzes aus diversen Validierungsprojekten ableiten?* Die Validierung anhand von anonymisiert vorgestellten Praxisbeispielen dient der Überprüfung der Praxistauglichkeit der entwickelten Vorgehensweise. Es werden Defizite aufgezeigt und mögliche Optimierungspotenziale identifiziert, die der kritischen Diskussion (Kapitel 7) zugeführt werden. Die Darstellungen erfolgen dabei entlang der in den Kapiteln 4 und 5 vorgestellten Schritte.[750]

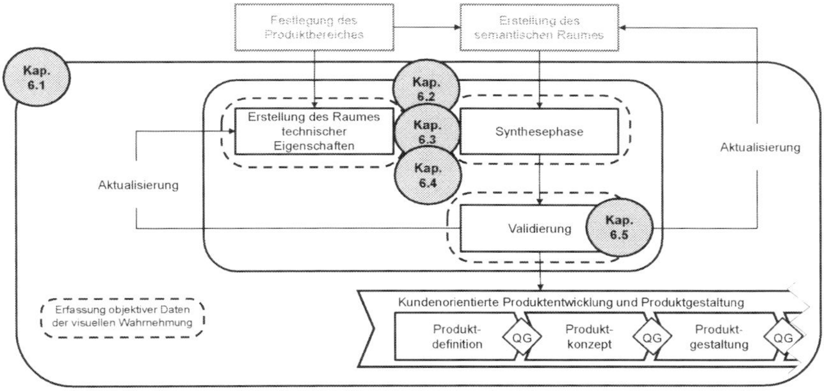

Abbildung 6-1: Einordnung der Fallbeispiele in das Lösungskonzept

Das in dieser Arbeit entwickelte, generische **Lösungsverfahren** basiert auf Methodenschritten der allgemeinen Vorgehensweise des Kansei Engineerings. Wie im Kapitel 3.2 und im Kapitel 4.1 ausgeführt, sind zur erfolgreichen Anwendung einer derartigen Vorgehensweise sowohl die Vorgehensweise im Allgemeinen als auch deren Methodenschritte im Speziellen in den unternehmerischen Kontext zu implementieren. Im Kapitel 6.1 wird daher zunächst dargestellt, wie sich grundsätzlich das Potenzial von Kansei Engineering für die kundenorientierte Produktgestaltung heben lässt. In den sich anschließenden Validierungsbeispielen wird darauf eingegangen, wie die im Kapitel 5 erarbeitete und vorgestellte Vorgehensweise prinzipiell Anwendung finden kann. Zunächst wird aufgezeigt, wie die aus Kundensicht wahrnehmungsrelevanten Produktmerkmale identifiziert und der Zusammenhang zwischen Produktsemantik und der Produktgestalt für eine wahrnehmungsgerechte Gestaltung dargestellt werden kann. Hierbei wird der Logik des Ebenenmodells der Produktwahrnehmung gefolgt

[749] Zu dem Forschungsprozess nach ULRICH, vgl. Kapitel 1.3.

[750] Die Validierungsbeispiele entstammen den zahlreichen Projekten des Autors aus öffentlich geförderten, internen sowie industriellen Forschungsvorhaben im Umfeld der Objektivierung der visuellen Wahrnehmung mittels Blickregistrierung und der Integration von Kundeninformationen unter Anwendung des Kansei-Engineering-Ansatzes. Dabei war der Autor bei der Planung, Durchführung und Auswertung maßgeblich beteiligt. Insbesondere ist auf das Forschungsvorhaben CONEMO zu verweisen, vgl. **Köhler, M.; Falk, B.; Schmitt, R.** (Eye-Tracking in Kansei Engineering Method), 2015; **Köhler, M., et al.** (Emotion and Perceived Quality), 2015; **Schmitt, R., et al.** (Objectifying User Attention and Emotion), 2014; **Köhler, M.; Falk, B.; Schmitt, R.** (User Attention for Design Evaluations), 2014 sowie **Köhler, M.; Schmitt, R.** (Systematic Consumer Evaluation Measurement), 2012.

und die Anwendungsbeispiele werden auf unterschiedlichen Wahrnehmungsebenen durchgeführt, in Abhängigkeit von Produktgröße und -komplexität. Das Beispiel zu Kapitel 6.2 widmet sich dem Zusammenhang zwischen Qualitätsmerkmalen und der semantischen Dimension der Wahrnehmung auf Ebene des **Gesamteindruckes**. Das sich anschließende Beispiel aus Kapitel 6.3 fokussiert die Ebene der **Wahrnehmungscluster bzw. Qualitätsmerkmale**. Das Kapitel 6.4 vollzieht die Analysen auf den Ebenen **Gesamteindruck und Qualitätsmerkmale**. In den Kapiteln 6.2 bis 6.4 wird exemplarisch die KFD als Parameter der Blickregistrierung verwendet, um die Prinzipien der entwickelten Vorgehensweise aus Kapitel 5 aufzuzeigen. Diese exemplarische Darstellung der **Strukturierung** von Informationen über die visuelle Wahrnehmung mittels KFD stellt dabei keine Einschränkung des Vorgehens dar[751]. Abschließend folgt im Kapitel 6.5 die Ableitung und produktspezifische Prüfung ausgewählter Hypothesen auf Basis des im Kapitel 5.3 aufgezeigten Paradigmas zur Aufstellung von Zusammenhängen für Validierungsaktivitäten. Die Vorstellung der Fallbeispiele in den jeweiligen Unterkapiteln folgt dem Vorgehen der empirischen Forschung nach Abbildung 5-1. Für jedes Fallbeispiel wird daher zunächst die **Ausgangssituation** dargestellt. Anschließend wird fallspezifisch die **Vorgehensweise** dargelegt und auf die **Durchführung der Probandenstudie**, die **Datenanalyse** und die aus der (statistischen) Analyse resultierenden **Ergebnisse** eingegangen. Darauf basierend werden **Schlussfolgerungen** für die Produktgestaltung in der kundenorientierten Produktentwicklung gezogen.

6.1 Integration von Kansei Engineering

Ziel des mittelständischen Unternehmens für hochwertige Gebrauchsgüter ist es, höchste Produktqualität sowie Traditions- und Innovationsdenken zu vereinen, um begeisternde, ästhetische Produktfunktionen (Produktgestalt) sowie technisch erlebbare, funktionale Eigenschaften gleichermaßen zu realisieren. Hierfür stellt Kansei Engineering Ansätze bereit (siehe Kapitel 3.3.3), um Kundenwünsche systematisch zu erfassen und mit **produktsprachlichen Funktionen** in Verbindung zu setzen. Somit bestand die Herausforderung, die **Akzeptanz** und das **Potenzial** (= Mehrwert) der Vorgehensweise von Kansei Engineering als unterstützende Methodik für die kundenorientierte Produktentwicklung darzustellen.[752]

6.1.1 Problembeschreibung

Zur Untersuchung des **Mehrwertes** von Kansei Engineering für die kundenorientierte Produktentwicklung des Unternehmens wurde eine Komponente mit besonderer Relevanz für die Gesamtproduktqualität ausgewählt. Auf Basis der steigenden Variabilität an Kundenanforderungen leiteten sich zahlreiche Konzepte für deren Neugestaltung ab. Es wurde untersucht, welche dieser Ausprägungen die **Aufmerksamkeit** potenzieller Käufer hervorruft, deren Anforderungen erfüllt und sich von Konkurrenzprodukten differenziert. Unter Anwendung

[751] Siehe auch Kapitel 5.1, in dem die exemplarische Verwendung der KFD in dieser Arbeit bereits begründet wurde, um allgemeine Aspekte der entwickelten Vorgehensweise prinzipiell darzustellen. Ferner wurde im Kapitel 2.6.6 aufgezeigt, dass die KFD als *ein* Indikator für den wahrgenommenen Informationsgehalt gesehen wird.

[752] Die nachstehenden Ausführungen erfolgen in verallgemeinerter, modifizierter Form, um eine anonymisierte Darstellung zu wahren und um Ansätze für eine wissenschaftliche Generalisierbarkeit bezüglich der Integration der Methodenschritte von Kansei Engineering ableiten zu können. Daher steht im Fokus eher die qualitative Ableitung wertvoller, tendenzieller Aussagen für diese Arbeit und weniger eine statistisch abgesicherte Betrachtung spezifischer Erkenntnisse. Vgl. auch **Demmer, J.** (Potenzialanalyse Kansei Engineering), 2014.

der allgemeinen Vorgehensweise zu Kansei Engineering war zu prüfen, wie einzelne **optische**, funktionelle und technische Anforderungen Einfluss nehmen auf die effektive Gestaltung konkreter, optisch ansprechender (= produktsprachliche) und zugleich funktioneller (= praktische Funktion) Produktmerkmale. Neben diesem **Mehrwert** im spezifischen Anwendungsfall, war insbesondere zu analysieren, wie Kansei Engineering in einen bereits bestehenden Entwicklungsprozess integriert und praktisch umgesetzt werden kann, um die Entscheidungsfindung der kundenorientierten Produktentwicklung durchgängig zu unterstützen.

6.1.2 Vorgehen und Studiendesign

Zur Beantwortung der beschriebenen Problemstellungen lässt sich eine unternehmensinterne **Evaluierung** bezüglich der Anwendung der Vorgehensweise und der Erfüllung der notwendigen Randbedingungen durchführen. Basis der Evaluierung im **konkreten Anwendungsfall** bildete die praktische Anwendung von Kansei Engineering entlang der allgemeinen Vorgehensweise (siehe Kapitel 3.3.3). Es wurden Probandenstudien geplant, durchgeführt und ausgewertet, um emotionale, subjektive und unbewusste Anforderungen aus Kundensicht zu erfassen.[753] Semantische Konzepte wurden erarbeitet, strukturiert und systematisch reduziert. Gemäß Kapitel 5 haben für diese Arbeit insbesondere drei Schritte der allgemeinen Vorgehensweise von Kansei Engineering besondere Relevanz. Weiterhin wurden daher zunächst relevante, **visuell wahrnehmbare** Produktmerkmale und deren Ausprägungen abgeleitet, die sowohl den Kundenanforderungen als auch den firmenspezifischen Qualitätsmerkmalen entsprechen. Anschließend wurden in der **Synthesephase** durch Probandenstudien kundenrelevante zeichenhafte Funktionen (= semantische Konzepte) mit relevanten technischen Eigenschaften in Beziehung gesetzt, um Zusammenhänge für die Modellbildung (z. B. Prototypenspezifikationen) abzuleiten. Darauf basierend erfolgte die **Validierung** der gefertigten Produktmodelle (reale Prototypen). Die Durchführung von Probandenstudien bildete somit die Basis für die Erprobung der praktischen Anwendung von Kansei Engineering im spezifischen Entwicklungsprozess. Zur Evaluierung des Einsatzes von Kansei Engineering wurden Mitarbeiter (= Evaluatoren), der am Entwicklungsprozess beteiligten Abteilungen, eingebunden. Hierfür wurde ein semistrukturierter Interviewleitfaden (= Evaluationsinstrument) eingesetzt, dessen Items auf den Anforderungen an die Integration einer Vorgehensweise (z. B. Kansei Engineering) aufbauen. Für jeden Methodenschritt lassen sich hiermit die Einschätzungen der Evaluatoren hinsichtlich der Erfüllung der Kriterien **Integration**, **Adaption**, **Kommunikation**, **persönliche** und **organisatorische Voraussetzungen**, erforderliche **Zeit** zur Durchführung, verfügbare **Hilfsmittel** und **Mehrwert** erfassen.[754]

6.1.3 Spezifische Ergebnisse

Durch die praktische Anwendung von Kansei Engineering und die systematische Integration der potenziellen Kunden wurde eine Gestaltvariante ermittelt, die gleichermaßen **optische** und praktisch-funktionale Kundenanforderungen erfüllt. Besteht neben diesem inhaltlichen Mehrwert bezüglich der für diese Arbeit relevanten Methodenschritte auch zugleich eine hohe **Akzeptanz**, so lässt sich hieraus die Anwendung des Kansei Engineerings zur Unterstüt-

---

753 Vgl. **Schmitt, R.** (Aktive Gestaltung der wahrgenommenen Produktqualität), 2014, S. 24.

754 Zu den Kriterien für die Bewertung einer Vorgehensweise der einzelner Methodenschritte, vgl. Kapitel 3.2 und Kapitel 4.1.3.

zung des Entwicklungsprozesses begründen. Für die effektive Anwendung der Vorgehensweise bzw. der einzelnen Methodenschritte sind jedoch gleichermaßen betriebliche, organisatorische und personelle **Voraussetzungen** zu schaffen (siehe Abbildung 6-2).[755]

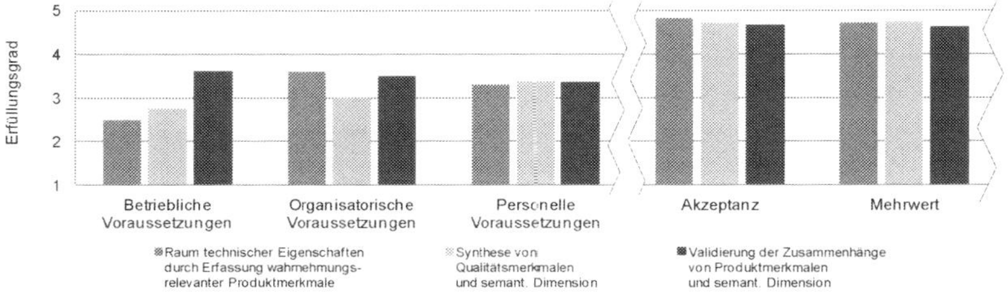

Abbildung 6-2: Beispielhafte Evaluation ausgewählter Methodenschritte des Kansei Engineerings[756]

Insofern die grundsätzlichen Aufgaben innerhalb des Entwicklungsprozesses berücksichtigt werden sowie die materiellen und personellen Ressourcen zur Bearbeitung der Methodenschritte zur Verfügung gestellt werden, ließe sich folglich die Vorgehensweise des Kansei Engineerings prinzipiell in den bestehenden Entwicklungsprozess einbinden. Ferner wird die Akzeptanz für die Anwendung einer Vorgehensweise allgemein dadurch gestärkt, dass die realen **Zeitdauern** zur Durchführung eines Methodenschrittes die von den Evaluatoren als erforderlich erachteten Dauern nicht überschreiten. Basierend auf einer durchschnittlichen Gesamtdauer zur Entwicklung einer Gestaltvariante (z. B. 30 Wochen[757]), sollten demnach die einzelnen Schritte zur Erhebung optischer und funktioneller Anforderungen, zur Überführung der Kundenanforderungen in Spezifikationen sowie zur Validierung von Produktmodellen jeweils kleiner als ein gewisser Prozentsatz der Gesamtdauer sein. Die Erprobung im Anwendungszusammenhang zeigte, dass die real erforderlichen Zeiten darunter liegen.

Abbildung 6-3 zeigt schematisch das Ergebnis einer Evaluation, bei der die Anforderungen für den Einsatz neuer Vorgehensweisen in der Produktentwicklung eines Unternehmens überwiegend erfüllt sind[758]. Es ist hervorzuheben, die tendenziell subjektive Evaluation stets gegenüber einer praktischen Anwendung kritisch zu reflektieren. So kann beispielsweise im Zuge der Anwendung im Praxiszusammenhang, wie dargestellt, sowohl eine **zeitliche** als auch eine **methodische Anpassbarkeit** vorliegen, wenngleich die Evaluation des Kriteriums *Adaption* davon abweicht. Es lässt sich zudem verallgemeinern, dass in der zusätzlichen Anwendung einer Vorgehensweise wie Kansei Engineering keine weitere signifikante Steigerung der abteilungsübergreifenden Kommunikation gesehen wird, insofern die interdisziplinäre Kommunikation bereits gut etabliert ist. Hinsichtlich der **Ressourcen** ist auffällig, dass geeignete Schulungen für die systematische Anwendung von Kansei Engineering zu organisieren sind und dass eine erfolgreiche Studiendurchführung durch eine effektive Probandenakquise sicherzustellen ist. Sind zudem Vorgehensweisen zur Kundenintegration sowie zur Überführung von Kundenanforderungen in technische Parameter bereits bekannt, so lässt

[755] Das hier und in der Folge aufgezeigte Potenzial des Kansei Engineerings knüpft an den Ausführungen zu Anforderungen der Unternehmenspraxis aus Kapitel 4.1.2 an.

[756] Schematische Darstellung, in der die zugrundeliegenden, ausgewählten Items zu den Kriterien auf Tabelle 4-3 basieren. Die Items lassen sich u. a. auf fünfstufigen LIKERT-Skalen abfragen (z. B. „*5: trifft vollständig zu ... 1: trifft überhaupt nicht zu*").

[757] Zur Wahrung der Anonymität wurde die reale Zeitdauer verändert. Zudem ist der Wert als mittlere Dauer für die Durchführung von Entwicklungsprojekten zu verstehen, unter der Annahme, dass entscheidende Rahmenbedingungen (z. B. Technologien, Fertigungsverfahren) etabliert und beherrscht sind.

[758] Vgl. **Graner, M.** (Methoden in Produktentwicklungsprojekten), 2012, S. 153 ff. sowie Kapitel 3.2.

sich durch deren Anwendung ebenso Potenzial für die kundenorientierte Produktentwicklung heben, wie aus einer weiteren Einbindung bereits vorliegender Ergebnisse aus Marktforschungen in den Entwicklungsprozess. Beides trägt zur Erfüllung der Kriterien *Akzeptanz* und *Mehrwert* bei. Zudem wird im Anwendungsbeispiel deutlich, dass die erfolgreiche Integration einer neuen Vorgehensweise wie Kansei Engineering dann als wahrscheinlich angesehen wird, wenn der Entwicklungsprozess bereits die Flexibilität zur Aufnahme anderer Methoden und Vorgehensweisen zeigte.

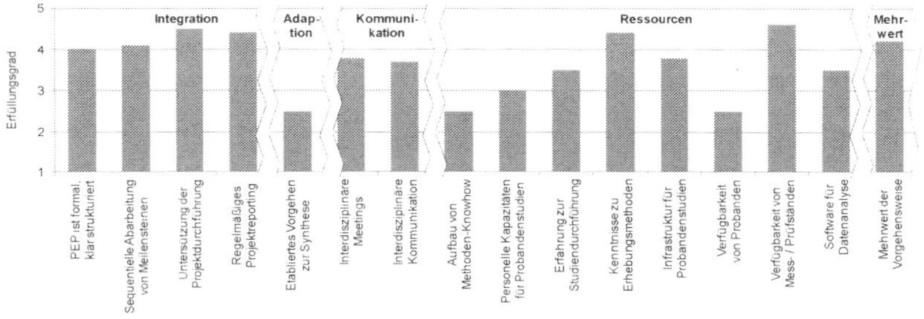

***Abbildung 6-3:** Beispielhafte Evaluation der Integration der Vorgehensweise Kansei Engineering*[759]

6.2 Synthese von Qualitätsmerkmalen und semantischer Dimension der Wahrnehmung – Ebene Gesamteindruck

Zur Untersuchung der Praxistauglichkeit der entwickelten Vorgehensweise lag der Fokus in einem weiteren Anwendungsbeispiel auf der Verknüpfung von semantischer Dimension der Wahrnehmung und der visuell, wahrnehmbaren Produktstruktur. Es wurden zwei Produktvarianten miteinander verglichen, die sich in deren visuell wahrnehmbaren Produkteigenschaften unterscheiden. Bezugnehmend auf das Ebenenmodell der Wahrnehmung findet der Vergleich der Produktvarianten initial auf Ebene **Gesamteindruck** statt, wenngleich sich eine detailliertere Betrachtung und Analyse auf weiteren Ebenen der Wahrnehmung anschließt. Im Besonderen wurden Eingangsdaten für den Aufbau der Matrizen aus Kapitel 5.2 erhoben und ausgewertet, um Implikationen für die Produktgestaltung abzuleiten.

6.2.1 Problembeschreibung

Bei dem betrachteten Produkt handelt es sich um ein äußerlich zu veredelndes SUV (Sport Utility Vehicle (engl.): Geländelimousine), dessen Design auf einer Basisvariante aufbaut. Ziel des mittelständischen Unternehmens ist es, durch das umfassende optische Redesign[760] der Basisvariante (im weiteren Verlauf als *Basis* bezeichnet) mit der veredelten Version (im weiteren Verlauf als *veredelte Variante* bezeichnet) ein sportlicheres, kraftvolleres, urbaneres, jüngeres und eleganteres Auftreten zu erreichen.[761]

[759] Erfassung der Items u. a. anhand fünfstufiger LIKERT-Skalen (z. B. „*5: trifft vollständig zu ... 1: trifft überhaupt nicht zu*").

[760] Der Hersteller spricht beim *Redesign* von einer *Veredelung*, d. h. der Überarbeitung der Gestalt eines bestehenden Produktes. Zum Begriff *Redesign*, vgl. **Goos, J.** (Produktdesign), 2011, S. 185.

[761] Die Fallanwendung folgt der Vorgehensweise und den prinzipiellen Darstellungen sowie Erkenntnissen nach **Köhler, M.; Schmitt, R.** (Systematic Consumer Evaluation Measurement), 2012 sowie **Schmitt, R., et al.** (Objectifying User Attention and Emotion), 2014. Konkrete, ausgewählte Ergebnisse der statistischen Analyseschritte der 2x5-ANOVA mit Messwiederholung auf beiden Faktoren befinden sich im Anhang A.5.

6.2.2 Vorgehen und Studiendesign

Die Erkenntnisse aus der Erstellung des semantischen Raumes werden als Eingangsdaten für die Analysen vorausgesetzt. Dabei wurde sich auf vier bedeutende Einzelassoziationen beschränkt: sportlich, kraftvoll, elegant, modern. Basierend auf dem vorliegenden semantischen Raum und dem Raum der visuell wahrnehmungsrelevanten Produktmerkmale (Schritt 1), erfolgte in einem darauffolgenden Schritt die Synthese (Schritt 2) dieser beiden Perspektiven, um letztlich die Ergebnisse der Einzelschritte in den Entwicklungsprozess des Unternehmens zu integrieren.

Mittels **Systemanalyse** wurde das Automobilexterieur in die äußerlich visuell wahrnehmbaren Komponenten unterteilt. Anschließend wurde das **Ebenenmodell der wahrgenommenen Produktqualität** zur Festlegung und Strukturierung der wahrnehmungsrelevanten Produktkomponenten und Wahrnehmungscluster angewendet. Durch Befragungen und Blickregistrierung wurden die explizit und implizit visuell wahrnehmbaren Produktmerkmale identifiziert. Für die Blickregistrierungsstudie erfolgte eine Einteilung der 2D-Produktmodelle entsprechend der visuell wahrnehmbaren Produktmerkmale in jeweils 21 AOI. Aufgrund der Beschränkung der Auflösung des verwendeten Blickregistrierungssystems war zu berücksichtigen, dass diese AOI nicht zu klein gewählt wurden.

Um explizit wahrnehmbare Aspekte den impliziten, visuellen Wahrnehmungsbeiträgen gegenüberzustellen, wurden die Probanden gemäß der klassischen Vorgehensweise des Kansei Engineerings einerseits befragt, welche Gestaltvariante und welche Produktmerkmale sie mit den jeweiligen semantischen Konzepten in Verbindung bringen. Zudem wurden die visuellen **Wahrnehmungsbeiträge** ($W_{ij,imp}$; exemplarisch mittels KFD) anhand von Blickregistrierungsstudien erhoben. Zur Nivellierung der visuellen Aufmerksamkeit wurde die Blickregistrierungsstudie mit einer **freien Interaktion** der beiden zu betrachtenden 2D-Produktmodelle begonnen. Die objektiv erhobenen Daten wurden ausgewertet und in Matrizen gegenübergestellt.

Die empirischen Daten wurden in einer Blickregistrierungsstudie mit 25 automobilaffinen Probanden erhoben. Bei der Studie wurde die Basisvariante und die veredelte Version von den Probanden für eine Dauer von jeweils zehn bis 15 Sekunden betrachtet, um valide Daten über die visuelle Aufmerksamkeit sowie über die sinnliche Produktwirkung zu erfassen[762]. Es wurden computergenerierte 2D-Produktmodelle sowohl der Vorder- als auch der Rückseite der Automobile auf einem Bildschirm präsentiert[763]. Aus Gründen des **Studiendesigns** wurden die Produktvarianten in einheitlichem Aufnahmewinkel, gleicher Größe und vor dezentem Hintergrund abgebildet, um den systematischen Einfluss auf die Ergebnisse zu reduzieren[764]. Diesen qualitativen Voranalysen schließt sich die statistische Analyse gemäß Kapitel 5.2.3 an, um signifikante und valide Ergebnisse für die Produktgestaltung abzuleiten.

---

[762] Die Betrachtungsdauer eines Produktmodells ist u. a. abhängig von der *Produktkomplexität* und vom *Produkttyp*. Zu Voranalysen hierzu, vgl. **ebenda** (Objectifying User Attention and Emotion), 2014.

[763] Die Ergebnisse werden aus Gründen der Übersichtlichkeit exemplarisch anhand der Fahrzeugvorderseite vorgestellt.

[764] Zur Aufbereitung der Produktmodelle sowie zu Kriterien der Blickregistrierungssysteme, vgl. u. a. Kapitel 5.1.1 bzw. 2.6.5.

6.2.3 Spezifische Ergebnisse

Für alle Probanden wurden während ***freier Interaktion*** die KFD[765] je Produktkomponente erfasst. Aufgrund der speziellen Präsentation der 2D-Produktmodelle, resultiert aus der PARETO-Analyse, dass 80 % der Gesamtbetrachtungsdauer auf Produktkomponenten in der Front des Produktexterieurs entfielen (siehe Abbildung 6-4). In diesem Anwendungsfall ist lediglich ein tendenzieller Effekt der Fahrzeugvariante auf die visuelle Aufmerksamkeit der relevantesten Produktmerkmale festzustellen (ANOVA, PILLAI-Spur = 0,580, F-Wert = 1,936 und p = 0,053). Daher ist davon auszugehen, dass relevante Produktmerkmale der Basisvariante zugleich die relevanten Produktmerkmale der veredelten Variante sind.

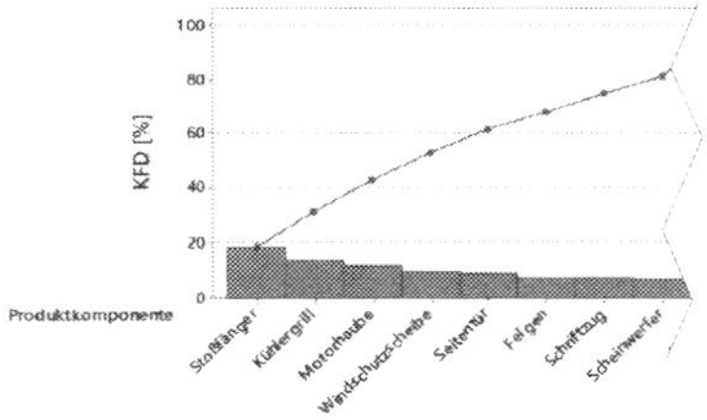

Abbildung 6-4: PARETO-Diagramm visuell relevanter Produktkomponenten – SUV

Bezüglich der Analyse der KFD zwischen relevanten Produktmerkmalen konnten schwache Korrelationen festgestellt werden ($r_{Pearson} > 0{,}20$); insbesondere bestanden schwache, negative Korrelationen zwischen benachbarten Produktkomponenten (z. B. Schriftzug und Stoßfänger: $r_{Pearson} = -0{,}411$, p = 0,003).

Strategie-Qualitätsmerkmal-Matrizen

Zur Erstellung der Matrix mit den Wahrnehmungsbeiträgen $W_{ij,imp}$ wurden für jedes der vier semantischen Konzepte sowie bei beiden Produktvarianten die KFD je relevanter Produktkomponente (acht Produktkomponenten, siehe Abbildung 6-4) erhoben.

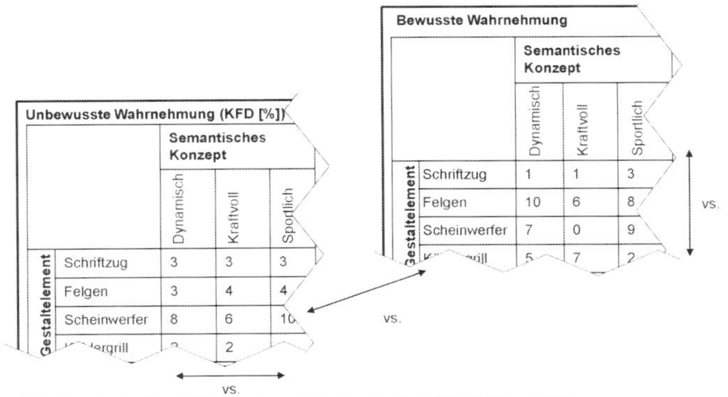

Abbildung 6-5: Strategie-Qualitätsmerkmal-Matrizen einer Variante – SUV

Die erfassten Blickregistrierungsparameter (KFD) bilden die Eingangswerte der Matrix (siehe Abbildung 6-5). Dabei werden die Wahrnehmungsbeiträge normiert zwischen 0 und 10. Bei-

[765] Hierbei wird der Annahme gefolgt, dass die KFD als *ein* Parameter der Blickregistrierung gesehen werden kann, um den wahrgenommenen Informationsgehalt und die Bedeutung des visuellen Reizes zu beschreiben, vgl. Kapitel 2.6.6.

spielsweise lässt sich erkennen, dass die Felgen im Anwendungsbeispiel häufig explizit in Verbindung gebracht werden mit der Einzelassoziation *dynamisch*, jedoch wurden sie bezüglich dieser Einzelassoziation verhältnismäßig wenig betrachtet. Derartige Unterschiede sind über die komplette Matrix hinweg festzustellen. So ist der explizite Eindruck der Scheinwerfer nicht *kraftvoll*, jedoch wurden sie eine bestimmte Zeitdauer betrachtet.

Zur Prüfung der vorangestellten, **qualitativen Zusammenhänge** zu den Wahrnehmungsbeiträgen $W_{ij,imp}$ auf Signifikanz, wurde eine 2x5-faktorielle ANOVA mit Messwiederholung auf beiden Faktoren[766] durchgeführt. Die abhängige, **intervallskalierte** Variable ist in diesem Beispiel die KFD. Die unabhängigen Variablen stellen die Stimuli dar. Es wird angenommen, dass der Faktor *Ausprägung (Fahrzeug)* und der Faktor *Semantisches Konzept* Einfluss auf die Betrachtungsdauern (KFD) je relevanter Produktkomponente haben. Exemplarisch werden die nachstehenden Ergebnisse für drei visuell wahrnehmungsrelevante Komponenten (Stoßfänger, Schriftzug, linker Scheinwerfer) dargestellt. Somit bestehen für den Faktor *Ausprägung* existieren zwei (Basis und veredelte Variante) und für den Faktor *Semantisches Konzept* fünf (freie Interaktion, dynamisch, kraftvoll, sportlich, modern) Faktorstufen.

Tabelle 6-1: MAUCHLY-Test auf Sphärizität (Auszug)

	Qualitätsmerkmal		
Innersubjekteffekt	Schriftzug	Scheinwerfer	Stoßfänger
Semantisches Konzept (Faktor S)	p = 0,000	p = 0,171	p = 0,273
Ausprägung (Faktor A)	.	.	.
Wechselwirkung (AxS)	p = 0,011	p = 0,853	p = 0,083

Aufgrund der teilweisen Verletzung der Sphärizitätsannahme (MAUCHLY-Test; $p < 0,05$) wurde für den Schriftzug das Signifikanzniveau der univariaten Tests korregiert. Bezüglich des Faktors *Semantisches Konzept* wurden signifikante Effekte ($p < 0,1$) mit Bezug auf die KFD der drei analysierten Komponenten festgestellt. Demgemäß variiert das Blickverhalten beim Denken an ein bestimmtes semantisches Konzept bzw. an eine symbolhafte Assoziation[767]. Neben dem signifikanten Haupteffekt in Folge der Variation der semantischen Konzepte zeigt sich auch ein signifikanter Effekt der Wechselwirkung AxS für den Scheinwerfer.

Tabelle 6-2: Signifikante Ergebnisse der univariaten Tests (Auszug) - SUV

Quelle	**Qualitätsmerkmal**	**F-Wert**	**p-Wert**
Semantisches Konzept (Faktor S)	Schriftzug	4,279	0,023*
	Scheinwerfer	4,494	0,003
	Stoßfänger	3,655	0,010
Wechselwirkung (AxS)	Scheinwerfer	3,714	0,009

* Korrektur des Signifikanzniveaus mittels des Korrekturverfahrens nach GREENHOUSE-GEISSER

Zur Analyse, welche semantischen Konzepte tatsächlich einen Effekt aufweisen, wurden die Diagramme zum geschätzten Randmittel der KFD (siehe Abbildung 6-6) betrachtet. Anhand gepaarter Post-hoc-t-Tests ($p < 0,1$) wurde festgestellt, dass der linke Scheinwerfer des veredelten Fahrzeuges signifikant länger betrachtet wurde beim Denken an bestimmte Assoziationen (z. B. *dynamisch* ($T(24) = 3,45$, $p = 0,001$) oder *sportlich* ($T(23) = 3,76$, $p = 0,0001$)) im Vergleich zur *freien Interaktion*. Ähnliche Ergebnisse ergaben sich für die Basisvariante, wenngleich hierbei kein signifikanter Unterschied zwischen *freier Interaktion* und dem se-

766 Zur *ANOVA mit Messwiederholung auf zwei Faktoren* und deren Bedeutung in dieser Arbeit, vgl. Kapitel 5.2.3.3.

767 Zur Bedeutung von *Symbolfunktionen*, vgl. u. a. Kapitel 2.4.2.3.

mantischen Konzept *kraftvoll* bestand (T(18) = 0,915, p = 0,186). Die Untersuchung des Schriftzuges lieferte signifikante Unterschiede zwischen den semantischen Konzepten und der freien Interaktion. Hierbei ist der schwache signifikante Effekt der semantischen Konzepte bezüglich der veredelten Variante zu bedenken (p = 0,081). In Bezug auf die visuelle Aufmerksamkeit des Stoßfängers der Basisvariante hatten die semantischen Konzepte keinen signifikanten Effekt (p = 0,484). Demgegenüber evozierte der Stoßfänger der veredelten Variante eine höhere visuelle Aufmerksamkeit bei *kraftvoll* als bei *dynamisch* (T(18) = 2,633, p = 0,008) oder *sportlich* (T(17) = 3,315, p = 0,002) oder *modern* (T(16) = 1,47, p = 0,08).

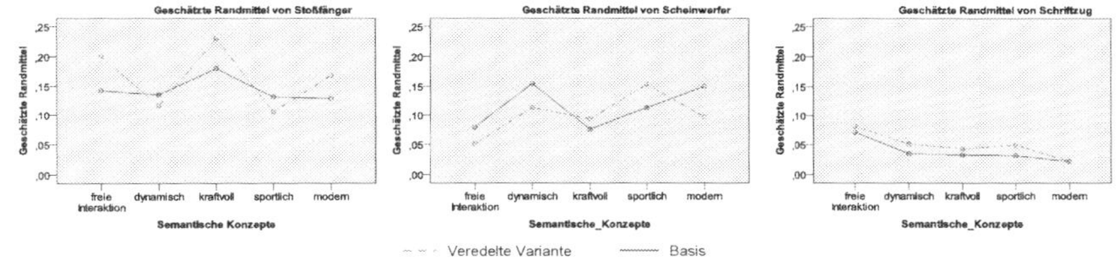

Abbildung 6-6: Randmittel der KFD – Stoßfänger, Scheinwerfer, Schriftzug

Erfassung der expliziten Wahrnehmungsbeiträge und Bewertung des Umsetzungsgrades

Basierend auf einer fünfstufigen LIKERT-Skala wurde zudem der Umsetzungsgrad der beiden Gestaltvarianten, bezogen auf jedes semantische Konzept untersucht. Die veredelte Variante wurde als sehr *kraftvoll* und als signifikant *kraftvoller* als die Basis bewertet (gepaarter t-Test, Mittelwert = 1,100, p = 0,000). Bezüglich weiterer semantischer Konzepte ergaben sich weniger bzw. nicht signifikante Ergebnisse (siehe Abbildung 6-7).

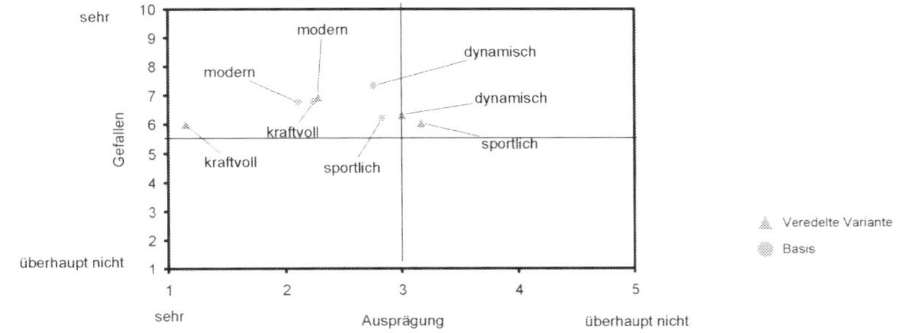

Abbildung 6-7: Umsetzungsgrad und Empfindung des Umsetzungsgrades zweier Gestaltvarianten

Implikationen für die Produktentwicklung

Zielsetzung des Unternehmens war es, durch das Redesign des Exterieurs des veredelten SUV u. a. ein *kraftvolles* Fahrzeug zu konzipieren. Anhand des systematischen Vorgehens aus Kapitel 5 wurde gezeigt, dass die veredelte Gestaltvariante im Vergleich zur Basis als *visuell kraftvoller* wahrgenommen wird. Zudem wurde der Umsetzungsgrad des semantischen Konzeptes *kraftvoll* explizit positiv bewertet (siehe Abbildung 6-7). Diese Erkenntnisse ermöglichen es dem Unternehmen, bereits in der Phase der **Produktdefinition**, Aspekte der Produkt-DNA zielgerichtet auf derartige Produktvarianten zu fokussieren, die diesen semantischen Konzepten entsprechen.

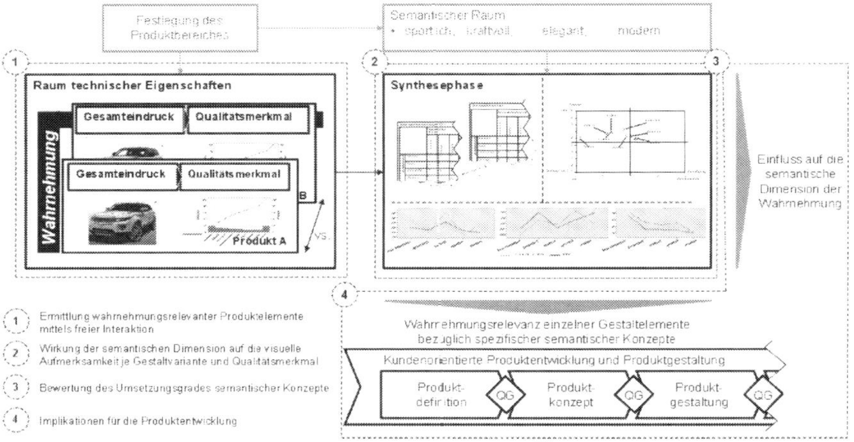

Abbildung 6-8: Schematische Darstellung der Fallanwendung SUV[768]

Weiterführend lassen sich die Erkenntnisse in der **Produktkonzeptphase** nutzen, um die Produktmerkmale und die Gestaltvarianten weiterzuentwickeln und zu akzentuieren, die den semantischen Konzepten am besten entsprechen. So ist der Stoßfänger ein wesentliches Produktmerkmal zur Vermittlung einer *kraftvollen* Produktbotschaft. Durch die Überführung der Daten in die Matrix wird das Unternehmen dazu befähigt, für die scheinbar wahrnehmungsrelevanten Komponenten (z. B. Stoßfänger) spezifische Produktbotschaften (z. B. kraftvoll) abzuleiten. Wie bereits im einführenden Beispiel aus Kapitel 1.1 dargestellt, ist dies für die Akzentuierung bestimmter Produktmerkmale von Bedeutung. Anhand des gewählten Studiendesigns (computergenerierte 2D-Produktmodelle) wurde eine frühe Phase des Entwicklungsprozesses simuliert. Die Ergebnisse lassen sich zudem in den laufenden Entwicklungsprozess im Sinne einer **Validierung** bzw. zur Auswahl von Gestaltalternativen des zu entwickelnden Produktes oder aber auch in den Entwicklungsprozess von Nachfolgeprodukten einbinden (siehe Abbildung 6-8).[769]

6.3 Synthese von Qualitätsmerkmalen und semantischer Dimension der Wahrnehmung – Ebenen Gesamteindruck und Wahrnehmungscluster

Das in diesem Fallbeispiel betrachtete Produkt sind Mountainbikes (MTB). Ziel der Fallanwendung war es, die Entscheidungsfindung von Produktgestaltern bezüglich der Ausprägung von Produktkomponenten und bei der Gestaltung von **Produktbereichen** durch objektive Daten über die visuelle Wahrnehmung aus Kundensicht zu unterstützen.[770]

---

768 Das Vorgehen, die Ergebnisse und die Abbildungen aus Kapitel 6.2 sind angelehnt an **Köhler, M.; Schmitt, R.** (Systematic Consumer Evaluation Measurement), 2012 und **Schmitt, R., et al.** (Objectifying User Attention and Emotion), 2014.

769 Vgl. zu diesen und weiteren Szenarien Abbildung 2-29 im Kapitel 2.6.4.

770 Zu weiteren Ergebnissen zu diesem Fallbeispiel, vgl. **Köhler, M.; Falk, B.; Schmitt, R.** (Objectifying User Attention), 2013. Die Auswertungen der ANOVA vollziehen sich dabei in Analogie zu den Auswertungen aus Kapitel 6.2 und Anhang A.5.

6.3.1 Problembeschreibung

In Vorstudien wurde der Raum semantischer Konzepte unter Anwendung von Experteninterviews, Internetrecherche und Fokusgruppenworkshops aufgespannt und auf die relevanten semantischen Konzepte bzw. Einzelassoziationen reduziert. Hierfür wurde die Unternehmenssicht erfasst, indem 22 auf MTB spezialisierte Unternehmensvertreter in einer KANO-Studie befragt wurden. Als Leistungsmerkmal wurde *premium* und als Basismerkmale *sportlich* und *zuverlässig* charakterisiert[771]. Die zugrundeliegende Basisvariante wurde in zwei Produktbereichen variiert (Federgabel und Rahmen), wobei beide Produktbereiche (Faktoren) genau zwei Ausprägungen (Faktorstufen) aufweisen. Demnach wurden insgesamt vier voneinander verschiedene Gestaltvarianten betrachtet (siehe Abbildung 6-9).

Wahrnehmungscluster	Ausprägungen	
Federgabel	Basis	modifiziert
Rahmenfarbe	grau	blau

Abbildung 6-9: Produktvarianten – MTB

6.3.2 Vorgehen und Studiendesign

Nach Bestimmung der relevanten semantischen Konzepte und der zu analysierenden Gestaltvarianten, erfolgte die Planung des Vorgehens zur Anwendung der Schritte 1 und 2 aus Kapitel 5. Sowohl die Probandenakquise (zur Wahrung einer hohen Repräsentativität der Stichprobe) als auch die Studiendurchführung fanden in einem Verkaufsgeschäft des Herstellers statt. Die Probanden (n = 11, 18 bis 45 Jahre, mittleres Alter = 26,4 Jahre) waren überwiegend dem Zielkundensegment zuzuordnen und als überwiegend MTB-affin zu charakterisieren[772]. Sie basieren ihre Kaufentscheidung in der Regel auf der Präsentation im Verkaufsgeschäft (10 Nennungen), auf Empfehlungen (7), auf Bildern aus dem Internet (5) und auf Produktbroschüren (2). Gemäß Schritt 1 wurde eine freie Interaktion bei der Betrachtung der Produkte durchgeführt, um einerseits die relevanten Merkmale zu erfassen und um andererseits den Referenzwert für die visuelle Aufmerksamkeit je Produktbereich abzuleiten. Schritt 2 folgend, wurde zunächst die Untersuchung des Einflusses semantischer Konzepte und der Änderung der Gestaltvarianten auf die visuelle Aufmerksamkeit vorgenommen. Abschließend wurden paarweise Vergleiche und Gesamtvergleiche auf Gesamtproduktebene durchgeführt, um die Gestaltvarianten auf Basis der visuellen Aufmerksamkeit voneinander abzugrenzen. Die Gesamtdauer der Studiendurchführung betrug je Proband etwa 7,5 Minuten.

Es wurde ein bildschirmbasiertes Blickachsenmesssystem eingesetzt[773]. Um ein umfassenderes Abbild der Kundenwahrnehmung und -empfindung zu erstellen, wurden den objektiv erhobenen Daten der Blickregistrierung die expliziten Meinungen gegenübergestellt, welche mit einem Fragebogen unter Anwendung von Tablets erhoben wurden. Dieser Fragebogen

---

[771] Die statistische Signifikanz der Zuordnung der semantischen Konzepte bzw. Einzelassoziationen *zuverlässig* und *premium* konnte mittels Signifikanztest nach FONG aufgezeigt werden, vgl. **ebenda** (Objectifying User Attention), 2013 basierend auf **Fong, D.** (Questionnaire to Interpret Kano), 1996 sowie zu dem KANO-Modell, vgl. Kapitel 2.3.2.

[772] Mittelwert = 5,36 und Standardabweichung = 2,2 auf siebenstufiger LIKERT-Skala, mit 7 = sehr hoch und 1 = sehr niedrig.

[773] Zu den verschiedenen Blickregistrierungsverfahren, u. a. das *Blickachsenmesssystem*, vgl. Kapitel 2.6.5.

umfasste u. a. Items zur Relevanz der Produktmerkmale sowie zur Bewertung der vier Gestaltalternativen. Weiterhin wurden neben der eigentlichen Blickregistrierungsstudie auch Vergleiche zwischen realen, physischen Produktmodellen im Verkaufsgeschäft durchgeführt (Abbildung 6-10). Durch diesen Ablauf war es Ziel, Ergebnisse für unterschiedliche Phasen des Entwicklungsprozesses des Unternehmens abzuleiten.

***Abbildung 6-10:** Impressionen des Studiendesigns – MTB*[774]

Die Probanden saßen etwa 60 cm vor dem Bildschirm des Blickregistrierungssystems. Das System wurde bezüglich der individuellen physiologischen Gegebenheiten der Probanden kalibriert[775]. Es folgten die Durchführung der Blickregistrierungsstudie und der Vergleich mit den Fragebogenergebnissen. Die erhobenen impliziten und expliziten Daten zur visuellen Wahrnehmung wurden statistisch ausgewertet, um aufzuzeigen, wie valide Erkenntnisse (**Implikationen**) für den Entwicklungsprozess abgeleitet werden können. Für die signifikanten Effekte wurden t-Tests für verbundene Stichproben (siehe Kapitel 5.3.2) durchgeführt ($p < 0,1$).

6.3.3 Spezifische Ergebnisse

Als Ergebnis von Schritt 1 der Vorgehensweise aus Kapitel 5 wurde ermittelt, dass die scheinbar wahrnehmungsrelevantesten[776] Produktbereiche (**Wahrnehmungscluster**) der Fahrradrahmen, die Räder und die Gabel sind (siehe Tabelle 6-3). Diese Erkenntnis konnte sowohl insgesamt als auch spezifisch je Gestaltvariante abgeleitet werden.

***Tabelle 6-3:** KFD [%] für die relevanten Wahrnehmungsbereiche*

Produktbereich	Mittelwert [%]	Standardabweichung [%]
Rahmen	43,4	18,41
Laufräder	19,5	10,93
Gabel	17,0	9,40
Lenker	9,3	7,25
Sattel	8,5	7,97

Der Einfluss von semantischen Konzepten (Faktor S) und Gestaltvarianten (Faktor A) auf die visuelle Aufmerksamkeit (Parameter der Blickregistrierung) wurde anhand einer ANOVA mit

774 **Köhler, M.; Falk, B.; Schmitt, R.** (Objectifying User Attention), 2013, S. 3.

775 Genauigkeit: linkes Auge: mittlere Abweichung = 1°, Standardabweichung = 0,29°; rechtes Auge: mittlere Abweichung = 0,9°, Standardabweichung = 0,25°.

776 Hierbei wird der Annahme gefolgt, dass die KFD als *ein* Parameter der Blickregistrierung gesehen werden kann, um den wahrgenommenen Informationsgehalt und die Bedeutung des visuellen Reizes zu beschreiben, vgl. Kapitel 2.6.6.

Messwiederholung analysiert[777]. Beide Faktoren wurden dabei auf jeweils vier Faktorstufen untersucht. Nachfolgende werden exemplarisch die Erkenntnisse für die Federgabel, die einer der aufmerksamkeitsrelevantesten Produktbereiche ist, dargestellt. Es lässt sich ableiten, dass beim Gedanken an *sportlich* die Gestaltvarianten mit der modifizierten Federgabel signifikant länger fixiert (KFD) wurden als die graue Basisvariante (verbundener t-Test: T(8) = 2,6804; p = 0,0279 und T(8) = 2,4044; p = 0,04288). Es lässt sich schlussfolgern, dass die modifizierte Gabel eine höhere Bedeutung für *sportlich* aufweist, als die Basisvariante der Gabel (siehe Abbildung 6-11). Diese Erkenntnis ließ sich durch Erkenntnisse des Fragebogens bestätigen.

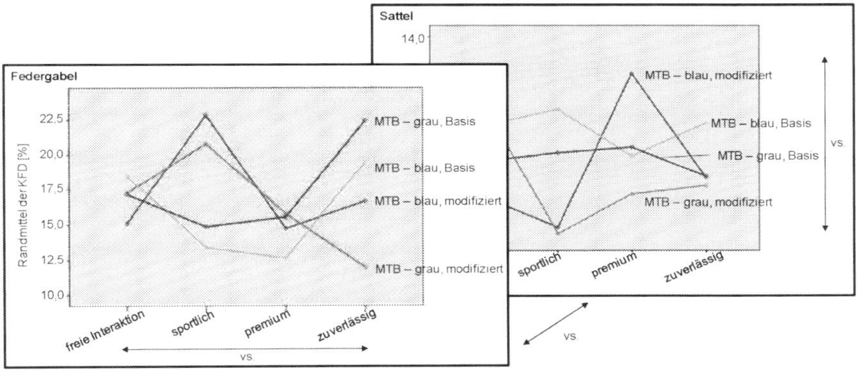

Abbildung 6-11: Randmittel der KFD [%] – Federgabel und Sattel

Untersuchung der Präferenz mittels Blickregistrierung und Fragebogen

Die Analyse der Blickregistrierungsparameter mit gepaartem t-Test für verbundene Stichproben betont die **Präferenz** für die Gestaltvarianten mit modifizierter Gabel. So wurden die Gestaltvariante mit blauem Rahmen und modifizierter Gabel sowie die Gestaltvariante mit grauem Rahmen und modifizierter Gabel signifikant intensiver betrachtet (KFD) als die Varianten mit Basisgabel. Die Ergebnisse des paarweisen Vergleiches des Fragebogens bestätigten, dass die modifizierte Gabel bevorzugt wird (siehe Tabelle 6-4).

Tabelle 6-4: Paarweiser Vergleich – Blickregistrierung und Fragebogen

Paarweiser Vergleich – Fragebogen

MTB mit...	blauem Rahmen und modifizierter Gabel	grauem Rahmen und modifizierter Gabel	blauem Rahmen und Basisgabel	grauem Rahmen und Basisgabel	Zeilen-summe
blauem Rahmen und		3	6	6	15
					21
					3
					6

Paarweiser Vergleich – Blickregistrierung

MTB mit...	blauem Rahmen und modifizierter Gabel	grauem Rahmen und modifizierter Gabel	blauem Rahmen und Basisgabel	grauem Rahmen und Basisgabel	Zeilen-summe
blauem Rahmen und modifizierter Gabel		1	2 (p = 0,0467)	1	4
grauem Rahmen und modifizierter Gabel	1		1	2 (p = 0,0158)	4
blauem Rahmen und Basisgabel	0	1		1	2
grauem Rahmen und Basisgabel	1	0	1		2

vs.

[777] Zur Anwendung der ANOVA mit Messwiederholung im Kontext dieser Arbeit, vgl. Kapitel 5.2.3.3.

Ein Gesamtvergleich der vier Gestaltvarianten unter Anwendung der Blickregistrierung unterstrich die Präferenz für die Varianten mit modifizierter Gabel (siehe Abbildung 6-12). Die Analyse mittels ANOVA zeigte signifikante Unterschiede der KFD [%] zwischen den vier Varianten (F(3; 7) = 28,245; p = 0,000). Post-hoc-t-Tests für gepaarte Stichproben bestätigten signifikante Unterschiede zwischen den Gestaltvarianten mit blauem Rahmen und unterschiedlichen Gabeln (T(9) = 1,9; p = 0,09). Diese Auffälligkeiten, dass Gestaltvarianten mit modifizierter Gabel bevorzugt werden und die Rahmenfarbe wohl keinen signifikanten Einfluss hat, wurden durch einen Gesamtvergleich durch Fragebogen bestätigt.

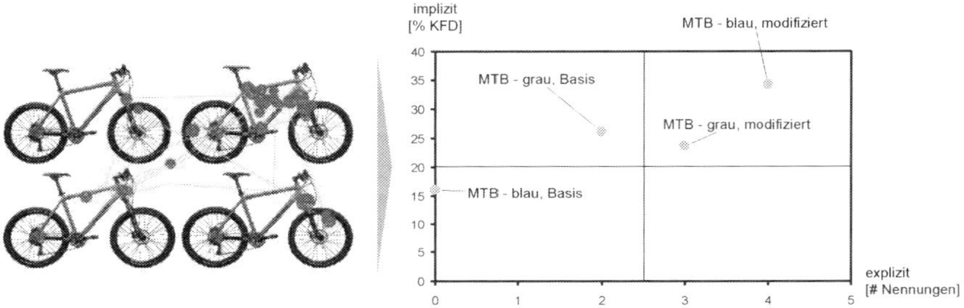

Abbildung 6-12: Gesamtvergleich - Blickregistrierung und Fragebogen – MTB

Abbildung 6-13 fasst die Erkenntnisse für diesen Anwendungsfall aus der Anwendung der Vorgehensweise entlang der Schritte 1 und 2 der entwickelten Vorgehensweise aus Kapitel 5 zusammen. Es lassen sich Erkenntnisse sowohl für die frühen Phasen der kundenorientierten Produktgestaltung als auch für die **Akzentuierung** von Produktmerkmalen der MTB im Rahmen von Marketingmaßnahmen ableiten.

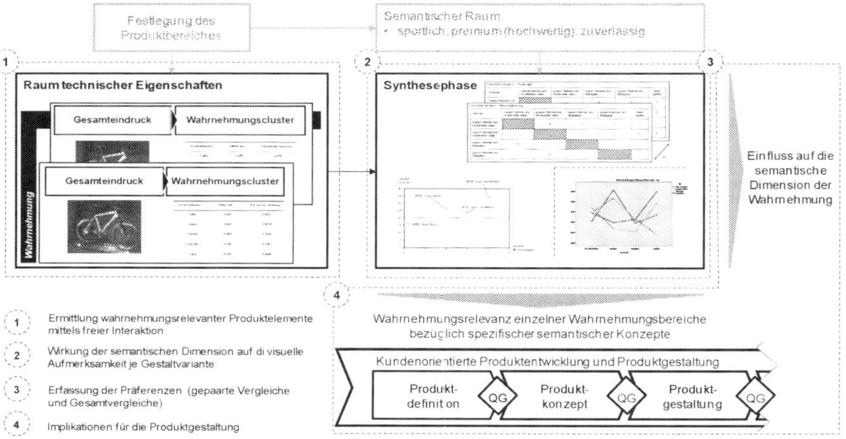

Abbildung 6-13: Schematische Darstellung der Fallanwendung – MTB

6.4 Synthese von Qualitätsmerkmalen und semantischer Dimension der Wahrnehmung – Ebenen Gesamteindruck und Qualitätsmerkmale

In diesem Fallbeispiel wurde die Vorgehensweise aus Kapitel 5 auf ein kleineres Produkt angewendet. Neben dem Vergleich der **Gestaltvarianten** einer Männerarmbanduhr wurden insbesondere die **Qualitätsmerkmale** dieser Produktvarianten miteinander verglichen.[778]

6.4.1 Problembeschreibung

Ziel des Unternehmens ist es, die für die Zielgruppe am besten geeignete Variante einer Männerarmbanduhr auszuwählen. Es wurden vier unterschiedliche Gestaltvarianten einer prinzipiell gleich aufgebauten Armbanduhr untersucht. Unterschiede lagen insbesondere in den Gestaltelementen *Material* (Metall oder Silikon) und somit *Farbe* des Armbandes sowie in der Farbwahl des Ziffernblattes (rote und blaue Farbelemente, sonst überwiegend schwarz)[779]. Gemäß der Vorgehensweise aus Kapitel 5 war zu ergründen, welches die visuell relevantesten Produktmerkmale der Armbanduhr sind (Schritt 1) und wie die semantische Dimension der Wahrnehmung durch Variation der Gestaltvarianten beeinflusst wird (Schritt 2). Durch Experteninterviews, Produktbeschreibungen und Internetrecherchen wurden potenzielle semantische Konzepte bzw. Einzelassoziationen bezüglich der Männerarmbanduhr erhoben. Die Vorauswahl wurde durch logischen Ausschluss, Affinitätsdiagramme, Fokusgruppenworkshops und Faktorenanalyse systematisch reduziert und in einer Fragebogenstudie mit 72 uhrenaffinen Probanden auf einer fünfstufigen LIKERT-Skala (1: nicht wichtig; 5: sehr wichtig) validiert. Für die Probanden ist es demnach signifikant am bedeutendsten, dass eine Männerarmbanduhr *optisch harmonisch* (Mittelwert = 4,36; Standardabweichung = 0,954) gestaltet ist. Weitere relevante Einzelassoziationen für die Produktgestaltung sind *männlich*, *beeindruckend*, *sportlich* und *modern*. Für die nachfolgenden Analysen wurden die prinzipiell wahrnehmbaren Produktelemente mittels **Systemanalyse** gemeinsam mit Unternehmensvertretern ermittelt. Hierbei wurde ein Detaillierungsniveau festgelegt, das im Vergleich zu MTB und Automobilen auf **Ebene der Qualitätsmerkmale** anzusetzen ist. Aufgrund der Komplexität des vergleichsweise kleinen Produktes wird eine mittlere Anzahl von elf zu untersuchenden Produktmerkmalen definiert (Abbildung 6-14)[780].

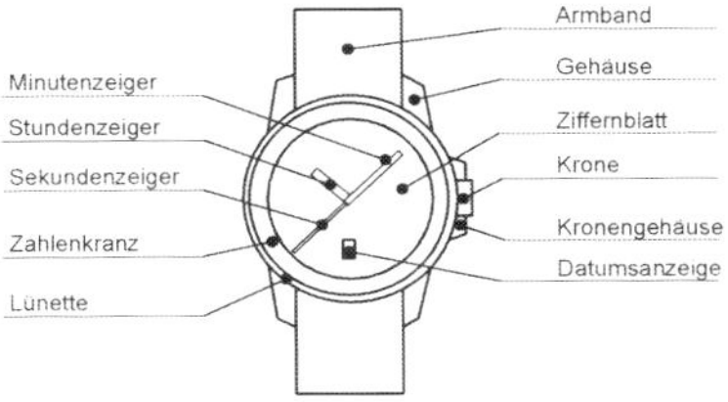

Abbildung 6-14: AOI – Armbanduhr

[778] Weitere Ergebnisse, Abbildung und Beschreibungen des Vorgehens zu diesem Fallbeispiel befinden sich in **Köhler, M.; Falk, B.; Schmitt, R.** (Eye-Tracking in Kansei Engineering Method), 2015. Die Auswertungen der ANOVA vollziehen sich dabei in Analogie zu den Auswertungen aus Kapitel 6.2 und Anhang A.5.

[779] Zu den Gestaltelementen *Farbe* und *Material*, vgl. u. a. Kapitel 2.4.2.1.

[780] In den dargestellten Anwendungsbeispielen wurden auf Ebene *Wahrnehmungscluster* sechs AOI (MTB, siehe Kapitel 6.3) und auf Ebene *Qualitätsmerkmale* 20 AOI (Automobil, siehe Kapitel 6.2) definiert.

6.4.2 Vorgehen und Studiendesign

Nach Festlegung der semantischen Konzepte und der visuell wahrnehmbaren Struktur der Armbanduhr wurde die Studie zur Untersuchung des Zusammenhanges zwischen der semantischen Dimension der Wahrnehmung und den Produktelementen sowie zur Präferenz von Gestaltvarianten geplant, durchgeführt und statistisch ausgewertet. Zur Minimierung der systematischen Einflüsse auf die Studiendurchführung, wurden die computergenerierten 2D-Produktmodelle auf die gleiche Weise den Probanden präsentiert (u. a. gleicher Winkel, gleiche Größe, gleicher Hintergrund). Zur objektiven Erfassung von Informationen über die visuelle Aufmerksamkeit wurde ein bildschirmbasiertes Blickregistrierungssystem eingesetzt. Die Bilder der Gestaltvarianten wurden zwischen zehn und 20 Sekunden lang präsentiert[781]. Die beteiligten Probanden (17 bis 50 Jahre, mittleres Alter = 22,8 Jahre) charakterisierten sich als *ziemlich uhrenaffin*[782]. Nach Einführung in den Ablauf der Studie, nahmen die Probanden etwa 60 cm vor dem Bildschirm Platz und wurden einem Kalibrierungsprozess unterzogen.

Zur Realisierung von Schritt 1 (Erfassung wahrnehmungsrelevanter Produktmerkmale) wurden die vier Gestaltvarianten in randomisierter Reihenfolge den Probanden bei *freier Interaktion* für jeweils zehn Sekunden dargeboten. Ziel war es auch, die visuelle Aufmerksamkeit bezüglich der Gestaltvarianten zu referenzieren. Analog zu Schritt 2 (siehe Kapitel 5.2) wurden für jeweils zwölf Sekunden paarweise Vergleiche zu den semantischen Konzepten randomisiert durchgeführt. Es war zu ergründen, welche Gestaltvariante in Bezug auf ein semantisches Konzept relevanter ist und welches hierbei die visuell relevantesten Produktmerkmale sind bzw. welche Gestaltvariante einen scheinbar hohen Informationsgehalt bezüglich einer Einzelassoziation aufweist. Ergänzend wurden die Präferenzen (= emotionale Bewertung) erfasst, indem die Gestaltvarianten einem visuellen Gesamtvergleich unterzogen wurden. Um den impliziten **Wahrnehmungsbeiträgen** die **expliziten** Empfindungen der Probanden gegenüberzustellen, wurde ein Fragebogen eingesetzt. Gegenüber der Blickregistrierungsstudie wurden die Reihenfolge der semantischen Konzepte und die der paarweisen Vergleiche randomisiert, um systematische Effekte zu reduzieren. Die Studiengesamtdauer betrug je Proband etwa acht Minuten. Die erhobenen Daten wurden statistisch ausgewertet, um Handlungsempfehlungen für die Produktgestaltung abzuleiten[783].

6.4.3 Spezifische Ergebnisse

Nach Durchführung der freien Interaktion des Schrittes 1 bezüglich der vier Varianten wurde über alle Probanden und Gestaltvarianten hinweg analysiert, dass über 80 % der gesamten KFD [%] auf Armband und Ziffernblatt fiel[784]. Die Analyse des Fragebogens ergab, dass lediglich 25 % der Probanden das Ziffernblatt als ein Kaufargument sehen. Dem steht die wahrnehmungsbezogene Relevanz gegenüber und unterstreicht die Bedeutung einer umfassenden sowie differenzierten Betrachtung impliziter und expliziter Wahrnehmungsbeiträge[785].

---

[781] In dem Forschungsprojekt CONEMO wurde u. a. gezeigt, dass die Dauer, die eine Produktvariante dem Betrachter präsentiert wird, abhängt von der Produktkomplexität. Für Produkte wie Armbanduhren etwa 14 bis 17 Sekunden. Vgl. **Schmitt, R., et al.** (Objectifying User Attention and Emotion), 2014.

[782] Fünfstufige LIKERT-Skala (1: sehr niedrig; 5: sehr hoch): Mittelwert = 3,25 und Standardabweichung = 0,92.

[783] Zur Analyse der Signifikanz wurde $\alpha = 0,1$ festgelegt.

[784] Das Ziffernblatt als zusammengesetztes Wahrnehmungscluster aus den *Qualitätsmerkmalen* Ziffernblatt und Ziffernring.

[785] Eine Diskussion hierzu findet sich im Kapitel 5.2.4.

Schritt 2 untersucht den Zusammenhang und die Wirkung der semantischen Konzepte und der Produktmerkmale auf die Änderung von objektiv erhobenen Informationen über die visuelle Wahrnehmung. Mittels Blickregistrierung wurden die Daten über die visuelle Aufmerksamkeit erfasst und je Gestaltvariante in einer Matrix abgebildet (siehe Abbildung 6-15). Es ergibt sich eine durchgehend hohe Bedeutung des Ziffernblatts infolge der relativen Größe dieser Komponente[786].

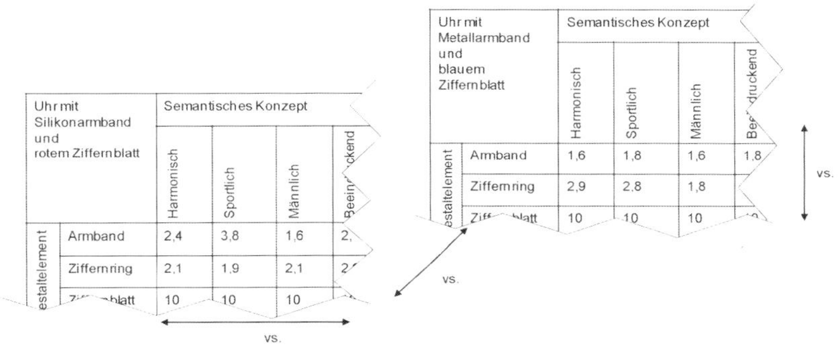

Abbildung 6-15: Matrix mit skalierten Wahrnehmungsbeiträgen – Fallbeispiel Uhr

Es lassen sich qualitative Erkenntnisse für die wahrgenommene Umsetzung der Einzelassoziationen ableiten. So scheint es, dass in diesem Anwendungsfall ein Silikonarmband *sportlicher* wahrgenommen wird als ein Metallarmband. Zur Untersuchung dieser Hypothesen auf Signifikanz wurde eine ANOVA durchgeführt, sowohl auf Ebene des **Gesamteindruckes** als auch auf Ebene der **Qualitätsmerkmale**. Es wurden t-Tests für gepaarte Stichproben angewendet (siehe Kapitel 5.3.2), um signifikante Unterschiede zwischen den Gestaltvarianten bezüglich der relevanten semantischen Konzepte zu untersuchen.

Tabelle 6-5: Paarweise Vergleiche auf Ebene Gesamteindruck („sportlich")

Uhr mit...	Silikonarmband und rotem Ziffernblatt	Silikonarmband und blauem Ziffernblatt	Metallarmband und rotem Ziffernblatt	Metallarmband und blauem Ziffernblatt	Zeilen-summe	Normierung [0... 10]
Silikonarmband und rotem Ziffernblatt		1	2 (p = 0,0000)	2 (p = 0,0000)	5	10
Silikonarmband und blauem Ziffernblatt	1		2 (p = 0,0304)	2 (p = 0,0011)	5	10
Metallarmband und rotem Ziffernblatt	0	0		1	1	0
Metallarmband und blauem Ziffernblatt	0	0	1		1	0

In Bezug auf *sportlich* wurden auf Ebene des Gesamteindruckes die Uhren mit Silikonarmband signifikant länger betrachtet als Uhren mit Metallarmband. Auf Detailebene wurden auch die Armbänder der Uhren mit Silikonarmband signifikant länger fokussiert als die Gestaltvarianten mit Metallarmband. Demnach trägt ein Silikonarmband scheinbar dazu bei, dass eine Männerarmbanduhr visuell *sportlicher* wahrgenommen wird bzw. mehr Informationsgehalt in diesem Silikonarmband mit Bezug zu der Assoziation *sportlich* vermutet wird (Tabelle 6-5). Zusätzlich wurde festgestellt, dass auch das Ziffernblatt von Uhren mit Silikonarmband signifikant länger betrachtet wurde, unabhängig von der farblichen Ausprägung.

786 In diesem Fall ist z. B. die Normierung anhand der Pixelzahl oder anhand des Flächeninhaltes denkbar, siehe Kapitel 6.5.

Dadurch leitet sich die Hypothese ab, dass das visuell wahrnehmungsrelevante Produktmerkmal Armband mit der Ausprägung Silikon beim semantischen Konzept *sportlich* einen Effekt auf die visuelle Aufmerksamkeit des Gesamtproduktes entfaltet. Ähnliche Ergebnisse wurden bei anderen Einzelassoziationen ermittelt.[787]

Tabelle 6-6: Paarweise Vergleiche auf Ebene Qualitätsmerkmal – Armband („sportlich")

Uhr mit...	Silikonarmband und rotem Ziffernblatt	Silikonarmband und blauem Ziffernblatt	Metallarmband und rotem Ziffernblatt	Metallarmband und blauem Ziffernblatt	Zeilen-summe	Normierung [0... 10]
Silikonarmband und rotem Ziffernblatt		1	2 (p = 0,0002)	2 (p = 0,0015)	5	10
Silikonarmband und blauem Ziffernblatt	1		2 (p = 0,0131)	2 (p = 0,0019)	5	10
Metallarmband und rotem Ziffernblatt	0	0		1	1	0
Metallarmband und blauem Ziffernblatt	0	0	1		1	0

Bezugnehmend auf die Einzelassoziation *männlich* wurden keine signifikanten Unterschiede ermittelt – weder auf Ebene *Gesamteindruck* noch auf Ebene Qualitätsmerkmal. Die Gründe hierfür sind mannigfaltig: zu geringe Stichprobe, tatsächlich keine Unterschiede, die KFD ist zur Darstellung dieses Zusammenhanges nicht geeignet oder die Interpretation des semantischen Konzeptes *männlich* ist mehrdeutig[788]. Der dargestellte Zusammenhang, dass bei der Erwartung an *sportliche* Männerarmbanduhren ein Silikonarmband in den Fokus der visuellen Wahrnehmung rückt, konnte auch mittels Fragebogen validiert werden: Uhren mit Silikonarmband wirken *sportlicher* als deren Pendant aus Metall (siehe Tabelle 6-7; 1: sehr gering; 5: sehr hoch). Auf Detailebene nennen zwischen 50 % (bezüglich rotem Ziffernblatt und Silikonarmband) und 80 % (bezüglich blauem Ziffernblatt und Silikonarmband) der Probanden das Armband als relevantes Merkmal für ein *sportliches* Erscheinungsbild. Demgegenüber konnte nicht bestätigt werden, dass Metallarmbänder *harmonischer* wirken als Silikonarmbänder. Diese Erkenntnisse werden durch eine sowohl umfassende als auch differenzierte Betrachtung der Ergebnisse der Blickregistrierung bekräftigt.

Tabelle 6-7: Umsetzungsgrad des semantischen Konzeptes „sportlich"

		Material des Armbandes	
		Silikon	**Stahl**
Farbe des Ziffernblattes	**Rot**	3,61	2,63
	Blau	3,83	2,65

Ermittlung der Präferenz der Gestaltvarianten

Bezüglich der **Präferenz** für die Gestaltvarianten, zeigt die Analyse der Blickregistrierungsdaten auf Gesamtproduktebene, dass die Varianten mit Metallarmband tendenziell intensiver betrachtet werden (erhoben durch KFD), unabhängig von der Ausprägung des Ziffernblattes. Dies stärkt die Bedeutung des Armbandes sowohl für die Umsetzung von semantischen Konzepten als auch für die Gesamtbewertung. Mittels ANOVA mit Messwiederholung wurde ein signifikanter Effekt des Uhrentyps auf die visuelle Aufmerksamkeit vor dem Hintergrund der Präferenz ermittelt (PILLAI-Spur = 0,369; F(7,37) = 3,093; p = 0,0110). Aufgrund der Ver-

787 Dieser Analyse folgend, lässt sich analog ableiten, dass eine Männerarmbanduhr dieser Produktkategorie mit Metallarmband als *optisch harmonischer* wahrgenommen wird als eine mit Silikonarmband.

788 Zur Deutung von *Einzelassoziationen*, vgl. **Steffen, D.** (Design als Produktsprache), 2000, S. 92 f. sowie Kapitel 2.4.2.3.

letzung der Sphärizitätsannahme (MAUCHLY-Test: $p < 0,05$) wurde eine Korrektur des Signifikanzniveaus für univariate Tests vorgenommen ($p_{GREENHOUSE\text{-}GEISSER} = 0,019$).

Tabelle 6-8: Bewertung der Gestaltvarianten durch paarweise Vergleiche

Uhr mit...	Silikonarmband und rotem Ziffernblatt	Silikonarmband und blauem Ziffernblatt	Metallarmband und rotem Ziffernblatt	Metallarmband und blauem Ziffernblatt	Zeilen-summe	Normierung [0... 10]
Silikonarmband und rotem Ziffernblatt		0	1	0	1	0
Silikonarmband und blauem Ziffernblatt	2		1	0	3	4
Metallarmband und rotem Ziffernblatt	1	1		0	2	2
Metallarmband und blauem Ziffernblatt	2	2	2		6	10

Post-hoc-Tests für verbundene Stichproben (siehe Kapitel 5.2.3.2) bestätigten, dass Armbanduhren mit Metallarmband signifikant bevorzugt werden[789]. Die Analyse und Auswertung erfolgte anhand eines paarweisen Vergleiches[790] (siehe Tabelle 6-8).

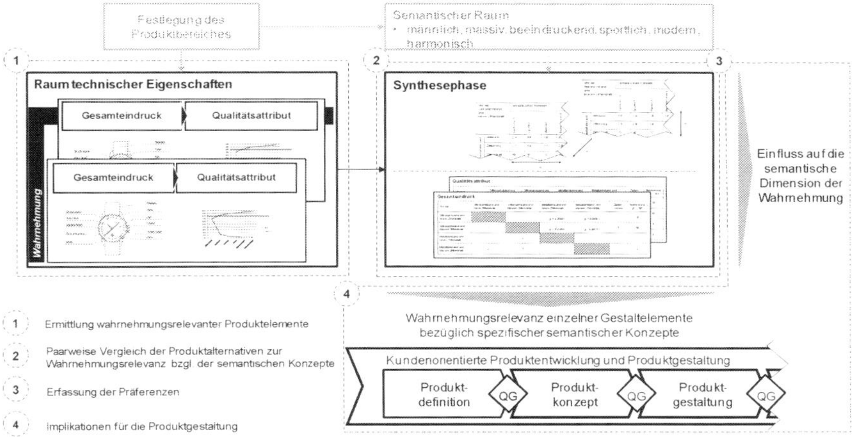

Abbildung 6-16: Schematische Darstellung der Fallanwendung – Männerarmbanduhr

Die Ergebnisse bezüglich der Präferenz wurden anhand des Fragebogens validiert, sodass Männerarmbanduhren mit Metallarmband bevorzugt werden. In der Gesamtbetrachtung aus Blickregistrierungsstudie und Fragebogen wurde die Gestaltvariante mit Metallarmband und blauem Ziffernblatt am besten und die mit Silikonarmband und rotem Ziffernblatt am schlechtesten bewertet, gleichwohl letztere am stärksten mit *sportlich* in Verbindung gebracht wurde. Die Ergebnisse zeigen die Bedeutung dafür, die Umsetzung der **produktsprachlichen Funktionen** auf Ebene der **Qualitätsmerkmale** zu untersuchen (siehe zusammenfassende Abbildung 6-16). Zudem unterstreichen die exemplarisch, schematisch aufgeführten Ausführungen die Bedeutung einer differenzierten Betrachtung von objektiv erhobenen Daten über die visuelle Wahrnehmung und der Erfassung von bewussten Aspekten der Wahrnehmung.

---

[789] Analysiert mit gepaarten t-Tests für abhängige Stichproben zu $p < 0,05$.

[790] Dabei gilt: 2 = Die jeweilige Gestaltvariante wurde signifikant länger betrachtet als die zu vergleichende Variante; 1 = Es gibt keinen signifikanten Unterschied zwischen den beiden Gestaltvarianten; 0 = Die jeweilige Gestaltvariante wurde signifikant weniger betrachtet als die zu vergleichende Variante, vgl. auch Kapitel 5.2.3.3.

6.5 Validierung der Zusammenhänge von Produktmerkmalen und produktsprachlichen Funktionen auf die visuelle Wahrnehmung

Im Kapitel 5.3 wurde aufgezeigt, wie Zusammenhänge zwischen Gestaltungsgrundlagen und Blickregistrierungsparametern prinzipiell abgebildet und produktspezifisch **validiert** werden können. Ziel der Fallanwendung in diesem Kapitel ist es, die tatsächliche Wirkung der Umsetzung von Gestaltungsgrundsätzen auf die visuelle Aufmerksamkeit – erfasst durch die Änderung von Blickregistrierungsparametern – **produktspezifisch** zu validieren[791]. Dieses Kapitel greift wissenschaftliche Ausführungen zur Produktgestaltung (Kapitel 2.4.2) und zur Blickregistrierung (Kapitel 2.6.6) auf. Anhand eines Praxisbeispiels aus dem Automobilumfeld werden ausgewählte Zusammenhänge gemäß Schritt 3 aufgestellt und untersucht.

6.5.1 Problembeschreibung und Rahmenbedingungen

In Probandenstudien wurde simuliert, wie die Umsetzung und die tatsächliche Wirkung der produktsprachlichen Funktionen auf Aspekte der visuellen Wahrnehmung geprüft werden können. Die Studien wurden in einem real existierenden Fahrzeug sowie in einem Nachbau eines Automobilinnenraumes (*Sitzkiste*) durchgeführt, in welchem verschiedene Komponenten (z. B. Lenkrad) modular austauschbar sind[792]. Somit lässt sich in Abhängigkeit von der jeweiligen Hypothese die Wirkung der Umsetzung der Gestaltungsgrundsätze auf die visuelle Wahrnehmung untersuchen bzw. **validieren**. Um eine möglichst natürliche Interaktion der Betrachter mit dem jeweiligen Produktmodell zu ermöglichen, wurde ein brillenbasiertes Blickregistrierungssystem eingesetzt, dem die Cornea-Reflex-Methode[793] zugrunde liegt. Nach Kalibrierung und Studiendurchführung erfolgte die Auswertung anhand verschiedener statistischer Tests in Abhängigkeit davon, ob abhängige oder unabhängige Daten vorlagen[794]. Die Wirkung von formalästhetischen (z. B. *Auffälligkeit*, *Gruppierung*) und von zeichenhaften (z. B. *Stabilität*, *Bedienbarkeit*, *Körperbezug*, *Wertigkeit*) Funktionen auf die Änderung erfasster Blickregistrierungsparameter – und somit auf Aspekte der visuellen Wahrnehmung – wurde geprüft.

6.5.2 Vorgehen und Ergebnisse der Prüfung formalästhetischer Funktionen

Die Prüfung der Wirkung von formalästhetischen Funktionen erfolgte durch Betrachtung des Fahrzeuginnenraumes während *freier Interaktion* für 20 Sekunden. Bezüglich der **Auffälligkeitswirkung** wurde die freie Interaktion auf den gesamten Innenraum (Gesamteindruck) und bezüglich der **Gruppierung- und Ordnungskriterien** exemplarisch auf einen Bereich (Wahrnehmungscluster Mittelkonsole) angewendet.

Die Realisierung der Grundsätze zur **Auffälligkeit** wurden in der Sitzkiste dadurch simuliert, indem auf zwei ausgewählten Bedienelementen (Qualitätsmerkmale) unterschiedlich große

[791] In diesem Fallbeispiel wurde die prinzipielle Anwendbarkeit von Schritt 3 der Vorgehensweise aus Kapitel 5 aufgezeigt. Im Fokus stand weniger die Ableitung signifikanter, produktspezifischer Erkenntnisse, als vielmehr die Darstellung der wesentlichen Aspekte von Schritt 3 anhand einer effizienten Studiendurchführung (n = 12 Probanden), vgl. **Pielsticker, T.** (Eye-Tracking und Gestaltungsgrundsätze), 2014, S. 49 ff.

[792] In diesen Probandenstudien wurde auf das am Werkzeugmaschinenlabor WZL der RWTH Aachen zur Verfügung stehende Equipment zurückgegriffen (z. B. Sitzkiste, modular austauschbare Produktkomponenten, Blickregistrierungssystem).

[793] Zur *Cornea-Reflex-Methode* sowie zu weiteren apparativen Blickregistrierungsverfahren, siehe Kapitel 2.6.5.

[794] Zu der Datenanalyse von Schritt 3, vgl. Kapitel 5.3.2. Getestet wurde auf dem Signifikanzniveau für $\alpha = 0{,}05$.

Punkte (= Größe) angebracht wurden, welche zudem einerseits in Schwarz und andererseits in Rot (= Signalfarbe[795]) ausgeprägt waren. Das Auflösungsvermögen des Blickregistrierungssystems wurde berücksichtigt, indem sich die Analyse nicht auf die konkrete Objektgröße, sondern auf einen Bereich um die Objekte bezog. Die aufgestellten Zusammenhänge zwischen Gestaltelementen (u. a. Signal*farbe*, *Kontrast*, *Größe*) und deren sinnlicher Wirkung auf Aspekte der visuellen Wahrnehmung wurden in dem spezifischen Anwendungsfall über Hypothesen zur Veränderung von Blickregistrierungsparametern mit dem gewählten Studiendesign zumeist tendenziell bestätigt (siehe Abbildung 6-18).

***Abbildung 6-17**: Prüfung der Gruppierungswirkung (Exemplarische Darstellung)*

Die Prüfung der Wirkung von **Gruppierungs- und Ordnungsfunktionen** fand im Innenraum eines Serienautomobiles statt. Durch Klebepunkte wurde die Mittelkonsole (Wahrnehmungscluster) manipuliert; einerseits wurden die Punkte mithilfe von Gruppierungsgesetzen geordnet und andererseits ungeordnet angebracht, wobei sowohl die Anzahl als auch die gewählten Farben bei beiden Studiendesigns beibehalten wurden (c. p.) (siehe Abbildung 6-17).[796]

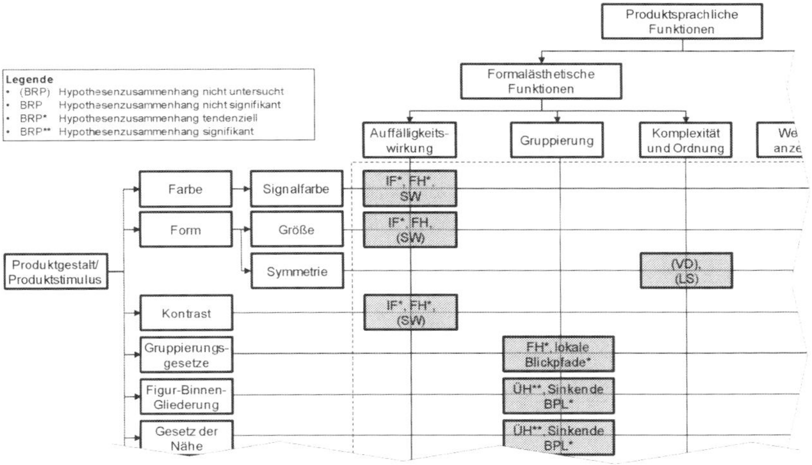

***Abbildung 6-18**: Wirkung formalästhetischer Funktionen auf die visuelle Aufmerksamkeit (Auswahl der Ergebnisse)[797]*

[795] Zur Wirkung der Farbe Rot als *Signalfarbe*, siehe Kapitel 2.4.2.1.

[796] Zu den *Gestaltelementen*, deren Anzahl und deren Lage zueinander, vgl. Kapitel 2.4.2.1.

[797] Die Abbildung basiert auf den wissenschaftlichen Ausführungen zu Kapitel 2.4.2 und Kapitel 5.3.1. Abkürzungen: IF-Initialfixation; FH-Fixationshäufigkeit; SW-Sakkadenweite; VD-Verweildauer; LS-Lidschläge; ÜH-Übergangshäufigkeit; BPL-Blickpfadlänge; BRP-Blickregistrierungsparameter. Zu diesen und weiteren Abkürzungen, vgl. Kapitel II.

Bereits mit dem beschriebenen Studiendesign wurden zumindest tendenzielle Ergebnisse aufgezeigt (siehe Abbildung 6-18). So sind in diesem Anwendungsfall bei realisierter **Gruppierung** im Vergleich zu nichtgruppierten Bereichen sowohl die Fixationsanzahl (FH) in der Orientierungsphase der Betrachtung als auch die Blickpfadlänge (BPL) geringer. Zudem wurden signifikant mehr lokale Fixationspfade registriert, als bei nichtgruppierter Anordnung. Ferner wurde eine signifikant geringere Übergangshäufigkeit (ÜH) zwischen scheinbar gruppierten Bereichen (z. B. *Gesetz der Nähe*) registriert, als bei Bereichen, die keinem Gruppierungsgrundsatz folgten.

6.5.3 Vorgehen und Ergebnisse zur Validierung der zeichenhaften Produktfunktionen

In dieser Teilstudie wurde die Wirkung von Gestaltungsprinzipien auf die semantische Dimension der visuellen Wahrnehmung geprüft. In der Sitzkiste wurden die Bedingungen für die Betrachter mittels optisch unterschiedlicher Lenkräder systematisch variiert. Im Zuge der **fallspezifischen** Untersuchung ausgewählter Zusammenhänge wurden die erhobenen Blickregistrierungsdaten normiert. Die Probanden wurden aufgefordert, bei der Betrachtung des Produktmodells jeweils an ein semantisches Konzept bzw. an eine zeichenhafte Produktfunktion zu denken (z. B. *Stabilität*, *Körperbezug*, *Bedienbarkeit*, *Wertigkeit*). Jede Versuchsbedingung wurde den Probanden für 20 Sekunden präsentiert. Zudem wurde die Blickregistrierung mit dem **Lauten Denken** kombiniert, um weitere Einblicke in die Kundenwahrnehmung zu erhalten[798].

Zur Prüfung der Wirkung von **Stabilität** auf die visuelle Wahrnehmung wurden die Lenkräder in Qualitätsmerkmale aufgeteilt (Speichen, Lenkradtopf und Ring). Speichen (= Träger- bzw. Verbindungselemente) wurden signifikant häufiger (FH) und länger fixiert (KFD) als andere Produktmerkmale (siehe auch die qualitative Heat-Map-Darstellung in Abbildung 6-19). Die Speichen von Lenkrad C waren im Vergleich zu weiteren Qualitätsmerkmalen aus Metall gestaltet und als klar abgegrenzte Elemente *hervorgehoben*. Wenngleich diese Speichen im Vergleich zu denen weiterer Lenkräder eher hervorgehoben sind, konnten weder ein geringeres Fixationen-Sakkaden-Verhältnis (FSV), noch ein kürzerer Blickpfad (BPL) mit Signifikanz festgestellt werden. Es wurde auch nicht bestätigt, dass Produktmerkmale aus Metall, die mit *Stabilität* assoziiert werden sollen (siehe hierzu u. a. Tabelle 2-4 in Kapitel 2.4.2.2), häufiger (FH) oder länger (KFD) betrachtet werden.

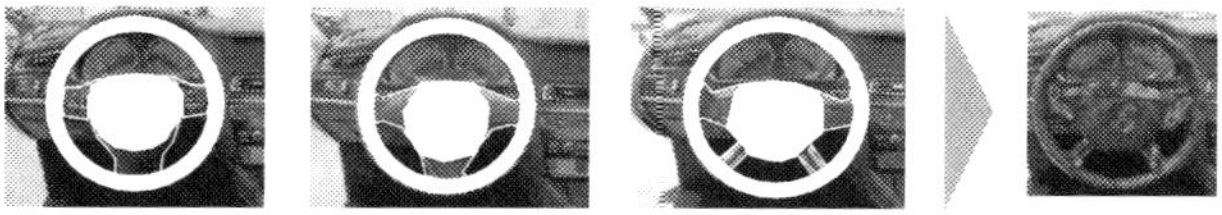

Abbildung 6-19: AOI und Heat-Map zur Prüfung der wahrgenommenen Umsetzung von „Stabilität"

Die Prüfung des **Körperbezuges** wurde auch auf Ebene der Qualitätsmerkmale der Lenkräder vorgenommen. Bereits bei diesem Studiendesign wurden die Griffzonen der Lenkräder, die durch Ein- und Ausbuchtungen ausgeprägt sind (Lenkrad B und C), signifikant häufiger (FH) und länger (KFD) als die weiteren Merkmale dieser Lenkräder betrachtet (Ausnahme:

798 Zur kombinierten Anwendung von Blickregistrierung und Lauten Denken, siehe auch **Räihä, K., et al.** (Perception of Design), 2006, S. 14 ff.; **Rötting, M.** (Parametersystematik), 2001, S. 158 sowie Kapitel 2.6.4.

Bedienelemente). Die Wirkung des semantischen Konzeptes **Körperbezug** konnte qualitativ mittels Heat-Map und einer hohen Fixationsdichte im Bereich der Griffzonen veranschaulicht werden. Weitere, ausgewählte Hypothesen zur Wirkung des Körperbezuges auf die visuelle Wahrnehmung wurden zwischen Lenkrädern untersucht, deren Ein- und Ausbuchtungen unterschiedlich ausgeprägt waren. Dabei wurde zwischen den Lenkrädern (Ebene *Gesamteindruck*) kein signifikanter Unterschied auf die visuelle Wahrnehmung durch Auswertung des Fixationen-Sakkaden-Verhältnisses (FSV) und der Blickpfadlänge (BPL) festgestellt. Weiterführend wurde ermittelt, dass ein Lenkradring mit Vertiefung tendenziell länger (KFD) und signifikant häufiger (FH) betrachtet wurde.

Zur Prüfung des Anzeichens der **Bedienbarkeit** wurde das Bedienelement der Warnblinkanlage exemplarisch ausgewählt, da dieses insbesondere in sicherheitsrelevanten Situationen schnell auffindbar sein sollte. Es wird daher zumeist von anderen Elementen getrennt angeordnet. Dies war im Innenraum des Serienfahrzeuges realisiert, wohingegen das Bedienelement in der Sitzkiste mit weiteren Komponenten (u. a. Türverriegelung, Lüftungseinheit) gruppiert war (*Gesetz der Nähe*, *Figur-Binnen-Gliederung*). Analog zu Usability-Studien war es Aufgabe der Betrachter, das Bedienelement der Warnblinkanlage zu suchen. Ein Sichtschutz reduzierte dabei Blickverläufe zur Orientierung im Vorfeld der Aufzeichnung. Aufgrund der Erfahrung (*Gesetz der Erfahrung*), dass das Bedienelement der Warnblinkanlage zumeist mittig untergebracht ist, war die Suchzeit verhältnismäßig gering.[799] Zudem waren sowohl die Fixationshäufigkeit (FH) als auch die Sakkadenanzahl (SA) im realen Fahrzeug signifikant geringer als in der Sitzkiste und auch ein tendenziell kürzerer Blickpfad (BPL) wurde ermittelt. Dies deutet auf eine schnellere Auffindbarkeit bei getrennter Anordnung und folglich eine effektivere wahrnehmungsgerechte Gestaltung hin.

Zur Überprüfung der Wirkung des semantischen Konzeptes **wertig** (= Einzelassoziation) wurden Lenkräder mit verschiedenen Emblemen miteinander verglichen[800]. Es konnte statistisch nicht belegt werden, dass das Emblem des einen Lenkrades häufiger (FH) bzw. länger (KFD) betrachtet wurde als das des Referenzlenkrades. Demgegenüber wurden Spalte und Übergänge im Bereich des Lenkrades beim Gedanken an *wertig* im Vergleich zu anderen semantischen Konzepten sowie im Vergleich zur **freien Interaktion** zumeist signifikant häufiger (FH) und länger (KFD) betrachtet[801]. Simultan zur Erfassung der Blickverläufe, wurden die expliziten Äußerungen des bewusst Wahrgenommenen im Zuge der **Methode des Lauten Denkens** erfasst, um zu analysieren, weshalb ein Betrachter bei der Einzelassoziation *wertig* einen Bereich oder ein Qualitätsmerkmal betrachtet und welchen Qualitätseindruck dies evoziert. Unter Berücksichtigung eines zeitlichen Offsets wurden diese Aussagen den Produktbereichen zugeordnet, die zuvor die visuelle Aufmerksamkeit hervorriefen[802]. Insbesondere Komponenten aus Metall und Leder wurden dabei mit *wertig* verbunden[803]. Der korrespondierende **Zusammenhang** ist, dass beim Gedanken an *Wertigkeit* eine höhere Fixati-

---

799 In diesem Fallbeispiel werden insbesondere die Gestaltgrundsätze für den *Gestaltaufbau* deutlich, vgl. Kapitel 2.4.2.

800 Dieser Zusammenhang bildet sich auf Basis der Ausführungen zu Kapitel 2.4.2.3, in dem der *Firmenstil* dargestellt wird sowie Einfluss des (Marken-) *Images* auf den wahrgenommenen *Produktwert*, vgl. Kapitel 2.3.2.

801 Analog zu der Erkenntnis, dass Spaltverläufe als Ersatzindikatoren für *Qualität / Wertigkeit* gelten, vgl. Kapitel 2.3.2 und Kapitel 2.4.2.3.

802 Zu den Zusammenhängen zwischen Blickregistrierung und dem *Lauten Denken*, vgl. Kapitel 5.3.1.

803 Siehe hierzu auch Tabelle 2-5 in Kapitel 2.4.2.3.

onshäufigkeit (FH) bzw. eine höhere kumulierte Fixationsdauer (KFD) bei Produktelementen aus Leder bzw. Metall registriert wird. Bei der Analyse und Interpretation dieser Ergebnisse ist zu berücksichtigen, dass beim kombinierten Einsatz der Blickregistrierung mit Denke-laut-Protokollen die Betrachter zusätzlich kognitiv beansprucht werden, da die Methode des Lauten Denkens Einfluss auf das Blickverhalten nehmen kann (z. B. erhöhte Anzahl an Lidschlägen (LS); geringere gesamte Fixationsdauer) (siehe zusammenfassend Abbildung 6-20).[804]

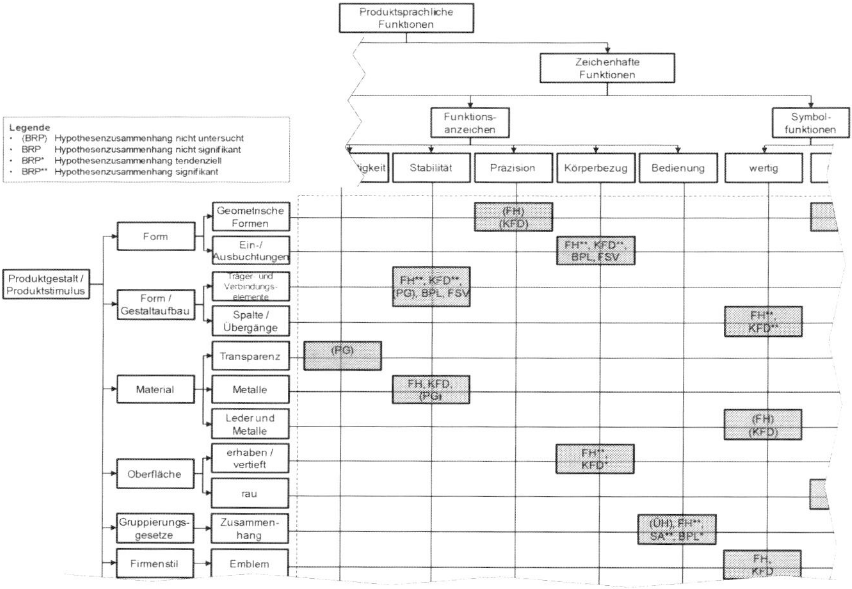

Abbildung 6-20: Einfluss von Assoziationen auf die visuelle Wahrnehmung (Auszug der Ergebnisse)[805]

Aufgrund des gewählten Studiendesigns, gestatten die Ergebnisse aus diesem Fallbeispiel Erkenntnisse für diverse Ebenen der Produktwahrnehmung. Ausgewählte Zusammenhänge konnten tendenziell bzw. mitunter auch signifikant belegt werden, insbesondere für Parameter der Fixation (z. B. FH, KFD). Dies deckt sich mit der Erkenntnis, dass diese als Indikatoren für den wahrgenommenen **Informationsgehalt** gelten[806]. Eine schematische Zusammenfassung der wesentlichen Aspekte dieses **produktspezifischen** Anwendungszusammenhanges findet sich in Abbildung 6-21. Gemäß dem allgemeinen Vorgehen des Kansei Engineerings sind darin auch die Auswirkungen des Schrittes der Validierung auf die **Anpassung** des Raumes visuell wahrnehmungsrelevanter Produktmerkmale und des semantischen Raumes schematisch abgebildet.

---

[804] Vgl. **Hofer, N.; Mayerhofer, W.** (Blickregistrierung), 2010, S. 149.

[805] Diese Abbildung basiert u. a. auf den Erkenntnissen aus Kapitel 2.4.2, Kapitel 5.3.1 sowie Anhang A.2. Abkürzungen: IF-Initialfixation; FH-Fixationshäufigkeit; SW-Sakkadenweite; VD-Verweildauer; LS-Lidschläge; ÜH-Übergangshäufigkeit; BPL-Blickpfadlänge; BRP-Blickregistrierungsparameter. Zu diesen und weiteren Abkürzungen, vgl. Kapitel II.

[806] Vgl. Kapitel 2.6.6 zu Blickregistrierungsparametern und deren möglicher Interpretation.

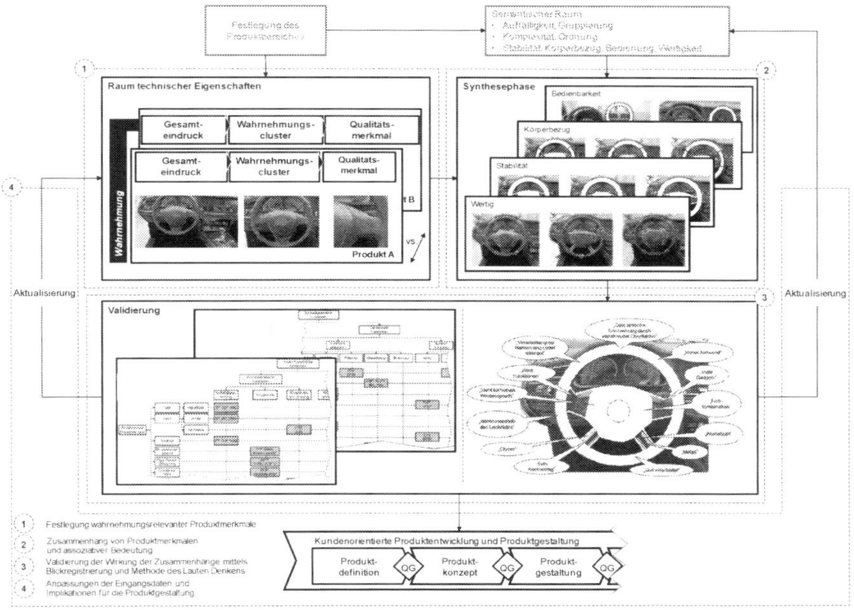

Abbildung 6-21: Schematische Darstellung der Fallanwendung – Validierung

6.6 Zwischenfazit und kritische Reflexion der Fallanwendungen

Durch die Erprobungen im Anwendungszusammenhang konnten zahlreiche Aspekte und Artefakte der Vorgehensweise aus Kapitel 4.2 und 5 angewendet werden. Grundvoraussetzung für die Anwendung einer Vorgehensweise zur objektiven Erfassung und Strukturierung von Informationen über die visuelle Wahrnehmung basierend auf einem Kansei-Engineering-Ansatz ist die **Integration** dieser Vorgehensweise in den bestehenden Entwicklungsprozess. Losgelöst von der spezifischen Aufgabenstellung bezüglich der Objektivierung der visuellen Wahrnehmung mittels Kansei Engineering wurde im Kapitel 6.1 bestätigt, dass sich die allgemeine Vorgehensweise des Kansei Engineerings insbesondere in Bezug auf die drei, für diese Arbeit relevanten Methodenschritte für einen Einsatz innerhalb von Entwicklungsprozessen eignet. Die Ergebnisse geben einerseits Aufschluss über die inhaltliche Signifikanz der Vorgehensweise (= Mehrwert) sowie über den Ressourcen- und Kompetenzaufwand. Andererseits wurde aufgezeigt, dass im Unternehmensumfeld Voraussetzungen zu schaffen sind, um Probandenstudien mit apparativer Messtechnik (z. B. Blickregistrierungsstudien) durchzuführen. Die allgemeine Vorgehensweise des Kansei Engineerings hat aufgrund der durchgängigen und **strukturierten** Einbindung der Kundenwünsche das Potenzial, um technische Designspezifikationen mit visuellen Nutzerempfindungen in Verbindung zu setzen[807].

Die exemplarische, modulare Fallanwendung der entwickelten Vorgehensweise aus Kapitel 5 entlang des Kansei Engineerings zeigt, dass die **Blickregistrierung** und die dabei er-

[807] Vgl. **Green, W.; Jordan, P.** (Kansei Engineering), 2001, S. 233.

hobenen Parameter[808] Potenziale bieten, objektive Daten und Informationen über die visuelle Wahrnehmung zu erfassen und diese in Zusammenhang zur semantischen Dimension der Wahrnehmung bzw. zu produktsprachlichen Funktionen zu setzen. Die Strukturierung dieser Informationen bietet einen wesentlichen **Mehrwert** für die Produktentwicklung und -gestaltung, insbesondere in frühen Phasen.

Es wurde in den Anwendungsbeispielen gezeigt, wie die Blickregistrierung (z. B. anhand der KFD) als apparative Erhebungsmethode geeignet ist, um visuell wahrnehmungsrelevante Produktmerkmale zu identifizieren. So sind Informationen über die visuelle Wahrnehmung erforderlich, um einen Raum mit Produktmerkmalen aufzuspannen, die aus Kundensicht von besonderer **Wahrnehmungsrelevanz** sind (Schritt 1). Gemäß Schritt 2 (**Synthese**) der Vorgehensweise aus Kapitel 5 wurde in den Anwendungsbeispielen gezeigt, dass Variationen der relevanten Produktmerkmale sowie der semantischen Konzepte einen Einfluss auf die visuelle Aufmerksamkeit von Produkten bzw. Produktkomponenten haben können. Insofern diese Effekte bestehen, wurde gezeigt, wie diese Zusammenhänge auf verschiedenen **Ebenen der Wahrnehmung** zu untersuchen sind. Semantische Konzepte (zeichenhafte Produktfunktionen) wurden in den Anwendungsbeispielen als gegebene Eingangsdaten für die weiteren Analysen verwendet. Es konnten Blickbewegungen in Zusammenhang mit Gestaltungsgrundsätzen gebracht werden. So wurden weniger komplexe, geordnete Produktgestalten in Verbindung mit *kraftvoll* gebracht. Analoge Ansätze konnten weiterführend in dem Anwendungsbeispiel aus Kapitel 6.5 belegt werden. Exemplarisch wurden produktspezifische Zusammenhänge zwischen Gestaltungsrichtlinien und Parametern der Blickregistrierung aus Kapitel 5.3 abgeleitet und überprüft, um zu **validieren**, ob die intendierte Produktbotschaft tatsächlich für den Betrachter visuell wahrnehmbar vermittelt wird[809]. Es ist zu betonen, dass diese Blickregistrierungsparameter zum einen mehrdeutig sind und zum anderen, dass es mehrere Parameter gibt, die Aussagen über dieselbe Interpretation zu lassen (siehe u. a. die Erkenntnisse und die Diskussion hierzu im Kapitel 2.6.6 und im Kapitel 2.6.7). Diese Einschränkung bedenkend, konnte anhand der Anwendungsbeispiele gezeigt werden, dass die Blickregistrierung eine geeignete **apparative** Erhebungsmethode ist, die sich in die allgemeine Vorgehensweise des Kansei Engineerings – im Besonderen in die drei für den Betrachtungsbereich dieser Arbeit relevanten Methodenschritte – einbinden lässt. In den Anwendungsbeispielen wurde dies ausgehend von der vergleichenden Betrachtung der Gesamtwahrnehmung (Ebene Gesamteindruck) auch auf weiteren Ebenen des Ebenenmodells der Wahrnehmung untersucht.

---

808 In den Anwendungsbeispielen zu Kapitel 6.2 bis 6.4 exemplarisch anhand der KFD.

809 In dem Anwendungsbeispiel wurden überwiegend tendenzielle, weniger signifikante Ergebnisse erzielt. Dies schränkt keineswegs die allgemeine Anwendbarkeit des Schrittes 3 innerhalb der aufgezeigten Vorgehensweise ein. Jedoch sollten für produktspezifische Untersuchungen in diesem Schritt größere Stichprobenumfänge gewählt werden, um die Teststärke zu erhöhen und um signifikantere Untersuchungsergebnisse abzuleiten.

7 Diskussion und kritische Würdigung der Forschungsaktivitäten

In diesem Kapitel erfolgen die Reflexion und die kritische Würdigung der entwickelten Vorgehensweise, der abgeleiteten Erkenntnisse sowie der erarbeiteten Ergebnisse aus der praktischen Anwendung. Im Sinne einer **Konzeptreflexion** wird im Kapitel 7.1 zunächst eine Bewertung der entwickelten Vorgehensweise, welche das Konzept dieser Arbeit darstellt, vorgenommen. Darin integriert ist die **Methodenreflexion** mit der kritischen Betrachtung der eingesetzten Methoden, Werkzeuge sowie der statistischen Analyseverfahren. Insoweit sich aus den Erkenntnissen der praktischen Anwendungen Anpassungen des Konzeptes und der einzusetzenden Methoden der entwickelten Vorgehensweise ableiten lassen, werden diese aufgezeigt. Im Kapitel 7.2 schließen sich die **Bewertung des Gesamtvorgehens** sowie die Beantwortung der Forschungsfrage an. Hierfür werden zusammenfassend die Anforderungen an die Entwicklung der Vorgehensweise sowie deren Erfüllung aufgegriffen. Die Ausführungen zu Kapitel 7 sowie zu Kapitel 8 gehen zusammenfassend der Beantwortung der Leitfrage nach: *Welche Implikationen ergeben sich für die weitere Forschung aus der Prüfung im Anwendungszusammenhang und der kritischen Reflexion?*

7.1 Konzept- und Methodenreflexion

Konzeptreflexion

Die **allgemeine Vorgehensweise des Kansei Engineerings** adressiert u. a. die Schritte zur Erfassung der relevanten technischen Eigenschaften und Produktmerkmale, zur Verbindung bzw. zur Transformation dieser mit den an das Produkt gestellten Erwartungen sowie zur Validierung der Entwicklungsergebnisse im Laufe des Entwicklungsprozesses. Im Kapitel 5 wurde gezeigt, wie die Blickregistrierung bei der Ausgestaltung, insbesondere dieser Schritte des Kansei Engineerings eingesetzt werden kann, um den Herausforderungen der kundenorientierten Produktentwicklung zu begegnen. Insofern kann Kansei Engineering als Vorgehensweise eingesetzt werden, um die aufgezeigten und spezifizierten Handlungsfelder des **heuristischen Bezugsrahmens dieser Arbeit aufzulösen** und zu **strukturieren**.

Neben der Ausgestaltung und der mechanistischen Anwendung dieses Vorgehens ist es von Bedeutung, die **Rahmenbedingungen zur Integration** eines solchen Vorgehens zur Anwendung in der Produktentwicklung zu schaffen[810]. Aus der Literatur[811] sowie aus der praktischen Anwendung[812] lässt sich ableiten, dass die Vorgehensweise eher **unterstützend** zum eigentlichen Entwicklungsprozess anzuwenden ist. Unternehmerische Entwicklungsprozesse sind infolge der Produkt- und Branchenbesonderheiten spezifisch. Daher sind die Prozesse und somit die Implikationen, die sich aus dem entwickelten Vorgehen ergeben, unternehmensspezifisch anzupassen.[813] Von Bedeutung ist zudem, dass die einzelnen Schritte sich

[810] Vgl. **ebenda** (Kansei Engineering), 2001, S. 232 f.

[811] Vgl. **Schütte, S.** (Engineering Emotional Values), 2005, S. 90 und **Albers, A.; Schweinberger, D.** (Produktentwicklung), 2001, S. 33 f.

[812] Vgl. u. a. Kapitel 4.1.2 und Kapitel 6.1.

[813] Vgl. **ebenda** (Produktentwicklung), 2001, S. 32 f.

ohne explizites Expertenwissen anwenden lassen. Dies fördert die flexiblere **Adaption** sowie leichtere Integration der Vorgehensweise in den bestehenden Entwicklungsprozess.

Neben der Anforderung an die **Integration** der Vorgehensweise in den unternehmerischen Entwicklungsprozess, ist durch jeden Methodenschritt der Vorgehensweise der **Mehrwert** für die Entscheidungsfindung in frühen Phasen des Entwicklungsprozesses darzustellen. So werden in den Anwendungsbeispielen Implikationen für den Prozess der kundenorientierten Entwicklung und für das Produktmarketing aufgezeigt. Es sind die Produktmerkmale oder -varianten zu akzentuieren, die bezüglich der visuellen Wahrnehmung im Aufmerksamkeitsfokus der potenziellen Kunden (= Betrachter) stehen. Die tatsächlich wahrnehmungsrelevanten Produktmerkmale sind mit den jeweils relevanten semantischen Konzepten in Verbindung zu setzen, um das Produkt zum Botschafter der intendierten semantischen Dimension der Wahrnehmung werden zu lassen. Zur aktiven Lenkung der Kundenwahrnehmung lassen sich aus den Erkenntnissen der Anwendungsbeispiele u. a. Produktbroschüren zielgerichtet gestalten[814]. Ähnliche Anwendungsszenarien sind übertragbar auf die Gestaltung von Verkaufsräumen oder auf die Gestaltung der Produktkomponenten.

Die Anwendung von Kansei Engineering führt stets zu einem Mehraufwand neben der eigentlichen Entwicklungsarbeit. Für einen effizienten Umgang mit zeitlichen und finanziellen **Entwicklungsressourcen** ist es zielführend, auf bestehende Marktforschungsergebnisse zuzugreifen. Es sind Methoden und Werkzeuge einzusetzen, um die aus Kundensicht wahrnehmungsrelevantesten Merkmale in die Untersuchung einzubeziehen.[815] **Schritt 1** greift diese allgemeine Kritik an Kansei Engineering auf und bindet die apparative Blickregistrierung ein, um **visuell relevante Produktmerkmale** und -bereiche (Wahrnehmungscluster) zu identifizieren, die das Gesamturteil eines Produktes aus Kundensicht maßgeblich beeinflussen. Die objektiven Daten über die visuelle Wahrnehmung bieten den Mehrwert, Erkenntnisse auf unterschiedlichen **Ebenen der Wahrnehmung** abzuleiten. Aus dem Vergleich von Gestaltalternativen lässt sich darstellen, welche Produkte wahrnehmungsrelevanter sind. Zudem lässt sich auf Ebene von Wahrnehmungsclustern und Qualitätsmerkmalen u. a. ableiten, welche Bereiche bzw. Elemente mehr Aufmerksamkeit hervorrufen und welchen demnach mehr Beachtung bei der Allokation von Entwicklungsressourcen zuteilwerden sollte. Dieser Schritt erfüllt somit die Anforderung, dass der **Raum technischer Eigenschaften** sich an den aus Kundensicht relevanten Produktelementen orientieren sollte. Für Blickregistrierungsanalysen werden diese relevanten Elemente bzw. Bereiche in AOI überführt, um sie einer Auswertung zugänglich zu machen. Die Anzahl der AOI ergibt sich auf Basis der Produktkomplexität und Produktgröße. Die Größe der AOI wird begrenzt durch das Auflösungsvermögen der Systeme. Beide, sowohl Anzahl als auch Größe der AOI, beeinflussen zudem die Signifikanz der Ergebnisse der Blickregistrierung.

Sowohl die Erwartung an ein Produkt (semantische Konzepte bzw. **semantische Dimension der Wahrnehmung**) als auch die Ausprägung der relevanten Wahrnehmungsbereiche und Gestaltvarianten nehmen Einfluss auf die visuelle Kundenwahrnehmung. Im Schritt 2 (**Synthese**) wurde gezeigt, dass die Blickregistrierung geeignet ist, um die Änderung der

[814] Siehe hierzu auch das Einführungsbeispiel aus Kapitel 1.1.

[815] Vgl. **Schütte, S.** (Engineering Emotional Values), 2005, S. 85 ff

visuellen Aufmerksamkeit bedingt durch Einflüsse der semantischen Dimension der Produktwahrnehmung sowie infolge der Änderung von Produktstimuli anhand geeigneter Parameter zu quantifizieren und um diese einer statistischen Analyse zu unterziehen. Dies wurde in den Anwendungsbeispielen auf **verschiedenen Ebenen der Produktwahrnehmung** dargestellt. Weiterhin lassen sich Produktbereiche und -komponenten in Beziehung zu semantischen Konzepten setzen und ableiten, bei welchen dieser Assoziationen sie am besten zur Geltung kommen. Der Produktgestalter wird dabei unterstützt, diejenigen Produktelemente zu fokussieren, die für ein z. B. *wertiges* Produkt stehen. Durch die Kombination und den Vergleich der Blickregistrierungsdaten mit Erkenntnissen aus der Erhebung zu expliziten Kundeneindrücken lassen sich begründete und valide Gestaltungsentscheidungen ableiten.

Schritt 3 greift diese Entscheidungen für die Produktgestaltung auf und prüft, welche visuell relevanten Produktmerkmale und -elemente tatsächlich mit bestimmten semantischen Konzepten in Verbindung gebracht werden. Insofern folgt dieser Schritt einem Paradigma zur Ableitung von Zusammenhängen sowie von **produktspezifischen Hypothesen**, um die tatsächliche Wirkung von Gestaltungsrichtlinien auf die visuelle Aufmerksamkeit aufzuzeigen. Dem Produktgestalter wird hiermit ein **Ansatz** zur Ableitung von Kriterien an die Hand gegeben, um mit Parametern der Blickregistrierung den Umsetzungsgrad von Gestaltungsrichtlinien auf die Produktwahrnehmung zu validieren. In Abhängigkeit von den vorliegenden Produktmodellen[816] kann dieser Schritt während des Entwicklungsprozesses **iterativ** eingesetzt werden, um die mit dem Produktmodell intendierte Wirkung auf die visuelle Wahrnehmung beim potenziellen Kunden anhand geeigneter Blickregistrierungsparameter zu **validieren**.

Aus der praktischen Fallanwendung wurde deutlich, dass sich das methodische Vorgehen anwenden und exemplarisch validieren lässt. Hierfür sind die einzelnen Schritte stets **produktspezifisch** auszugestalten. Zudem lassen sich Erkenntnisse ableiten, die einen Zusammenhang zu dem **Ebenenmodell der Wahrnehmung** ermöglichen. Zukünftige Ansätze zur Validierung der vorgestellten und partiell geprüften Vorgehensweise sollten daran ansetzen, die Studien auf weiteren Ebenen der menschlichen Wahrnehmung durchzuführen.

Die Prüfung im Anwendungszusammenhang zeigte, dass die Erkenntnisse nicht nur als Handlungsempfehlungen in den Entwicklungsprozess integriert werden können. Lassen sich die gewünschten Effekte – u. a. repräsentiert durch die produktspezifisch aufzustellenden Hypothesen – im jeweiligen Anwendungszusammenhang nicht bestätigen, so ergeben sich Anhaltspunkte, um die gewählten **Entwicklungseingaben** anzupassen. Gemäß dem allgemeinen Ansatz des Kansei Engineerings lassen sich u. a. **Anpassungen** bezüglich der Ermittlung des Raumes technischer Merkmale, bezüglich der semantischen Konzepte sowie bezüglich des zu verwendenden Studiendesigns vornehmen (siehe Abbildung 7-1).

Im Zuge der Bearbeitung von Schritt 1 ist ein geeigneter Detaillierungsgrad zu definieren, da dieser Einfluss auf die Ergebnisse der Blickregistrierungsstudie und folglich auf die Gestaltungsempfehlungen nimmt. Es sind Produktmerkmale und Komponenten zu wählen, die in der Produktentwicklung und -gestaltung prinzipiell beeinflusst werden können. Zudem sind die Ausprägungen der Gestaltvarianten sorgfältig zu wählen und Unterschiede zwischen die-

[816] Zur Kategorisierung von Produktmodellen anhand der *Darstellungsform* und der *Wiedergabegenauigkeit*, vgl. Kapitel 2.2.4.

sen auf Basis der Gesetzmäßigkeiten der menschlichen Wahrnehmung zu verstärken (Kontrast, Größe, Signalfarben, Gruppierung etc.)[817]. Dies hat zugleich positive Auswirkungen auf die Teststärke der statischen Testverfahren[818]. Weitere Anpassungen können in der Einbindung weiterer Blickregistrierungsparameter sowie der Adaption des Signifikanzniveaus etc. bestehen. Derartige Empfehlungen sind abhängig vom gewünschten Effekt des Produktgestalters und lassen sich daher nicht pauschalisieren. Dennoch bieten sie Ansätze dafür, Hypothesen für die Gestaltung von Produkten und die zu erzielende sinnliche Wirkung auf die visuelle Aufmerksamkeit abzuleiten (siehe Kapitel 5.3 und Kapitel 6.5).

Eingangsdaten für die entwickelte Vorgehensweise sind **semantische Konzepte**. Diese werden gemäß der allgemeinen Vorgehensweise des Kansei Engineerings (siehe Kapitel 3.3.3) erhoben und in dieser Arbeit als gegeben angenommen. Durch die in dieser Arbeit entwickelte Vorgehensweise wird insbesondere in den Schritten 2 und 3 der Raum semantischer Konzepte geprüft. Weniger signifikante Ergebnisse in den Studien können dabei Ausgangspunkt für die **Anpassung** des semantischen Raumes sein. Weiterhin zeigt die Fallanwendung, dass die semantischen Konzepte (d. h. relevante zeichenhafte Produktfunktionen) sorgfältig auszuwählen sind. Bei deren Definition und Erhebung ist auf ein einheitliches Verständnis innerhalb der Probanden der Zielkundengruppe sowie zwischen Probanden und Unternehmensvertretern zu achten. Hierfür ließe sich weiterer Erhebungsmethoden bedienen. So bieten soziale Medien Zugang zu validen Kundenanforderungen, da Kunden dabei in einer für sie natürlicheren Umgebung Meinungen und Eindrücke bezüglich eines Produktes äußern. Im Gegensatz zu der, in dieser Arbeit dargestellten Labor- oder Studiensituation, sind diese Äußerungen meist frei vom Einfluss des Studienbeobachters. Darüber hinaus bietet eine Erhebung aus sozialen Medien das Potenzial, semantische Konzepte zu erfassen, die dem Sprachgebrauch der Zielkundengruppe entsprechen.[819] Dadurch werden für die Probanden widersprüchliche und missverständliche Konzepte vermieden.[820]

Kansei Engineering lässt nicht den direkten Schluss von Emotionen und Gefühlen auf technische Lösungen zu. Vielmehr werden **Zusammenhänge** zwischen Kundenwünschen und -emotionen mit Produktmerkmalen bzw. Designdetails gebildet.[821] Zudem sind die Ergebnisse aufgrund kultureller oder sprachlicher Unterschiede nicht universell gültig.[822] Weiterhin ist das *Kansei* aufgrund persönlicher Interessen und Erfahrungen sowie aufgrund von Trends veränderlich[823]. Eine Veränderung der Kundenanforderungen und -wünsche erfordert für den jeweiligen Anwendungsfall die **Anpassung des Gesamtvorgehens** und ein **iteratives** Anwenden der Methodenschritte[824]. Dies erhöht einerseits den Aufwand, andererseits bleibt die Vorgehensweise flexibel einsetzbar und führt zu valideren Ergebnissen.

---

[817] Vgl. hierzu Kapitel 2.4.2.

[818] Demnach wird sich das Risiko des β-Fehlers reduzieren, d. h. das Risiko dafür, keine signifikanten Unterschiede zwischen den Gestaltvarianten festzustellen, wenngleich unterschiedliche Produktvarianten vorliegen.

[819] Zu den Potenzialen von *Social Media* für die Produktentwicklung, vgl. u. a. **Falk, B.** (Perceived Quality), 2014, S. 271 ff. sowie **Biesterfeldt, J., et al.** (Kundenorientierung und Kundenzufriedenheit), 2010, S. 25 ff.

[820] Das *Collaborative Kansei Engineering* bietet als Handlungsrahmen die Basis für die Integration von Erkenntnissen aus sozialen Medien, vgl. Kapitel 3.3.2.

[821] Vgl. **Lévy, P.** (Beyond Kansei Engineering), 2013, S. 87.

[822] Vgl. **Krippendorff, K.** (Die semantische Wende), 2011, S. 297 und **Lokman, A.; Noor, N.** (Kansei Engineering Concept), 2006, S. 119.

[823] Vgl. **Schifferstein, H.; Hekkert, P.** (Product Experience), 2008, S. 480 ff.

[824] Vgl. **Schütte, S.** (Engineering Emotional Values), 2005, S. 66 ff.

Die Blickregistrierung bietet Potenzial zur objektiven Erfassung von Informationen über die visuelle Aufmerksamkeit und Wahrnehmung. Zumeist lässt sich dabei nicht ableiten, ob die fixierten Produktelemente, Wahrnehmungsbereiche oder Gesamtprodukte positiv oder negativ bewertet werden. Die Kenntnis über die emotionale Bewertung ist jedoch essentiell für die Entscheidungsfindung in der Produktgestaltung. Um ein **umfassendes Abbild der Kundenmeinung** zu ermöglichen, sind sowohl die **bewussten** Kundeneindrücke als auch die **unbewussten** kontinuierlich zu erheben. Bereits für Schritt 1 wurde dargestellt, dass es von Bedeutung ist, die bewusst wahrgenommenen und explizit geäußerten, relevanten Produktelemente mit den unbewusst wahrgenommenen Produktelementen abzugleichen. In den Ausführungen zu Schritt 2 wurde ergänzend aufgezeigt, wie die expliziten Eindrücke und Emotionen Eingangsdaten für die **Matrizen** bilden. Obgleich der Fokus dieser Arbeit in der **Strukturierung** der objektiv erfassten Daten über die visuelle Wahrnehmung mittels Blickregistrierung entlang einer erweiterten Vorgehensweise des Kansei Engineerings lag, wurde aufgezeigt, dass die Erhebung der expliziten Eindrücke und der sich der Wahrnehmung anschließenden Emotionen von entscheidender Bedeutung für die Erklärung des wahrgenommenen Produktwertes und von Kaufentscheidungen ist. Zukünftige Forschungsaktivitäten sollten sich nicht auf die Erfassung der Emotionen der Kunden basierend auf der Erhebung mittels Fragebogen beschränken. Vielmehr sind Methoden einzusetzen, die eine unmittelbarere Zuordnung der Entstehung der Emotion und dem wahrgenommenen Reiz zulassen. Ein Ansatz bildet hierzu die Methode des **Lauten Denkens**, die im Schritt 3 aufgezeigt wurde. Aufgrund des direkten Bezuges zwischen Reiz, Wahrnehmung und emotionaler Reaktion sind die Erkenntnisse aus der Kombination zwischen Blickregistrierung und Lautem Denken als valider anzusehen als die Kombination aus Blickregistrierung und Fragebogen. Die Flexibilität der erweiterten, ausgestalteten Vorgehensweise des Kansei Engineerings ermöglicht prinzipiell Anwendung der Methode des Lauten Denkens auch in den weiteren Schritten. Für die Anwendung in Blickregistrierungsstudien sollte aus Anwendersicht der Einfluss dieser Methode auf den Blickverlauf berücksichtig werden, um richtige Schlüsse aus dem Untersuchungsdesign zu ziehen. Zudem ist der Einsatz weiterer Methoden zur Erfassung der physiologischen Reaktionen simultan zur Blickregistrierung denkbar.[825] Über die Kombination der Blickregistrierung mit non-verbalen, apparativen Messmethoden (z. B. EMG, EEG- oder EDA-Messungen) lassen sich Informationen über unbewusste Emotionen generieren, die nicht auf dem Erinnerungs- und Verbalisierungsvermögen der Probanden beruhen[826].

Diese Arbeit beschränkt sich auf die visuelle Wahrnehmung. Der Fokus liegt daher auf der Gestaltung und der Wirkung von **optisch wahrnehmbaren Produktelementen**. Für frühe Phasen der Produktentwicklung, während derer häufig kein physisches Produktmodell existiert, ist diese **Limitation** sicherlich keine signifikante Einschränkung. Zudem ist der visuelle Sinneskanal der bedeutendste der menschlichen Sinne. In späteren Entwicklungsphasen, in denen physische Prototypen generiert werden, wird das Produkt zunehmend **multisensorisch** erlebbar. Folglich bleiben weder die Produktvalidierung noch die dargestellte Vorgehensweise begrenzt auf die visuelle Wahrnehmung. Aufgrund der Bedeutung weiterer Sin-

---

[825] Die Ausgestaltung der Schritte der Vorgehensweise basierte auf der verbreiteten Ansicht in der Literatur, dass die Blickregistrierungsverfahren mit weiteren Erhebungsmethoden zu kombinieren sind. Als bewusst flexibel gestaltete Vorgehensweise bietet sie das Potenzial, weitere Erhebungsmethoden in die Abfolge der drei Schritte einzubinden.

[826] Vgl. für einen umfassenden Überblick zu gängigen Verfahren für die Erhebung physiologischer Signale, **Döring, N.; Bortz, J.** (Forschungsmethoden und Evaluation), 2016, S. 507 ff.

nesmodalitäten und deren Interaktion untereinander, ist in künftigen Forschungsaktivitäten zu prüfen, inwiefern die Schritte der Vorgehensweise hinsichtlich der jeweiligen Sinnesmodalität auszugestalten und Methoden zur Erfassung von Information über die auditive, die taktile und die olfaktorische Wahrnehmung einzusetzen sind. Durch erfolgreiche Prüfung wird der Fokus der Anwendbarkeit der entwickelten Vorgehensweise erweitert: es werden nicht lediglich die **produktsprachlichen Funktionen** eingebunden, die für Produktgestaltungs- und Produktdesignentscheidungen Bedeutung besitzen. Vielmehr bietet diese Erweiterung auch die Betrachtung der **praktischen Funktionen** (siehe Kapitel 2.4.2) und somit das Potenzial, den Abgleich und die Konvergenz von Design (Produktgestalt) und Technik (Funktion) herzustellen.

Methodenreflexion

Die Güte der Ergebnisse und Erkenntnisse, die sich aus der Anwendung der Vorgehensweise ergeben, wird von mehreren Faktoren beeinflusst, die im Rahmen der Methodenreflexion kritisch reflektiert werden. Insbesondere aus dem Vergleich (Benchmarking) der Gestaltung des betrachteten Produktes zu Alternativprodukten bzw. der Gestaltung der Produktkomponenten zu alternativen Produktkomponenten lassen sich Gestaltungsempfehlungen ableiten. Hierzu wurden diverse Methoden, Werkzeuge, Studienvorgehen und statistische Analyseverfahren aufgezeigt, welche die Datenerfassung, Datenaufbereitung und Datenauswertung ermöglichen. Deren **Strukturierung** verfolgt das Ziel, valide und statistisch signifikante Ergebnisse und Handlungsempfehlungen für die Produktgestaltung abzuleiten. Im weiteren Verlauf der Methodenreflexion werden insbesondere folgende Aspekte betrachtet:

- Objektivierung
- Studiendesign im Allgemeinen
- Blickregistrierung
- Probandenauswahl und Probandenanzahl
- Statistische Analyseverfahren

Objektivierung

Wesentliche Aspekte der **Objektivierung** in dieser Arbeit liegen in der objektiven Erfassung von Informationen über die visuelle Aufmerksamkeit mittels Verfahren der **Blickregistrierung** und auf der objektiven Analyse der verdichteten Parameter mittels geeigneter **statistischer Analyseverfahren** (varianzanalytische Verfahren sowie Tests auf Vergleich von Mittelwerten). Die Erhebung der Blickregistrierungsdaten ist frei vom Anwender des apparativen Blickregistrierungssystems und insoweit als *objektiv* zu betrachten. Subjektive Einflüsse ergeben sich in der Interpretation und den Schlussfolgerungen aus den erhobenen Daten und stellen somit **Grenzen der Objektivierung** für diese Arbeit dar[827].

Studiendesign im Allgemeinen

Bezüglich des **Studiendesigns** lassen sich diverse Erkenntnisse ableiten. Es sind die Bedingungen zu schaffen, damit die Versuchsumgebung einer möglichst natürlichen Situation entspricht, um den systematischen Einfluss auf die Versuchsergebnisse und den Kalibrie-

[827] Siehe Kapitel 2.6.6 zur Mehrdeutigkeit von Blickregistrierungsparametern sowie Kapitel 2.6.1 zu dem Prinzip der *Objektivität* und zu weiteren *Gütekriterien*.

rungsprozess zu reduzieren. Die Anwendung der Schritte bedingt ein umfangreiches Studiendesign. Die effektive Durchführung von Blickregistrierungsstudien erfordert eine hohe Konzentrationsleistung der Probanden. Daher ist das Studiendesign möglichst **kompakt** zu halten, um den Einfluss von **Ermüdungseffekten** zu verringern. Bei der Betrachtungsdauer der Produktmodelle ist zu prüfen, ob die verwendete Zeitdauer (in den Anwendungsbeispielen zwischen zehn und 20 Sekunden) genügt, um alle relevanten Informationen über die Augenbewegungen zu erfassen. Zudem ist die Anzahl der zu präsentierenden Produktmodelle kritisch zu prüfen und zielgerichtet auf die **spezifische** Fragestellung hin auszulegen. Systematische **Lerneffekte** infolge der Betrachtung gleicher oder gar ähnlicher Produktmodelle lassen sich durch Randomisierung der Reihenfolge der beeinflussenden Faktoren (semantische Konzepte und Produktmodelle) minimieren. Die Fallanwendung zeigte, dass eine randomisierte Reihenfolge der Präsentation der Produktmodelle zu signifikanten Ergebnissen führen kann, wenngleich dies den Aufwand des Studiendesigns und der Auswertung steigert.

Weitere Erkenntnisse bezüglich des Studiendesigns lassen sich entlang der Schritte der Vorgehensweise aus Kapitel 5 darstellen. Folglich ist für Schritt 1 eine **geeignete Detailebene der wahrnehmungsrelevanten Produktelemente** zur Analyse der Folgeschritte zu wählen. Hierbei unterstützen Erfahrungswerte und Expertenwissen bei der Produktstrukturierung mittels System- und Funktionsanalyse. Mit Bezug auf Schritt 2 lässt sich festhalten, dass die semantischen Konzepte sinnvoll zu wählen sind, so dass diese einem **allgemeinen Begriffsverständnis** unterliegen. Bezüglich des Schrittes 3 ist zu betonen, dass die **validierten** Zusammenhänge Gültigkeit für den jeweiligen Anwendungsfall haben[828]. Der eigentliche Mehrwert besteht im **grundsätzlichen Vorgehen** zur Bildung dieser Zusammenhänge.

Blickregistrierung

Die Blickregistrierung wurde in dieser Arbeit mit dem Ziel eingesetzt, die visuelle Wahrnehmung mit geeigneten Kennwerten **objektiv zu erfassen**. Der Blickregistrierung ist damit die **Quantifizierung** von Informationen über Aspekte der visuellen Wahrnehmung zuteil geworden, da unbewusste Anforderungen erfasst und folglich die Bedürfnisse der Kunden umfassender abgebildet werden können. Es ist zu betonen, dass Blickregistrierungssysteme erst eingebettet in eine übergeordnete Vorgehensweise – wie der dargestellten – und ergänzt um weitere Erhebungsmethoden (z. B. Methode des Lauten Denkens, Fragebogen-Techniken, Messung emotionaler Reaktionen) valide Ergebnisse für die Produktentwicklung liefern.[829]

In den Anwendungsbeispielen wurden verschiedene Blickregistrierungssysteme eingesetzt. In der Regel erfassen alle am Markt verfügbaren Systeme zumindest die im Kapitel 2.6.6 aufgezeigten, relevanten **Parameter**. Es ist innerhalb der Erprobung der Vorgehensweise dieser Arbeit nicht von Bedeutung, welches spezifische Blickregistrierungssystem einzusetzen ist. Vielmehr steht die **Validierung der Methodik** als solcher im Vordergrund der Fallanwendung. Dennoch sind für den Einsatz der Blickregistrierungssysteme in der Praxis deren unterschiedlichen Charakteristika zu beachten (Kapitel 2.6.5). So ist insbesondere das **Auflösungsvermögen** der Systeme zu berücksichtigen, um Erkenntnisse zu nahe beieinan-

---

[828] Vgl. **Steffen, D.** (Design als Produktsprache), 2000, S. 92 f. sowie Kapitel 2.4.2 für eine Diskussion bezüglich der eindeutigen und verallgemeinerbaren Zuordnung von Produktmerkmalen zu *produktsprachlichen Funktionen*.

[829] Siehe hierzu auch die Grenzen der Blickregistrierung, vgl. Kapitel 2.6.7.

derliegenden Produktelementen zu erhalten[830]. Bezüglich des Studiendesigns ermöglichen **brillenbasierte Systeme** gegenüber bildschirmbasierten Systemen eine natürlichere Interaktion des Betrachters mit den Produktmodellen (z. B. physische Prototypen). Dem steht ein erhöhter Aufwand des Studienaufbaues gegenüber. Aufgrund der weniger standardisierten Abfolge der resultierenden Blickabfolgen erhöht sich zudem der Analyseaufwand.[831]

Der gewählte Studienablauf in den Fallanwendungen diente der Simulation früher Produktentwicklungsphasen, in denen das Produkt diverse Produktstadien durchläuft (Idee, 2D-Produktmodell, reales Produkt)[832]. Folglich lässt sich die Vorgehensweise prinzipiell auf die Analyse von Prototypen und von realen Produkten übertragen. Hierbei ist das einzusetzende Blickregistrierungssystem gemäß dem Anwendungsfall auszuwählen (z. B. mobil oder bildschirmbasiert). Die Fallanwendungen mittels **bildschirmbasierten Blickregistrierungssystem** zeigten, dass Bedingungen zu schaffen sind, sodass der Blick durch Umgebungseinflüsse nicht systematisch gestört wird. Hierzu wurden die 2D-Produktmodelle vor Studiendurchführung aufgearbeitet und in einem bestimmten Winkel abgelichtet unter dem diese dann den Betrachtern präsentiert wurden. Dabei werden zentral gelegene sowie größere Elemente per se häufiger (FH) und länger (KFD) fixiert. Dieser Einfluss ist durch das Studiendesign sowie durch die Auswertung der erhobenen Daten zu berücksichtigen und zu korrigieren. So lassen sich die Effekte größerer Elemente dahingehend berücksichtigen, dass die FD oder auch die FH relativiert werden auf den Flächeninhalt eines AOI (z. B. Pixelanzahl). Weiterhin sind künftig die produktspezifischen Erkenntnisse aus der Fallanwendung noch vor dem Hintergrund der Standardfehler der Wahrnehmung zu reflektieren[833].

Insbesondere Schritt 3 verdeutlicht die Bedeutung unterschiedlicher **Blickregistrierungsparameter**. Wenngleich die Interpretation der KFD in der Literatur nicht zweifelsfrei gelingt, schränkt die exemplarische Darstellung der KFD in dieser Arbeit nicht die Allgemeingültigkeit der Vorgehensweise ein. Das Vorgehen wurde **flexibel** und **adaptierbar** gestaltet, um der Anforderung an eine Integration weiterer Parameter gerecht zu werden. Diese sind in künftigen Forschungsuntersuchungen zielgerichtet in die Schritte 1 und 2 zu integrieren, um weitere Rückschlüsse auf die impliziten Wahrnehmungsbeiträge und die unbewussten Vorgänge der visuellen Wahrnehmung bei der Produktvalidierung zu ziehen. Dies unterstützt dabei, den Raum technischer und aus Kundensicht wahrnehmungsrelevanter Produkteigenschaften effektiver abzubilden.

Probandenauswahl und Probandenanzahl

Da die entwickelte Vorgehensweise zwar eine allgemeine Abfolge von Teilschritten beinhaltet, jedoch im spezifischen Anwendungsfall auf Ergebnissen von Kundenstudien basiert, sind die Auswahl und der Umfang an Probanden von besonderer Bedeutung. Es sind Personen auszuwählen, die dem zu analysierenden Produkt eine gewisse Affinität entgegenbringen und prinzipiell einem Produktkauf positiv gegenüberstehen (= Repräsentativität[834]). Zur Ana-

---

830 Dies wird insbesondere auf detaillierteren Ebenen der Wahrnehmung bedeutsam. Somit lassen sich Änderungen der visuellen Wahrnehmung auf die Variation der Gestaltelemente zurückführen.

831 Zu den Kriterien für *Erhebungsmethoden*, vgl. Kapitel 2.6.2.

832 Siehe hierzu auch Kapitel 2.6.4.

833 Zu ausgewählten *Standardfehlern der Wahrnehmung* siehe u. a. Kapitel 2.5.1.

834 Vgl. **Schmitt, R.; Pfeifer, T.** (Qualitätsmanagement), 2015, S. 145.

lyse, ob der jeweilige Betrachter zur potenziellen Zielgruppe zählt, sind darüber hinaus weitere demografische Daten (z. B. Alter, Geschlecht, Werteinstellungen, Motive) zu erheben. Insofern baut die entwickelte Vorgehensweise in dieser Arbeit auf Ergebnissen aus der Marktforschung auf, ohne diese jedoch im Einzelnen reflektiert zu haben.[835]

Der Einsatz von Blickregistrierungsstudien stellt per se einen Mehraufwand dar. Dieser begründet sich in der Investition in die erforderliche Messausstattung (= **materielle Ressourcen**), in die Schulung der Mitarbeiter sowie in die Durchführung, Aufbereitung und Auswertung der Probandenstudien[836]. Bezugnehmend auf die **Stichprobenanzahl** ist zwischen **Aufwand und Nutzen** einer Studie abzuwägen. Insbesondere die Probandenstudien bringen die erforderlichen Erkenntnisse **(= Mehrwert)** für die Produktgestaltung. Signifikante und valide Ergebnisse lassen sich durch eine ausreichend hohe Anzahl an Probanden erzielen. Wenngleich die Identifikation relevanter Produkt- und Qualitätsmerkmale (Schritt 1) vergleichbar ist mit der Identifikation von Fehlern im Rahmen von Usability-Studien und somit bereits geringe Stichprobengrößen von etwa zehn Probanden genügen[837], so sollten für die statistischen Analysen des Schrittes 2 höhere Stichprobengrößen angestrebt werden. Dabei ist zu unterscheiden zwischen den jeweiligen statistischen Analyseverfahren und der jeweils erforderlichen Mindestanzahl an Fällen zur Auswertung. Es ist evident, dass mit steigender Probandenzahl auch die Signifikanz der Ergebnisse ansteigt. Das Vertrauen in die ableitbaren Entscheidungen steigt, die Fehlerwahrscheinlichkeit sinkt. Damit einher geht zugleich ein steigender **Aufwand**. Wie im Kapitel 4.1.2 dargestellt, basieren insbesondere in KMU Entscheidungen in der Produktgestaltung häufig auf dem Wissen und der Erfahrung der beteiligten Entwickler und Gestalter. Das Kundenurteil wird mitunter spät oder nicht in die Entwicklung eingebunden. Demnach lassen sich auch bereits wertvolle Ergebnisse für die Produktentwicklung mit höherer, akzeptabler Irrtumswahrscheinlichkeit α ableiten[838].

Statistische Analyseverfahren

Um die Änderungen der visuellen Aufmerksamkeit zielgerichtet auf die Veränderung der Produktmerkmale bzw. die Wirkung semantischer Konzepte zurückzuführen, ist es von Bedeutung, dass sich die Produktmodelle (z. B. Produktskizze oder physischer Prototyp) nur in einzelnen Gestaltelementen voneinander unterscheiden. Hierdurch lassen sich die Effekte mittels geeigneter statistischer Analyseverfahren dezidiert auf diese Merkmale zurückführen[839]. Dies unterstreicht zugleich die Bedeutung des Schrittes 1 zur Erfassung der aus Kundensicht **relevantesten** Produktelemente mit Einfluss auf die visuelle Wahrnehmung.

In die Vorgehensweise wurden **statistische Verfahren** (u. a. Hypothesentests) integriert, um je Methodenschritt signifikante Aussagen und Handlungsempfehlungen für die Probleme der Praxis abzuleiten. Insbesondere wurden die Unterschiede zwischen Mittelwerten von Gruppen untersucht. Grund für die Anwendung von Varianzanalysen in dieser Arbeit ist, dass die-

---

835 Insbesondere zu *Repräsentativität* einer Stichprobe, zu *Stichprobenverfahren* und zur Festlegung der *Zielpopulation*, vgl. **Döring, N.; Bortz, J.** (Forschungsmethoden und Evaluation), 2016, S. 292 ff.

836 Beispielhaft wurde in den Anwendungsbeispielen zu Kapitel 6 ermittelt, dass für die Aufbereitung und Auswertung der Rohdaten der Blickregistrierung bis zum 30-fachen des Rohdatenmateriales erforderlich waren.

837 Siehe hierzu u. a. Kapitel 2.6.7.

838 Teilweise wurde im Kapitel 6 mit einer Irrtumswahrscheinlichkeit (Fehler 1. Art) von $\alpha = 0{,}1$ gerechnet.

839 Vgl. **Köhler, M.; Schmitt, R.** (Systematic Consumer Evaluation Measurement), 2012, S. 510.

se die multivariaten Standardverfahren zur Auswertung von Experimenten darstellen[840]. Die Vorteile der **messwiederholten Varianzanalysen** gegenüber Verfahren ohne Messwiederholung liegen in einer größeren Teststärke zur Ermittlung eines Effektes eines Faktors sowie darin begründet, dass **weniger Probanden zur Untersuchung** der Forschungsfrage erforderlich sind. Nachteile bestehen darin, dass Probanden auf eine bereits bekannte Aufgabe anders reagieren als auf eine unbekannte Aufgabenstellung (= **systematischer Lerneffekt**). Darüber hinaus können bei bestimmten Bedingungen des experimentellen Designs **Sequenzeffekte** auftreten. Hierdurch wird die Interpretation der Studienauswertung erschwert. Weiterhin lassen sich bei Verletzung der Zirkularitätsannahme bestimmte wissenschaftliche Fragen nicht mit der ANOVA mit Messwiederholung untersuchen. Alternativ hierzu können MANOVA Anwendung finden.[841] Es ist hervorzuheben, dass **Varianzanalysen diverse Voraussetzungen** und statistische Annahmen für deren Durchführung erfordern, welche in der Praxis selten geprüft werden, sodass deren Prüfung auch in der Fallanwendung dieser Arbeit nicht primär fokussiert wurde. Weiterhin wurde durch die Varianzanalyse lediglich ermittelt, ob Unterschiede bestehen. Von Relevanz für praktische Untersuchungen ist zudem die Feststellung, wie stark diese Unterschiede sind. Ergänzend ließen sich hierzu in das Analysedesign die Verfahren der **multiplen Regression** integrieren.[842]

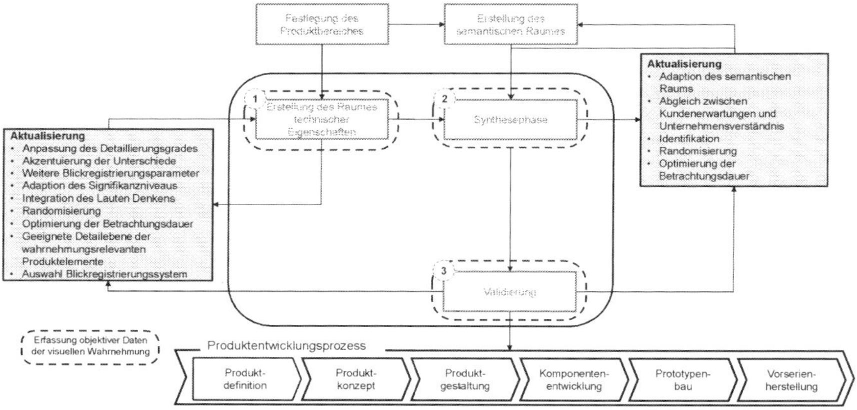

Abbildung 7-1: Anpassung der Vorgehensweise durch Erkenntnisse aus der kritischen Reflexion

Ausgewählte Erkenntnisse aus der kritischen Würdigung des Konzeptes und der dem Konzept immanenten Methoden und Werkzeuge finden sich zusammengefasst in Abbildung 7-1. Eine ständige **Anpassung des Studienvorgehens** liefert somit einen Beitrag, um die Validität der Erkenntnisse zukünftiger Studien im laufenden Entwicklungsprozess oder nachfolgenden Entwicklungszyklen schrittweise zu verbessern.

---

[840] Siehe Kapitel 4.2.4 sowie **Schnell, R.; Hill, P. B.; Esser, E.** (Methoden der empirischen Sozialforschung), 2013, S. 447.

[841] Vgl. **Rasch, B., et al.** (Quantitative Methoden 2), 2014, S. 87 f. sowie **Stevens, J.** (Multivariate Statistics), 2009.

[842] Vgl. **Schnell, R.; Hill, P. B.; Esser, E.** (Methoden der empirischen Sozialforschung), 2013, S. 447.

7.2 Bewertung des Gesamtvorgehens und Beantwortung der Forschungsfragen

Basierend auf dem Vorverständnis der Arbeit (Kapitel 1.4) sowie dem erweiterten **Verständnis** aus Kapitel 2.7 wurde mit dem Kansei Engineering ein Ansatz der kundenorientierten Produktentwicklung betrachtet, der zur Auflösung des konkretisierten Bezugsrahmens dient. Hierzu wurde im Kapitel 3.4 das Gedankenkonstrukt zur Ableitung der **Lösungshypothese** aufgezeigt. Im Kapitel 4.1 wurden **Anforderungen** an die Entwicklung eines Ansatzes entlang des Kansei Engineerings abgeleitet, welcher in der kundenorientierten Produktentwicklung und -gestaltung zur **Strukturierung** mittels Blickregistrierung erfasster, objektiver Daten über die visuelle Wahrnehmung Anwendung finden kann. Nach der **deduktiv-analytischen Ausgestaltung** der Vorgehensweise im Kapitel 5, wurden im Kapitel 6 die Anforderungen und die dem Vorgehen aus Kapitel 5 inhärenten Annahmen im **Anwendungskontext** geprüft. Es wurde die prinzipielle Anwendbarkeit der Schritte der Vorgehensweise in der partiellen, praktischen Anwendung gezeigt. Dabei ist hervorzuheben, dass die mit der Vorgehensweise erzielten Ergebnisse im Kontext der Anwendungsfälle Gültigkeit besitzen. Der Anspruch auf Vollständigkeit und Generalisierbarkeit der Aussagen sei an dieser Stelle nicht vollzogen. Es ist vielmehr in den Anwendungsfällen die Funktionsweise der Vorgehensweise bezüglich der spezifischen Fragestellung aufgezeigt. Aufgrund der Unterschiede der Produkte bezüglich Komplexität, Größe und Zielkundengruppe sowie der Unterschiede in den Unternehmensstrukturen wird die Verallgemeinerbarkeit der Vorgehensweise auf Makroebene entlang der drei ausdetaillierten Schritte als realisierbar eingeschätzt (siehe Tabelle 7-1).

Tabelle 7-1: Erfüllung der Anforderungen an die zu entwickelnde Vorgehensweise

Anforderung	Kapitel	Erfüllung
Frühe Phasen der Produktentwicklung insbesondere Produktgestaltung	2.2, 2.4, 4.1.3, 5.4	●
Validierung unterschiedlicher Kategorien an Produktmodellen	2.2.4, 4.1.3	●
Beitrag zur Steigerung der wahrgenommenen Produktqualität und zur Umsetzung formalästhetischer und semantischer Funktionen	2.3.2, 2.4.2, 4.1.3, 4.2, 5	●
Strukturierung der objektiven Daten entlang des Ebenenmodells der Wahrnehmung	2.3.3, 4.1.3, 5, 6.2-6.5	●
Fokus auf visueller Wahrnehmung	2.5, 4.1.3, 5, 6	●
Objektivierung der visuellen Wahrnehmung (Blickregistrierung und Analyseverfahren) unter Anwendung geeigneter statistischer Verfahren	2.6.5, 2.6.6, 4.2.4, 5.1.2, 5.2.3, 5.3.2, 6.2-6.5	●
Beitrag zur Bewältigung der Herausforderungen der kundenorientierten Produktentwicklung	4.1.3, 5, 6	●
Handlungsempfehlungen für die Umsetzung produktsprachlicher Funktionen (formalästhetische und semantische Funktionen)	2.4.2, 4.2.3, 5.3, 6.2-6.5	●
Integration in bestehenden Entwicklungsprozess	3.2, 4.1.1, 4.1.3, 6.1	●
Kansei Engineering als Handlungskonzept zur Auflösung des Bezugsrahmens	3.4, 4.1.1, 5, 6	●
Integration und Nutzung des Kansei-Engineering-Ansatzes mit Fokus auf Raum technischer Eigenschaften, Synthese, Validierung	3.3.3, 4.2, 5, 6	●

In Tabelle 7-1 werden die Anforderungen aus Kapitel 4.1 den Inhalten dieser Arbeit und den Schritten der Vorgehensweise gegenübergestellt und die Erfüllung der Anforderungen geprüft. Hierbei werden auch die Ausführungen zur Konzept- und Methodenreflexion aus Kapitel 7.1 aufgegriffen.

Das Forschungsziel dieser Arbeit ist nicht allein durch die Erfüllung der vorstehenden Anforderungen erreicht. Vielmehr bedarf es zusätzlich der Beantwortung der übergeordneten **Forschungsfrage** dieser Arbeit.

Lassen sich objektiv erfasste Daten über die visuelle Wahrnehmung zu relevanten Produktmerkmalen durch einen Kansei-Engineering-Ansatz für (Produktdesign-) Entscheidungen in der kundenorientierten Produktentwicklung systematisch strukturieren?

Ausgehend von der Hauptforschungsfrage wurden im Kapitel 4.1.3 **Teilforschungsfragen** abgeleitet, um die Gesamtzielsetzung der Forschungsarbeit in Teilzielen zu bearbeiten. Nachfolgend wird die Erreichung der Teilforschungsfragen untersucht, um die Erfüllung des Forschungszieles der Arbeit zu prüfen.

Teilforschungsfrage 1

Wie lassen sich Informationen zu den aus Wahrnehmungssicht relevanten, visuellen Gestaltmerkmalen objektiv erfassen, um einen Raum technischer Eigenschaften aus Kundensicht zu beschreiben?

Schritt 1 der Vorgehensweise nimmt Bezug auf die Bearbeitung dieser Teilforschungsfrage. Hierfür wurden im Kapitel 4.2.1 Anforderungen abgeleitet, die die Grundlage zur Ausgestaltung von Schritt 1 bildeten (Kapitel 5.1). Es wurde ein Vorgehen mit Fokus auf formalästhetischen Produktfunktionen entwickelt, um zur Strukturierung der prinzipiell, visuell erfahrbaren Produktelemente beizutragen. Wesentliche Elemente des Methodenschrittes sind der Einsatz qualitativer und quantitativer Erhebungsmethoden und die Anwendung von Blickregistrierungsparametern zur Objektivierung der visuellen Wahrnehmung von Produktelementen. Basierend auf der Erfassung von Informationen zu visuell wahrnehmungsrelevanten Produktmerkmalen wurde aufgezeigt, wie eine Priorisierung der wahrnehmungsrelevanten Produktelemente und eine Strukturierung der erhobenen Daten anhand des Ebenenmodells der Wahrnehmung zu vollziehen sind, um Implikationen für die Produktentwicklung abzuleiten.

Teilforschungsfrage 2

Wie lässt sich der Zusammenhang zwischen visuell relevanten Produktgestaltmerkmalen und der semantischen Dimension der Wahrnehmung objektiv erfassen und abbilden?

Schritt 2 adressiert die Beantwortung dieser Frage. Basierend auf den Anforderungen aus Kapitel 4.2.2 wurde im Kapitel 5.2 ein Vorgehen dargestellt, um die Zusammenhänge zwischen semantischer Dimension der Wahrnehmung und der Wirkung von wahrnehmungsrelevanten Produktmerkmalen auf verschiedenen Ebenen der Wahrnehmung abzubilden. Hierfür wurden Methoden integriert, um objektive Daten über unbewusste sowie bewusste Aspekte der Wahrnehmung (Wahrnehmungsbeiträge) zu erfassen und um diese einer qualitativen (Matrixform) sowie quantitativen (statistische Analyseverfahren; ANOVA mit Messwiederholung) Auswertung zu unterziehen.

Teilforschungsfrage 3
Wie lässt sich die Wirkung der Zusammenhänge zwischen semantischer Dimension und Produktmerkmalen auf die visuelle Wahrnehmung objektiv abbilden und validieren?

Schritt 3 fokussiert die Beantwortung dieser Frage. Anforderungen aus Kapitel 4.2.3 dienten zur Ausgestaltung dieses Methodenschrittes. Dieser Schritt folgt den vorigen Schritten bezüglich des Ansatzes, die semantische Dimension der Wahrnehmung und die Wirkung von Gestaltelementen gegenüberzustellen. Es wurde ein prinzipieller Ansatz zur Aufstellung von Zusammenhängen aufgezeigt, um die Wirkung produktsprachlicher Funktionen von Produktmodellen auf die visuelle Wahrnehmung mittels Blickregistrierung und der Kombination mit weiteren Methoden zur Erfassung von emotionalen Urteilen produktspezifisch zu prüfen. Basierend auf den erhobenen Daten zur realisierten Wirkung der Gestaltgesetze erfolgen die Quantifizierung und die Analyse auf statistische Signifikanz. Im Sinne des Ansatzes dieser Arbeit, ein **Lösungsverfahren** für die Probleme der Praxis zu entwickeln, liefert auch Schritt 3 vordergründig ein generisches Vorgehen zur Ableitung der genannten Zusammenhänge. Die exemplarisch dargestellten Zusammenhänge sind daher nicht als abschließend zu betrachten, sondern lassen sich sowohl aus wissenschaftlicher Perspektive als auch durch die Anwendung im **produktspezifischen Kontext** erweitern und ausgestalten.

Mit Bezug zu diesen Anforderungen erfolgte die Ausgestaltung der drei Schritte. Diese Schritte tragen zur Beantwortung der Teilforschungsfragen und in ihrer Gesamtheit zur Beantwortung der Hauptforschungsfrage bei. Somit kann festgestellt werden, dass sich Informationen über die visuelle Wahrnehmung objektiv mittels Blickregistrierung erfassen und durch eine erweiterte Vorgehensweise des Kansei Engineerings strukturieren lassen, um Entscheidungen der Produktgestaltung entlang der Herausforderungen der kundenorientierten Produktentwicklung abzusichern. Das **Forschungsziel** der vorliegenden Arbeit, die Entwicklung eines auf Kansei Engineering basierenden Vorgehens zur Strukturierung objektiv erfasster Daten über die visuelle Wahrnehmung für die Integration in die kundenorientierte Produktentwicklung und -gestaltung, **wurde erreicht**.

8 Fazit - Zusammenfassung und Ausblick

In den vorstehenden Kapiteln erfolgten im Kapitel 6 zunächst die modulweise Fallanwendung im Rahmen der empirischen Untersuchungen und im Kapitel 7 die kritische Würdigung der Forschungsaktivitäten. In diesem abschließenden Kapitel werden die zentralen Ergebnisse der vorliegenden Arbeit und der Ausblick auf zukünftige Forschungsaktivitäten zusammenfassend dargelegt.

8.1 Zusammenfassung

Insbesondere im Zuge der **Produktgestaltung** von Konsumgütern ist auf die Herausforderungen der kundenorientierten Produktentwicklung einzugehen. Hierbei liegt der Fokus auf der **visuellen Wahrnehmung**. Zur Ableitung begründeter, valider und fundierter Entscheidungen für die Produktentwicklung sind **objektive Daten** und Informationen über die visuelle Wahrnehmung unabdingbar. Es wurde gezeigt, wie sich die Anwendung der **Blickregistrierung** hierzu prinzipiell eignet und wie sich Aussagen und Informationen aus den Parametern der Blickregistrierung prinzipiell ableiten lassen.

Basierend auf diesen Herausforderungen wurde die **Hauptforschungsfrage** abgeleitet: *Lassen sich objektiv erfasste Daten über die visuelle Wahrnehmung zu relevanten Produktmerkmalen durch einen Kansei-Engineering-Ansatz für (Produktdesign-) Entscheidungen in der kundenorientierten Produktentwicklung systematisch strukturieren?*

Die Problemstellung und die zugrundeliegende Forschungsfrage folgen einem praxisorientierten Ansatz. Es wurde gezeigt, dass das übergeordnete Wissenschaftsziel **pragmatisch** orientiert ist. Um die handlungsleitende Forschungsfrage zu beantworten, basiert die Arbeit auf einem explorativen Forschungsprozess, welcher durch einen **heuristischen Bezugsrahmen** abgegrenzt wurde. Die Arbeit setzte dabei auf einem Vorverständnis auf, welches sich im Wesentlichen aus folgenden Betrachtungsbereichen generierte: **Produktentwicklung** materieller Produkte, **Produktgestaltung**, **Produktqualität** und **visuelle Wahrnehmung**. Bezugnehmend auf diese Bereiche des heuristischen Bezugsrahmens wurden der jeweilige Stand der Wissenschaft und bestehende Theorien aufgearbeitet, wodurch eine Konkretisierung des heuristischen Bezugsrahmens im Kontext der Problemstellung dieser Arbeit vollzogen wurde. Es wurden die Grundlagen der **kundenorientierten Produktentwicklung** von Gebrauchsgütern aufgezeigt und die Bedeutung der Produktgestaltung zur Umsetzung der visuell erfassbaren Produktfunktionen betont. In diesem Kontext wurden die Relevanz der wahrgenommenen Produktqualität und objektiver, messbarer Daten über die visuelle Wahrnehmung aufgeführt, um Entscheidungen für die Produktentwicklung mit validen Informationen zu unterstützen. Hierfür wurde aufgezeigt, dass Informationen zu Kundeneindrücken in die laufende Produktentwicklung einzubinden und demnach umfassend zu erheben sind. Zur Erfassung sowohl **bewusster** als auch **unbewusster** Eindrücke sind diverse Erhebungsmethoden, wie Befragungen und physiologische Messmethoden zu kombinieren, von denen den apparativen Blickregistrierungsverfahren das Potenzial zugeschrieben wird, **objektive Daten** zu erheben. Zur Auflösung der dargestellten Problemstellung und zur Strukturierung der erhobenen Daten wurde das Potenzial von Methoden und Vorgehensweisen für die kundenorientierte Produktentwicklung im Allgemeinen dargestellt. Im Konkreten erfolgte eine Aufarbeitung des Potenziales der allgemeinen Vorgehensweise des **Kansei Engineerings**. Dabei wurde das Kansei Engineering von weiteren, etablierten Ansätzen zur Übersetzung von Kundenanforderungen in Produkteigenschaften abgegrenzt.

Aus den Defiziten im Stand der Wissenschaft zu den Betrachtungsbereichen des heuristischen Bezugsrahmens, wurden der Handlungsbedarf und die Anforderungen zur Entwicklung einer Vorgehensweise basierend auf der allgemeinen Vorgehensweise des Kansei Engineerings abgeleitet. Diese Anforderungen wurden an bestehenden Ansätzen zum Einsatz der Blickregistrierung in der kundenorientierten Produktentwicklung sowie des Kansei Engineerings gespiegelt. Die Beantwortung der Forschungsfrage wurde über die Formulierung von **Teilforschungsfragen** operationalisiert. Abgeleitet aus dem Handlungsbedarf, zielt die **Lösungshypothese** dieser Arbeit zur Beantwortung der leitenden Forschungsfrage auf die Entwicklung eines systematisch, konzeptionell erweiterten Kansei-Engineering-Ansatzes. Durch die Integration und Strukturierung von objektiv erfassten Informationen über die visuelle Wahrnehmung, dient dieses Lösungsverfahren zur Unterstützung der Entscheidungsfindung bereits in frühen Phasen der kundenorientierten Produktentwicklung. Mit Bezug auf die allgemeine Vorgehensweise des Kansei Engineerings ist diese Integration insbesondere von Mehrwert für die Schritte der **Erstellung des Raumes technischer Produktmerkmale**, der **Synthese** und der **Validierung**. Die deduktiv-analytische Ausgestaltung dieser Schritte, vor dem Hintergrund der Forschungsfrage zur Quantifizierung der visuellen Wahrnehmung und zum Ableiten von Implikationen für die kundenorientierte Produktgestaltung, war in der Folge elementarer Aspekt der Forschungsarbeiten der vorliegenden Arbeit.

Ziel und Ergebnis dieser Arbeit ist ein Lösungsansatz zur Beantwortung der Forschungsfrage entlang des allgemeinen Vorgehens des Kansei Engineerings. Dabei setzt die Vorgehensweise an der Erfüllung derjenigen Produktfunktionen an, die durch den visuellen Sinn erfassbar sind und Einfluss auf die ästhetische sowie die semantische Dimension der Wahrnehmung nehmen. Hierfür wurde ein Vorgehen dargestellt, welches über die objektive Erfassung von Informationen über die visuelle Wahrnehmung mittels Blickregistrierung dabei unterstützt, aus Kundensicht relevante Produktgestaltelemente zu ermitteln (Schritt 1), diese in Verbindung zu setzen mit der Erwartung an ein Produkt (Schritt 2) und diese Zusammenhänge zu validieren (Schritt 3). Die Methodenschritte zielen auf die Beantwortung von Teilforschungsfragen, die entlang derjenigen Schritte des Kansei Engineerings abgeleitet wurden, die aus Sicht der Literatur eine Erweiterung um Informationen zur menschlichen Wahrnehmung erfordern. Getragen durch die **objektive Erfassung** wahrnehmungsrelevanter Daten über die visuelle Aufmerksamkeit mittels **Blickregistrierung** sowie durch die **Quantifizierung** mittels ausgewählter statistischer Analyseverfahren, liegen somit Ansätze vor, um die Entscheidungsfindung in der Produktentwicklung und Produktgestaltung mit Informationen der Kundensicht zu unterstützen. Während **Schritt 1 und 2** unterstützen, **produktspezifische Gestaltungsempfehlungen** abzuleiten, unterstützt **Schritt 3** dabei, die intendierte Wirkung von Gestaltungsempfehlungen auf die visuelle Wahrnehmung produktspezifisch zu **validieren**. Die Detaillierung der Methodenschritte erfolgte entlang der Aufgaben des Forschungsprozesses der empirischen Sozialforschung. Durch die Anwendung der Vorgehensweise lassen sich Implikationen für die Produktentwicklung zur Priorisierung von Gestaltvarianten ableiten und in die bestehenden Strukturen integrieren. In der Gesamtheit stellt die Vorgehensweise ein flexibel gestaltetes, **generisches Vorgehen** (= Lösungsverfahren[843]) dar, ohne den Anspruch auf Vollständigkeit zu erheben.

In den **Fallanwendungen** wurden zunächst die Anforderungen an die Integration des allgemeinen Vorgehens des Kansei Engineerings in die Produktentwicklung untersucht. In weiteren Fallanwendungen erfolgte **produktspezifisch** die Erprobung der erweiterten Vorgehensweise hinsichtlich der Praxistauglichkeit. Unter Berücksichtigung der Produktkomplexität erfolgte die praxisnahe Erprobung auf verschiedenen Ebenen der Produktwahrnehmung. Die in dieser Arbeit vorgenommene partielle Anwendung der Schritte der entwickelten Vorgehensweise zeigte die Notwendigkeit, die Vorgehensweise spezifisch auf die unternehmerischen Zielsetzungen anzupassen. Die Ergebnisse aus der Fallanwendung ermöglichen somit keine allgemeingültigen Aussagen für die Produktgestaltung. Vielmehr stellt die entwickelte und angewendete Vorgehensweise ein generisches Vorgehen dar. Durch die partielle Erprobung im Anwendungszusammenhang in deutschen KMU ist ein Beitrag zur Etablierung des Kansei-Engineering-Ansatzes in europäischen Ländern sowie insbesondere in der deutschsprachigen Literatur geleistet.

Übergeordnete Zielsetzung eines kundenorientierten Entwicklungsprozesses ist die Entwicklung **qualitativ hochwertig wahrgenommener Produkte**. Die Anwendung der entwickelten Vorgehensweise liefert valide Informationen für den Einzelfall, um die Wirkung relevanter Produktmerkmale auf die visuelle Aufmerksamkeit und die semantische Dimension der Wahrnehmung zu quantifizieren. Diese Erkenntnisse unterstützen die Entscheidungsfindung für die Ableitung von Gestaltungsempfehlungen, um den Herausforderungen der kundenorientierten Produktentwicklung zu begegnen. Durch den konsequenten Einsatz der Blickregistrierung entlang der Vorgehensweise lassen sich wahrnehmungsrelevante Aspekte im Produktdesign sowie in der Gestaltung von Produktelementen realisieren und Entwicklungsressourcen auf diejenigen Alternativen fokussieren, welche den höchsten Beitrag zur Umsetzung der wahrgenommenen Produktqualität leisten. Durch diese aktive Beeinflussung der wahrgenommenen Produktqualität wird ein wesentlicher Beitrag zur Produktverbesserung und **Steigerung der Produkteffektivität** geleistet. Weiterhin werden durch die frühzeitige Ausrichtung auf ausgewählte, für den Kunden relevante Gestaltvarianten, Entwicklungsressourcen reduziert. Durch die Integration der Erkenntnisse in die bestehenden Abläufe der Produktentwicklung werden Entscheidungen kundenorientiert sowie ressourceneffizient getroffen und somit Einfluss auf die Kaufentscheidung potenzieller Kunden genommen.

In der **Diskussion** und der **kritischen Würdigung** der Forschungsaktivitäten dieser Arbeit wurde aufgezeigt, dass durch die Entwicklung und die Erprobung der Vorgehensweise im Anwendungszusammenhang die Teilforschungsfragen beantwortet werden. Zusammenfassend lässt sich resümieren, dass die **Forschungsfrage mit Ja** beantwortet werden kann. Die kritische Würdigung offenbarte zudem, dass die Beantwortung der Forschungsfrage innerhalb der getroffenen Annahmen und Limitationen Gültigkeit besitzt. Darüber hinaus gehend wurden Ansätze für zukünftige Forschungsaktivitäten aufgezeigt, die sich zusammenfassend in einen **Ausblick** überführen lassen.

---

[843] Zu dem Begriff *Lösungsverfahren* als ein wissenschaftliches Ergebnis nach ULRICH, vgl. Kapitel 1.3.

8.2 Ausblick

Wenngleich die vorliegende Arbeit diverse Impulse zur Erweiterung des allgemeinen Vorgehens des Kansei Engineerings liefert, besteht Bedarf für **zukünftige Forschungsaktivitäten**, in Bezug auf die entwickelte Vorgehensweise und den Betrachtungsbereich sowie folglich den Anwendungsbereich der Arbeit.

Gemäß der allgemeinen Vorgehensweise des Kansei Engineerings, welche als flexibel und adaptierbar charakterisiert wurde, erfüllt folglich auch die in dieser Arbeit entwickelte Vorgehensweise das Kriterium der **Flexibilität**. Somit ergibt sich die Einschränkung in der Anwendung der Vorgehensweise dahingehend, dass diese auf den spezifischen, unternehmerischen Kontext anzupassen ist. Zudem ist der **Mehrwert** der Vorgehensweise stark von den vorhandenen materiellen (z. B. Blickregistrierungssystem) sowie immateriellen (z. B. Kompetenzen in Statistik) **Ressourcen** zur Durchführung abhängig.

Die valide Erarbeitung der **semantischen Dimension** wurde im Kontext dieser Arbeit bewusst ausgeklammert, da für deren Konstruktion bereits zahlreiche Ansätze diskutiert werden. Zudem wird diese Dimension insbesondere durch Erfahrungen, Motive und Einstellungen geprägt, sodass sich durch die Erfassung der visuellen Wahrnehmung lediglich das Resultat dieser Konstrukte erfassen, nicht jedoch eine Beeinflussung dieser Dimension vornehmen lässt. Zudem wurde der Schritt der **Modellbildung** der allgemeinen Vorgehensweise des Kansei Engineerings in dieser Arbeit auf die Implikationen für die Produktentwicklung und Produktgestaltung bezogen. Die Modellbildung, so wie sie in den Ausprägungen des Kansei Engineerings beschrieben wird, umfasst zumeist mathematische Modelle, die in der Literatur in verschiedenen Ansätzen bereits diskutiert werden. In der vorliegenden Arbeit wurde einem eher generischen Ansatz gefolgt, da die Vorgehensweise keinen Anspruch auf allgemeingültige Optimalität erheben kann.

Aufgrund der Bedeutung visueller Informationen für die menschliche Wahrnehmung und die Entscheidungsfindung aus Konsumentensicht, wurde eine Eingrenzung auf die objektive Erfassung und Quantifizierung der **visuellen** Wahrnehmung vorgenommen. Die Integration weiterer Sinnesmodalitäten in die aufgezeigte Vorgehensweise bildet einen Ausgangspunkt für weitere Forschungsarbeiten. Durch die Begrenzung auf die visuelle Wahrnehmung wurde zudem der Fokus auf die visuell wahrgenommene Produktqualität (Anmutungsqualität) gelegt. Eine Erweiterung der Analyse bezüglich **funktionaler Zusammenhänge** und ergonomischer Aspekte sowie dem Zusammenspiel dieser Kategorien erscheint vor dem Hintergrund der Kaufentscheidung eines Konsumenten sowie zur Erreichung der Interaktionszufriedenheit zielführend und ermöglicht die Validierung der Produktmodelle gemäß eines **synästhetischen Designs**[844].

Mit der visuellen Wahrnehmung fokussierte die vorliegende Arbeit *einen* Aspekt dessen, was der Mensch bewusst wahrnimmt. Die Erhebung von Einstellungen, Motiven sowie unbewussten Aspekten ist jedoch elementar für die umfängliche Erkenntnis über die menschlichen Entscheidungsprozesse. Zudem ist die Untersuchung der tatsächlichen emotionalen Empfin-

[844] Siehe zu *synästhetischen Design* u. a. **Haverkamp, M.** (Synesthetic Design), 2013 sowie **Goos, J.** (Produktdesign), 2011, S. 185. Zur *Interaktionszufriedenheit*, vgl. u. a. Kapitel 2.3.2.

dung durch **indirekte Messung physiologischer Signale** ein weites Feld in der Verhaltensforschung. Die Prüfung der Möglichkeit zur Integration dieser Aspekte in die dargestellte Vorgehensweise bildet Anknüpfungspunkte für weitere Forschungsaktivitäten[845].

Insbesondere die erforderlichen Blickregistrierungsstudien sind zeitaufwendig. Dieser Aufwand zur Durchführung von Studien ist ein häufig dem Kansei Engineering entgegengebrachter Nachteil. Die sich im Zuge der **Digitalisierung** ergebenen Potenziale im Umgang mit zunehmenden Datenmengen bei der Datenerfassung und -auswertung sind zum Zwecke der Effizienzsteigerung bestimmter Analysevorgänge zu untersuchen. Kansei Engineering stellt dabei interdisziplinäre Ansätze zur Verfügung. Interessant ist dabei die Einbindung der im Unternehmen vorhandenen Datenwelten, um die Perspektiven aus Marktforschung, Entwicklung und Produktrealisierung zu verbinden und die Anwendung der Vorgehensweise effizienter zu gestalten. Die vorliegende Arbeit betrachtet materielle Produkte, insbesondere Gebrauchsgüter. **Immaterielle** Produkte wurden in der Detaillierung der Vorgehensweise zunächst nicht betrachtet. Im Sinne einer Generalisierbarkeit erscheint die Untersuchung der prinzipiellen Übertragbarkeit der aufgezeigten Aspekte auf weitere Produktkategorien ein konsequenter Schritt für weitere Forschungsaktivitäten.[846]

Wenngleich die Vorgehensweise für frühe Phasen der Produktentwicklung angewendet und ausgestaltet wurde, haben die abgeleiteten Erkenntnisse einen **Mehrwert für alle Phasen** der Produktentwicklung. Selbst die Anwendung der Prinzipien in späteren Phasen der Produktentstehung ist in Folgeaktivitäten zu untersuchen[847].

Es wurde gezeigt, dass die allgemeine Vorgehensweise des Kansei Engineerings einen Rahmen zur Verfügung stellt, innerhalb dessen spezifische Problemstellungen der kundenorientierten Produktentwicklung beantwortet werden können. Hierfür sind verschiedene Erhebungsmethoden und Analyseverfahren systematisch zu kombinieren, um die Kundeneindrücke umfassender zu verstehen und in die Gestaltung hochwertig wahrgenommener und letztlich erfolgreicher Produkte zu integrieren. Ergänzt um vorstehend aufgeführte und weiterführend zu erforschende Aspekte bietet die Anwendung der entwickelten Vorgehensweise im jeweiligen Anwendungsfall einen Beitrag zur wahrnehmungsgerechten Produktgestaltung sowie zur effizienten Steigerung der visuell wahrgenommenen Produktqualität bereits in frühen Phasen der Produktentwicklung[848].

---

845 Kansei Engineering wird das Potenzial für die prinzipielle Integration dieser Messungen und Methoden zugeschrieben, vgl. **Schütte, S.** (Engineering Emotional Values), 2005, S. 99.

846 Siehe hierzu auch die allgemeinen Potenziale für künftige Forschungsaktivitäten des Kansei Engineerings u. a. dargestellt in **ebenda** (Engineering Emotional Values), 2005, S. 99. In dem Forschungsprojekt CONEMO wurden auch immaterielle Produkte untersucht und die Methodik auf die Gestaltung von Webseiten übertragen.

847 Es ist zu prüfen, ob die Vorgehensweise im Rahmen der Qualitätssicherung (z. B. Sichtprüfung) von Produkten vor deren Auslieferung an den Kunden Potenzial bietet, visuell erfahrbare, kundenrelevante Fehlstellen zu identifizieren.

848 Vgl. **Köhler, M., et al.** (Emotion and Perceived Quality), 2015; **Schmitt, R., et al.** (Objectifying User Attention and Emotion), 2014; **Köhler, M.; Falk, B.; Schmitt, R.** (User Attention for Design Evaluations), 2014; **Köhler, M.; Falk, B.; Schmitt, R.** (Objectifying User Attention), 2013 und **Köhler, M.; Schmitt, R.** (Systematic Consumer Evaluation Measurement), 2012.

VI Literaturverzeichnis

Akao, Y. (1990): An Introduction to Quality Function Deployment. In: Akao, Y. (Hg.): Quality Function Deployment. Integrating Customer Requirements into Product Design. 1. Aufl. Portland: Productivity Press, S. 1–24.

Akao, Y. (1990): Quality Function Deployment. Integrating Customer Requirements into Product Design. 1. Aufl. Portland: Productivity Press.

Albers, A.; Behrendt, M.; Klingler, S.; Matros, K. (2016): Verifikation und Validierung im Produktentstehungsprozess. In: Lindemann, U. (Hg.): Handbuch Produktentwicklung. 1. Aufl. München: Carl Hanser Verlag, S. 541–569.

Albers, A.; Schweinberger, D. (2001): Methodik in der praktischen Produktentwicklung. Herausforderungen und Grenzen. In: Spath, D. (Hg.): Vom Markt zum Produkt. Impulse für die Innovation von morgen. 1. Aufl. Stuttgart: LOG_X, S. 25–34.

Al-Sibai, J. (2003): Bewertung der Prognosegenauigkeit von Produktkliniken bei der Einführung neuer Produkte am Beispiel der Automobilindustrie. In: Ebel, B.; Al-Sibai, J.; Hofer, M. (Hrsg.): Automotive Management. Strategie und Marketing in der Automobilwirtschaft. 1. Aufl. Berlin, Heidelberg: Springer.

Arndt, H. (2006): Integrierte Informationsarchitektur. Die erfolgreiche Konzeption professioneller Websites. 1. Aufl. Berlin: Springer.

Ashby, M.; Johnson, K. (2010): Materials and Design. The Art and Science of Material Selection in Product Design. 2. Aufl. Amsterdam: Elsevier.

Ashby, M.; Shercliff, H.; Cebon, D. (2014): Materials. Engineering, Science, Processing and Design. 3. Aufl. Amsterdam [u. a.]: Butterworth-Heinemann; Elsevier.

Backhaus, K.; Erichson, B.; Plinke, W.; Weiber, R. (2016): Multivariate Analysemethoden. Eine anwendungsorientierte Einführung. 14. Aufl. Berlin: Springer Gabler.

Backhaus, K.; Erichson, B.; Weiber, R. (2013): Fortgeschrittene Multivariate Analysemethoden. Eine anwendungsorientierte Einführung. 2., überarb. und erw. Aufl. Berlin [u.a.]: Springer Gabler.

Bailom, F.; Hinterhuber, H.; Matzler, K.; Sauerwein, E. (1996): Das Kano-Modell der Kundenzufriedenheit. In: Marketing ZFP, Nr. 2, S. 117–126.

Bänsch, A. (2002): Käuferverhalten. 9. Aufl. München: Oldenbourg.

Barone, S.; Lombardo, A.; Tarantino, P. (2007): A Weighted Logistic Regression for Conjoint Analysis and Kansei Engineering. In: Quality and Reliability Engineering International. 23, Nr. 6, S. 689–706.

Barone, S.; Lombardo, A.; Tarantino, P. (2009): Analysis of User Needs for the Redesign of a Postural Seat System. In: Erto, P. (Hg.): Statistics for Innovation. Statistical Design of "Continuous" Product Innovation. 1. Aufl. Mailand: Springer, S. 1–24.

Baumann, R. (2010): Physiologie. 6., vollst. überarb. Aufl. Stuttgart, New York, NY: Georg Thieme Verlag.

Baumgarten, A. (1961): Aesthetica. [Nachdruck der Ausgabe Frankfurt a. d. Oder von 1750] Hildesheim: Georg Olms Verlagsbuchhandlung.

Beaujean, P.; Grob, R.; Häfen, K.; Köbler, E.; Köhler, M.; Quattelbaum, B.; Schmitt, R.; Seitz, R.; Wagner, M.; Willach, A. (2011): Emotionale Produktgestaltung. Wert der wahrgenommenen Qualität. In: Brecher, C.; Schuh, G.; Schmitt, R.; Klocke, F. (Hrsg.): Wettbewerbsfaktor Produktionstechnik. Aachener Perspektiven. Tagungsband zum Aachener Werkzeugmaschinen Kolloquium AWK. Aachen: Shaker, S. 229–264.

Behrens, G. (1991): Konsumentenverhalten. Entwicklung, Abhängigkeit, Möglichkeiten. 2. Aufl. Heidelberg: Physica.

Benedetto, S.; Pedrotti, M.; Minin, L.; Baccino, T.; Re, A.; Montanari, R. (2011): Driver Workload and Eye Blink Duration. In: Transportation Research Part F: Traffic Psychology and Behaviour. 14, Nr. 3, S. 199–208.

Berekoven, L.; Eckert, W.; Ellenrieder, P. (2009): Marktforschung. Methodische Grundlagen und praktische Anwendung. 12. Aufl. Wiesbaden: Gabler Verlag; Gabler.

Berghaus, N. (2005): Eye-Tracking im stationären Einzelhandel. Eine empirische Analyse der Wahrnehmung von Kunden am Point of Purchase. 1. Aufl. Lohmar, Köln: Eul Verlag.

Bergstrom, J.; Schall, A. (2014): Eye Tracking in User Experience Design. 1. Aufl. Burlington: Elsevier Science.

Biesterfeldt, J.; Bosenick, T.; Gottstein, J.; Janssen, O.; Köhler, B.; Kraus, M.; Laut, J.; Meyer, A.; Munzel, A.; Schidlack, M.; Schweiger, W.; Waldmann, H.; Wieland, R. (2010): Leitfaden zur Kundenorientierung und Kundenzufriedenheit bei Consumer Electronics. URL: https://www.bitkom.org/Publikationen/2010/Leitfaden/Leitfaden-zur-Kundenzufriedenheit-bei-Consumer-Electronics/LeitfadenCustomerSatisfaction.pdf [Stand: 17.08.2016].

Blaikie, N. (1991): A Critique of the Use of Triangulation in Social Research. In: Quality & Quantity. 25, Nr. 2, S. 115–136.

Böcker, M. (2013): Markterfolg durch benutzergerechte Gestaltung. 1. Aufl. Berlin: Beuth.

Boehm, B. (1984): Verifying and Validating Software Requirements and Design Specifications. In: IEEE Software. 1, Nr. 1, S. 75–88.

Boutellier, R.; Biedermann, A. (2014): Qualitätsgerechte Produktplanung. In: Pfeifer, T.; Schmitt, R. (Hrsg.): Masing Handbuch Qualitätsmanagement. 6. Aufl. München: Hanser, S. 442–468.

Braess, H.-H.; Seiffert, U. (2007): Automobildesign und Technik. Formgebung, Funktionalität, Technik. 1. Aufl. Wiesbaden: Friedr. Vieweg & Sohn Verlag.

Braun, T.; Röhler Riemer, A.; Weber, F. (2006): Kurzlehrbuch Physiologie. 1. Aufl. München, Jena: Elsevier, Urban & Fischer.

Braun, T. E. (2005): Methodische Unterstützung der strategischen Produktplanung in einem mittelständisch geprägten Umfeld. Dissertation. München, Technischen Universität München, Fakultät für Maschinenwesen.

Brooks-Harris, J.; Stock-Ward, S. (1999): Workshops. Designing and Facilitating Experiential Learning. 1. Aufl. Thousand Oaks: Sage Publications.

Brown, S.; Eisenhardt, K. (1995): Product Development. Past Research, Present Findings, and Future Directions. In: The Academy of Management Review. 20, Nr. 2, S. 343–378.

Buck, A. (2003): Design Management in der Praxis. 1. Aufl. Stuttgart: Schäffer-Poeschel.

Bühl, A. (2016): SPSS 23. Einführung in die moderne Datenanalyse. 15. Aufl. Hallbergmoos: Pearson.

Bürdek, B. E. (2005): Design. Geschichte, Theorie und Praxis der Produktgestaltung. 3. Aufl. Basel: Birkhäuser.

Burmann, C.; Meffert, H. (2007): Markenbildung und Markenstrategie. In: Albers, S.; Herrmann, A. (Hrsg.): Handbuch Produktmanagement. Strategieentwicklung - Produktplanung - Organisation - Kontrolle. 3. Aufl. Wiesbaden: Gabler, S. 161–184.

Chang, Y.-M.; Chu, C.-P.; Ma, M.-Y. (2013): Exploring the Visual Cognitive Features on the Design of Car. Based on the Theory of Eye-Tracking Technology. In: Przegląd Elektrotechniczny, R. 89, S. 143–146.

Checkland, P.; Holwell, S. (1998): Action Research. Its Nature and Validity. In: Systemic Practice and Action Research. 11, Nr. 1, S. 9–21.

Chen, J.; Wang, K.; Liang, J. (2008): A Hybrid Kansei Design Expert System Using Artificial Intelligence. In: Ho, T.; Zhou, Z.-H. (Hrsg.): PRICAI 2008, Trends in Artificial Intelligence. Proceedings of 10th Pacific Rim International Conference on Artificial Intelligence, Hanoi, Vietnam, December 15-19, 2008. Berlin: Springer, S. 971–976.

Chipman, S. (1977): Complexity and Structure in Visual Patterns. In: Journal of Experimental Psychology. 106, Nr. 3, S. 269–301.

Chitale, A.; Gupta, R. (2007): Product Design and Manufacturing. 4. Aufl. New Delhi: Prentice-Hall of India.

Clark, K.; Fujimoto, T. (1992): Automobilentwicklung mit System. Strategie, Organisation und Management in Europa, Japan und USA. 1. Aufl. Frankfurt/Main, New York: Campus-Verl.

Collewijn, H. (1999): Eye Movement Recording. In: Carpenter, R.; Robson, J. (Hrsg.): Visual Research. A Practical Guide to Laboratory Methods. Oxford: Oxford University Press, S. 245–285.

Corsten, H. (2007): Produktionswirtschaft. Einführung in das industrielle Produktionsmanagement. 11., vollst. überarb. Auflage München: Oldenbourg.

Creswell, J.; Miller, D. (2000): Determining Validity in Qualitative Inquiry. In: Theory into Practice. 39, Nr. 3, S. 124–130.

Crilly, N.; Moultrie, J.; Clarkson, P. (2004): Seeing Things. Consumer Response to the Visual Domain in Product Designs. In: Design Studies. 25, Nr. 6, S. 547–577.

Curtius, B. (1995): Quality Function Deployment in der westdeutschen Automobil- und Zuliefererindustrie. Versuch einer Darstellung hemmender und fördernder Faktoren. Dissertation. Kaiserslautern, Hochschule Kaiserslautern.

Daub, O. (2014): Die Objektivierung der Subjektivität. In: Schmitt, R. (Hg.): Perceived Quality. Subjektive Kundenwahrnehmungen in der Produktentwicklung nutzen. 1. Aufl. Düsseldorf: Symposion Publishing, S. 61–76.

Demmer, J. (2014): Potenzialanalyse der Produktentwicklungsmethode Kansei Engineering. Am Beispiel der Entwicklung qualitativ hochwertiger Wellenschliffmesser. Aachen, RWTH Aachen University, Lehrstuhl für Fertigungsmesstechnik und Qualitätsmanagement.

Denzin, N. (1978): The Research Act. , New York: McGraw-Hill.

DGQ (1996): Qualitätsmanagement bei Dienstleistungen. 1. Aufl. Berlin: Beuth.

DGQ (2001): QFD - Quality Function Deployment. 1. Aufl. Berlin: Beuth.

Di Stasi, L.; Catena, A.; Cañas, J.; Macknik, S.; Martinez-Conde, S. (2013): Saccadic Velocity as an Arousal Index in Naturalistic Tasks. In: Neuroscience and Biobehavioral Reviews. 37, Nr. 5, S. 968–975.

Di Stasi, L.; Marchitto, M.; Antolí, A.; Baccino, T.; Cañas, J. (2010): Approximation of On-Line Mental Workload Index in ATC Simulated Multitasks. In: Journal of Air Transport Management. 16, Nr. 6, S. 330–333.

Dieterle, W. (1983): Unternehmensführung in Wissenschaft und Praxis. Festschr. für Professor Dr. Horst Schwarz zu seinem 60. GeburtstagRegensberg u.a.: Schmidt.

Diez, W. (2006): Automobil-Marketing. Navigationssystem für neue Absatzstrategien. 5., aktualisierte und erw. Aufl. Landsberg am Lech: mi-Fachverl.

DIN (2003). DIN EN 60073: Grund- und Sicherheitsregeln für die Mensch-Maschine-Schnittstelle, Kennzeichnung - Codierungsgrundsätze für Anzeigegeräte und Bedienteile. Berlin: Beuth.

DIN (2005). DIN EN ISO 9000:2005: Grundlagen und Begriffe zu Qualitätsmanagementsystemen. Berlin: Beuth.

DIN (2008). DIN 55350-11: Begriffe zum Qualitätsmanagement. Berlin: Beuth.

DIN (2015). DIN EN ISO 9000:2015-11: Qualitätsmanagementsysteme - Grundlagen und Begriffe. Berlin: Beuth.

Dombrowski, U.; Herrmann, C.; Lacker, T.; Sonnentag, S. (2009): Modernisierung kleiner und mittlerer Unternehmen. Ein ganzheitliches Konzept. 1. Aufl. Berlin: Springer.

Döring, N.; Bortz, J. (2016): Forschungsmethoden und Evaluation in den Sozial- und Humanwissenschaften. 5. Aufl. Berlin: Springer.

Dreher, A. (2003): Innovation und Bauchgefühl. Know How and Feel How. In: INSight. 3, Nr. 4, S. 38–40.

Drews, G.; Hillebrand, N. (2010): Lexikon der Projektmanagement-Methoden. [die besten Methoden für jede Situation : Werkzeugkasten für effizientes Projektmanagement]. 2. Aufl. Freiburg, München [u.a.]: Haufe.

Duchowski, A. T. (2007): Eye Tracking Methodology. Theory and Practice. 2. Aufl. London: Springer.

Ebert, C. (2010): Systematisches Requirements-Engineering. Anforderungen ermitteln, spezifizieren, analysieren und verwalten. 3. Aufl. Heidelberg: Dpunkt-Verlag.

Ehrenfels, C. (1978): Über Gestaltqualitäten. In: Weinhandl, F. (Hg.): Gestalthaftes Sehen. 1. Aufl. Darmstadt: Wissenschaftliche Buchgesellschaft, S. 11–43.

Ehrlenspiel, K.; Meerkamm, H. (2013): Integrierte Produktentwicklung. Denkabläufe, Methodeneinsatz, Zusammenarbeit. 5. Aufl. München: Hanser.

Eid, M.; Gollwitzer, M.; Schmitt, M. (2013): Statistik und Forschungsmethoden. Mit Online-Materialien. 3., korriegierte Weinheim, Basel: Beltz.

el Marghani, V. G. R.; da Silva, F.; Knapik, L.; Verri, M. (2013): Kansei Engineering. Types of this Methodology. In: Fukuda, S. (Hg.): Emotional Engineering. Vol. 2. London [u.a.]: Springer, S. 127–148.

Engeln, W. (2011): Methoden der Produktentwicklung. 2. Aufl. München: Oldenbourg-Industrieverlag.

Enke, M.; Geigenmüller, A. (2011): Commodity Marketing. Grundlagen - Besonderheiten - Erfahrungen. 2., vollst. überarb. und erw. Aufl. Wiesbaden: Gabler.

Enomoto, N.; Nagamachi, M.; Nomura, J.; Sawada, K. (1993): Virtual Kitchen System Using Kansei Engineering. In: Salvendy, G.; Smith, M. (Hrsg.): Human Computer Interaction: Software and Hardware. 1. Aufl. Amsterdam: Elsevier, S. 657–663.

Erlhoff, M.; Marshall, T. (2006): Wörterbuch Design. 1. Aufl. Basel: Birkhäuser GmbH.

Eversheim, W.; Schuh, G. (1996a): Betriebshütte. Produktion und Management - Teil 1. 7. Aufl. Berlin: Springer.

Eversheim, W.; Schuh, G. (1996b): Betriebshütte. Produktion und Management - Teil 2. 7. Aufl. Berlin: Springer.

Eversheim, W.; Schuh, G. (2005): Integrierte Produkt- und Prozessgestaltung. In: Eversheim, W.; Schuh, G. (Hrsg.): Integrierte Produkt- und Prozessgestaltung. Berlin: Springer, S. 6–20.

Falk, B. (2013): Engineer-to-value als Lösungsansatz im unternehmerischen Produktmanagement. In: Palme, K. (Hg.): Excellence in Production, S. 60–61.

Falk, B. (2014): Perceived Quality als strategische Entscheidung. In: Schmitt, R. (Hg.): Perceived Quality. Subjektive Kundenwahrnehmungen in der Produktentwicklung nutzen. 1. Aufl. Düsseldorf: Symposion Publishing, S. 259–279.

Farsky, M. (2007): Methoden zur Messung des Markenimages. State of the Art: Research Papers on Marketing and Retailling. (Reihe: Research Papers on Marketing and Retailling, 38). 1. Aufl. Hamburg.

Feldhusen, J.; Grote, K.-H. (2013): Pahl/Beitz - Konstruktionslehre. Grundlagen erfolgreicher Produktentwicklung. 8. Aufl. Berlin: Springer.

Fischer, R.; Mikosch, G. (1987): Anzeichenfunktionen. In: Gros, J.; Steffen, D.; Widmayer, P. (Hrsg.): Grundlagen einer Theorie der Produktsprache. 1. Aufl. Offenbach am Main: HfG Fachbereich Produktgestaltung.

Fitts, P.; Jones, R.; Milton, J. (1950): Eye Movements of Aircraft Pilots During Instruments-Landing Approaches. In: Aeronautical Engineering Review. 9, Nr. 2, S. 24–29.

Fleischer, J.; Wawerla, M.; Nyhuis, P.; Winkler, H.; Liestmann, V. (2004): Proaktive Anlaufsteuerung von Produktionssystemen entlang der Wertschöpfungskette. In: Industrie-Management : Zeitschrift für industrielle Geschäftsprozesse. 20, Nr. 4, S. 29–32.

Fong, D. (1996): Using the Self-stated Importance Questionnaire to Interpret Kano Questionnaire Results. In: Center for Quality of Management Journal. 5, Nr. 3, S. 21–24.

Fricke, G.; Lohse, G. (1997): Entwicklungsmanagement. Mit methodischer Produktentwicklung zum Unternehmenserfolg. In: Birkhofer, H.; Geschka, H.; Kramer, F. (Hrsg.): Entwicklungsmanagement. (Reihe: Innovations- und Technologiemanagement, 1). 1. Aufl. Berlin, Heidelberg: Springer, S. 73–79.

Friedrichs, J. (1990): Methoden empirischer Sozialforschung. 14. Aufl. Opladen: Westdeutscher Verlag.

Garvin, D. (1984): What does "Product Quality" really mean? In: MIT Sloan Management Review. 26, Nr. 1, S. 25–43.

Geiger, W. (2014): Qualitätsmanagement bei immateriellen Produkten. In: Masing, W.; Pfeifer, T.; Schmitt, R. (Hrsg.): Handbuch Qualitätsmanagement. 6. Aufl. München: Hanser, S. 941–966.

Geiger, W.; Kotte, W. (2008): Handbuch Qualität. Grundlagen und Elemente des Qualitätsmanagements: Systeme - Perspektiven. 5. Aufl. Wiesbaden: Friedr. Vieweg & Sohn Verlag | GWV Fachverlage.

Gerke, J. (2012): Konzeptionelle Integration der semantischen und der technischen Produktbeschreibung zur frühzeitigen Sicherstellung einer emotionalen Produktentwicklung. Aachen, RWTH Aachen University, Lehrstuhl für Fertigungsmesstechnik und Qualitätsmanagement.

Gerrig, R. J. (2015): Psychologie. 20. Aufl. Hallbergmoos: Pearson.

Godau, M. (2003): Produktdesign. Eine Einführung mit Beispielen aus der Praxis. 1. Aufl. Basel, Boston: Birkhäuser.

Goldberg, J.; Kotval, X. (1998): Eye Movement-Based Evaluation of the Human-Computer Interface. In: Kumar, S. (Hg.): Advances in Occupational Ergonomics and Safety. 1. Aufl. Amsterdam: ISO Press, S. 529–532.

Goldberg, J.; Kotval, X. (1999): Computer Interface Evaluation Using Eye Movements. Methods and Constructs. In: International Journal of Industrial Ergonomics. 24, Nr. 6, S. 631–645.

Goldberg, J.; **Stimson, M.**; **Lewenstein, M.**; **Scott, N.**; **Wichansky, A.**; **Spencer, S.**(Hrsg.) (2002): Eye Tracking in Web Search Tasks. Design Implications. 1. Aufl. . Eye Tracking Research & Applications Symposium 2002, New OrleansNew York, NY: ACM Press.

Goldstein, E. B. (2008): Wahrnehmungspsychologie. Der Grundkurs. 7. Aufl. Heidelberg: Spektrum Akademischer Verlag.

Goos, J. (2011): Produktdesign als wichtiges Element der Produktentwicklung. In: Engeln, W. (Hg.): Methoden der Produktentwicklung. 2. Aufl. München: Oldenbourg-Industrieverlag, S. 183–187.

Graner, M. (2012): Der Einsatz von Methoden in Produktentwicklungsprojekten. Eine empirische Untersuchung der Rahmenbedingungen und Auswirkungen. Dissertation. Cottbus, TU Cottbus.

Green, P.; Srinivasan, V. (1978): Conjoint Analysis in Consumer Research. Issues and Outlook: Journal of Consumer Research, S. 103–123.

Green, W.; Jordan, P. (2001): Kansei Engineering and Design. In: Green, W. (Hg.): Human Factors in Product Design. Current Practice and Future Trends. 1. Aufl. London: Taylor & Francis, S. 229–233.

Groner, R.; Walder, F.; Groner, M. (1984): Looking at Faces. Local and Global Aspects of Scanpaths. In: Advances in Psychology. 22, Nr. 1, S. 523–533.

Gros, J. (1987): Einführung. In: Gros, J.; Steffen, D.; Widmayer, P. (Hrsg.): Grundlagen einer Theorie der Produktsprache. 1. Aufl. Offenbach am Main: HfG Fachbereich Produktgestaltung.

Hacker, W. (2005): Allgemeine Arbeitspsychologie. Psychische Regulation von Wissens-, Denk- und körperlicher Arbeit. 2., vollständig überarbeitete und ergänzte Auflage Bern: Huber.

Häder, M. (2015): Empirische Sozialforschung. Eine Einführung. 3. Aufl. Wiesbaden: Springer Fachmedien Wiesbaden.

Hammer, N. (1990): Die visuelle Wahrnehmung von Designprodukten und ihre Überprüfung durch Okulometrie. In: Sturm, H. (Hg.): Design - Schnittpunkt - Essen. Berlin: Ernst.

Hammers, C. (2012): Modell für die Identifikation kritischer Informationspfade in Entwicklungsprojekten zur projektindividuellen Umsetzung der Quality-Gate-Systematik. Dissertation. Aachen, RWTH Aachen.

Hase, H. (1989): Gestaltung von Anmutungscharakteren. Stile und Looks in der marketingorientierten Produktgestaltung. 1. Aufl. Köln: Förderges. Produkt-Marketing.

Hauser, J.; Clauser, D. (1988): The House of Quality. In: Harvard Business Review. 66, Nr. 3, S. 1–16.

Haverkamp, M. (2013): Synesthetic Design. Handbook for a Multi-Sensory Approach. 1. Aufl. Basel: Birkhäuser.

Hawlitzky, N. (2002): Integriertes Qualitätscontrolling von Unternehmensprozessen. Gestaltung eines Quality-Gate-Konzeptes. 1. Aufl. München: TCW-Transfer-Centrum.

Hayashi, C. (1951): On the Prediction of Phenomena from Qualitative Data and the Quantification of Qualitative Data from the Mathematico-Statistical Point of View. In: Annals of the Institute of Statistical Mathematics. 3, Nr. 1, S. 69–98.

Hedderich, J.; Sachs, L. (2016): Angewandte Statistik. Methodensammlung mit R. 15. Aufl. Berlin, Heidelberg: Springer Berlin Heidelberg; Imprint: Springer Spektrum.

Heiliger, S. (2003): Rapid Quality Deployment. Qualitätsorientierte Produktentstehung durch modularisierte Qualitätsmanagementmethoden. 1. Aufl. Düsseldorf: VDI Verlag.

Heinze, T. (2001): Qualitative Sozialforschung. Einführung, Methodologie und Forschungspraxis. 1. Aufl. München: R. Oldenbourg.

Henderson, J.; McClure, K.; Pierce, S.; Schrock, G. (1997): Object Identification without Foveal Vision. Evidence from an Artificial Scotoma Paradigm. In: Perception & Psychophysics. 59, Nr. 3, S. 323–346.

Herrmann, A. (1996): Nachfrageorientierte Produktgestaltung. Ein Ansatz auf Basis der "means end"-Theorie. 1. Aufl. Mannheim: Deutscher Universitätsverlag.

Herrmann, A.; Huber, F. (2013): Produktmanagement. Grundlagen - Methoden - Beispiele. 3. Aufl. Wiesbaden: Springer.

Heufler, G. (2012): Design Basics. Von der Idee zum Produkt. 4. Aufl. Sulgen: Niggli.

Hill, W.; Fehlbaum, R.; Ulrich, P. (1994): Organisationslehre. Ziele, Instrumente und Bedingungen der Organisation sozialer Systeme. 5., überarb. Aufl. Bern [u.a.], Stuttgart: Haupt; UTB /BRO.

Hofer, N.; Mayerhofer, W. (2010): Die Blickregistrierung in der Werbewirkungsforschung. Grundlagen und Ergebnisse. In: Der Markt. 49, Nr. 49, S. 143–169.

Hoffman, J. (1998): Visual Attention and Eye Movements. In: Pashler, H. E. (Hg.): Attention. 1. Aufl. Hove, East Sussex: Psychology Press, S. 119–153.

Hoffmann, D. (2013): Software-Qualität. 2., aktualisierte und korrigierte Aufl. Berlin: Springer Vieweg.

Holmqvist, K. (2011): Eye tracking. A Comprehensive Guide to Methods and Measures. 1. Aufl. Oxford, New York: Oxford University Press.

Holtfort, T. (2010): Emotionsökonomie. Der Faktor Mensch im Einzelhandel. 1. Aufl. Lohmar, Köln: Eul.

Hunziker, H.; Hunziker, H. (2006): Im Auge des Lesers. Foveale und periphere Wahrnehmung - vom Buchstabieren zur Lesefreude. 1. Aufl. Zürich: Transmedia.

Hüttner, M.; Schwarting, U. (2002): Grundzüge der Marktforschung. 1. Aufl. München: Oldenbourg.

Imai, M. (1998): Kaizen. Der Schlüssel zum Erfolg der Japaner im Wettbewerb. 8. Aufl. Frankfurt am Main: Ullstein.

Ishihara, I.; Nishino, T.; Matsubara, Y.; Tsuchiya, T.; Kanda, F.; Inoue, K. (2005): Kansei and Product Develoment. In: Nagamachi, M. (Hg.): Product Development and Kansei. Tokio: Kaibundo.

Ishihara, K.; Nakagawa, R.; Ishihara, S.; Nagamachi, M. (2007): An E-Commerce Site to Propose Gift Flower Arrangements That Fit Kansei and Social Manners: International Conference on Quality Management and Operation Development.

Ishihara, S.; Ishihara, K.; Nagamachi, M.; Matsubara, E. (1996): Analysis of Kansei Structure on Women's Suits Design by Neural Networks. In: Koubek, R.; Karwowski, W. (Hrsg.): Manufacturing Agility and Hybrid Automation. Louisville, KY: IEA Press, S. 85–88.

Issing, L.; Mickasch, H.; Haack, J. (1986): Blickbewegung und Bildverarbeitung. Kognitionspsychologische Aspekte visueller Informationsverarbeitung. 1. Aufl. Frankfurt am Main: Lang.

Jacob, R.; Karn, K. (2003): Eye Tracking in Human-Computer Interaction and Usability Research. In: Hyönä, J.; Radach, R.; Deubel, H. (Hrsg.): The Mind's Eye. Cognitive and Applied Aspects of Eye Movement Research. 1. Aufl. Amsterdam: Elsevier, S. 573–605.

Jiao, R.; Xu, Q.; Du, J.; Zhang, Y.; Helander, M.; Khalid, H.; Helo, P.; Ni, C. (2007): Analytical Affective Design with Ambient Intelligence for Mass Customization and Personalization: International Journal of Flexible Manufactoring Systems 19, S. 570–595.

Joos, M.; Rötting, M.; Velichkovsky, B. (2002): Spezielle Verfahren I. Bewegung des menschlichen Auges, Methoden und innovative Anwendungen. In: Rickheit, G.; Sichelschmidt, L.; Strohner, H. (Hrsg.): Psycholinguistik. Die Wissenschaft vom sprachlichen Verhalten und Erleben. (Reihe: Stauffenburg-Einführungen, 7). Tübingen: Stauffenburg-Verlag, S. 142–167.

Jungen, P. (2011): Wirkung der symbolischen Aussage einer Produktgestaltung auf die Markenbeurteilung. Dissertation. Hamburg.

Juran, J. (1991): Handbuch der Qualitätsplanung. 3. Aufl. Landsberg/Lech: Verl. Moderne Industrie.

Just, M.; Carpenter, P. (1980): A Theory of Reading. From Eye Fixations to Comprehension. In: Psychological Review. 87, Nr. 4, S. 329–354.

Kähler, W.-M. (2006): Statistische Datenanalyse. Verfahren verstehen und mit SPSS gekonnt einsetzen. 4. Aufl. Wiesbaden: Vieweg.

Kamiske, G. F.; Brauer, J.-P. (2011): Qualitätsmanagement von A bis Z. Wichtige Begriffe des Qualitätsmanagements und ihre Bedeutung. 7. Aufl. München: Hanser.

Kang, N.-G. (2011): Design Approach to Improve Kansei Quality Based on Kansei Engineering. In: Yang, J.; Nanni, L. (Hrsg.): State of the Arts in Biometrics: InTech, S. 250–264.

Kano, N. (1984): Attractive Quality and Must-be Quality. In: Journal of the Japanese Society for Quality Control. 14, Nr. 2, S. 39–48.

Katz, D. (1969): Gestaltpsychologie. 4. Aufl. Basel: Schwabe & Co.

Kawakita, J. (1986): The KJ Method: Seeking Order Out of Chaos. 1. Aufl. Tokio: Chuokoron-sha.

Kebeck, G. (1994): Wahrnehmung. Theorien, Methoden und Forschungsergebnisse der Wahrnehmungspsychologie. 1. Aufl. Weinheim u.a.: Juventa-Verlag.

Kirchgeorg, M. (2005): Marktforschung. Kunden- und Konkurrenzanalyse. Gewinnung der marktorientierten Basisinformationen für den Innovationsprozess. In: Schäppi, B. (Hg.): Handbuch Produktentwicklung. 1. Aufl. München: Hanser, S. 141–192.

Kohler, T. (2003): Wirkungen des Produktdesigns. Analyse und Messung am Beispiel Automobildesign. Dissertation. Karlsruhe, Universität Karlsruhe (TH).

Köhler, M.; Belda-Lois, J.-M.; Diaz-Pineda, J.; Durá, J.; Laparra-Hernández, J. (2014): Messung von Emotionen und Produkt-Usability. In: Schmitt, R. (Hg.): Perceived Quality. Subjektive Kundenwahrnehmungen in der Produktentwicklung nutzen. 1. Aufl. Düsseldorf: Symposion Publishing, S. 77–98.

Köhler, M.; Diaz, J.; Schmitt, R.; Laparra-Hernández, J.; Falk, B.; Durá-Gil, J. (2015): Emotion and Perceived Quality. Guidelines for Industrial Designers. 1. Aufl. Aachen: Apprimus Wissenschaftsverlag.

Köhler, M.; Falk, B.; Schmitt, R. (2013): Objectifying User Attention Caused by Visually Perceived Product Components. In: J.-R Filtz, B. Larquier, P. Claudel and J.-O. Favreau (Hg.): Proceedings of the 16th International Congress of Metrology. Paris: EDP Science, S. 1–6.

Köhler, M.; Falk, B.; Schmitt, R. (2014): Integrating User Attention for Design Evaluations in Customer-Oriented Product Development. In: Ji, Y.; Choi, S. (Hrsg.): Advances in Human Factors and Ergonomics 2014. 1. Aufl. Kraków, Poland: AHFE Conference, S. 428–439.

Köhler, M.; Falk, B.; Schmitt, R. (2015): Applying Eye-Tracking in Kansei Engineering Method for Design Evaluations in Product Development. In: International Journal of Affective Engineering. 14, Nr. 3, S. 241–251.

Köhler, M.; Frank, D.; Schmitt, R. (2014): Six Sigma. In: Pfeifer, T.; Schmitt, R. (Hrsg.): Masing Handbuch Qualitätsmanagement. 6. Aufl. München: Hanser, S. 257–291.

Köhler, M.; Schmitt, R. (2012): Systematic Consumer Evaluation Measurement for Objectified Integration into Product Development Process. In: Ji, Y.; Salvendy, G. (Hrsg.): Advances in Affective and Pleasurable Design. Advances in Human Factors and Ergonomics Series. Boca Raton: CRC Press, S. 503–512.

Koivunen, K.; Kukkonen, S.; Lahtinen, S.; Rantala, H.; Sharmin, S. (2004): Towards Deeper Understanding of How People Perceive Design in Products: Proceedings of Computers in Art and Design Education (CADE2004).

Kopp, J.; Steinbach, A. (2016): Grundbegriffe der Soziologie. 11. Aufl. Wiesbaden: Springer VS.

Koppelmann, U. (2001): Produktmarketing. 6. Aufl. Berlin: Springer.

Kotler, P. (2011): Grundlagen des Marketing. 5., aktualisierte Aufl. München [u.a.]: Pearson Studium.

Kricheldorf, H. (2012): Menschen und ihre Materialien. Von der Steinzeit bis heute. 1. Aufl. Weinheim: Wiley-VCH.

Krippendorff, K. (2011): Die semantische Wende. Eine neue Grundlage für Design. 1. Aufl. Basel: Birkhäuser.

Kroeber-Riel, W.; Gröppel-Klein, A. (2013): Konsumentenverhalten. 10. Aufl. München: Vahlen.

Kromrey, H. (2001): Evaluation. Ein vielschichtiges Konzept. Begriff und Methodik von Evaluierung und Evaluationsforschung. In: Sozialwissenschaften und Berufspraxis. 24, Nr. 2, S. 1–23.

Kromrey, H.; Strübing, J. (2009): Empirische Sozialforschung. Modelle und Methoden der standardisierten Datenerhebung und Datenauswertung. 12., überarb. und erg. Aufl. Stuttgart: Lucius & Lucius.

Kubicek, H. (1976): Heuristische Bezugsrahmen und heuristisch angelegte Forschungsdesign als Elemente einer Konstruktionsstrategie empirischer Forschung. 1. Aufl. Berlin: Institut für Unternehmungsführung im Fachbereich Wirtschaftswissenschaft der Freien Universität.

Kureemun, B.; Fantina, R. (2011): Your Customers' Perception of Quality. What it Means to your Bottom Line and how to Control it. 1. Aufl. New York: Productivity Press.

Kuß, A. (1994): Analyse von Kundenwünschen mit Hilfe von Means-End-Chains. In: Tomczak, T.; Belz, C. (Hrsg.): Kundennähe realisieren. Ideen - Konzepte - Methoden - Erfahrungen. St. Gallen, S. 251–262.

Lambert, R.; Monty, R.; Hall, R. (1974): High-speed Data Processing and Unobtrusive Monitoring of Eye Movements. In: Behavior Research Methods & Instrumentation. 6, Nr. 6, S. 525–530.

Lang, H. (2004): Farbenmetrik. In: Bergmann, L.; Schaefer, C. (Hrsg.): Optik. Wellen und Teilchenoptik. (Reihe: Lehrbuch der Experimentalphysik, 3). 10. Aufl. Berlin: de Gruyter, S. 669–758.

Langer, S. (1965): Philosophie auf neuen Wegen. Das Symbol im Denken, im Ritus und in der Kunst. 1. Aufl. Frankfurt am Main: Fischer.

Lee, S.; Harada, A.; Stappers, J. (2002): Pleasure with Products. Design based on Kansei. In: Green, W.; Jordan, P. (Hrsg.): Pleasure with Products. Beyond Usability. 1. Aufl. London, New York: Taylor & Francis, S. 212–222.

Lenschow, G. (2016): Visuelle Kommunikation. Wahrnehmung. URL: http://www.zpg-gm.de/inhalte/zpg2_1k.htm [Stand: 18.08.2016].

Lenz, R. (2010): Dialogmarketing unter den Vorzeichen des geänderten Konsumentenverhaltens. In: Tagungsband zum 4. wissenschaftlichen interdisziplinären Kongress für Dialogmarketing. Nürnberg, 22.09.2009. Wiesbaden: Gabler, S. 89–148.

Leonhard, K.-W.; Naumann, P. (2002): Managementsysteme. Begriffe. Ihr Weg zu klarer Kommunikation. 7. Aufl. Berlin, Wien, Zürich: Beuth.

Leopold, C. (2012): Geometrische Grundlagen der Architekturdarstellung. 4. Aufl. Wiesbaden: Vieweg et Teubner.

Leven, W. (1991): Blickverhalten von Konsumenten. Grundlagen Messung und Anwendung in der Werbeforschung. 1. Aufl. Heidelberg: Physica-Verl.

Lévy, P. (2013): Beyond Kansei Engineering. The Emancipation of Kansei Design. In: International Journal of Design. 7, Nr. 2, S. 83–94.

Lévy, P.; Yamanaka, T.; Lee, S. (2007): On Kansei and Kansei Design : A Description of a Japanese Design Approach. In: Tagungsband zum International Association of Societies of Design Research. Hongkong, 12.-15. November, S. 1–18.

Lidwell, W.; Holden, K.; Butler, J. (2004): Design. 1. Aufl. München: Stiebner.

Lieb, H.; Quattelbaum, B.; Schmitt, R. (2008): Perceived Quality as a Key Factor for Strategic Change in Product Development. In: IEEE International Engineering Management Conference 2008, Estoril, Portugal, S. 311–316.

Lienert, G. A.; Raatz, U. (1998): Testaufbau und Testanalyse. 6. Aufl. Weinheim: Beltz Psychologie-Verl.-Union.

Lindemann, U. (2009): Methodische Entwicklung technischer Produkte. Methoden flexibel und situationsgerecht anwenden. 3. Aufl. Berlin, Heidelberg: Springer.

Liversedge, S.; Paterson, K.; Pickering, M. (1998): Eye Movements and Measures of Reading Time. In: Underwood, G. (Hg.): Eye Guidance in Reading and Scene Perception. 1. Aufl. Amsterdam: Elsevier, S. 55–75.

Löbach, B. (1976): Industrial Design. Grundlagen der Industrieproduktgestaltung. 1. Aufl. München: Thiemig.

Loftus, G.; Mackworth, N. (1978): Cognitive Determinants of Fixation Location During Picture Viewing. In: Journal of Experimental Psychology. 4, Nr. 4, S. 565–572.

Lokman, A. (2010): Design & Emotion. The Kansei Engineering Methodology, Nr. 1, S. 1–14.

Lokman, A.; Noor, N. (2006): Kansei Engineering Concept in E-Commerce Website: Proceedings of the International Conference on Kansei Engineering and Intelligent Systems (KEIS '06): Aizu-Wakamatsu, Japan, S. 117–124.

Lokman, A. M. (2009): Emotional User Experience in Web Design. The Kansei Engineering Approach. Dissertation. Shah Alam, Selangor, Malaysia, Universiti Teknologi Mara (UiTM), Malaysia.

Lübbe, E. (2013): Farbempfindung, Farbbeschreibung und Farbmessung. Eine Formel für die Farbsättigung. 1. Aufl. Wiesbaden: Springer Vieweg.

Markgraf, D. (2015): Produktgestaltung. URL: http://wirtschaftslexikon.gabler.de/Archiv/58366/produktgestaltung-v5.html [Stand: 28.02.2015].

Matsubara, Y.; Nagamachi, M. (1997): Hybrid Kansei engineering system and design support. In: International Journal of Industrial Ergonomics. 19, Nr. 2, S. 81–92.

May, J.; Kennedy, R.; Williams, M.; Dunlap, W.; Brannan, J. (1990): Eye Movement Indices of Mental Workload. In: Acta Psychologica. 75, Nr. 1, S. 75–89.

Mayer, S. (1996): Wettbewerbsfaktor Design. Zum Einsatz von Design im Markt für Investitionsgüter. 1. Aufl. Hamburg: S + W, Steuer- und Wirtschaftsverlag.

Mayring, P. (2001): Kombination und Integration qualitativer und quantitativer Analyse. In: Forum: Qualitative Sozialforschung. 2, Nr. 1, S. 6.

Mayring, P. (2002): Einführung in die qualitatve Sozialforschung. 5. Aufl. Weinheim-Basel.

Meffert, H.; Burmann, C.; Kirchgeorg, M. (2015): Marketing. Grundlagen marktorientierter Unternehmensführung Konzepte - Instrumente - Praxisbeispiele. 12. Aufl. Wiesbaden: Springer Gabler.

Merchant, J.; Morrissette, R.; Porterfield, J. (1974): Remote Measurement of Eye Direction Allowing Subject Motion over one Cubic Foot of Space. In: IEEE Transactions on Biomedical Engineering, BME-21, S. 309–317.

Metzger, W. (1975): Gesetze des Sehens. 3. Aufl. Frankfurt am Main: Kramer.

Miller, G.; Galanter, E.; Pribram, C. (1991): Strategien des Handelns. Pläne und Strukturen des Verhaltens. 2. Aufl. Stuttgart: Klett-Cotta.

Monty, R. (1975): An Advanced Eye-Movement Measuring and Recording System. In: American Psychologist. 30, S. 331–335.

Müller, J. (1990): Arbeitsmethoden der Technikwissenschaften. Systematik, Heuristik, Kreativitat. 1. Aufl. Berlin: Springer.

Müller, K.; David, J.; Straatmann, T. (2011): Qualitative Beobachtungsverfahren. In: Naderer, G.; Balzer, E. (Hrsg.): Qualitative Marktforschung in Theorie und Praxis. 2. Aufl. Wiesbaden: Gabler, S. 313–344.

Müller, W.; Böckmann, J. (2008): Methoden der Produktgestaltung. 1. Aufl. Dortmund: Institut für Angewandtes Markt-Management.

Mullins, J.; Sutherland, D. (1998): New Product Development in Rapidly Changing Markets. An Exploratory Study. In: Journal of Product Innovation Management. 15, Nr. 3, S. 224–236.

Münte, T.; Krämer, U. (2014): Psychophysik. In: Pape, H.-C.; Klinke, R.; Brenner, B. (Hrsg.): Physiologie. 7., vollst. überarb. und erw. Aufl. Stuttgart: Georg Thieme, S. 941–948.

Naderer, G.; Balzer, E. (2007): Qualitative Marktforschung in Theorie und Praxis. 1. Aufl. Wiesbaden: Gabler Verlag / Springer Fachmedien.

Nagamachi, M. (1994): Kansei Engineering. A consumer-oriented technology. In: Bradley, G.; Hendrick, H. (Hrsg.): Human Factors in Organizational Design and Management. Amsterdam: North-Holland, S. 467–472.

Nagamachi, M. (1995): Kansei Engineering. A New Ergonomic Consumer-Oriented Technology for Product Development. In: International Journal of Industrial Ergonomics. 15, Nr. 1, S. 3–11.

Nagamachi, M. (1999): Kansei Engineering. New Consumer-Oriented Technology For Product Development. In: Karwowski, W.; Marras, W. (Hrsg.): The Occupational Ergonomics Handbook: CRC Press, S. 1835–1848.

Nagamachi, M. (2000): Application of Kansei Engineering and Concurrent Engineering to a Cosmetic Product: Proceedings of the ERGON-AXIA. Warschau.

Nagamachi, M. (2011): Kansei/Affective Engineering. 1. Aufl. Boca Raton: CRC Press.

Nagamachi, M.; Dahlgaard, J. (2008): Perspectives and the New Trend of Kansei/Affective Engineering. In: The TQM Magazine. 20, Nr. 4, S. 290–298.

Nagamachi, M.; Lokman, A. (2011): Innovations of Kansei Engineering. 1. Aufl. Boca Raton: Taylor & Francis Group.

Nagamachi, M.; Nishino, T. (1999): HousMall. An Application of Kansei Engineering to House Design Consultation: Proceedings of the International Conference on TQM and Human Factors, S. 361–366.

Nagamachi, M.; Okazaki, Y.; Ishikawa, M. (2006): Kansei Engineering and Rough Sets Model. In: Greco, S. (Hg.): Rough Sets and Current Trends in Computing. (Reihe: Lecture notes in computer science Lecture notes in artificial intelligence, 4259). Berlin, New York: Springer, S. 27–37.

Nakayama, M.; Takahashi, K.; Shimizu, Y. (2002): The Act of Task. Difficulty and Eye-Movement Frequency for the "Oculo-Motor Indices". In: Duchowski, A. T.; Nakayama, M.; Takahashi, K.; Shimizu, Y. (Hrsg.): Proceedings of the 2002 Symposium on Eye tracking Research & Applications. 1. Aufl. New York, NY: ACM, S. 37–42.

Nickel, S. (2004): Desk Research. Marktinformationen erschließen - Internetrecherche - Suchmethodik und Auskunftswerkzeuge. 1. Aufl., 1. Dr Berlin: Cornelsen.

Nielsen, J.; Pernice, K. (2010): Eyetracking Web Usability. 1. Aufl. Amsterdam: Addison-Wesley Longman.

Nishino, T. (2005): Rough Sets and Kansei. In: Nagamachi, M. (Hg.): Product Development and Kansei. Tokio: Kaibundo.

Nishino, T.; Nagamachi, M.; Ishihara, K.; Ishihara, S.; Ichitsubo, M.; Komatsu, K. (1999): Internet Kansei Engineering System with Basic Kansei Database and Genetic Algorithm. Linköping, Center for Studies of Humans, Technology and Organization.

Norman, D. A. (2005): Emotional Design. Why We Love (or Hate) Everyday Things. 1. Aufl. New York: Basic Books.

o.V. (2016): Eye-Tracking. URL: https://scholar.google.de [Stand: 12.02.2016].

o.V. (2016): Kansei Engineering. URL: https://scholar.google.de [Stand: 12.02.2016].

Okamoto, R. H.; Nishino, T.; Nagamachi, M. (2007): Comparison between Statistical and Lower / Upper Approximations Rough Sets Models for Beer Can Design and Prototype Evaluation. Helsingborg, Lund University.

Ophey, L. (2005): Entwicklungsmanagement. Methoden in der Produktentwicklung. 1. Aufl. Berlin: Springer.

Osgood, C.; Snider, J. (1969): Semantic Differential Technique. A Sourcebook. 1. Aufl. Michigan: Aldine Publishing.

Osgood, C.; Suci, G. (1955): Factor Analysis of Meaning. In: Journal of Experimental Psychology. 50, Nr. 5, S. 325–338.

Pahl, G.; Beitz, W.; Feldhusen, J.; Grote, K.-H. (2007): Konstruktionslehre. Grundlagen erfolgreicher Produktentwicklung. 7. Aufl. Berlin: Springer Vieweg.

Palmer, S.; Rock, I. (1994): Rethinking Perceptual Organization. The Role of Uniform Connectedness. In: Psychonomic Bulletin & Review. 1, Nr. 1, S. 29–55.

Pannasch, S.; Helmert, J.; Herbold, A.-K.; Roth, K.; Walter, H. (2008): Visual Fixation Durations and Saccade Amplitudes. Shifting Relationship in a Variety of Conditions. In: Journal of Eye Movement Research. 2, Nr. 2, S. 1–19.

Partala, T.; Jokiniemi, M.; Surakka, V. (2000): Pupillary Responses to Emotionally Provocative Stimuli. In: Duchowski, A. T. (Hg.): Proceedings of the 2000 Symposium on Eye Tracking Research & Applications. New York, NY: ACM, S. 123–129.

Pfeifer, T.; Schmitt, R. (2014): Masing Handbuch Qualitätsmanagement. 6. Aufl. München: Hanser.

Picard, R. (1997): Affective Computing. , Massachusetts Institute of Technology.

Pielsticker, T. (2014): Systematischer Abgleich von Eye-Tracking-Daten mit Gestaltungsgrundsätzen des Produktdesigns. Aachen, RWTH Aachen University, Lehrstuhl für Fertigungsmesstechnik und Qualitätsmanagement.

Pohl, K. (2008): Requirements Engineering. Grundlagen, Prinzipien, Techniken. 2. Aufl. Heidelberg: Dpunkt-Verlag.

Pohl, K.; Rupp, C. (2009): Basiswissen Requirements Engineering. 1. Aufl. Heidelberg: Dpunkt-Verlag.

Poole, A.; Ball, L. (2006): Eye Tracking in HCI and Usability Research. In: Ghaoui, C. (Hg.): Encyclopedia of Human Computer Interaction. Liverpool: IGI Global Research; IGI Global, S. 211–220.

Porter, G.; Troscianko, T.; Gilchrist, I. (2007): Effort during Visual Search and Counting. Insights from Pupilometry. In: The Quarterly Journal of Experimental Psychology. 60, Nr. 2, S. 211–229.

Pospeschill, M. (2006): Statistische Methoden. Strukturen, Grundlagen, Anwendungen in Psychologie und Sozialwissenschaften. 1. Aufl. München: Elsevier Spektrum Akad. Verl.

Potinecke, T. W. (2009): Methode zur Systematisierung von Teilprozessen in der Produktentwicklung beim Einsatz von CAx-Technologien. Dissertation. Stuttgart, Universität Stuttgart, Institut für Arbeitswissenschaft und Technologiemanagement IAT.

Prändl, I. (2011): Die "Standard"-Fehler der Wahrnehmung. URL: http://wahrnehmung.psycho-wissen.net/wahrnehmung/die-standard-fehler-der-wahrnehmung/index.html [Stand: 11.01.2016].

Prändl, I. (2011): Objektive und subjektive Wahrnehmung. URL: http://wahrnehmung.psycho-wissen.net/wahrnehmung/objektive-und-subjektive-wahrnehmung/index.html [Stand: 28.02.2015].

Prändl, I. (2011): Wahrnehmung. Zwei Definitionen. URL: http://wahrnehmung.psycho-wissen.net/wahrnehmung/zwei-definitionen/index.html [Stand: 28.02.2015].

Prefi, T. (2003): Qualitätsorientierte Unternehmensführung. 1. Aufl. Aachen: P3.

Prefi, T. (2014): Qualitätsmanagement in der Produktentwicklung. In: Pfeifer, T.; Schmitt, R. (Hrsg.): Masing Handbuch Qualitätsmanagement. 6. Aufl. München: Hanser, S. 401–440.

Prefi, T.; Falk, B.; Schmitt, R. (2014): Qualität und Markt. In: Pfeifer, T.; Schmitt, R. (Hrsg.): Masing Handbuch Qualitätsmanagement. 6. Aufl. München: Hanser, S. 386–400.

Quattelbaum, B. (2013): Distribution wahrnehmungsrelevanter Informationen entlang der industriellen Wertschöpfungskette. Dissertation. Aachen, RWTH Aachen.

Raab, G.; Gernsheimer, O.; Schindler, M. (2009): Neuromarketing. Grundlagen - Erkenntnisse - Anwendungen. 2. Aufl. Wiesbaden: Springer Gabler.

Räihä, K.; Koivunen, K.; Rantala, H.; Sharmin, S.; Keinonen, T.; Kukkonen, S.; Lahtinen, S. (2006): Perception of Design. Tekes Project 2003-2005. Final Report. 1. Aufl. Tampere: Net Publications University of Tampere.

Rasch, B.; Friese, M.; Hofmann, W.; Naumann, E. (2014): Quantitative Methoden 2. Einführung in die Statistik für Psychologen und Sozialwissenschaftler. 4. Aufl. Berlin, Heidelberg: Springer.

Rasch, B.; Friese, M.; Hofmann, W.; Naumann, E. (2014): Quantitative Methoden Band 1. Einführung in die Statistik für Psychologen und Sozialwissenschaftler. 4., überarb. Aufl. Berlin: Springer.

Rasch, B.; Friese, M.; Naumann, E. (2010): Kapitel 7: Varianzanalyse mit Messwiederholung. SPSS-Ergänzungen. In: Rasch, B.; Friese, M.; Hofmann, W.; Naumann, E. (Hrsg.): Quantitative Methoden Band 2. Einführung in die Statistik für Psychologen und Sozialwissenschaftler. 3., erweiterte Auflage. Berlin, Heidelberg: Springer-Verlag Berlin Heidelberg.

Rayner, K. (1998): Eye Movements in Reading and Information Processing. 20 Years of Research. In: Psychological Bulletin. 124, Nr. 3, S. 372–422.

Recarte, M.; Perez, E.; Conchillo, A.; Nunes, L. (2008): Mental Workload and Visual Impairment Differences between Pupil, Blink, and Subjective Rating. In: The Spanish Journal of Psychology. 11, Nr. 2, S. 374–385.

Reichertz, J. (2013): Die Abduktion in der qualitativen Sozialforschung. Über die Entdeckung des Neuen. 2., aktualisierte und erw. Aufl. Wiesbaden: Springer VS.

Reichwald, R.; Meyer, A.; Engelmann, M.; Walcher, D. (2007): Der Kunde als Innovationspartner. Konsumenten integrieren, Flop-Raten reduzieren, Angebote verbessern. 1. Aufl. Wiesbaden: Gabler.

Renshaw, J.; Finlay, J.; Tyfa, D.; Ward, R.; Dykstra-Erickson, E.(Hrsg.) (2004): Regressions Re-visited. A New Definition for the Visual Display Paradigm. 1. Aufl. New York, NY: ACM.

Rothlauf, J. (2009): Total-Quality-Management in Theorie und Praxis. Zum ganzheitlichen Unternehmensverständnis. 2. Aufl. München: Oldenbourg.

Rötting, M. (2001): Parametersystematik der Augen- und Blickbewegung für arbeitswissenschaftliche Untersuchungen. 1. Aufl. Aachen: Shaker.

Rubin, E. (1921): Visuell wahrgenommene Figuren. Studien in psychologischer Analyse. 1. Aufl. Berlin: Gyldendalske.

Russo, J. (1978): Eye Fixations Can Save the World. A Critical Evaluation and a Comparison Between Eye Fixations and Other Information Processing Methodologies. In: Advances in Consumer Research. 5, Nr. 1, S. 561–570.

Russo, J.; Johnson, E.; Stephens D. (1989): The Validity of Verbal Protocols. In: Memory & Cognition. 17, Nr. 6, S. 759–769.

Sandt, J. (2004): Management mit Kennzahlen und Kennzahlensystemen. Bestandsaufnahme, Determinanten und Erfolgsauswirkungen. 1. Aufl. Wiesbaden: Deutscher Universitätsverlag.

Sattler, H. (2006): Methoden zur Messung von Präferenzen für Innovationen. In: Albers, S. (Hg.): Innovation und Institution. (Reihe: Schmalenbachs Zeitschrift für betriebswirtschaftliche Forschung : Sonderheft, 54). 1. Aufl. Düsseldorf: Verlags-Gruppe Handelsblatt, S. 154–176.

Scheier, C.; Held, D. (2012): Wie Werbung wirkt. Erkenntnisse des Neuromarketing. 2. Aufl. Freiburg im Breisgau, München: Haufe-Lexware.

Schifferstein, H.; Hekkert, P. (2008): Product Experience. 1. Aufl. Amsterdam: Elsevier.

Schmitt, R. (1995): Marktorientierte Konzeptfindung für langlebige Gebrauchsgüter. Die Messung und QFD-gestützte Umsetzung von Kundenanforderungen und Kundenurteilen. Dissertation. Aachen, RWTH Aachen.

Schmitt, R. (2014): Die aktive Gestaltung der wahrgenommenen Produktqualität. Herausforderungen und Erfolgschancen von Perceived Quality. In: Schmitt, R. (Hg.): Perceived Quality. Subjektive Kundenwahrnehmungen in der Produktentwicklung nutzen. 1. Aufl. Düsseldorf: Symposion Publishing, S. 13–34.

Schmitt, R. (2014): Wertorientierte Produktentstehung. Herausforderungen, Lösungsansätze, Erfolgsfaktoren. Bericht/ Report zur Industriestudie und zur Tagung „Wertorientierte Produktentstehung" vom 30. April 2014 in Aachen. Aachen, Lehrstuhl für Fertigungsmesstechnik und Qualitätsmanagement, Abteilung Produktmanagement, Werkzeugmaschinenlabor WZL der RWTH Aachen.

Schmitt, R.; Hammers, C.; Rauschenberger, J. (2014): Qualitätsmanagement bei der Entwicklung software-intensiver technischer Produkte. In: Pfeifer, T.; Schmitt, R. (Hrsg.): Masing Handbuch Qualitätsmanagement. 6. Aufl. München: Hanser, S. 867–899.

Schmitt, R.; Köhler, M.; Durá, J.; Diaz-Pineda, J. (2014): Objectifying User Attention and Emotion Evoked by Relevant Perceived Product Components. In: Journal of Sensors and Sensor Systems. 3, Nr. 2, S. 315–324.

Schmitt, R.; Pfeifer, T. (2010): Qualitätsmanagement. Strategien - Methoden - Techniken. 4. Aufl. München, Wien: Carl Hanser.

Schmitt, R.; Pfeifer, T. (2015): Qualitätsmanagement. Strategien - Methoden - Techniken. 5. Aufl. München, Wien: Carl Hanser Verlag GmbH & Co. KG.

Schmitt, R.; Quattelbaum, B.; Porepp, S. (2011): Durchs Auge des Betrachters. Objektivierung der subjektiven Qualitätswahrnehmung. In: QZ. 56, Nr. 3, S. 58–59.

Schneider, S.; Lindemann, U. (2005): Anforderungen an ein Bewertungssystem für Methoden. In: Meerkamm, H. (Hg.): Design for X. Proceedings of the 16th Symposium on Design for X. 1. Aufl.: Lehrstuhl für Konstruktionstechnik, Friedrich-Alexander-Universität Erlangen-Nürnberg, S. 11–16.

Schneider, W. (2010): Die Schönheit des Mehrwertes. Deutschlands größte Studie zur Bedeutung von Design für den Unternehmenserfolg. URL: http://www.markenverband.de/presse/archiv-2010/PM%20-Design-Studie/Design-Studie [Stand: 03.07.2016].

Schnell, R.; Hill, P. B.; Esser, E. (2013): Methoden der empirischen Sozialforschung. 10. Aufl. München: Oldenbourg.

Schuh, G.; Müller, J.; Rauhut, M. (2012): Gestaltung von Produktentwicklungsprozessen. In: Schuh, G. (Hg.): Innovationsmanagement. (Reihe: Handbuch Produktion und Management, 3). 2. Aufl. Berlin, Heidelberg: Springer, S. 161–248.

Schulte, S. (2006): Integration von Kundenfeedback in die Produktentwicklung zur Optimierung der Kundenzufriedenheit. Dissertation. Bochum, Ruhr-Universität Bochum, Maschinenbauinformatik.

Schütte, S. (2002): Designing Feelings into Products. Integration of Kansei Engineering Methodology in Product Developement. 1. Aufl. Schweden, Linköpings.

Schütte, S. (2005): Engineering Emotional Values in Product Design. Kansei Engineering in Development. Dissertation. Linköping, Linköpings Universität – Überprüfungsdatum 2016-08-17.

Schütte, S. (2007): Towards a Common Approach in Kansei Engineering. A Proposed Model: Proceedings of Conference Interfejs uzytkownika/ Kansei w praktyce. (Benutzeroberfläche: Kansei in der Praxis). 1. Aufl. Warschau, S. 8–17.

Schütte, S.; Eklund, J.; Axelsson, J.; Nagamachi, M. (2004): Concepts, Methods and Tools in Kansei Tngineering. In: Theoretical Issues in Ergonomics Science. 5, Nr. 3, S. 214–231.

Schütte, S.; Eklund, J.; Ishihara, S.; Nagamachi, M. (2008): Affective Meaning. The Kansei Engineering Approach. In: Schifferstein, H.; Hekkert, P. (Hrsg.): Product Experience. 1. Aufl. Amsterdam: Elsevier, S. 477–496.

Schütte, S.; Krus, P.; Eklund, J. (2008): Integration of Affective Engineering in Product Development Processes: Proceedings of Second European Conference on Affective Design and Kansei Engineering. 1. Aufl. Lingköping, Schweden, S. 400.

Schwarze, J. (2003): Kundenorientiertes Qualitätsmanagement in der Automobilindustrie-Wiesbaden: Deutscher Universitätsverlag.

Schwinn, H. (2011): Requirements Engineering. Modellierung von Anwendungssystemen. 1. Aufl. München: Oldenbourg.

Seidel, M. (2005): Methodische Produktplanung. Grundlagen, Systematik und Anwendung im Produktentstehungsprozess. Dissertation. Karlsruhe, Universität Karlsruhe (TH).

Seßler, H. (2013): Limbic Sales. Spitzenverkäufe durch Emotionen. 2. Aufl. Freiburg: Haufe Lexware.

Shaari, N. (2013): Methods of Analysing Images Based on Kansei Engineering. In: International Journal of Computer Science and Electronics Engineering (IJCSEE). 1, Nr. 3, S. 417–421.

Shimizu, Y.; Jindo, T. (1995): A Fuzzy Logic Analysis Method for Evaluating Human Sensitivities. In: International Journal of Industrial Ergonomics. 15, Nr. 1, S. 39–47.

Sibert, J.; Gokturk, M.; Lavine, R. (2000): The Reading Assistant. Eye Gaze Triggered Auditory Prompting for Reading Remediation. In: Sibert, J.; Gokturk, M.; Lavine, R. (Hrsg.): Proceedings of the 13th Annual ACM Symposium on User Interface Software and Technology. 1. Aufl. New York: ACM Press, S. 101–107.

Sieg, O. C. (2007): Ein Beitrag zur integrativen Unterstützung des Produktentwicklungscontrollings. Dissertation. Bochum, Ruhr-Universität Bochum.

Sigg, B. (2009): Emotionen im Marketing. Neuroökonomische Erkenntnisse. 1. Aufl. Bern: Haupt.

Skopec, D. (2004): Layout digital. 1. Aufl. Reinbek bei Hamburg: Rowohlt-Taschenbuch-Verlag.

Specht, G.; Beckmann, C.; Amelingmeyer, J. (2002): F&E-Management. Kompetenz im Innovationsmanagement. 2. Aufl. Stuttgart: Schäffer-Poeschel.

Spingler, M. (2011): Metrological System for Perceived Quality Parameters to Establish Transfer Functions to Human Perception. 1. Aufl. Aachen: Apprimus-Verlag.

Spur, G.; Krause, F.-L. (1997): Das virtuelle Produkt. Management der CAD-Technik. 1. Aufl. München: Hanser.

Statista (2004): Design bei Produktentwicklung in Unternehmen. Wie wird Design in ihrem Unternehmen in der Produkt- und Dienstleistungsentwicklung mit eingebunden? URL: http://de.statista.com/statistik/daten/studie/28062/umfrage/design-bei-produktentwicklung-in-unternehmen/ [Stand: 02.07.2016].

Statista (2014): Kundenintegration in Produktionsprozesse in den Schweizer Industrieunternehmen 2014. Wie stark integriert Ihr Unternehmen bereits Kundenwünsche und / oder -bedürfnisse in die Entwicklungs- und Produktionsprozesse? URL: http://de.statista.com/statistik/daten/studie/379009/umfrage/kundenintegration-in-produktionsprozesse-in-den-schweizer-industrieunternehmen/ [Stand: 02.07.2016].

Steffen, D. (2000): Design als Produktsprache. Der "Offenbacher Ansatz" in Theorie und Praxis. 1. Aufl. Frankfurt am Main: Form.

Steinfeld, E.; Maisel, J. (2012): Universal Design. Creating Inclusive Environments. 1. Aufl. Hoboken, N.J.: John Wiley & Sons.

Steland, A. (2013): Basiswissen Statistik. Kompaktkurs für Anwender aus Wirtschaft, Informatik und Technik. 3. Aufl. Berlin: Springer Spektrum.

Stern, T.; Jaberg, H. (2010): Erfolgreiches Innovationsmanagement. Erfolgsfaktoren - Grundmuster - Fallbeispiele. 4. Aufl. Wiesbaden: Springer Gabler.

Stevens, J. (2009): Applied Multivariate Statistics for the Social Sciences. 5th ed. New York: Routledge.

Stevens, S. (1957): On the Psychophysical Law. In: Psychological Review. 64, Nr. 3, S. 153–181.

Stier, W. (1999): Empirische Forschungsmethoden. 2. Aufl. Berlin: Springer.

Stowasser, S. (2002): Vergleichende Evaluation von Visualisierungsformen zur operativen Werkstattsteuerung. Dissertation. Aachen, RWTH Aachen.

Syaifoelida, F.; Yahaya, S.; Sihombing, H.; Yuhazri, M. (2013): Kansei Engineering. The KE's Package Review. In: Journal of Global Engineers & Technologist. 3, Nr. 5, S. 8–20.

Tarantino, P. (2008): A Statistical Thinking Approach to Kansei Engineering for Product Innovation. Dissertation. Neapel, University of Naples "Federico II", Department of Aerospace Engineering.

Tatler, B.; Gilchrist, I.; Rusted, J. (2003): The Time Course of Abtract Visual Representation. In: Perception. 32, Nr. 5, S. 579–592.

Thesmann, S. (2010): Einführung in das Design multimedialer Webanwendungen. Mit 29 Tabellen. 1. Aufl. Wiesbaden: Vieweg + Teubner.

Tinz, T. V. (2007): Spitzenprodukte durch Spitzensportler? Kooperative Produktentwicklung bei Sportartikeln. Dissertation. Zürich, Universität Zürich.

Tomczak, T. (1992): Forschungsmethoden in der Marketingwissenschaft. Ein Plädoyer für den qualitativen Forschungsansatz. In: Marketing ZFP. 14, Nr. 2, S. 77–87.

Töpfer, A.; Günther, S. (2007): Six Sigma im Entwicklungsprozess. Design for Six Sigma. In: Töpfer, A. (Hg.): Six Sigma. Konzeption und Erfolgsbeispiele für praktizierte Null-Fehler-Qualität. 4. Aufl. Berlin: Springer, S. 100–171.

Trochim, W.; Donnelly, J. (2008): Research Methods Knowledge Base. 3. Aufl. Mason, Ohio: Atomic Dog/Cengage Learning.

Trommsdorff, V. (2008): Konsumentenverhalten. 7. Aufl. Stuttgart: Kohlhammer.

Ufelmann, A. (2010): Imageaufbau durch Produktdesign. Eine empirische Studie am Beispiel Automobildesign. 1. Aufl. Hamburg: Diplomica Verlag.

Ulrich, H. (1984): Die Betriebswirtschaftslehre als anwendungsorientierte Sozialwissenschaft. In: Ulrich, H.; Dyllick, T.; Probst, G. (Hrsg.): Management. (Reihe: Schriftenreihe Unternehmung und Unternehmungsführung, Bd. 13). Bern: P. Haupt, S. 169–199.

Ulrich, K.; Eppinger, S. (2012): Product Design and Development. 5. Aufl. New York: McGraw-Hill/Irwin.

Ulrich, P.; Hill, W. (1976): Wissenschaftstheoretische Grundlagen der Betriebswirtschaftslehre. Teil 1. In: Wirtschaftswissenschaftliches Studium; Zeitschrift für Studium und Forschung. 5, Nr. 7, S. 304–309.

Ulrich, P.; Hill, W. (1976): Wissenschaftstheoretische Grundlagen der Betriebswirtschaftslehre. Teil 2. In: Wirtschaftswissenschaftliches Studium; Zeitschrift für Studium und Forschung. 5, Nr. 8, S. 345–350.

Ulrich, P.; Hill, W. (1979): Wissenschaftstheoretische Aspekte ausgewählter betriebswirtschaftlicher Konzeptionen. In: Raffée, H.; Abel, B. (Hrsg.): Wissenschaftstheoretische Grundfragen der Wirtschaftswissenschaften. München, S. 161–190.

Underwood, G.; Chapman, P.; Brocklehurst, N.; Underwood, J.; Crundall, D. (2003): Visual Attention while Driving. Sequences of Eye Fixations Made by Experienced and Novice Drivers. In: Ergonomics. 46, Nr. 6, S. 629–646.

Underwood, G.; Templeman, E.; Lamming, T. (2008): Is Attention Necessary for Object Identification? Evidence from Eye Movements during the Inspection of Real World Scenes. In: Consciousness and Cognition. 17, Nr. 1, S. 159–170.

van de Loo, K. (2010): Befragung. In: Holling, H.; Schmitz, B. (Hrsg.): Handbuch Statistik, Methoden und Evaluation. 1. Aufl.: Hogrefe Verlag, S. 131–138.

van Zoest, W.; Donk, M. (2004): Bottom-up and Top-down Control in Visual Search. In: Perception. 33, Nr. 8, S. 927–937.

VDA (2006). Band 4: Qualitätsmanagement in der Automobilindustrie. Sicherung der Qualität vor Serieneinsatz. Produkt- und Prozess-FMEA. Frankfurt/Main.

VDI (1993). VDI-Richtlinie 2221: Methodik zum Entwickeln und Konstruieren technischer Systeme und Produkte. Düsseldorf: VDI Verlag.

VDI (1997). VDI-Richtlinie 2222: Methodisches Entwickeln von Lösungsprinzipien. Düsseldorf: VDI Verlag.

VDI (2004). VDI-Richtlinie 2206: Entwicklungsmethodik für mechatronische Systeme. Düsseldorf: VDI Verlag.

Vecera, S.; Vogel, E.; Woodmann, G. (2002): Lower Region. A new Cue for Figure-Ground Assignment. In: Journal of Experimental Psychology. 131, Nr. 2, S. 194–205.

Velichkovsky, B.; Dornhoefer, S.; Pannasch, S.; Unema, P. (2000): Visual Fixations and Level of Attention Processing. In: Duchowski, A. T. (Hg.): Proceedings of the 2000 Symposium on Eye Tracking Research & Applications. New York, NY: ACM, S. 79–85.

Velichkovsky, B.; Pomplun, M. (1997): Auf dem Weg zur Blickmaus. Die Beeinflussung der Fixationsdauer durch kognitive und kommunikative Aufgaben. In: Liskowsky, R.; Velichkovsky, B.; Wunschmann, W. (Hrsg.): Software-Ergonomie '97. Usability Engineering--Integration von Mensch-Computer-Interaktion und Software-Entwicklung. (Reihe: Berichte des German Chapter of the ACM, Bd. 49). 1. Aufl. Stuttgart: B.G. Teubner, S. 317–328.

Velichkovsky, B.; Pomplun, M.; Rieser, J. (1996): Attention and Communication. Eye-Movement-Based Research Paradigms. In: Zangenmeister, W.; Stiel, H.; Freska, C. (Hrsg.): Visual Attention and Cognition. 1. Aufl. Amsterdam: Elsevier, S. 125–154.

Vershofen, W. (1959): Die Marktentnahme als Kernstück der WirtschaftsordnungBerlin, Köln: Heymann.

Voigt, C.; Voigt, R.; Voigt, J.; Voigt, J. (2005): Potenzialanalyse und Fundamentalanalyse. In: Voigt, C.; Voigt, J.; Voigt, R.; Voigt, J. (Hrsg.): Unternehmensbewertung. Wiesbaden: Gabler, S. 81–152.

Volkswagen (2015): Design. Eine gute Figur. Egal, wo. URL: http://www.passat.com/de/de/home.html?page=thepassatalltrack&modal=alltrack-design-design.html&tab=Design&section=areaContent-start [Stand: 01.07.2016].

Wannenwetsch, H. (2012): Fachwörterbuch Qualitätsmanagement. 1. Aufl. Köln: Symposion Publishing.

Welsch, N.; Liebmann, C. (2012): Farben. Natur, Technik, Kunst. 3. Aufl. Heidelberg: Spektrum Akademischer Verlag.

Wenzel, A.; Burmester, M. (2013): Ansätze zur Evaluation interaktiver Infografiken. In: Weber, W. (Hg.): Interaktive Infografiken. 1. Aufl. Berlin: Springer Vieweg, S. 85–105.

Wiegers, K. (2005): Software Requirements. 2. Aufl. Unterschleißheim: Microsoft Press.

Wildemann, H. (2004): Kundenorientierte Produktentwicklung in der Automobilindustrie: TCW Standpunkt, S. 1–19.

Wildemann, H. (2004): Kundenorientiertes Qualitätsmanagement in der Automobilindustrie. In: Schwarz, E.; Altenburg, U. (Hrsg.): Nachhaltiges Innovationsmanagement. 1. Aufl. Wiesbaden: Gabler, S. 381–408.

Wong, W. (1993): Principles of Form and Design. 1. Aufl. New York: Van Nostrand Reinhold.

Wriggers, S. (2004): Kritische Würdigung der Means-End-Theorie im Rahmen einer Anwendung auf M-Commerce-Dienste. HHL-Arbeitspapier. Leipzig, Handelshochschule Leipzig, Lehrstuhl Marketingmanagement.

Yarbus, A. (1967): Eye Movements and Vision. 1. Aufl. New York: Plenum Press.

Young, L.; Sheena, D. (1975): Methods & Designs. Survey of Eye Movements Recording Methods. In: Behavior Research Methods & Instrumentation. 7, Nr. 5, S. 397–429.

Zakia, R. (2013): Perception and Imaging. Photography a Way of Seeing. 4. Aufl. New York: Focal Press.

Zelewski, S. (2008): Grundlagen. In: Corsten, H.; Reiß, M. (Hrsg.): Betriebswirtschaftslehre. 4. Aufl. München [u.a.]: Oldenbourg, S. 1–98.

Zimmermann, U. (2013): Aktivierung visueller Reize. Über 80% der Reize sind visuell. URL: http://eyetracking.ch/aktivierung-visueller-reize/ [Stand: 10.01.2016].

Zimmermann, U. (2013): Wahr oder falsch? 8 Ansichten zu Eye Tracking. URL: http://eyetracking.ch/wahr-oder-falsch/ [Stand: 20.10.2015].

Zipp, P. (1988): Optimierung der Oberflächenableitung bioelektrischer Signale. 1. Aufl. Düsseldorf: VDI.

Zollondz, H.-D. (2010): Grundlagen Qualitätsmanagement. Einführung in Geschichte, Begriffe, Systeme und Konzepte. 3. Aufl. München: Oldenbourg.

Zülch, G.; Stowasser, S. (2003): Eye Tracking for Evaluating Industrial Human-Computer Interaction. In: Hyönä, J.; Radach, R.; Deubel, H. (Hrsg.): The Mind's Eye. Cognitive and Applied Aspects of Eye Movement Research. 1. Aufl. Amsterdam: Elsevier, S. 531–533.

VII Anhang

A.1 Vergrößerte Abbildungen

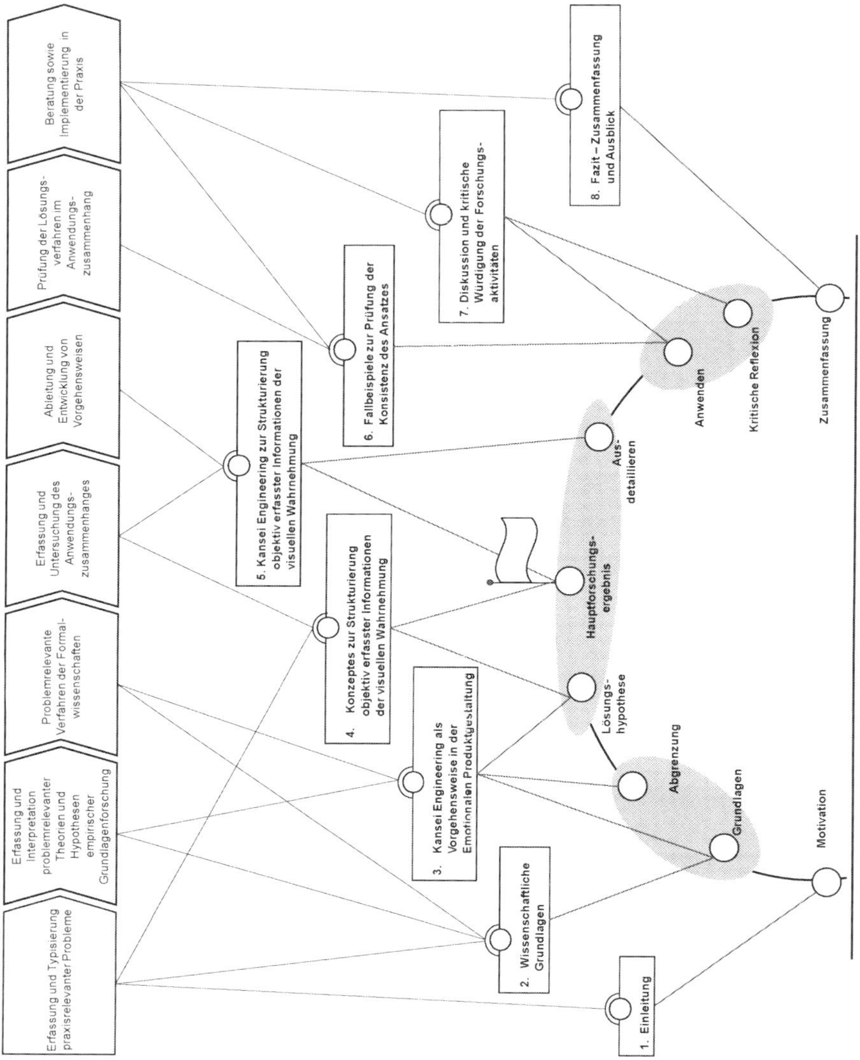

Abbildung VII-1: Vergrößerte Abbildung zu Abbildung 1-8

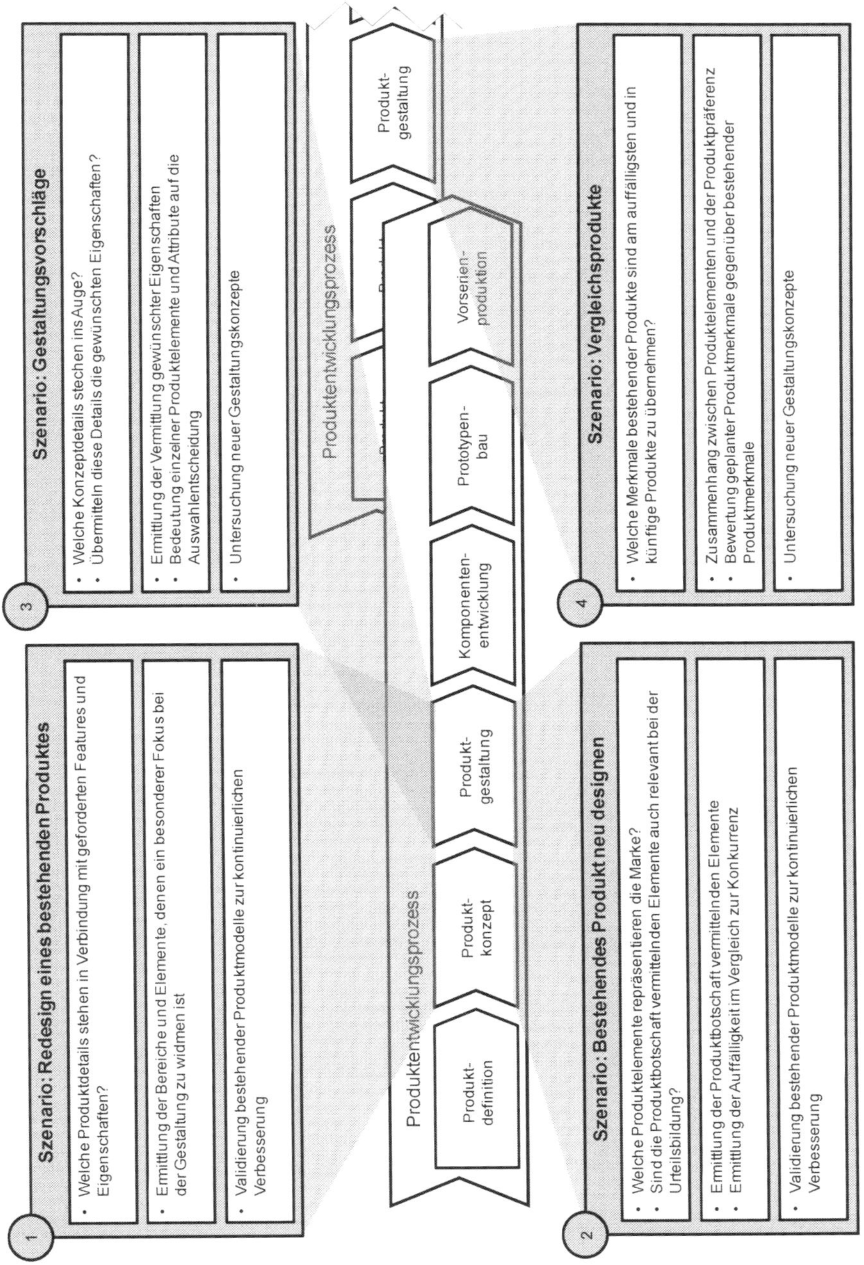

Abbildung VII-2: Vergrößerte Abbildung zu Abbildung 2-29

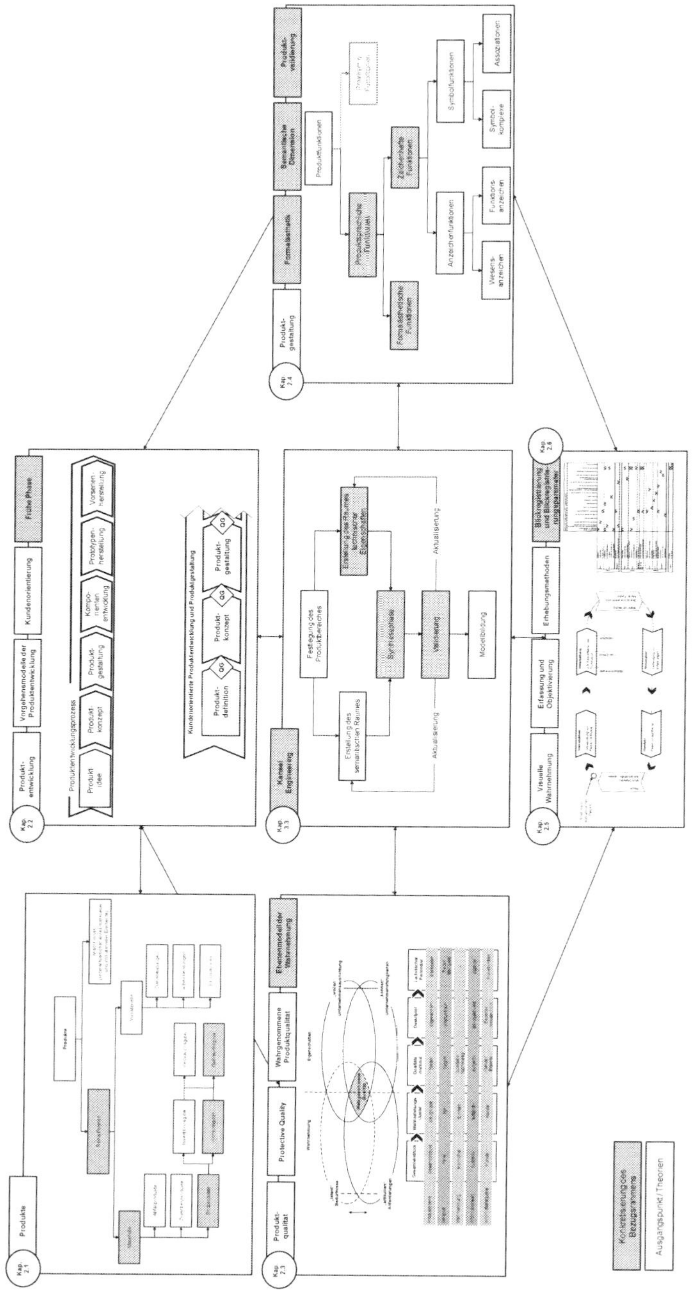

Abbildung VII-3: Vergrößerte Abbildung zu Abbildung 4-1

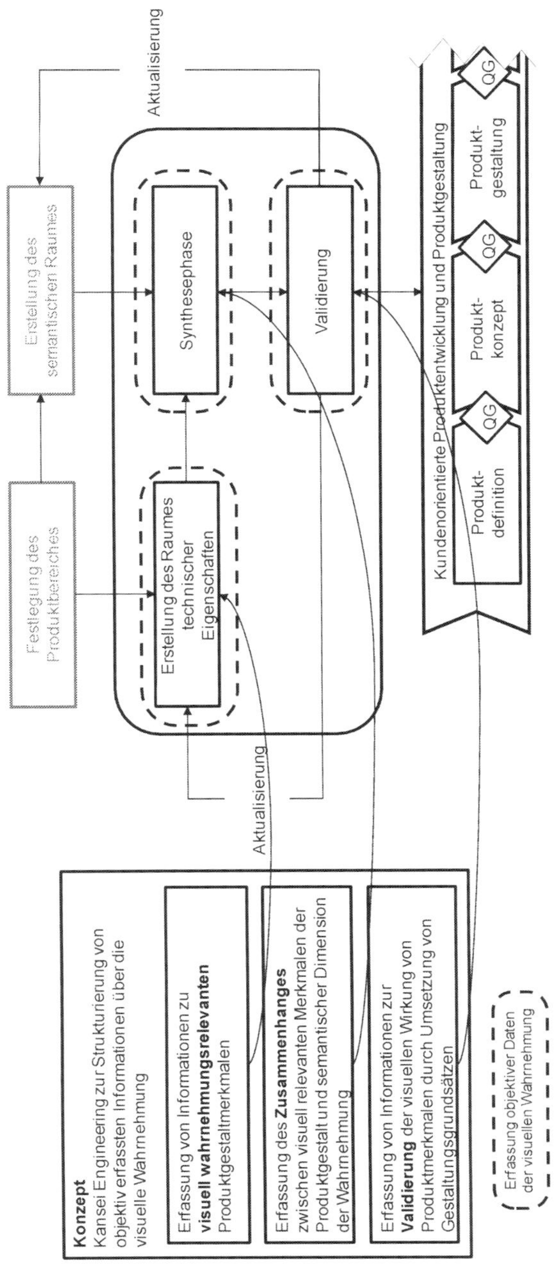

Abbildung VII-4: Vergrößerte Abbildung zu Abbildung 4-2

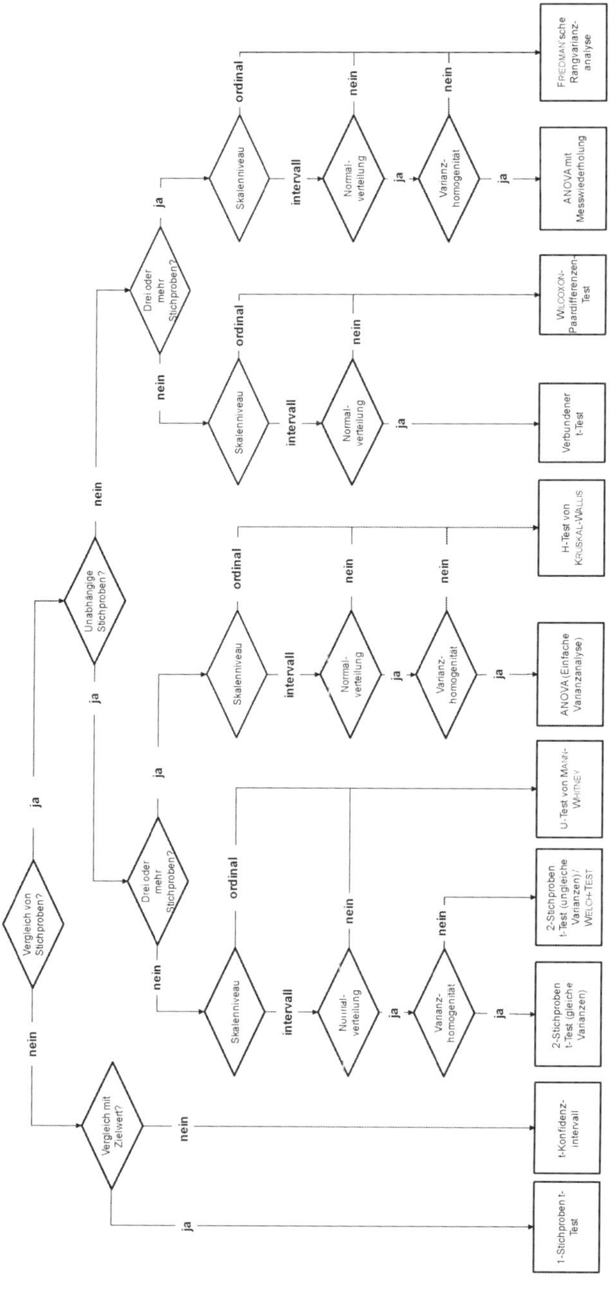

Abbildung VII-5: Vergrößerte Abbildung zu Abbildung 4-6

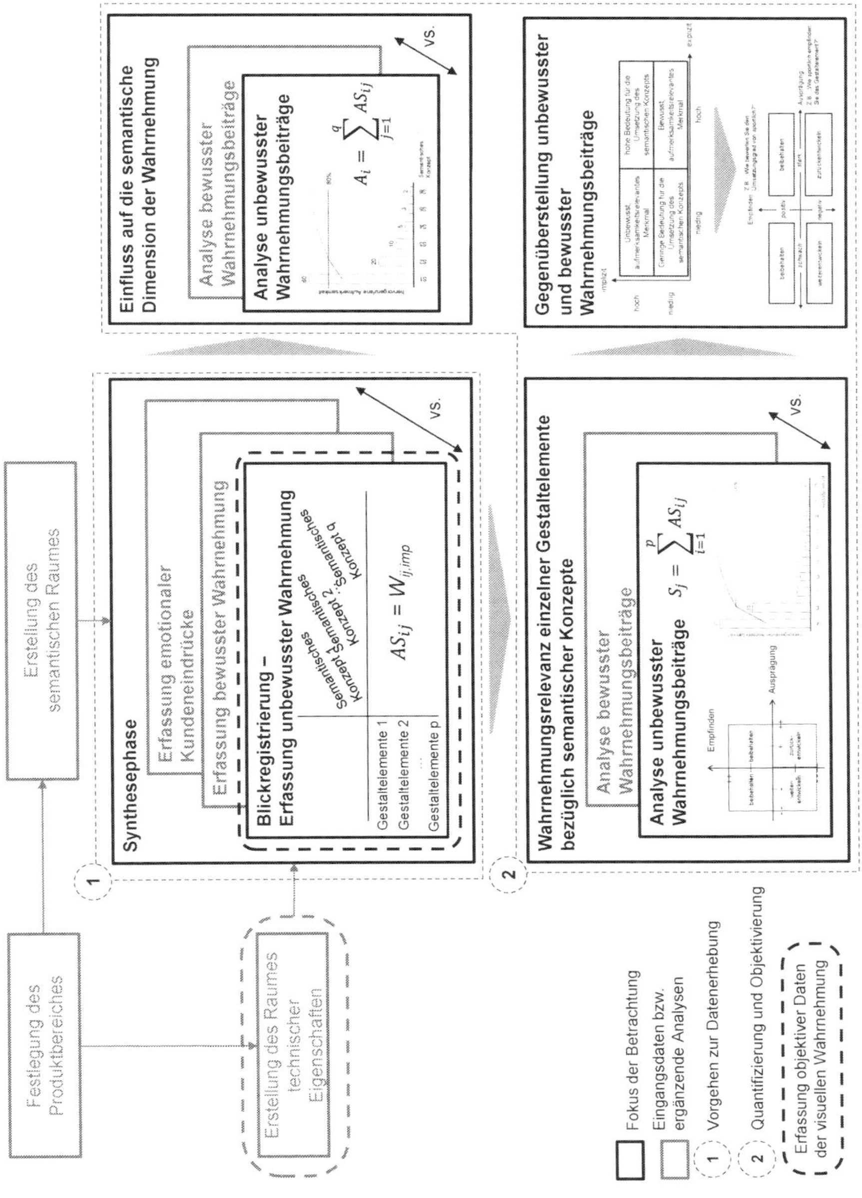

Abbildung VII-6: Vergrößerte Abbildung zu Abbildung 5-16

A.2 Gestaltelemente und zeichenhafte Produktfunktionen

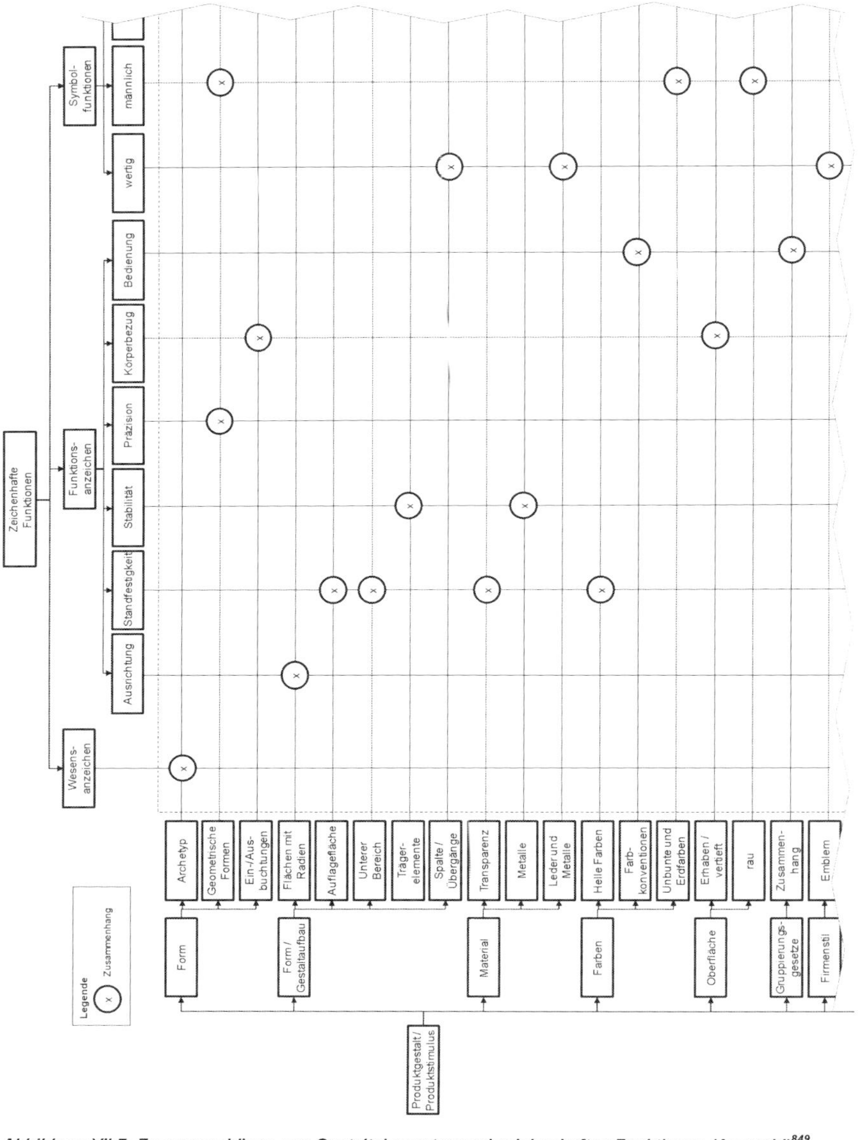

Abbildung VII-7: Zusammenhänge von Gestaltelementen und zeichenhaften Funktionen (Auswahl)[849]

[849] Die Erkenntnisse dieser Abbildung basieren auf den Ausführungen zu den *zeichenhaften Produktfunktionen* aus den Kapiteln 2.4.2.2 und 2.4.2.3.

A.3 Ausgewählte Kennwerte der Blickregistrierung im Überblick[850]

In diesem Anhang finden sich die im Kapitel 2.6.6 aufgeführten, relevanten Parameter der Blickregistrierung sowie mögliche Indikatoren für deren Interpretation.

Tabelle VII-1: Fixationsparameter (Auswahl)

Fixationsparameter		Möglicher Indikator für ...
Raum[851]	Fixationsort	... Auffälligkeit einzelner Stimuli[852] ... Interpretation abhängig von Aufgabenstellung[853]
	Fixationsdichte	... wahrgenommenen Informationsgehalt
	Räumliche Dichte	... Sucheffizienz (Gestaltungsqualität)
Zeit[854]	Fixationsdauer	... Auffälligkeit einzelner Stimuli[855] ... Verarbeitungstiefe[856] ... Beanspruchung[857]
	Kumulierte Fixationsdauer	... Aufmerksamkeit / wahrgenommenen Informationsgehalt
	Verteilung der Fixationsdauer	... Bearbeitungstiefe
	Verweildauer (first pass gaze duration)[858]	... Objekterkennung ... Beanspruchung
	Zeit bis zur ersten Fixation	... Auffälligkeit einzelner Stimuli[859]
Häufigkeit	Gesamtanzahl	... Sucheffizienz (Gestaltungsqualität)[860]
	Relative Häufigkeit in einem Bereich[861]	... Aufmerksamkeit / wahrgenommenen Informationsgehalt ... Wahrscheinlichkeit von Informationsspeicherung

Tabelle VII-2: Weitere Blickregistrierungsparameter (Auswahl)

Parameter	Möglicher Indikator für ...
Lidschläge	... Arousal einer Person[862] ... Beanspruchung[863]
Pupillengröße	... Beanspruchung[864] ... affektive Prozesse[865]

850 Für eine umfangreiche Übersicht zu Definitionen, Erklärungen sowie zu Ansätzen für die Deutung der einzelnen Blickregistrierungsparameter wird u. a. auf **Rötting, M.** (Parametersystematik), 2001 und **Goldberg, J.; Kotval, X.** (Computer Interface Evaluation), 1999 verwiesen. Nachstehende Parameter und deren Interpretationsmöglichkeiten finden sich in zusammengefasster Form in Tabelle 2-9. Vgl. auch **Pielsticker, T.** (Eye-Tracking und Gestaltungsgrundsätze), 2014, S. 22 ff.

851 Die Parameter *Fixationsdichte* und *räumliche Dichte* in Anlehnung an **Rötting, M.** (Parametersystematik), 2001, S. 122 ff. sowie auch **Goldberg, J.; Kotval, X.** (Computer Interface Evaluation), 1999, S. 640.

852 Dieser Zusammenhang besteht mit Bezug auf IF, vgl. **Stowasser, S.** (Visualisierungsformen), 2002, S. 108 ff.

853 Vgl. **Pannasch, S., et al.** (Visual Fixation Durations), 2008, S. 2 und **Yarbus, A.** (Eye Movements), 1967, S. 192.

854 Zu *KFD* und *Verteilung der Fixationsdauer*, vgl. **Rötting, M.** (Parametersystematik), 2001, S. 113 f.

855 Vgl. **Berghaus, N.** (Eye-Tracking), 2005, S. 110.

856 Vgl. **Stowasser, S.** (Visualisierungsformen), 2002, S. 97; **Pannasch, S., et al.** (Visual Fixation Durations), 2008, S. 3 ff.; **Hofer, N.; Mayerhofer, W.** (Blickregistrierung), 2010, S. 152 und **Velichkovsky, B., et al.** (Visual Fixations), 2000, S. 83.

857 Vgl. **Jacob, R.; Karn, K.** (Eye Tracking), 2003, S. 576 und **Fitts, P.; Jones, R.; Milton, J.** (Eye Movements), 1950.

858 Vgl. insbesondere **Rötting, M.** (Parametersystematik), 2001, S. 120 sowie zur *Objekterkennung* durch VD und *first pass gaze duration*, vgl. **Underwood, G.; Templeman, E.; Lamming, T.** (Attention and Object Identification), 2008, S. 166; **Loftus, G.; Mackworth, N.** (Cognitive Determinants), 1978, S. 569 ff.; **Henderson, J., et al.** (Object Identification), 1997, S. 325 ff. und zur *Beanspruchung*, vgl. auch **Liversedge, S.; Paterson, K.; Pickering, M.** (Eye Movements), 1998, S. 58.

859 Vgl. **Holmqvist, K.** (Eye tracking), 2011, S. 438.

860 Vgl. **Goldberg, J.; Kotval, X.** (Computer Interface Evaluation), 1999, S. 643.

861 Vgl. **Berghaus, N.** (Eye-Tracking), 2005, S. 107 f.; **Fitts, P.; Jones, R.; Milton, J.** (Eye Movements), 1950, S. 29 und **Hofer, N.; Mayerhofer, W.** (Blickregistrierung), 2010, S. 152.

862 Vgl. **Benedetto, S., et al.** (Driver Workload), 2011, S. 200.

863 Vgl. **Recarte, M., et al.** (Mental Workload), 2008, S. 381.

864 Vgl. **Porter, G.; Troscianko, T.; Gilchrist, I.** (Visual Search), 2007, S. 211 ff.

865 Vgl. **Partala, T.; Jokiniemi, M.; Surakka, V.** (Pupillary Responses), 2000, S. 123 ff.

Tabelle VII-3: Sakkadenparameter (Auswahl)

Sakkadenparameter		Möglicher Indikator für ...
Raum	Sakkadenweite	... Auffälligkeit einzelner Stimuli[866] ... Orientierung[867]
	Sakkadenausdehnung	... Beanspruchung[868]
	Laterale Augenbewegung	... Bearbeitungsstrategien und Persönlichkeitsmerkmale[869]
Zeit[870]	Sakkadenanzahl je Zeiteinheit	... Arousal einer Person ... Beanspruchung[871]
	Sakkadendauer	... Auffälligkeit einzelner Stimuli ... Arousal einer Person ... Beanspruchung
	Kumulierte Übergangzeit	... Informationsaufnahme und Gestaltungseffizienz
	Sakkadenlatenz	... Arousal einer Person
Häufigkeit	Sakkadenanzahl	... Sucheffizienz (Gestaltungsqualität)[872]
Ge-schwindig-keit	Sakkadengeschwindigkeit	... Arousal einer Person[873] ... Beanspruchung[874]
	Augenbewegungs-geschwindigkeit[875]	... Arousal einer Person ... Sucheffizienz (Gestaltungsqualität)

Tabelle VII-4: Blickpfadparameter (Auswahl)[876]

Blickpfadparameter		Möglicher Indikator für ...
Raum	Blickpfadlänge	... Sucheffizienz (Gestaltungsqualität)[877]
	Richtungsänderung im Blick-pfad	... Abweichung von erwarteter zu aufgefundener Situation ... Unsicherheit im Umgang mit Stimulus[878]
	Konvexe Hülle	... Ausdehnung der Suche
Zeit	Blickpfaddauer	... kognitive Verarbeitung
	Fixation-Sakkaden-Verhältnis	... Verhältnis von Suchzeit zu Verarbeitungszeit
Häufigkeit	Übergangshäufigkeit	... Sucheffizienz (Gestaltungsqualität)[879] ... erlernte Blickpfade (Erfahrung)[880]
	Markov-Matrizen	... Wahrscheinlichkeit von Übergängen[881]
	Ketten-Editier-Verfahren	... Ähnlichkeit verschiedener Blickpfade[882]
	Lokale Blickpfade	... sofortige perzeptuelle Wahrnehmung[883]

866 Vgl. **Goldberg, J.; Kotval, X.** (Computer Interface Evaluation), 1999, S. 54 f.

867 Vgl. **Pannasch, S., et al.** (Visual Fixation Durations), 2008, S. 13 f.

868 Vgl. **May, J., et al.** (Eye Movement Indices), 1990, S. 87.

869 Vgl. **Rötting, M.** (Parametersystematik), 2001, S. 96.

870 Zu Interpretationsmöglichkeiten *zeitlicher* Sakkadenparameter, vgl. **ebenda** (Parametersystematik), 2001, S. 87 ff.

871 Vgl. **Nakayama, M.; Takahashi, K.; Shimizu, Y.** (Act of Task), 2002, S. 42.

872 Vgl. **Goldberg, J.; Kotval, X.** (Computer Interface Evaluation), 1999, S. 642.

873 Vgl. **Di Stasi, L., et al.** (Saccadic Velocity), 2013, S. 969 ff.

874 Vgl. **Di Stasi, L., et al.** (Mental Workload Index), 2010, S. 332.

875 Vgl. **Rötting, M.** (Parametersystematik), 2001, S. 101.

876 Ansätze zur Interpretation von räumlichen und zeitlichen Blickpfadparametern in Anlehnung an **Goldberg, J.; Kotval, X.** (Computer Interface Evaluation), 1999, S. 638 ff.

877 Vgl. **Goldberg, J., et al.** (Eye Tracking), 2002, S. 55.

878 Vgl. **Renshaw, J., et al.** (Regressions Re-visited), 2004, S. 1437 ff und **Sibert, J.; Gokturk, M.; Lavine, R.** (Reading Assistant), 2000, S. 102.

879 Vgl. **ebenda** (Computer Interface Evaluation), 1999, S. 641 ff. und **Fitts, P.; Jones, R.; Milton, J.** (Eye Movements), 1950, S. 29.

880 Vgl. **Rötting, M.** (Parametersystematik), 2001, S. 138 und **Underwood, G., et al.** (Visual Attention), 2003.

881 Vgl. **Holmqvist, K.** (Eye tracking), 2011, S. 196 und **Rötting, M.** (Parametersystematik), 2001, S. 151.

882 Vgl. **ebenda** (Parametersystematik), 2001, S. 153.

883 Vgl. **Groner, R.; Walder, F.; Groner, M.** (Looking), 1984, S. 527.

A.4 Ausgewählte Ausprägungen des Kansei Engineerings

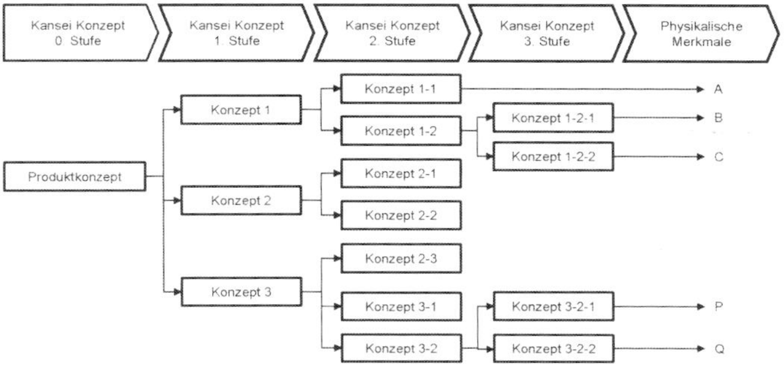

Abbildung VII-8: Category Classification[884]

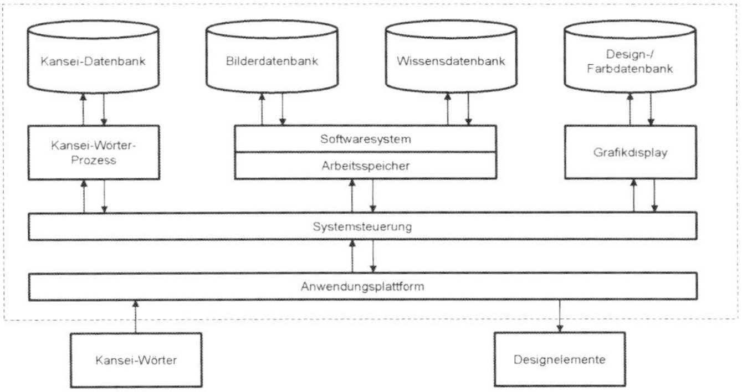

Abbildung VII-9: Kansei Engineering System[885]

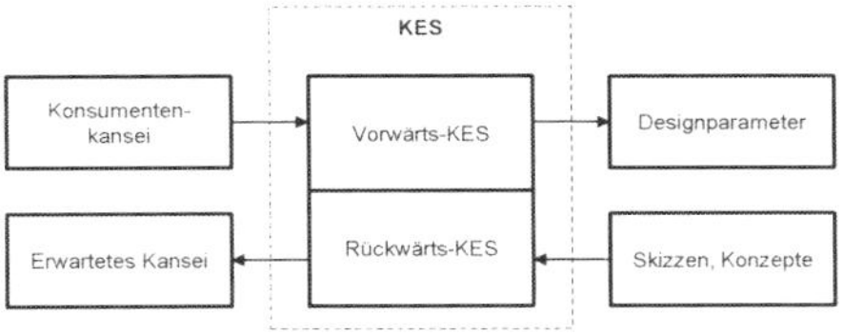

Abbildung VII-10: Hybrid KES[886]

[884] In Anlehnung an **Nagamachi, M.; Lokman, A.** (Innovations of Kansei Engineering), 2011, S. 24.

[885] In Anlehnung an **Schütte, S.** (Designing Feelings), 2002, S. 28 und **Nagamachi, M.; Lokman, A.** (Innovations of Kansei Engineering), 2011, S. 83.

[886] In Anlehnung an **Nagamachi, M.** (Kansei Engineering), 1995, S. 9; **Nagamachi, M.; Lokman, A.** (Innovations of Kansei Engineering), 2011, S. 36 und S. 99 sowie **Schütte, S.** (Designing Feelings), 2002, S. 32.

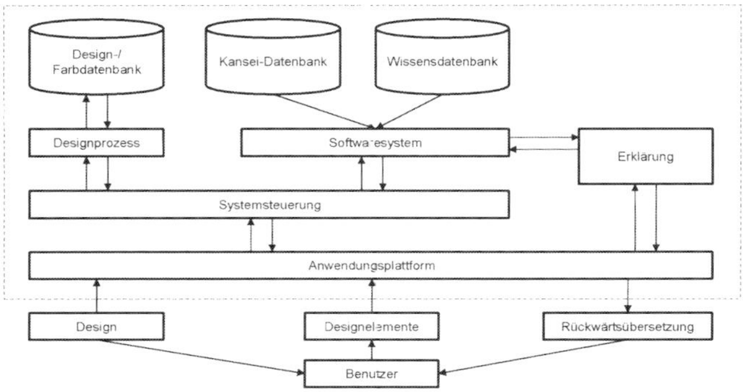

Abbildung VII-11: Backward Kansei Engineering[887]

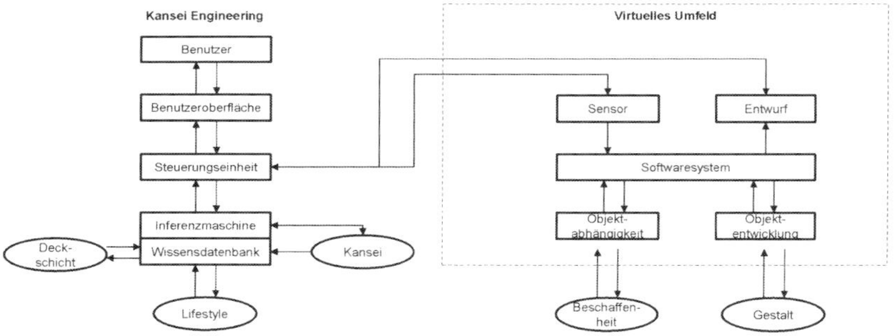

Abbildung VII-12: Virtual Kansei Engineering[888]

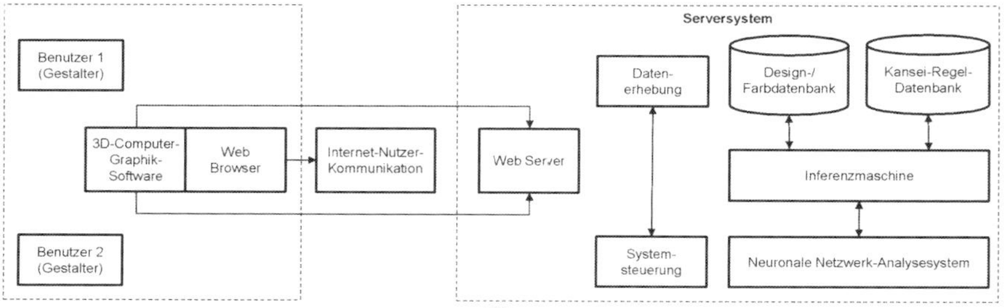

Abbildung VII-13: Collaborative Kansei Engineering[889]

---

[887] In Anlehnung an **ebenda** (Designing Feelings), 2002, S. 31.

[888] In Anlehnung an **el Marghani, V. G. R., et al.** (Types of Kansei Engineering), 2013, S. 139. Weitere Ausführungen zu *Virtual Kansei Engineering*, vgl. **Nagamachi, M.; Lokman, A.** (Innovations of Kansei Engineering), 2011, S. 108 ff.

[889] In Anlehnung an **el Marghani, V. G. R., et al.** (Types of Kansei Engineering), 2013, S. 144.

A.5 Ergebnisse zu Fallbeispiel aus Kapitel 6.2 – SPSS-Output[890]

Die Innersubjektvariablen sind die *Semantischen Konzepte* (fünf Stufen, freie interaktion und vier Einzelassoziationen) und die *Ausprägungen* (zwei Stufen, Basisvariante und veredelte Variante). Die Ergebnisse werden beispielhaft anhand drei relevanter Komponenten (Schriftzug, Scheinwerfer, Stoßfänger) dargestellt.

Allgemeines lineares Modell

Die linke Tabelle (**Innersubjektfaktoren**) in Abbildung VII-14 stellt die Zuordnung der Variablen zu den Bedingungen des experimentellen Studiendesigns dar. Die rechte Tabelle stellt die **deskriptiven Statistiken** der einzelnen Variablen dar.

Innersubjektfaktoren

Maß	Semantische Konzepte	Ausprägungen	Abhängige Variable
Schriftzug	freie Interaktion	Basis	name_0_1
		Veredelt	name_0_2
	dynamisch	Basis	name_1_1
		Veredelt	name_1_2
	kraftvoll	Basis	name_2_1
		Veredelt	name_2_2
	sportlich	Basis	name_3_1
		Veredelt	name_3_2
	modern	Basis	name_4_1
		Veredelt	name_4_2
Scheinwerfer	freie Interaktion	Basis	hll_0_1
		Veredelt	hll_0_2
	dynamisch	Basis	hll_1_1
		Veredelt	hll_1_2
	kraftvoll	Basis	hll_2_1
		Veredelt	hll_2_2
	sportlich	Basis	hll_3_1
		Veredelt	hll_3_2
	modern	Basis	hll_4_1
		Veredelt	hll_4_2
Stoßfänger	freie Interaktion	Basis	bumper_0_1
		Veredelt	bumper_0_2
	dynamisch	Basis	bumper_1_1
		Veredelt	bumper_1_2
	kraftvoll	Basis	bumper_2_1
		Veredelt	bumper_2_2
	sportlich	Basis	bumper_3_1
		Veredelt	bumper_3_2
	modern	Basis	bumper_4_1
		Veredelt	bumper_4_2

Deskriptive Statistiken

	Mittelwert	Standardabweichung	H
name_0_1	,0712	,06918	17
name_0_2	,0812	,08688	17
name_1_1	,0347	,04625	17
name_1_2	,0512	,03967	17
name_2_1	,0329	,04483	17
name_2_2	,0435	,04541	17
name_3_1	,0318	,04733	17
name_3_2	,0494	,07224	17
name_4_1	,0218	,03107	17
name_4_2	,0224	,03133	17
hll_0_1	,0794	,06619	17
hll_0_2	,0506	,03750	17
hll_1_1	,1553	,11801	17
hll_1_2	,1135	,07123	17
hll_2_1	,0759	,06011	17
hll_2_2	,0935	,08344	17
hll_3_1	,1135	,09347	17
hll_3_2	,1541	,11795	17
hll_4_1	,1506	,09940	17
hll_4_2	,0976	,12397	17
bumper_0_1	,1424	,06750	17
bumper_0_2	,2012	,09460	17
bumper_1_1	,1353	,13602	17
bumper_1_2	,1165	,09630	17
bumper_2_1	,1806	,13989	17
bumper_2_2	,2306	,15114	17
bumper_3_1	,1318	,09645	17
bumper_3_2	,1059	,08094	17
bumper_4_1	,1288	,14400	17
bumper_4_2	,1688	,13365	17

Abbildung VII-14: ANOVA mit Messwiederholung: Innersubjektfaktoren und deskriptive Statistiken

Nachfolgende Tabelle listet die Ergebnisse der **multivariaten Auswertung** der ANOVA mit Messwiederholung auf. Dabei werden noch **keine Annahmen über die Sphärizität** getroffen. Anhand dieser Auswertungsmethode lässt sich ein signifikantes Ergebnis für den Faktor Semantische Konzepte ($p < 0{,}000$) und die Wechselwirkung ($p = 0{,}060$) ableiten.

[890] Zu den dargestellten Analyseschritten der *Varianzanalyse mit Messwiederholung auf zwei messwiederholten Faktoren*, vgl. **Rasch, B.; Friese, M.; Naumann, E.** (Varianzanalyse mit Messwiederholung), 2010, S. 17 ff.

Multivariate Tests[a]

Effekt			Wert	F	Hypothesen-df	Fehler df	Sig.	Partielles Eta hoch zwei	Dezentr. Parameter	Beobachtete Trennschärfe[c]
Zwischen Subjekten	Konstanter Term	Pillai-Spur	,940	72,838[b]	3,000	14,000	,000	,940	218,514	1,000
		Wilks-Lambda	,060	72,838[b]	3,000	14,000	,000	,940	218,514	1,000
		Hotelling-Spur	15,608	72,838[b]	3,000	14,000	,000	,940	218,514	1,000
		Größte charakteristische Wurzel nach Roy	15,608	72,838[b]	3,000	14,000	,000	,940	218,514	1,000
Innerhalb von Subjekten	Semantische_ Konzepte	Pillai-Spur	,990	40,777[b]	12,000	5,000	,000	,990	489,320	1,000
		Wilks-Lambda	,010	40,777[b]	12,000	5,000	,000	,990	489,320	1,000
		Hotelling-Spur	97,864	40,777[b]	12,000	5,000	,000	,990	489,320	1,000
		Größte charakteristische Wurzel nach Roy	97,864	40,777[b]	12,000	5,000	,000	,990	489,320	1,000
	Ausprägungen	Pillai-Spur	,223	1,341[b]	3,000	14,000	,301	,223	4,023	,415
		Wilks-Lambda	,777	1,341[b]	3,000	14,000	,301	,223	4,023	,415
		Hotelling-Spur	,287	1,341[b]	3,000	14,000	,301	,223	4,023	,415
		Größte charakteristische Wurzel nach Roy	,287	1,341[b]	3,000	14,000	,301	,223	4,023	,415
	Semantische_ Konzepte * Ausprägungen	Pillai-Spur	,911	4,275[b]	12,000	5,000	,060	,911	51,296	,818
		Wilks-Lambda	,089	4,275[b]	12,000	5,000	,060	,911	51,296	,818
		Hotelling-Spur	10,259	4,275[b]	12,000	5,000	,060	,911	51,296	,818
		Größte charakteristische Wurzel nach Roy	10,259	4,275[b]	12,000	5,000	,060	,911	51,296	,818

a. Design: Konstanter Term
Innersubjektdesign: Semantische_Konzepte + Ausprägungen + Semantische_Konzepte * Ausprägungen

b. Exakte Statistik

c. Berechnet mit alpha = ,1

Abbildung VII-15: ANOVA mit Messwiederholung: Multivariate Auswertung

Der **MAUCHLY-Test** auf Sphärizität liefert kein Ergebnis für den messwiederholten Faktor *Ausprägung*, da nur zwei Stufen zu diesem Faktor (Basis und veredelte Variante) vorlagen. Bei einem Faktor mit nur zwei Stufen kann die Sphärizitätsannahme nicht verletzt sein. Für den Faktor *Semantische Konzepte* und die Wechselwirkung zeigt der Test ein signifikantes Ergebnis für die kumulierte Fixationsdauer (KFD) bezüglich Schriftzug. Beim Scheinwerfer und beim Stoßfänger zeigt der Test hingegen kein signifikantes Ergebnis. Bei den weiteren Auswertungen zu Scheinwerfer und Stoßfänger ist daher weiterhin davon auszugehen, dass Sphärizität vorliegt. Demgegenüber ist für die Auswertungen des Schriftzuges eine **Korrektur des Signifikanzniveaus** vorzunehmen.

Mauchly-Test auf Sphärizität[a]

Innersubjekteffekt	Maß	Mauchly-W	Näherungsweise Chi-Quadrat	df	Sig.	Epsilon[b] Greenhouse-Geisser	Huynh-Feldt (HF)	Untergrenze
Semantische_Konzepte	Schriftzug	,098	33,512	9	,000	,491	,559	,250
	Scheinwerfer	,373	14,222	9	,117	,676	,827	,250
	Stoßfänger	,463	11,089	9	,273	,739	,925	,250
Ausprägungen	Schriftzug	1,000	,000	0	.	1,000	1,000	1,000
	Scheinwerfer	1,000	,000	0	.	1,000	1,000	1,000
	Stoßfänger	1,000	,000	0	.	1,000	1,000	1,000
Semantische_Konzepte * Ausprägungen	Schriftzug	,225	21,525	9	,011	,733	,915	,250
	Scheinwerfer	,709	4,967	9	,838	,853	1,000	,250
	Stoßfänger	,344	15,367	9	,083	,699	,863	,250

Testet die Nullhypothese, dass die Fehlerkovarianzmatrix der orthonormalisierten transformierten abhängigen Variablen proportional zu einer Identitätsmatrix ist.

a. Design: Konstanter Term
Innersubjektdesign: Semantische_Konzepte + Ausprägungen + Semantische_Konzepte * Ausprägungen

b. Kann für die Anpassung der Freiheitsgrade für die gemittelten Tests auf Signifikanz verwendet werden. Korrigierte Tests werden in der Tabelle 'Tests der Innersubjekteffekte' angezeigt.

Abbildung VII-16: ANOVA mit Messwiederholung: MAUCHLY-Test auf Sphärizität

Tests der Innersubjekteffekte

Multivariat[a,b]

Innersubjekteffekt		Wert	F	Hypothesen-df	Fehler df	Sig.	Partielles Eta hoch zwei	Dezentr. Parameter	Beobachtete Trennschärfe[e]
Semantische_Konzepte	Pillai-Spur	,537	3,486	12,000	192,000	,000	,179	41,831	,999
	Wilks-Lambda	,522	3,814	12,000	164,328	,000	,195	39,764	,998
	Hotelling-Spur	,804	4,064	12,000	182,000	,000	,211	48,773	1,000
	Größte charakteristische Wurzel nach Roy	,628	10,053[c]	4,000	64,000	,000	,386	40,211	1,000
Ausprägungen	Pillai-Spur	,223	1,341[d]	3,000	14,000	,301	,223	4,023	,415
	Wilks-Lambda	,777	1,341[d]	3,000	14,000	,301	,223	4,023	,415
	Hotelling-Spur	,287	1,341[d]	3,000	14,000	,301	,223	4,023	,415
	Größte charakteristische Wurzel nach Roy	,287	1,341[d]	3,000	14,000	,301	,223	4,023	,415
Semantische_Konzepte * Ausprägungen	Pillai-Spur	,306	1,818	12,000	192,000	,048	,102	21,813	,933
	Wilks-Lambda	,716	1,845	12,000	164,328	,045	,106	19,382	,897
	Hotelling-Spur	,367	1,855	12,000	182,000	,043	,109	22,262	,938
	Größte charakteristische Wurzel nach Roy	,247	3,956[c]	4,000	64,000	,006	,198	15,825	,937

a. Design: Konstanter Term
Innersubjektdesign: Semantische_Konzepte + Ausprägungen + Semantische_Konzepte * Ausprägungen

b. Die Tests basieren auf gemittelten Variablen.

c. Die Statistik ist eine Obergrenze für F, die eine Untergrenze für die Signifikanzebene erstellt.

d. Exakte Statistik

e. Berechnet mit alpha = ,1

Abbildung VII-17: ANOVA mit Messwiederholung: Tests der Innersubjekteffekte 1/2

In Abbildung VII-18 folgt die wesentliche Auswertungstabelle für die ANOVA mit Messwiederholung. Für den Faktor *Semantische Konzepte* liefern die Verfahren signifikante Ergebnisse ($p < 0{,}1$). Es zeigt sich somit ein signifikanter Haupteffekt infolge der Messwiederholung durch die semantischen Konzepte für die kumulierten Fixationsdauern (KFD) in Bezug auf die betrachteten Produktelemente. Da die Sphärizitätsannahme bezüglich des Schriftzuges verletzt ist, ist eine Korrektur des Signifikanzniveaus vorzunehmen. Es ist selbst bei der konservativsten Korrektur ein signifikantes Ergebnis festzustellen. Neben dem Haupteffekt *Semantische Konzepte* zeigt sich ein signifikanter Effekt der Wechselwirkung für den Scheinwerfer. Demnach interagieren die beiden Faktoren signifikant miteinander. Der empirische Effekt (Eta-Quadrat) des Faktors *Semantische Konzepte* erscheint für die drei ausgewählten Produktkomponenten jeweils größer als der Effekt für die Wechselwirkung. Der Faktor Ausprägung hingegen ist nicht signifikant ($p > 0{,}1$).

Univariate Tests

Quelle	Maß		Typ III Quadratsumme	df	Quadratischer Mittelwert	F	Sig.	Partielles Eta hoch zwei	Dezentr. Parameter	Beobachtete Trennschärfe[a]
Semantische_Konzepte	Schriftzug	Angenommene Sphärizität	,053	4	,013	4,279	,004	,211	17,117	,953
		Greenhouse-Geisser	,053	1,965	,027	4,279	,023	,211	8,408	,807
		Huynh-Feldt (HF)	,053	2,237	,024	4,279	,018	,211	9,574	,840
		Untergrenze	,053	1,000	,053	4,279	,055	,211	4,279	,631
	Scheinwerfer	Angenommene Sphärizität	,137	4	,034	4,494	,003	,219	17,978	,962
		Greenhouse-Geisser	,137	2,704	,050	4,494	,010	,219	12,151	,898
		Huynh-Feldt (HF)	,137	3,306	,041	4,494	,006	,219	14,859	,935
		Untergrenze	,137	1,000	,137	4,494	,050	,219	4,494	,650
	Stoßfänger	Angenommene Sphärizität	,171	4	,043	3,655	,010	,186	14,619	,918
		Greenhouse-Geisser	,171	2,956	,058	3,655	,019	,186	10,804	,853
		Huynh-Feldt (HF)	,171	3,700	,046	3,655	,012	,186	13,521	,903
		Untergrenze	,171	1,000	,171	3,655	,074	,186	3,655	,574
Fehler (Semantische_Konzepte)	Schriftzug	Angenommene Sphärizität	,199	64	,003					
		Greenhouse-Geisser	,199	31,437	,006					
		Huynh-Feldt (HF)	,199	35,798	,006					
		Untergrenze	,199	16,000	,012					
	Scheinwerfer	Angenommene Sphärizität	,486	64	,008					
		Greenhouse-Geisser	,486	43,256	,011					
		Huynh-Feldt (HF)	,486	52,898	,009					
		Untergrenze	,486	16,000	,030					
	Stoßfänger	Angenommene Sphärizität	,749	64	,012					
		Greenhouse-Geisser	,749	47,300	,016					
		Huynh-Feldt (HF)	,749	59,193	,013					
		Untergrenze	,749	16,000	,047					
Ausprägungen	Schriftzug	Angenommene Sphärizität	,005	1	,005	2,951	,105	,156	2,951	,500
		Greenhouse-Geisser	,005	1,000	,005	2,951	,105	,156	2,951	,500
		Huynh-Feldt (HF)	,005	1,000	,005	2,951	,105	,156	2,951	,500
		Untergrenze	,005	1,000	,005	2,951	,105	,156	2,951	,500
	Scheinwerfer	Angenommene Sphärizität	,007	1	,007	,886	,360	,052	,886	,234
		Greenhouse-Geisser	,007	1,000	,007	,886	,360	,052	,886	,234
		Huynh-Feldt (HF)	,007	1,000	,007	,886	,360	,052	,886	,234
		Untergrenze	,007	1,000	,007	,886	,360	,052	,886	,234
	Stoßfänger	Angenommene Sphärizität	,018	1	,018	1,683	,213	,095	1,683	,346
		Greenhouse-Geisser	,018	1,000	,018	1,683	,213	,095	1,683	,346
		Huynh-Feldt (HF)	,018	1,000	,018	1,683	,213	,095	1,683	,346
		Untergrenze	,018	1,000	,018	1,683	,213	,095	1,683	,346
Fehler (Ausprägungen)	Schriftzug	Angenommene Sphärizität	,028	16	,002					
		Greenhouse-Geisser	,028	16,000	,002					
		Huynh-Feldt (HF)	,028	16,000	,002					
		Untergrenze	,028	16,000	,002					
	Scheinwerfer	Angenommene Sphärizität	,131	16	,008					
		Greenhouse-Geisser	,131	16,000	,008					
		Huynh-Feldt (HF)	,131	16,000	,008					
		Untergrenze	,131	16,000	,008					
	Stoßfänger	Angenommene Sphärizität	,175	16	,011					
		Greenhouse-Geisser	,175	16,000	,011					
		Huynh-Feldt (HF)	,175	16,000	,011					
		Untergrenze	,175	16,000	,011					
Semantische_Konzepte * Ausprägungen	Schriftzug	Angenommene Sphärizität	,002	4	,000	,231	,920	,014	,922	,171
		Greenhouse-Geisser	,002	2,931	,001	,231	,871	,014	,676	,161
		Huynh-Feldt (HF)	,002	3,659	,000	,231	,907	,014	,844	,168
		Untergrenze	,002	1,000	,002	,231	,638	,014	,231	,136
	Scheinwerfer	Angenommene Sphärizität	,055	4	,014	3,714	,009	,188	14,855	,922
		Greenhouse-Geisser	,055	3,412	,013	3,714	,013	,188	12,670	,891
		Huynh-Feldt (HF)	,055	4,000	,014	3,714	,009	,188	14,855	,922
		Untergrenze	,055	1,000	,055	3,714	,072	,188	3,714	,579
	Stoßfänger	Angenommene Sphärizität	,055	4	,014	1,787	,142	,100	7,148	,646
		Greenhouse-Geisser	,055	2,798	,019	1,787	,167	,100	5,000	,553
		Huynh-Feldt (HF)	,055	3,451	,016	1,787	,153	,100	6,168	,606
		Untergrenze	,055	1,000	,055	1,787	,200	,100	1,787	,359
Fehler (Semantische_Konzepte* Ausprägungen)	Schriftzug	Angenommene Sphärizität	,108	64	,002					
		Greenhouse-Geisser	,108	46,892	,002					
		Huynh-Feldt (HF)	,108	58,547	,002					
		Untergrenze	,108	16,000	,007					
	Scheinwerfer	Angenommene Sphärizität	,237	64	,004					
		Greenhouse-Geisser	,237	54,586	,004					
		Huynh-Feldt (HF)	,237	64,000	,004					
		Untergrenze	,237	16,000	,015					
	Stoßfänger	Angenommene Sphärizität	,488	64	,008					
		Greenhouse-Geisser	,488	44,767	,011					
		Huynh-Feldt (HF)	,488	55,222	,009					
		Untergrenze	,488	16,000	,031					

a. Berechnet mit alpha = ,1

Abbildung VII-18: ANOVA mit Messwiederholung: Tests der Innersubjekteffekte 2/2

Die nachstehende Tabelle stellt die Tests der Zwischensubjekteffekte der ANOVA mit zwei messwiederholten Faktoren dar.

Tests der Zwischensubjekteffekte

Transformierte Variable: Durchschnitt

Quelle	Maß	Typ III Quadratsumme	df	Quadratischer Mittelwert	F	Sig.	Partielles Eta hoch zwei	Dezentr. Parameter	Beobachtete Trennschärfe[a]
Konstanter Term	Schriftzug	,329	1	,329	38,387	,000	,706	38,387	1,000
	Scheinwerfer	1,998	1	1,998	66,888	,000	,807	66,888	1,000
	Stoßfänger	4,041	1	4,041	81,034	,000	,835	81,034	1,000
Fehler	Schriftzug	,137	16	,009					
	Scheinwerfer	,478	16	,030					
	Stoßfänger	,798	16	,050					

a. Berechnet mit alpha = ,1

Abbildung VII-19: ANOVA mit Messwiederholung: Tests der Zwischensubjekteffekte

Geschätzte Randmittel

- Faktor Semantische Konzepte (signifikant)

Schätzungen

Maß	Semantische Konzepte	Mittelwert	Standardfehler	90 % Konfidenzintervall Untergrenze	Obergrenze
Schriftzug	freie Interaktion	,076	,017	,046	,106
	dynamisch	,043	,009	,028	,058
	kraftvoll	,038	,009	,023	,054
	sportlich	,041	,011	,021	,061
	modern	,022	,006	,011	,033
Scheinwerfer	freie Interaktion	,065	,011	,046	,084
	dynamisch	,134	,020	,100	,168
	kraftvoll	,085	,015	,058	,112
	sportlich	,134	,020	,099	,169
	modern	,124	,025	,080	,168
Stoßfänger	freie Interaktion	,172	,019	,139	,205
	dynamisch	,126	,022	,087	,165
	kraftvoll	,206	,029	,155	,256
	sportlich	,119	,018	,088	,150
	modern	,149	,029	,098	,199

Abbildung VII-20: ANOVA mit Messwiederholung: Geschätzte Randmittel – Faktor S

- Faktor Ausprägungen (nicht signifikant)

Schätzungen

Maß	Ausprägungen	Mittelwert	Standardfehler	90 % Konfidenzintervall Untergrenze	Obergrenze
Schriftzug	Basis	,038	,008	,024	,053
	Veredelt	,050	,007	,037	,062
Scheinwerfer	Basis	,115	,016	,086	,144
	Veredelt	,102	,013	,079	,125
Stoßfänger	Basis	,144	,019	,111	,176
	Veredelt	,165	,019	,131	,198

Abbildung VII-21: ANOVA mit Messwiederholung: Geschätzte Randmittel – Faktor A

- Wechselwirkung (signifikant)

3. Semantische_Konzepte * Ausprägungen

Maß	Semantische_Konzepte	Ausprägungen	Mittelwert	Standardfehler	90 % Konfidenzintervall	
					Untergrenze	Obergrenze
Schriftzug	freie Interaktion	Basis	,071	,017	,042	,100
		Veredelt	,081	,021	,044	,118
	dynamisch	Basis	,035	,011	,015	,054
		Veredelt	,051	,010	,034	,068
	kraftvoll	Basis	,033	,011	,014	,052
		Veredelt	,044	,011	,024	,063
	sportlich	Basis	,032	,011	,012	,052
		Veredelt	,049	,018	,019	,080
	modern	Basis	,022	,008	,009	,035
		Veredelt	,022	,008	,009	,036
Scheinwerfer	freie Interaktion	Basis	,079	,016	,051	,107
		Veredelt	,051	,009	,035	,066
	dynamisch	Basis	,155	,029	,105	,205
		Veredelt	,114	,017	,083	,144
	kraftvoll	Basis	,076	,015	,050	,101
		Veredelt	,094	,020	,058	,129
	sportlich	Basis	,114	,023	,074	,153
		Veredelt	,154	,029	,104	,204
	modern	Basis	,151	,024	,108	,193
		Veredelt	,098	,030	,045	,150
Stoßfänger	freie Interaktion	Basis	,142	,016	,114	,171
		Veredelt	,201	,023	,161	,241
	dynamisch	Basis	,135	,033	,078	,193
		Veredelt	,116	,023	,076	,157
	kraftvoll	Basis	,181	,034	,121	,240
		Veredelt	,231	,037	,167	,295
	sportlich	Basis	,132	,023	,091	,173
		Veredelt	,106	,020	,072	,140
	modern	Basis	,129	,035	,068	,190
		Veredelt	,169	,032	,112	,225

Abbildung VII-22: ANOVA mit Messwiederholung: Geschätzte Randmittel – Wechselwirkung AxS

Profilplots

- Schriftzug

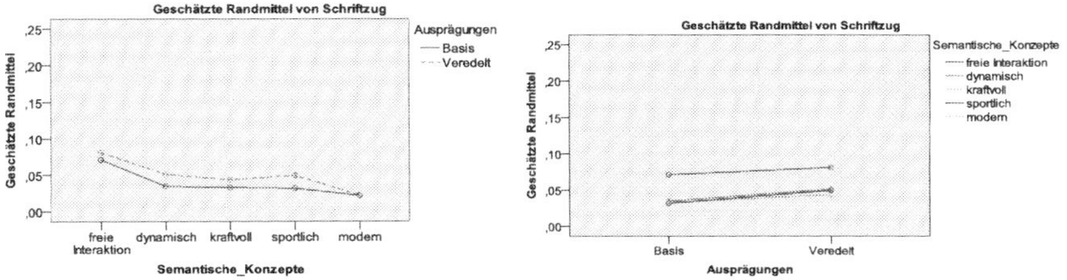

Abbildung VII-23: ANOVA mit Messwiederholung: Profilplot – Schriftzug

- Scheinwerfer

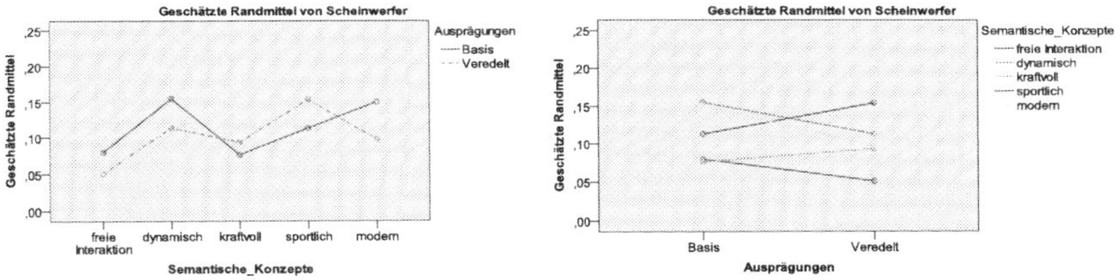

Abbildung VII-24: ANOVA mit Messwiederholung: Profilplot – Scheinwerfer

- Stoßfänger

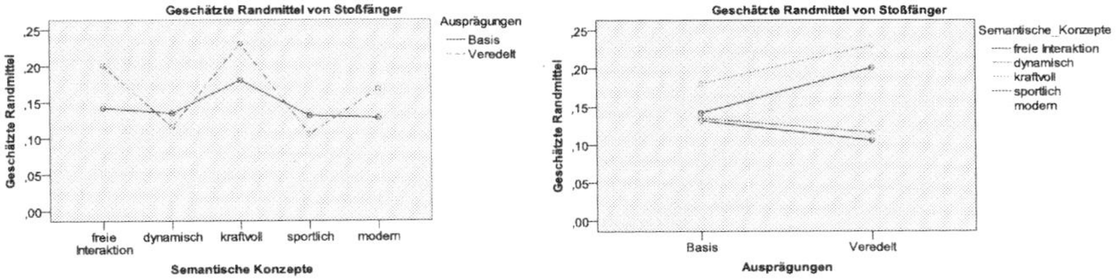

Abbildung VII-25: ANOVA mit Messwiederholung: Profilplot – Stoßfänger

A.6 Betreute wissenschaftliche studentische Arbeiten

Im Zuge des Forschungs- und des Entstehungsprozesses dieser Dissertation definierte der Autor für die nachstehenden studentischen Arbeiten die wissenschaftlichen Themen- und Fragestellungen und betreute diese Arbeiten inhaltlich, sowohl bei der Konzeption als auch bei der Erarbeitung wissenschaftlicher Ergebnisse. Erkenntnisse dieser Arbeiten haben Einzug in die Erstellung vorliegender Dissertationsschrift genommen.

Tabelle VII-5: Wissenschaftlich betreute Arbeiten des Autors (Auszug)

Thema	Jahr	Student	Typ der Arbeit
Potentialanalyse des Einsatzes von Blickregistrierungsverfahren zur Produktvalidierung in der kundenorientierten Produktentwicklung	2014	M. Oliver / J. Stracke	Projektarbeit
Systematischer Abgleich von Eye-Tracking-Daten mit Gestaltungsgrundsätzen des Produktdesigns	2014	T. Pielsticker	Bachelorarbeit
Potenzialanalyse der Produktentwicklungsmethode Kansei Engineering am Beispiel der Entwicklung qualitativ hochwertiger Wellenschliffmesser	2014	J. Demmer	Masterarbeit
Gestaltung von Quality Gates im Produktentwicklungsprozess zur Steigerung visuell wahrnehmbarer Produktqualität	2013	L. Schriewer	Bachelorarbeit
Entwicklung einer Systematik für den Einsatz der Methode des Eye-Tracking (Blickregistrierung) zur objektiven Messung von visuell wahrgenommener Produktqualität	2012	J. Müschenich	Studienarbeit
Potenzialanalyse und Entwicklung eines Konzeptes zur Anwendung der FMEA während der Aufnahme von Kundenforderungen	2012	F. Theuke	Diplomarbeit
Konzeptionelle Integration der semantischen und der technischen Produktbeschreibung zur frühzeitigen Sicherstellung einer emotionalen Produktentwicklung	2012	J. Gerke	Diplomarbeit
Kriterienbasierte Systematisierung von Methoden zur Entwicklung hochwertig wahrgenommener Produkte: Am Fallbeispiel eines Kugelschreibers	2012	G. Böhm	Bachelorarbeit
Entwicklung eines Konzeptes zur Objektivierung mittels Eye-Tracking erfasster, visueller Wahrnehmung zur Gestaltung der wahrgenommenen Qualität nicht physischer Produkte	2012	M. Dehn	Bachelorarbeit
Potenzial der System- und Funktionsanalyse zur systematischen Ableitung von hochwertig wahrgenommenen Produktmerkmalen	2012	M. Engelhard	Bachelorarbeit

VIII Stichwortverzeichnis

FSC
www.fsc.org
MIX
Papier | Fördert gute Waldnutzung
FSC® C083411

Kolibri 360 GmbH
Ferdinand-Jühlke-Straße 7
99095 Erfurt, Deutschland
produktsicherheit@kolibri360.de